곤충생태 연구방법론

곤충생태 연구방법론

초판 1쇄 발행 2022년 6월 30일

대표 저자 이준호 · 김동순 · 정철의 · 박용락

펴낸곳 서울대학교출판문화원
주소 08826 서울 관악구 관악로 1
도서주문 02-889-4424, 02-880-7995
홈페이지 www.snupress.com
페이스북 @snupress1947
인스타그램 @snupress
이메일 snubook@snu.ac.kr
출판등록 제15-3호

ISBN 978-89-521-3029-7 93520

곤충생태 연구방법론

대표 저자 ㅣ 이준호·김동순·정철의·박용락

서울대학교출판문화원

머리말

곤충생태학은 지구생태계에서 종수와 개체수가 가장 많을 뿐만 아니라 생태계의 기능과 서비스에 핵심적인 역할을 하는 곤충들의 생태를 연구하는 학문이다. 곤충생태학이 발전하게 된 중요한 이유는 상당히 많은 곤충 종이 농업과 산림에 심각한 피해를 주는 해충들이기 때문에 이들을 적절하게 방제하기 위해서는 이들의 생태를 이해하는 것이 필수이기 때문이다. 곤충생태학의 핵심과제는 곤충이 어디에, 얼마나 많이 발생하는가? 그리고 왜 그런가? 그 이유를 밝히는 것이라 할 수 있는데, 이러한 주제는 해충관리를 위한 핵심 정보를 제공하는 기반이라 할 수 있다. 그래서 곤충생태학 연구의 많은 주제는 응용곤충학 또는 경제곤충학의 기초가 되며, 이를 구명하기 위한 연구 방법들은 해충관리를 위한 기초 및 실용적인 정보들을 과학적으로 확보하기 위한 노력에서 발전되었다고 할 수 있다.

곤충생태학 연구 초기에 가장 중요한 주제의 하나가 곤충 개체군 동태의 이해였다. 이를 위해서는 곤충 개체군의 크기를 결정하는 방법과 곤충 개체군 증가율, 즉 내적자연증가율을 추정하는 방법이 구명되어야 했으며 이를 위한 연구가 많이 수행되었는데, 이러한 내용을 중심으로 당시 곤충생태 연구 방법들을 집대성한 것이 사우스우드(T.R.E. Southwood) 박사가 1966년 출간한 '곤충 개체군 연구를 중심으로'라는 부제목이 달린 『생태연구 방법』(Ecological Methods)이라는 학술서다. 이 책은 곤충생태 연구 방법의 지침서로 곤충생태 연구에 지대한 공헌을 했는데 현재 4판까지 개정판이 출간되어 아직도 널리 읽히고 있다. 본인이 서울대학교에 재직하면서 1990년대 후반에 '곤충생태 연구방법론' 강좌를 대학원 과정에서 개설하며 강의를 한 것은 곤충생태 연구 방법의 이론적/기술적 내용을 국내외 연구성과들을 정리하여 대학원생들에게 전수하여 우리나라의 곤충생태학 연구의 발전을 이루고자 함이었다. 그러나 곤충생태 연구 방법들을 종합적으로 정리한 국내 학술서가 아직 없는 실정으로 항상 아쉽게 생각해왔다. 몇 년 전 연초에 제자들과 같이한 자리에서 정년퇴임 기념을 겸하여 서울대학교 곤충생태학 연구실에서 그동안 연구한 성과들을 중심으로 곤충생태 연구방법론 학술서를 같이 저술하는 바람을 말하였을 때 다들 동참하겠다고 하여 이번에 결실을 보게 되었음을 말할 수 없이 기쁘게 생각한다. 본 연구실 출신들이 전부 동참할 수는 없었으나 시간과 여력이 되는 많은 제자들의 참여가 없었으면 이 책의 발간은 불가능했을 것이다. 끝으로 이 책이 완성되기까지 수고를 아끼지 않은 제주대학교 김동순 교수의 노고에 깊이 감사한다.

2022년

저자 대표 이준호

차례

제5편 생태분석 기술의 활용

제1편

곤충생태 연구방법론의 현재와 미래

제1장

곤충생태학 연구방법론 개요

이준호, 김동순

생태학 분야에서 생태 연구방법과 자료의 분석기법 개발은 매우 중요하다. 하지만 이를 집대성해서 한 권의 책으로 정리하는 것은 결코 쉬운 일이 아니다. 이는 생태학 분야는 학제적 성격이 매우 강하기 때문이다. 세계적으로 저명한 영국의 곤충생태학자 사우스우드(T.R.E. Southwood) 박사가 1966년 출간한 『생태연구방법』(Ecological Methods)은 '곤충 개체군 연구를 중심으로'라는 부제를 달았지만 곤충생태 연구뿐만 아니라 다른 생물들의 생태 연구방법의 지침서가 되었으며 4판까지 개정판이 출간되어 현재까지도 널리 읽히고 있다. 사우스우드는 『생태연구방법』에서 곤충 밀도 조사방법과 기타 생태자료를 얻는 방법을 중심으로 기초 통계학적 이론을 적용한 자료분석 방법을 제시했다. 특히 밀도 조사 및 관련 분석방법과 개체군동태 연구의 기초인 생명표 분석 그리고 종다양도 분석방법 등을 상세히 기술했다. 1988년 출간된 『통계생태학』(Statistical Ecology, J.A. Ludwig and J.F. Reynolds)은 생태자료 분석방법을 상세히 기술한 이 분야 최초의 저술이라 할 수 있다. 생태자료를 유형화하여 통계적 처리와 해석, 그리고 종다양도 등 군집 특성 분석에서부터 환경과 군집구조의 연관에 대한 분석까지 다양한 통계학적 분석기법을 소개했다. 물론 고전적인 생태학 서적인 『생태학의 기초』(Fundamentals of Ecology, E.P. Odum,

1971)를 비롯하여 수많은 일반생태학 서적에서 곤충 관련 생태 연구방법이 부분적으로 제시되었다. 한편 『생태 및 농업 곤충학 연구방법』(Methods in Ecological & Agricultural Entomology, D.R. Dent and M.P. Walton, 1997)은 농업해충 연구에 더 중점을 두어서 해충밀도조사법, 곤충행동연구, 곤충발육연구, 피해해석, 살충제 생물검정법, 천적평가 등 기본적인 실험방법뿐만 아니라 그 당시 수립된 분자생물학적인 연구방법까지 소개했다.

21세기 2000년대로 들어오면서 지구온난화로 대표되는 기후변화를 맞이하여 생물종의 분포한계 이동과 기후인자 기반의 정착적합도를 평가하는 연구방법들이 이슈화되었다. 컴퓨터 과학의 발달에 힘입어 한층 더 강력하고 빠른 연산능력을 얻게 됨에 따라 생태 연구에 있어 복잡한 수식의 신속한 매개변수 추정과 더불어 대용량 자료 처리의 한계가 제거되었으며, 이에 생태 연구 분석의 플랫폼 역할을 하는 다양한 소프트웨어를 활용할 수 있게 되었다. 결과적으로 농업해충 분야에서는 해충개체군 모형을 중심으로 한 시간적 분포와 정착적합도 평가를 중심으로 한 공간적 분포 연구가 곤충생태 연구의 두 축을 형성하면서 기존 개체군 생태학과 군집생태학 연구방법론이 더욱 고도화되는 양상을 보이고 있다. 이러한 현장에서의 활발한 연구 성과에도 불구하고, 국내에서는 아직까지 곤충생태 연구방법론의 최신 성과를 반영하여 대학이나 대학원에서 교재로 사용할 수 있는 종합적으로 정리된 학술서가 없는 실정이다.

따라서, 이 책은 곤충생태자료 분석방법을 중심으로 곤충학 관련 생태학 교과목이 개설된 대학의 교재로 사용할 수 있도록 기획되었다. 생태학적 연구방법론의 개념을 이해하려는 학부생부터 실증자료를 깊이 있게 분석하여 논문을 작성하려는 대학원생까지 폭넓게 활용될 수 있도록 기본개념과 더불어 실제자료를 분석하여 도표화하는 것까지 상세하게 다루었다. 곤충생태학 연구 각 분야별 고전적 분석이론에서부터 최근 연구 성과를 바탕으로 한 새로운 분석방법까지 모두 망라했다.

제1편은 곤충생태학 연구방법론을 조망하는 서문 격으로 전체 내용을 고찰하면서 생태적 방법론의 현재와 미래에 대하여 기술했다(제1장).

제2편은 곤충 개체군 모델링의 이론과 실제를 다루고 있으며, 아직 대학에서 강의교재로 사용할 수 있는 전문서적이 없는 분야라고 할 수 있다. 총 6개 장으로

구성되었으며, 곤충발육과 온도와의 기본관계인 선형모형의 활용, 온도발육 비선형 모형의 종류와 특징, 발육완료 분포모형과 발육단계 전이, 산란모형의 작성, 개체군 모형 작성과 적합기술, 그리고 DYMEX(다이멕스) 소프트웨어를 이용한 개체군 모형 작성 등을 다루었다. 개체군 모형은 해충의 발생 예찰과 방제 시기 결정에 활용되는 기반기술로, 농림해충학에서 중요하게 취급되는 분야다. 아직 이 분야의 학술적 성과가 집대성되지 못한 상태로 본 원고를 통하여 마침내 정리되었다고 할 수 있다.

제2장 곤충온도발육과 선형모형에서는 온도에 따른 곤충의 일반적 발육 특성을 기술하고, 해충의 적산온도 예찰모형에 기본적으로 활용되는 발육영점온도와 발육완료에 필요한 적산온도를 추정하는 방법을 제시하며, 실증 실험자료를 통하여 적산온도 예찰모형을 작성하는 방법에 대하여 기술했다.

제3장 온도발육과 비선형 모형에서는 곤충의 온도발육에 적용하고 있는 비선형 발육모형의 종류와 특성을 기술하고, 유형화하며 실증자료에 대한 적합 특성을 기술했다.

제4장 발육완료 분포모형과 발육단계 전이모형에서는 곤충 발육기간의 변이와 이 변이를 표준화하여 발육기간 분포모형을 작성하는 방법을 제시하고, 비선형 발육모형과 결합하여 어떤 발육단계의 곤충집단이 다음 발육단계로 전이를 모형화하는 방법을 기술했다.

제5장 곤충 산란모형과 시뮬레이션에서는 곤충의 산란과정을 모형화하는 방법으로 성충노화율, 연령별 산란율, 연령별 생존율, 온도별 총산란수 모형 등 단위모형을 작성하는 방법을 제시하며, 각 단위모형을 작성하여 곤충산란수를 시뮬레이션하는 방법을 기술했다.

제6장 개체군 모형의 작성과 포장적합 기술에서는 곤충 개체군 모형을 작성하는 방법과 순서를 제시하고, 모형의 민감도 분석뿐만 아니라 최종적으로 개발된 모형의 포장적합도를 평가하는 방법을 기술했다.

제7장 DYMEX 모델링에서는 곤충 개체군 모델링 전문 소프트웨어인 DYMEX를 이용하여 환경변수와 곤충발육과의 관계를 갖는 요소를 기반으로 곤충생활사를 모듈화하여 개체군 모형을 작성하는 방법을 기술했다.

제3편은 곤충의 공간적 분포모형의 이론과 실제를 다루며, 3개 장으로 구성되었으며 해충밀도조사법, MaxEnt(맥센트)와 CLIMEX(클라이멕스) 모델링을 소개했다. MaxEnt와 CLIMEX 모델링은 기후변화에 따른 생물의 분포적합도를 평가하는 방법으로 근래 멸종위기종이나 침입해충의 변동 예측에서 가장 많이 적용되는 기술이라 할 수 있다. 반면 밀도조사법은 고전적 이론을 기반으로 해충의 공간분포를 평가하고 방제 여부를 판단하는 표본조사법을 작성하는 기술로, 해충 개체군 관리에 중요하게 활용되고 있다.

제8장 해충밀도조사법의 원리에서는 해충의 공간분포 특성을 평가하는 다양한 지수를 제시하고 밀도조사법과 더불어 농업해충에 대한 방제 의사결정에 사용하는 축차조사법 등 표본조사법을 작성하는 방법을 기술했다.

제9장 MaxEnt 소프트웨어를 활용한 종 분포 예측에서는 생물의 출현(발생)에 대한 경험적 자료를 이용하여 정착 여부를 추정하는 전문 소프트웨어인 MaxEnt를 이용하여 기후인자에 따른 곤충의 정착적합도를 평가하는 방법을 기술했다.

제10장 CLIMEX를 이용한 종분포모형에서는 생물의 기후적합성을 평가하는 전문 소프트웨어인 CLIMEX를 이용하여 곤충의 서식에 영향을 미치는 온도, 습도, 강우 등 기후인자를 바탕으로 정착 가능한 분포지역을 기후적합도로 평가하는 방법을 기술했다.

제4편 생태계 군집분석 이론과 실제에서는 군집생태학에 대한 연구방법론을 제시한다. 최근 군집생태학 분야에서는 지속적인 정보 집적이 이루어지고 있으며 이를 분석하기 위한 생물정보학이 빠르게 발전하고 있다. 따라서 대용량의 생태군집자료를 처리하는 최근의 연구방법론을 포함하여 기술했다.

제11장 곤충군집의 구조 분석에서는 생물 군집의 특성을 설명하고 생물다양성 연구방법론과 더불어 생물 군집구조 이해를 위한 종다양성 및 군집 내 출현 가능 종수 추정법을 제시하고, 또한 군집 간 특성 비교를 위한 유사도 분석과 집락분석법을 기술했다.

제12장 군집과 환경요인의 관계 분석에서는 환경에 대한 곤충 군집반응을 분석하기 위한 다양한 다변량 군집 분석법의 특징 및 군집 안정성 분석법을 소개하고, 마지막으로 군집자료를 활용한 생물다양성 지도화, 환경 지표종의 선발 등에

관한 방법을 사례 중심으로 기술했다.

제5편 생태분석 기술의 활용에서는 다양한 생태분석 기법을 소개하는 분야로써 주로 농업해충의 개체군 관리에 활용되는 기술을 다루었다. 작물 피해해석은 해충종합관리(IPM)의 근간이 되는 이론으로써 여전히 해충방제의 근거가 되고 있으며, 살충제 저항성은 농업해충의 지속적 관리를 위하여 극복할 과제로 남아 있다. 천적을 이용한 생물적 방제는 최근 친환경적인 소비자의 수요를 반영하는 기술로 가장 생태학적인 해충방제기술이라고 할 수 있다. 기타 포식자와 피식자 상호작용과 곤충생명표 통계량은 천적과 해충의 생물적 특성에 대한 이해를 넓히기 위한 곤충생태학 연구 분야에서 자주 활용되고 있다.

제13장 해충에 의한 작물 피해해석 방법론에서는 해충의 식물 가해로 나타나는 피해량을 정량화하여 해충밀도와 경제적 피해와의 상관관계에 기초한 경제적 피해수준의 설정과 실제 적용 가능한 피해해석의 방법론에 대하여 기술했다.

제14장 살충제 저항성 평가와 관리에서는 해충의 살충제에 대한 저항성 유발 기작을 소개하고 생물검정 실험법과 살충실험자료를 이용하여 살충제 저항성 정도를 평가하는 방법을 기술했다.

제15장 천적의 개념과 평가방법에서는 천적을 이용한 생물적 방제의 개념을 바탕으로 생물적 방제에 활용되고 있는 포식성 및 기생성 천적, 미생물의 종류 등에 대한 활용법을 소개하며, 생물적 방제 현장에서 천적의 품질평가 방법에 대하여 기술했다.

제16장 곤충 포식자-피식자 상호작용에서는 포식자와 피식자의 고전적 모형을 비롯하여 농업해충의 생물적 방제에서 천적을 평가하는 기능반응과 수반응 등과 더불어 두 종의 공존과 해충밀도 억제의 원리를 기술했다.

제17장 곤충생명표 통계량에서는 생물개체군에 적용하고 있는 생명표의 개념을 소개하고 곤충 개체군의 생물적 속성에 따른 생명표 작성의 특수성과 해충 사망요인 분석을 위한 주요인분석을 제시하며, 실제자료를 이용한 곤충생명표 통계량 추정방법을 기술했다.

곤충생태 연구방법론의 기법은 시대에 따라 그리고 컴퓨터 과학과 학문적 발달에 따라 빠르게 변화하고 있다. 근래에는 정보통신기술(ICT)이나 사물인터넷(IoT)을 비롯한 스마트 기술이 생태 연구에 빠르게 접목되고 있으며, 곤충의 위치 추적이나 행동연구에 성과를 나타내고 있다. 또한 인공지능(AI) 기술을 이용한 해충진단 방법도 생태계의 이해에 또 다른 해법을 제시할지도 모른다. 이러한 주변과학이 아무리 발달하더라도 곤충생태학의 이해를 높이기 위해서는 정확하고 충분한 양의 데이터가 중심이 될 수밖에 없다. 스마트 기술과 더불어 대용량의 생태자료를 처리할 수 있는 빅데이터 기술이 곤충생태 연구의 미래를 담보하기 위해서는 분석 기법의 적용과 더불어 성실한 자료수집과 모수에 근접한 표본의 추출에 귀 기울여야 할지도 모른다.

참고문헌

Dent, D.R., Walton, M.P. 1997. Methods in ecological & agricultural entomology. CAB International, Oxon, UK.

Ludwig, J.A., Reynolds, J.F. 1988. Statistical ecology: a primer in methods and computing. John Wiley & Sons, Inc., New York.

Odum, E.P. 1971. Fundamentals of ecology. Saunders, Philadelphia.

Southwood, T.R.E. 1966. Ecological methods: with particular reference to the study of insect populations. Methuen & Co. Ltd., London.

제2편

곤충 개체군 모델링의 이론과 실제

제2장

곤충의 온도발육 선형모형과 해충 발생 예찰모형

김동순, 이준호

1. 온도에 따른 곤충의 발육 특성

기후는 곤충을 포함한 변온생물의 지리적 분포와 개체군 밀도변동에 지대한 영향을 미친다. 특히 온도는 곤충의 생존, 발육, 성장, 번식, 계절적 출현과 관계가 깊다(Damos and Savopoulou-Soultani, 2012; Shi et al., 2012; Fand et al., 2015; Ahn et al., 2016). 곤충은 특정한 온도범위에 적응하며 진화해왔으며 이러한 온도범위에 의해 곤충의 분포와 계절적인 개체군 밀도의 변동이 결정되어왔다고 볼 수 있다(Huey and Kingsolver, 1989; Honek, 1999; Dixon et al., 2009). 온도와 곤충발육 간의 관계는 곤충학 분야에서 가장 기본적인 관심사 중 하나라고 할 수 있다. 온도와 곤충발육 간의 관계를 나타내는 간단한 예측모형들이 20세기 초에 개발되기 시작하였고(Johnson and Lewin, 1946), 1970년대 후반 이후 개인용 컴퓨터의 빠른 발전과 이용의 활성화와 함께 컴퓨터를 기반으로 온도에 대한 곤충의 반응을 분석하고, 폭넓게 활용해왔다(Wagner et al., 1984a, 1984b; Higley et al., 1986; Shi et al., 2011a, 2011b; Amarasekare and Savage, 2012; Régnière et al., 2012). 또한 해충학이 발달함에 따라 방제대상 해충의 발생예찰 목적으로 온도에 따른 발육 특성 구명이 더욱 관심사가 되었다. 그중 온도

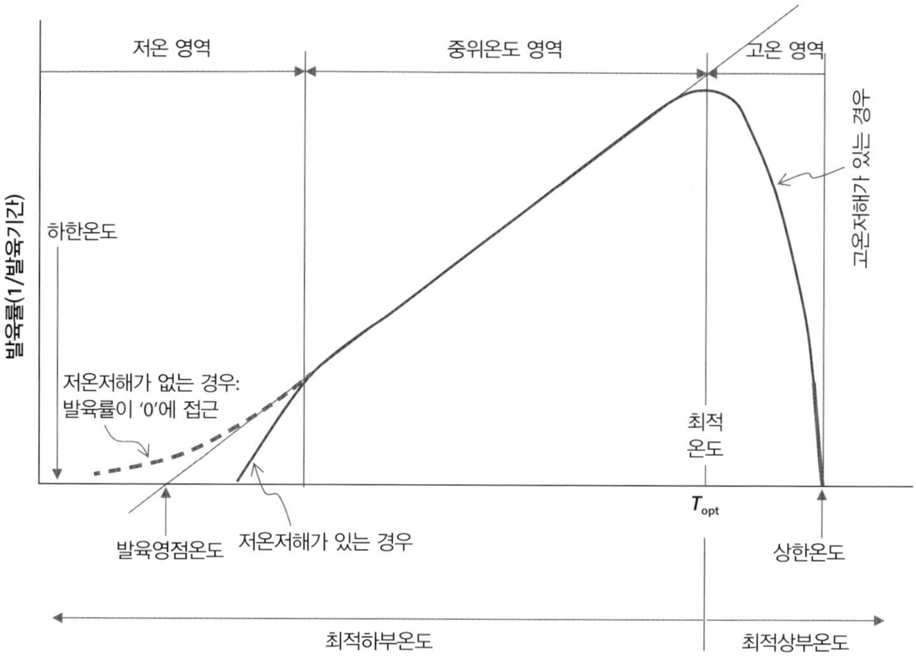

그림 1. 곤충 온도 발육률 곡선의 특성과 온도 영역 구분(Kim et al., 2017)

발육모형은 대부분 해충 예찰모형의 기본이 되었으며(Wagner et al., 1984b; Curry and Feldman, 1987), 식물을 비롯한 변온생물의 생장모형(Yin et al., 1995; Yan and Hunt, 1999)에도 적용하게 되었다.

일반적으로 곤충발육기간은 온도가 높아짐에 따라 짧아지고 최적온도 이후에는 다시 길어지는 경향을 보인다. 온도발육모형에서는 온도와 발육기간의 관계를 이용한 함수를 작성하기보다는 발육기간의 역수(1/발육기간)를 취하여 온도와 곤충 발육속도(즉 발육기간의 역수, 발육률)의 관계를 이용하여 온도발육모형을 작성한다. 온도에 따른 발육률 곡선과 관련된 주요 연구들(Logan et al., 1976; Wagner et al., 1984b; Lactin et al., 1995; Briere et al., 1999; Ikemoto, 2003; Shi et al., 2011a)을 고려하여 표현하면 〈그림 1〉과 같이 발육률 변화에 따라 온도영역을 구분할 수 있다.

최적온도(optimal temperature, T_{opt})는 발육률이 최고점에 도달하는 온도를 의미하며, 그 이하의 온도를 최적하부온도(suboptimal temperature)라 하고(Lactin et al.,

1995), 반대부분의 온도영역은 최적상부온도(hyperoptimal temperature)라 하는데 고온영역(high temperature region)에 해당된다. 온도가 높아짐에 따라 고온저해(high temperature inhibition)가 나타나 발육률이 감소하고, 온도가 더 높아지면 곤충이 죽는 고온한계온도(상한온도 = high threshold temperature)에 이르게 된다. 최적하부온도는 온도와 발육률 간 선형관계를 보이는 중위온도영역(intermediate temperature region)과 온도가 내려감에 따라 저온저해(low temperature inhibition)가 일어날 수 있는 저온영역(low temperature region)으로 구분된다. 저온영역에서는 저온저해로 발육률이 더 감소하거나, 저온한계온도(하한온도 = low threshold temperature) 부분까지 '0'에 접근하는 형태를 가질 수 있다.

생물학 분야에서 생물의 임계온도에 관심을 갖게 된 시기는, 1735년 온도와 생물의 활성은 정량적인 관계가 있다고 언급한 프랑스의 곤충학자 레오뮈르(Réaumur) 시대까지 거슬러올라갈 수 있다(Reviewed in Blehrádek, 1935). 다만 이 당시 레오뮈르는 임계온도 없이 일별 평균온도의 합을 이용하는 방법을 생각했다(AMS, 2012). 임계온도의 개념을 도입하여 생물의 발육에 필요한 온량(즉 온량상수 thermal constant)을 계산한 사례는 블렁크(Blunk, 1923)의 배물방개붙이(*Dytiscus marginalis*) 연구자료에서 찾을 수 있다. 블렁크는 '$t(v-c) = k$'의 수식을 적용하여 이 곤충의 온량상수를 추정했다(t = 발육기간, v = 온도, c = 발육이 정지되는 임계온도). 이를 토대로 보덴하이머(Bodenheimer, 1924)는 발육하한온도 17℃를 적용하여 이집트숲모기(*Aedes aegypti*)의 온량상수(k)를 계산한 바 있으며, 그 후 다양한 곤충에 적용되었다(Lin et al., 1954). 발육하한온도(또는 발육영점온도) 추정과 관련하여 아널드(Arnold, 1959)는 일정 범위의 온도발육자료를 바탕으로 발육률 값이 '0'가 되도록 외삽하는(extrapolating) x축 절편계산법(x-intercept method)을 제시했다. 이 전통적인 방법은 곤충발육 선형모형 이용기술의 기본이 되었으며(Pruess, 1983; Higley et al., 1986), 캠벨 등(Campbell et al., 1974)에 의하여 통계적인 완성도가 확립되었다.

2. 온도발육 선형모형과 적산온도의 개념

1) 선형모형의 구조와 선형구간의 선택

온도발육모형 중에서 가장 일반화된 선형모형은 온도(x)와 발육률(y) 간 직선회귀식을 적용하는 방법이다(Arnold, 1959; Pruess, 1983; Higley et al., 1986). 선형모형은 온도에 따라 발육률이 선형적으로 변화한다고 가정한다. 따라서 간단한 직선식을 모형식으로 사용하며, 두 점을 지나는 직선식에 적용하는 $y = ax + b$와 동일한 형태를 갖고 있다.

$$r(T) = aT + b \tag{1}$$

$r(T)$: 발육률 (1/발육기간)

T: 온도

a: 회귀계수(기울기), b: 절편

선형모형은 온도와 발육률 간에 선형관계를 가정하고 있으므로 자료 중에서 선형구간을 선택해야 한다. 이해를 돕기 위하여 실제 온도발육자료를 이용하여 설명할 것이다. 복숭아심식나방 알 발육기간자료가 〈부록 1, 표 1〉에 제시되어 있으며, 이 자료는 다양한 종류의 비선형 발육모형 수식의 특징을 비교하기 위하여 사용된 바 있다(Kim et al., 2017).

시각적으로 판단할 때 〈그림 2A〉와 같이 35℃에서 발육률은 선형구간(직선구간)에서 크게 벗어나 있다. 보통 이렇게 육안진단으로 선형에서 벗어난 자료를 제거하기도 하며, 자료를 하나씩 제거하면서 결정계수(R^2)를 비교하여 선택하는 경우도 있다. 다만 결정계수가 가장 높은 자료구간을 선택했다고 해서 선형구간을 제대로 반영했다고 말하기는 어렵다. 즉, 선형구간에 있는 일부 자료만 포함시켰을 때 결정계수는 더 높아질 수 있기 때문이다. 따라서 선형구간의 범위 결정과 자료 제외 여부는 논리적으로 신중하게 결정할 필요가 있다.

논리적으로 좀 더 합리적인 선형구간의 선택 방법으로 $D-DT$ 플롯(D=발육기간, T=온도)이 제시되었다(Ikemoto and Takai, 2000). 이 방법은 발육기간을 x축으로

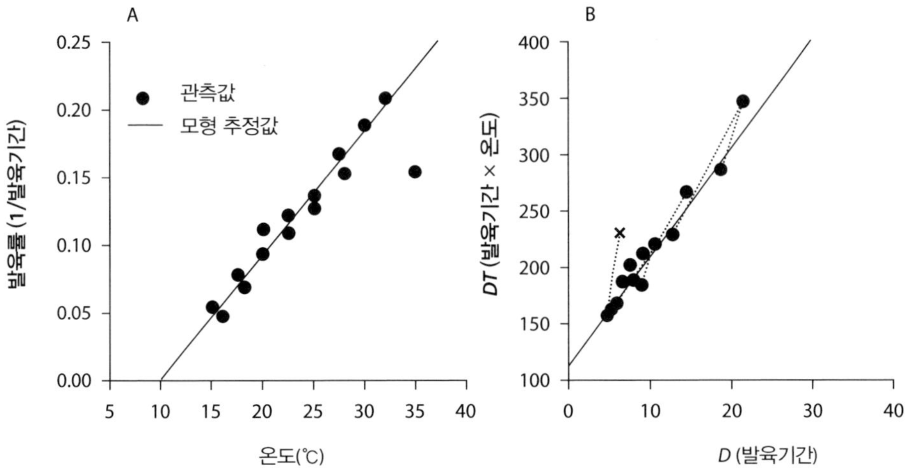

그림 2. 온도에 따른 발육률의 변화(A)와 선형구역 선택을 위한 D-DT 플롯(B)

하고 발육기간과 온도의 곱셈 값을 *y*축으로 하여 배열하고 선형에서 벗어난 값을 찾는 방법이다. 발육기간(*D*)에 따른 *DT* 값은 〈부록 1, 표 2〉에 계산되어 있다. 실제 자료값은 온도에 따라 발육률의 변이가 다소 존재하지만 대부분의 값은 일직선상에서 크게 벗어나 있지 않다(그림 2B). 본 그림에서는 35℃에서 발육기간 6.5일에 대응하는 *DT* = 227.5 값이 선형에서 크게 벗어난 값으로 나타나 제거되었다.

2) 모형식의 매개변수 추정

모형식의 매개변수인 *a*, *b*는 선형회귀(직선회귀) 분석을 통하여 추정할 수 있다. 전문 통계 소프트웨어뿐만 아니라 스프레드시트(즉 엑셀) 내장 함수로도 추정이 가능하다. 소프트웨어 프로그램에 익숙하지 않은 경우 선형회귀는 복잡하지 않으므로 생물통계학 서적을 참조하여 직접 계산할 수도 있다.

여기서는 자세한 회귀분석 원리는 생략하며 SAS 분석방법과 결과를 제시했다(부록 2). 회귀분석을 수행하면 일반적으로 결정계수(R^2), 매개변수 추정값(parameter estimates), 분산분석(analysis of variance) 결과에 대한 통계량을 얻을 수 있다. 결정계수(R^2)는 0.97로써 추정된 회귀식으로 설명되는 변이의 부분이 97%라는 것을 의미한다. 결정계수 부분에서 Adj R-Sq(보정 결정계수)은 자유도와 매개변수 수를 반영한 결정계수를 나타낸다. 보정 결정계수는 매개변수의 수가 다른 복수 개의 모형을 비교할 때 사용하는 통계량 값이므로 선형모형의 적합도 판단은 결정계수만 참조하면 될 것이다. 매개변수 추정부분에는 추정값과 더불어 매개변수 추정값의 표준오차, 그리고 t-검정 통계량이 나타나 있다. 분산분석 부분에서 15개 자료 중 14개만이 분석에 이용되었으므로 전체(corrected total)의 자유도(df, degree of freedom)는 13이 되었다. 기타 평균자승합(MS, Mean Square)과 F-통계량이 나타나 있으며, 확률(P>F)이 0.05보다 작은 경우 유의수준 5%($\alpha = 0.05$)에서 유의성이 있다고 판단한다. 최종적으로 추정된 직선 회귀식은 절편(intercept) $= b$, x, 즉 회귀계수 $= a$가 되므로 $y = 0.00907x - 0.08836$와 같다(표 1).

선형모형은 해충의 적산온도 예찰모형(degree day model) 작성(뒤에서 다시 설명함)에 기본이 된다. 경우에 따라서는 선형구간에 포함된 자료들 중에서도 중요도가 다를 수 있다. 즉, 봄철 발생하는 해충의 발생 시기를 예측하고자 하는 경우는 저온부분의 온도자료가 더 중요하다(봄철에는 여름철과 같이 고온이 자주 나타나지 않는다). 따라서 온도별 출현 빈도수를 이용하여 가중회귀분석을 실시할 수 있다(Van Kirk and AliNiazee, 1981). 제주지역에서 2019년 3~5월 사이 평균기온의 출현 빈도수를 예로 들면 〈부록 2〉와 같다. 온도의 범위를 임의로 ±0.5로 두었다. 온도출현 빈도수의 상대 비율을 가중치로 사용한다. 가중회귀분석은 SAS을 이용한 방법을 간단히 소개했으며 결과의 해석은 일반회귀분석과 동일하다. 가중치가 0인 자료가 제거됨에 따라 전체 자유도는 감소했다.

3) 발육영점온도와 온량상수의 계산

선형 회귀식의 매개변수가 추정되면 이를 이용하여 발육영점온도와 온량상수(발육완료에 필요한 적산온도)를 계산할 수 있다. 발육영점온도(T_L)는 이 직선회귀식으로부터 발육률이 0이 되는 온도를 추정하여 정한다. 즉, $0 = aT_L + b$가 되므로 $T_L = -b/a$의 값이 된다(Arnold, 1959; Campbell et al., 1974).

온량상수(thermal constant)는 발육이 완료되는 데 필요한 총 온도의 양이고, 발육영점온도 이상에서만 유효하기 때문에 다음의 식으로 계산할 수 있다(Blunk, 1923; Lin et al., 1954).

$$K = D(t - T_L) \quad (2)$$

여기서 D = 발육기간, t = 실험온도를 나타낸다. 실험에 포함된 모든 온도에서 온량상수를 계산하여 평균값을 사용한다(단, 선형구간을 벗어난 35℃의 값은 제외함). 본 예제에서 계산된 값은 111.5일도(DD, degree days)가 되었다(표 2).

한편 이 온량상수(K)는 추정된 회귀식의 기울기의 역수 값($1/a$)으로 계산할 수 있다(Arnold, 1959; Campbell et al., 1974). 개별온도를 이용한 온량상수 계산식(식 2)에 선형모형을 대입하여 정리하면 다음과 같은 식이 된다. 즉 x를 온도라고 할 때, $D = 1/(ax + b)$, $T_L = -b/a$이 되므로 다음이 성립한다.

$$K = \frac{1}{ax+b}\left(x + \frac{b}{a}\right)$$

$$= \frac{\frac{ax+b}{a}}{ax+b} = \frac{1}{a} \text{ 이 된다.} \quad (3)$$

예제(표 1)에서 회귀식으로 계산한 온량상수는 110.2일도로 개별온도 계산법의 111.5일도와 약간의 차이가 있다. 이는 개별온도 계산법의 경우 직선상(회귀선)에서 약간 벗어난 자료의 값이 존재하기 때문에 나타나는 변이다. 따라서 온도와 발육률 간의 선형구간을 먼저 찾아내고 회귀식을 이용하여 온량상수를 추정하는 것이 논리적인 방법이라 할 수 있다.

선형모형 매개변수와 발육영점온도, 온량상수(발육완료에 필요한 적산온도) 추정값을 표현하는 일반적인 양식을 〈표 1〉에 제시했다. 참고로 일반회귀선과 가중회귀선을 비교하면 가중회귀의 경우 저온영역의 온도자료를 더 반영했기 때문에 발육영점온도가 9.6℃로 약간 낮은 값을 보였다. 가중회귀모형은 포장의 온도환경을 반영할 수 있다는 장점이 있으며, 서부양벚과실파리(*Rhagoletis indifferens*) 월동 번데기의 성충우화 예측에 가장 적은 변이를 나타낸 바 있다(Van Kirk and AliNiazee, 1981).

발육영점온도와 온량상수의 표준오차는 다음과 같이 계산할 수 있다(Campbell et al., 1974).

표 1. 온도와 발육기간 선형모형 추정값과 발육영점온도와 온량상수(적산온도)

회귀방식	온도발육 선형모형			발육영점온도 (℃)	온량상수 (DD)
	회귀식(y: 발육률, x: 온도)	df	R^2		
일반회귀	$y = 0.00907x - 0.08836$	13	0.97	9.7	110.2
가중회귀	$y = 0.00882x - 0.08498$	10	0.91	9.6	113.4

표 2. 발육기간자료를 직접 이용한 온량상수의 계산 결과

온도(t)	발육기간(D)	유효온도(t-TL)	온량상수(D(t-TL))	비고
15	18.9	5.3	100.2	
16	21.6	6.3	136.1	
17.5	12.9	7.8	100.6	
18	14.6	8.3	121.2	
20	10.8	10.3	111.2	
20	9	10.3	92.7	
22.5	9.3	12.8	119.0	
22.5	8.2	12.8	105.0	
25	7.4	15.3	113.2	
25	7.9	15.3	120.9	
27.5	6	17.8	106.8	
28	6.5	18.3	119.0	
30	5.3	20.3	107.6	
32	4.8	22.3	107.0	
35	6.5	25.3	164.5	제거됨
평균			111.5	

$$\text{발육영점온도의 표준오차} = \frac{\bar{y}}{a}\sqrt{\frac{s^2}{N\bar{y}^2} + \left[\frac{SE_a}{a}\right]^2}$$

$$\text{온량상수의 표준오차} = \frac{SE_a}{a^2}$$

여기서 a = 회귀계수, SE_a = 회귀계수의 표준오차, s^2 = 오차항의 평균자승합(즉 분산), $\bar{y}$ = 평균 발육률(즉 각 온도 발육률의 평균), N = 표본수(즉 처리온도의 수)다.

앞(표 1)에서 추정한 일반회귀분석 결과를 이용하여 각 표준오차를 계산할 수 있다. 즉 $a = 0.00907$, $SE_a = 0.000486$, $s^2 = 0.00008726$, $\bar{y} = 0.11840$, $N = 14$가 되며, 따라서 발육영점온도의 표준오차는 0.28, 온량상수의 표준오차는 5.9가 된다.

3. 선형모형을 이용한 해충 발생 시기의 예측방법

1) 해충 발생 시기의 예측 원리

온량상수는 곤충(식물 등 다른 변온생물에도 모두 해당됨)의 어떤 특정 발육단계 또는 전체 발육기간의 완료에 필요한 온도의 총량으로 정의할 수 있다. 앞서 언급했듯이 레오뮈르는 일평균온도를 합산하여 곤충의 출현 시기 예측에 적용하는 방법을 제시했다. 곤충은 온도가 발육영점온도 이하로 내려가면 이론적으로 발육이 정지되기 때문에 일평균온도를 합산하는 방법은 정확한 방법은 아니다. 따라서 현대의 해충 발생 예측 분야에서는 발육영점온도 이상의 온도 부분(유효온도)을 적산하는 방법을 사용하고 있다.

일별 유효온도를 적산하므로 단위는 일도(degree day, DD)가 되며 그 결과는 누적일도(즉 적산온도)가 된다. 적산온도가 대상해충의 특정 발육단계에 해당되는 온량상수에 도달되었을 때 대상해충의 그 발육단계가 완료되고 다음 발육단계가 출현한다. 예를 들어 어떤 곤충 알의 온량상수가 100이라고 할 때 외부온도를 이용하여 계산한 적산온도가 100에 도달되면 그 알은 부화하여 1령 유충 또는 약충이 된다.

온량상수는 실험으로 얻은 여러 개체의 발육기간의 평균으로 추정한 값이다. 따라서 대략 온량상수는 50%의 개체가 발육을 완료하는 시점을 나타낸다. 개체 간 발육기간의 변이가 심하지 않은 경우는 온량상수 근방에서 출현하는(즉 발육을 완료하는) 개체수의 빈도수가 집중될 것이다. 하지만 개체 간 발육기간의 변이가 심하거나 야외에서 해충이 매우 이질적인 온도환경에 놓여 있는 경우는 온량상수를 중심으로 발육을 완료하는 개체의 빈도가 실제는 넓게 분포하게 된다. 이렇게 평균의 위치를 결정한다는 점에서 선형모형의 온량상수를 기반으로 작성한 해충 발생 예측 모형은 전형적인 결정론적 모형(deterministic model)이라 할 수 있다.

2) 적산온도의 계산방법

적산온도는 '일도(DD)'라는 고유의 단위로 나타내며, 일도가 기본단위가 된다. 일도는 1일(day) 동안 누적되는 온도의 양(degree)을 나타내는 의미가 있다.

하루 중 대기온도의 변화는 사인곡선(sine wave)의 형태를 보인다(그림 3). 예제 그림에서 하루의 평균온도는 22℃를 나타낸다. 어느 곤충의 발육영점온도가 10℃, 발육상한온도가 38℃라고 가정했을 때, 하루 동안의 온도변화는 새벽 4시가 지나면서 발육영점온도 이상으로 증가하였고, 저녁 8시(20시)부터는 다시 발육영점온도 이하로 떨어지고 있다. 따라서 하루 중 발육영점온도 이상의 온도로 유지된 부분은 사인곡선의 아랫부분이 되며, 실제 이 부분이 하루 동안 누적되는 일유효온도(daily effective temperature)다. 적산온도 계산에서 사인곡선법은 이렇게 실제 온도변화의 현상을 반영하고 있다. 다만 계산이 복잡하기 때문에 간단하게 일평균온도를 이용하는 방법(일평균온도법)을 많이 사용한다.

일평균온도법은 하루를 기준으로 발육영점온도와 일평균온도 사이의 면적을 계산하는 방법이다. 예제(그림 3)에서와 같이 '(22℃-10℃) = 12'만큼의 양이 1일(day) 동안 경과되는 것이므로 총면적, 즉 일유효온도는 '(22℃-10℃)×1일 = 12일도'가 된다. 결과적으로 하루 단위로 일유효온도를 계산하여 계속 누적한 값이 적산온도(accumulated temperatures)가 되며, 실제로 산출된 값은 누적일도(accumulated degree days)가 된다.

사인곡선법, 삼각형법 등 다양한 종류의 적산온도 계산법이 개발되었으며(Lindsey and Newman, 1956; Arnold, 1959, 1960; Allen, 1976; Pruess; 1983; Higley et al., 1986; Raworth, 1994), 몇 가지 방법의 계산원리는 다음과 같다. 실제 계산에 필요한 수식과 세부방법은 자롬(Zalom et al., 1983)에 제시되어 있다.

(1) 일평균온도법(average temperature method)

이 방법은 일평균온도에서 발육영점온도 이상의 부분을 누적하는 것으로 쉽게 계산할 수 있어 가장 많이 이용하는 방법 중 하나다. 여기서는 사인곡선 형태의 온도

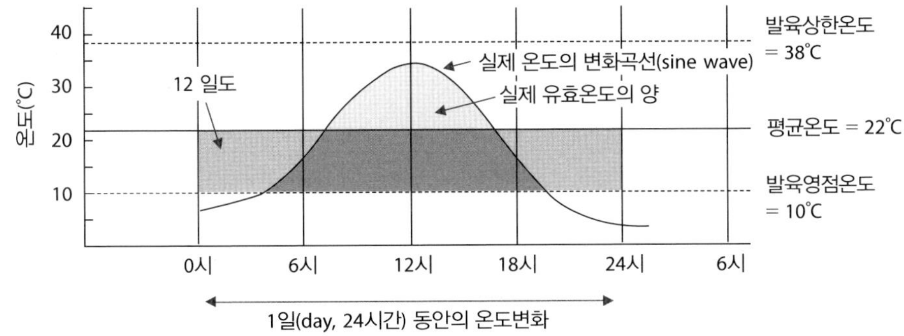

그림 3. 적산온도 기본단위인 일도(degree days)의 개념

변화에서 실제 경과되지 않는 양쪽 부분의 면적이 일유효온도로 포함되고, 실제 포함되는 사인곡선과 평균온도 이상 사이의 부분은 제거해 계산한다(그림 3). 따라서 이 방법은 제거되는 부분과 포함되는 부분이 비슷하여 상쇄된다는 것을 가정하고 있다.

(2) 사인곡선법(sine wave method)

이 방법은 단일사인곡선법(single sine wave method)과 이중사인곡선법(double sine wave method)으로 구분할 수 있다(그림 4).

단일사인곡선법은 하루 단위로 최저온도와 최고온도를 기준으로 사인곡선을 그리고 면적을 계산하며, 다음날 다시 최저온도와 최고온도 기준의 새로운 사인곡선을 적용하여 일유효온도를 계산하는 방식이다.

이중사인곡선법은 하루를 12시간 간격으로 나누어 사인곡선의 면적을 계산하는 방법이다. 첫 사인곡선은 최저온도와 최고온도 기준으로 작성하고, 다음 12시간 기간의 사인곡선은 최고온도와 다음날 최저온도 기준으로 작성하여 계속 반복하여 반쪽 사인곡선을 그려나가면서 면적을 계산한다.

(3) 삼각형법(triangle method)

이 방법은 단일삼각형법(single triangle method)과 이중삼각형법(double triangle method)으로 구분할 수 있다(그림 5).

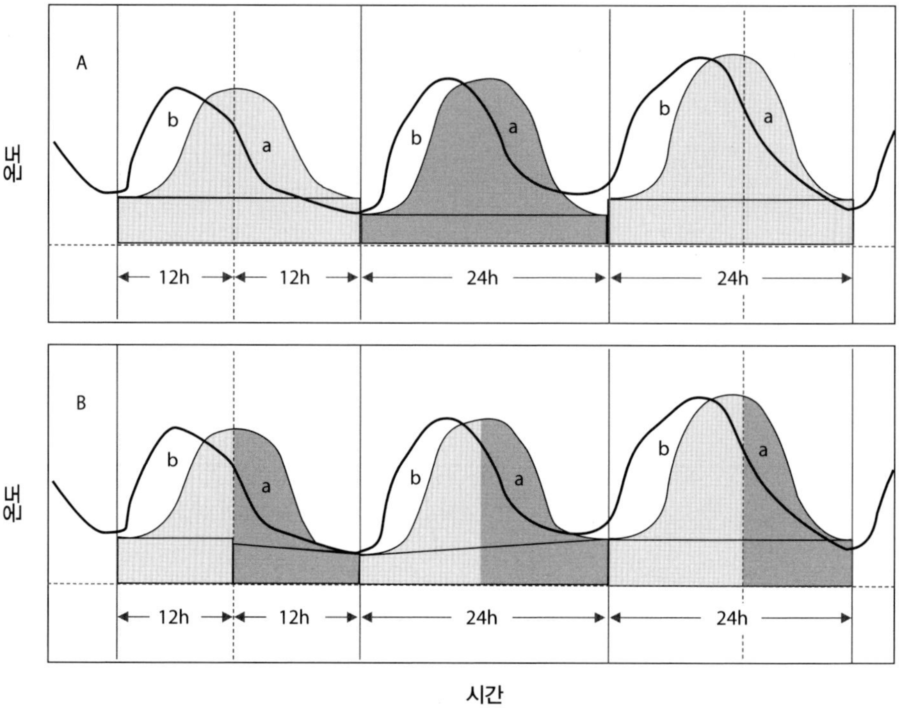

그림 4. 적산온도 계산법의 원리, 사인곡선법. A: 단일사인곡선법, B: 이중사인곡선법
a와 b는 각각 계산에 반영된 부분과 실제 온도변화를 나타냄.

단일삼각형법은 최소온도와 최대온도를 기준으로 이등변삼각형의 면적을 계산하는 방식이다. 전날과 다음날의 최소온도가 동일하다고 가정한다. 즉 실제 온도곡선과 어긋나는 부분은 동일한 것(a =b)으로 간주한다.

이중삼각형법은 하루 두 개의 직각삼각형을 기준으로 면적을 계산한다(12시간 단위). 전반 12시간은 최저온도와 최고온도 지점에서 직각삼각형을 적용하고, 다음 12시간은 최고온도와 다음날 최저온도에 맞추어 직각삼각형을 적용하며, 계속 반복하여 직각삼각형을 그려나가면서 면적을 계산한다.

(4) 직사각형법(rectangle method)

이 방법은 하루 중 최저온도가 발육영점온도 이상일 때는 일평균온도법과 동일하고, 사이곡선법과도 큰 차이가 없다(Arnold, 1960). 그러나 최저온도가 발육영점온도

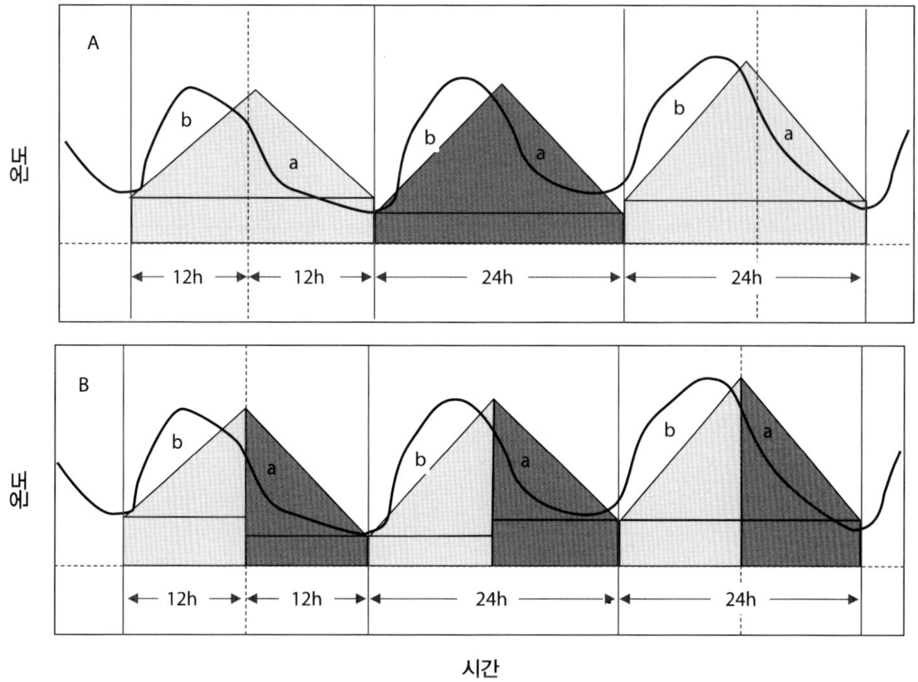

그림 5. 적산온도 계산법의 원리, 삼각형법. A: 단일삼각형법, B: 이중삼각형법

a와 b는 각각 계산에 반영된 부분과 실제 온도변화를 나타냄.

이하일 경우에는 최저온도를 무시하고 최고온도와 발육영점온도의 평균값을 그날의 평균온도로 이용함으로써 이러한 상황에서는 일평균온도법이나 사인곡선법보다 유효온도가 크게 추정된다.

(5) 상하한 이탈온도의 제거법(cutoff method)

대상해충의 발육상한임계온도가 결정되어 있는 경우 대기온도가 이 상한온도를 초과하게 되면 누적되는 일유효온도가 과대평가될 수 있다. 따라서 발육상한임계온도 이상의 부분을 제거하는 방법으로 일반적으로 수평제거법(horizontal cutoff) 또는 수직제거법(vertical cutoff)이 적용된다(그림 6). 발육하한온도 부분은 발육영점온도에 의하여 자동으로 제거되므로 고려할 필요가 없다.

수평제거법은 상한임계온도 이상의 부분의 면적을 제거하는 방법이다. 따라서

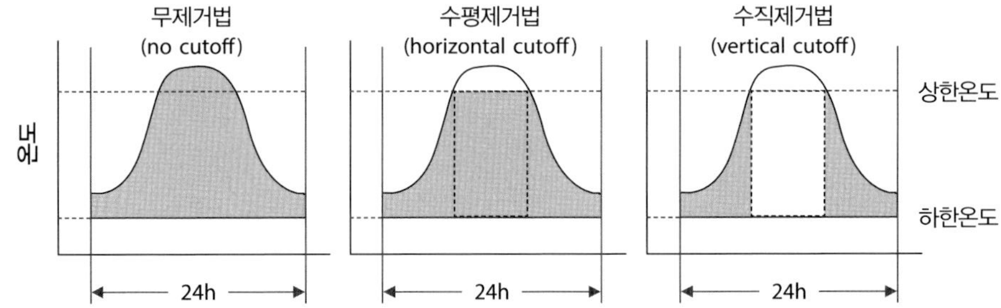

그림 6. 상하한 이탈온도의 제거법

수평제거법에서는 상한온도까지만큼의 면적이 반영되어 계산되며, 그만큼 발육이 진행된다고 가정한다. 반면 수직제거법은 상한온도를 초과하는 경우 발육이 정지되는 것으로 가정하고, 그 부분을 모두 제거하는 방식을 취한다.

미국 캘리포니아 대학에서는 다양한 농작물 해충의 적산온도 예측모형을 온라인으로 제공하고 있으며, 수평제거법의 사인곡선법을 표준으로 적용하고 있다(UC, 2020).

3) 선형모형(적산온도 모형)의 한계와 전제조건

선형모형 기반의 적산온도모형은 계산이 간단하면서도 종종 정확도가 높으며 쉬운 수식이 사용되기 때문에 해충 발생 시기 예찰 분야에서 폭넓게 활용되었다(Obrycki and Tauber, 1981). 하지만 중위온도영역에서의 온도와 발육률 간의 관계식으로 작성되기 때문에 저온과 고온 영역에서는 실제 발육에서 벗어날 수 있다는 약점이 있다. 즉, 저온영역에서는 실제 발육을 과소평가할 수 있고, 고온영역에서는 과대평가할 수 있다(Howe, 1967; Hilbert and Logan, 1983). 따라서 3장에서 다루는 비선형 온도발육모형을 적용하여 이러한 단점을 극복하고 있다. 추정된 발육률 곡선이 곤충의 실제 발육을 정확하게 설명할 수 있다고 하더라도 적산온도를 적용하는 경우 근본적인 한계가 존재하며 몇 가지 가정을 전제로 한다(Higley et al., 1986).

① 기질의 가용성(substrate availability): 어떤 곤충이 적온상태에 있다고 하더라도 발육에 필요한 기질이 충분히 존재해야만 온도에 따라 정상적인 발육이

가능하다. 또한 기질은 온도변화에 따라 즉각적으로 반응하여 곤충발육에 이용되지는 않는다. 적산온도모형에서는 항상 충분한 기질을 즉각적으로 동원하여 이용할 수 있다는 것을 가정한다.

② 효소의 가용성(enzyme availability): 변온조건에서는 온도변화에 따라 호르몬에 의해 조절되는 효소활성이 변화되기 때문에 항온조건에서 나타나는 발육과는 다를 수 있다. 그러나 적산온도모형에서는 항온과 변온에서 발육률의 차이가 없다고 가정한다.

③ 제한된 실내발육실험(항온) 자료와 한계온도의 근사치 추정: 실내 항온발육실험을 통하여 얻은 제한된 개체수의 발육기간자료를 바탕으로 한계온도(발육영점온도, 발육상한온도)를 추정한다. 저온에서 곤충의 발육은 아주 느리게 진행되어 궁극적으로 '0'에 접근하므로 실험적으로 발육영점온도를 구명하기 불가능하다. 따라서 선형모형의 외삽을 통하여 추정한 근사치를 사용한다. 발육상한온도의 경우도 상한치사온도와 구분하기 쉽지 않아 대략적인 근사치를 이용하고 있다.

④ 단일 발육한계온도의 이용: 발육영점온도나 발육상한온도는 곤충의 발육단계 및 유충의 경우 영기에 따라 다른 경우가 일반적이다. 보통 발육단계를 통합하여 발육한계온도를 추정한 값을 이용한다.

⑤ 곤충의 온도조절 능력 배제: 곤충은 행동 또는 생리적인 온도조절 능력이 있기 때문에 외부온도에 민감하게 반응하여 실제 외부온도와는 다른 환경에 놓여 있을 수 있다. 외부온도가 너무 고온으로 올라가는 경우 그늘 또는 서늘한 장소로 이동하거나 생리적으로 온도를 낮추는 기작을 나타낸다.

⑥ 온도자료의 대표성: 적산온도 계산에 사용하는 외부 대기온도의 경우 실제 곤충의 서식처가 아닌 장소에서 측정되는 경우가 많다. 농장 내 설치된 장치에서 온도자료를 이용하더라도 곤충의 미소서식처(microhabitat) 온도와는 차이가 있을 수 있다.

위에 기술한 여러 가지 한계는 실제로 존재하지만, 곤충발육에 대한 온도의 영향이 다른 요인을 상쇄할 만큼 크기 때문에 적산온도모형은 해충 예찰에서 활용가치가 높다(Higley et al., 1986).

4. 선형모형 기반 해충 발생 예찰모형의 실제

1) 배과원 가루깍지벌레 월동알의 부화 시기 예찰모형

(1) 모형 개발을 위한 발육자료의 선택

가루깍지벌레는 배의 주요 해충으로 거친 껍질 밑에서 알로 월동한다. 성충은 왁스 물질을 분비하고 그 안에 무더기로 알을 낳는다(난괴). 거친 껍질 밑에 있고 부화한 약충들이 초기 이동하여 은폐된 서식처로 들어가기 때문에 부화약충 발생기 적기 방제가 필요한 해충이다.

시기별 월동알을 채집하여 온도별 가온 사육하고 부화까지 걸린 기간을 조사한 자료는 〈표 3〉과 같다(Jeon et al., 1996). 가루깍지벌레는 알 휴면상태로 월동하는 해충으로 휴면이 완전히 타파된 상태의 발육기간자료를 선택하는 것이 필요하다. 즉 휴면타파가 불완전한 상태의 알은 발육기간이 비이상적으로 증가될 수 있다. 예제자료(표 3)에서 2월 9일 자료는 다른 날의 자료보다 발육기간이 더 긴 현상을 보이는데 이는 아직 휴면상태의 개체들이 일부 포함되어 있기 때문으로 해석할 수 있다. 3월 11일부터는 발육기간이 상대적으로 짧아지는데, 외부온도의 영향을 받아서 가온사육 이전 이미 발육이 일부 진행되었기 때문으로 판단된다. 휴면이 완전히 종료되고 생리적 연령이 '0' 상태의 자료를 얻는 실험적 방법이 참고문헌에 소개되어 있으며(Judd and McBrien, 1994), 여기서는 가온 시기별 얻은 자료에서 발육기간의 변동이 적은 부분을 선택하는 것으로 대체한다. 즉 2월 18일, 2월 25일, 3월 4일 자료는 휴면타파 상태에 있고, 외부온도가 아직 발육영점온도 이상으로 올라가지 않아서 생리적 연령이 '0' 상태에서 얻은 것으로 가정했다.

(2) 기본 매개변수의 추정

매개변수 추정을 위한 온도별 발육자료는 평균값인 10℃는 0.0일, 15℃ 44.8일,

표 3. 가온 시기에 따른 가루깍지벌레 월동알의 발육기간 및 자료의 선택

온도 (℃)	가온사육일(월/일)							선택된 자료의 평균 (2/18, 2/25, 3/4)		
	2/9	2/18	2/25	3/4	3/11	3/25	4/8	발육기간	발육률	D · T
10	미부화	미부화	미부화	미부화	미부화	-	-	0	0	-
15	56.2	48	42.4	43.9	39.6	37.2	-	44.8	0.0223	671.5
20	26.1	22.6	19.2	21.5	20.4	18.8	17.6	21.1	0.0474	422.0
25	14.2	11.6	11.7	11.6	10	9.1	9.4	11.6	0.0860	290.8
27	13.2	12.2	12.3	12.5	11.5	9.5	9.6	12.3	0.0811	333.0

원자료 출처(Jeon et al., 1996): 원본에서는 10℃ 자료를 제거하고 회귀분석을 하였으므로 발육영점온도와 온량상수가 각각 11.9와 144.1DD로 다르게 계산되었음.

표 4. 주요 매개변수 추정값과 표준오차의 계산

매개변수	추정값	표준오차(SE)	비 고
회귀계수(a)	0.005662	0.0004386	$y = 0.005662x - 0.06016$ (y: 발육률, x: 온도)
절편(b)	−0.06016	0.0080581	
결정계수(R^2)	0.0968	-	
오차분산(s^2)	2.40E − 05	-	
표본평균($\bar{y}$)	0.0389	-	
표본수(N)	4	-	
온량상수	176.6	13.68	
발육영점온도	10.6	0.44	

20℃ 22.1일, 25℃ 11.6일, 27℃ 12.3일을 사용했다. 선형구간에서 벗어난 자료는 DT 값에 나타난 것과 같이 온도에 따라서 감소하다가 갑자기 증가하는 27℃ 값으로 선형모형 추정에서 제거되었다(표 3). 따라서 총 4개의 자료를 이용하여 회귀분석을 실시했다.

선형모형 추정결과 〈표 4〉와 같이 발육영점온도 10.6℃, 온량상수 176.6일도(DD)가 산출되었으며, 기타 필요한 표준오차를 계산할 수 있다. 이 결과는 가루깍지벌레 월동알의 경우 일별 발육영점온도 이상의 온도를 누적하여 그 값이 176.6일도가 되면 부화를 한다는 것을 나타낸다. 또한 평균발육기간을 이용하여 매개변수를 추정했기 때문에 부화 시기의 중간값(평균부화일)이 되므로 실제로는 월동알 개

표 5. 가루깍지벌레 월동알 부화 실측치와 모형 예측치 비교

연도	실측치	일평균법		삼각형법		사각형법		사인곡선법	
		예측일	편차	예측일	편차	예측일	편차	예측일	편차
1992	5월 5일	5월 6일	-1	5월 3일	2	4월 23일	12	5월 1일	4
1993	5월 9일	5월 10일	-1	7월 7일	2	5월 1일	8	5월 6일	3
평균			-1		2		10		3.5

원자료 출처(Jeon et al., 1996): 월동알 부화자료.

체군의 약 50%가 부화를 완료하는 시기를 의미한다.

(3) 적산온도의 계산 및 실측치와 비교(포장적합)

선형모형으로 추정한 발육영점온도 10.6℃와 온량상수 176.6일도(DD)를 이용하여 야외 변온조건에서 가루깍지벌레 월동알의 부화 시기를 예측할 수 있다. 기상자료(대기온도)를 수집하여 적산온도를 계산하면 간단히 달성된다. 더 중요한 것은 모형의 포장적합성 평가를 위한 실제 야외자료를 획득하는 것이다.

가루깍지벌레의 경우 난괴상태로 월동하므로 일정 수의 월동난괴를 표시해놓고 주기적으로 부화 여부를 관찰하여 실측자료를 얻을 수 있다. 조사간격은 짧을수록 좋으나 5~7일 간격의 조사자료도 포장적합에는 무리가 없다. 또한 한 개의 난괴는 200~500개의 알로 구성되어 있으므로 20~30%의 알이 부화한 경우 부화된 난괴로 판단하는 등 일정 기준이 필요하다. 본 예제의 월동난괴 부화기준은 2/3의 알이 부화된 것을 기준으로 했다.

적산온도를 계산하여 실측자료와 비교하여 모형의 정확도를 판단할 수 있다. 적산온도 계산방법으로 일평균법, 삼각형법, 사각형법, 사인곡선법을 적용하여 비교하면 〈표 5〉와 같다. 일평균법이 실측치보다 1일 늦게 예측되었으며 편차가 가장 적었고, 사각형법은 일유효온도를 과대평가하여 너무 일찍 부화일이 예측되고 있다. 포장적합의 통계적 검정방법은 제6장에서 기술했다.

표 6. 사과굴나방 월동번데기의 온도별 발육기간(평균, 일)

온도	발육기간	온도	발육기간
10.2	49.8	24.2	12.2
12.7	38.8	28.0	10.7
15.3	30.2	32.0	14.5
18.9	17.3	35.1	22.2
22.0	15.3	-	-

가정: 월동번데기는 휴면타파가 완전히 끝난 상태이고, 휴면 후 발육이 전혀 일어나지 않았다.

표 7. 사과굴나방 월동세대(월동번데기 우화기) 실측 우화 시기(수원)

연도	최초 우화 시기	50% 우화 시기	우화 종료 시기
1993	4월 13일	5월 9일	5월 26일
1994	4월 25일	5월 12일	5월 25일
1995	4월 20일	5월 10일	6월 1일

본 자료는 실측자료가 아니며 가상의 자료임.

2) 사과원 사과굴나방 월동번데기의 성충우화 시기 예찰모형 작성(실습자료)

(1) 실습문제

다음은 사과굴나방 월동번데기(용)의 성충으로 우화까지 온도별 발육기간(표 6)과 사과원에서 실측한 우화 시기 자료다(표 7).

월동번데기의 발육영점온도를 산출하고 적산온도에 의한 50% 우화 시기를 추정하여 실측치와 비교하라(단, 월동번데기는 휴면타파가 완전히 끝난 상태이고, 휴면 후 발육이 전혀 일어나지 않은 상태라고 가정).

(2) 실행순서

첫째, 선형구간의 자료 범위를 선택한다.

- 이케모토의 D-DT법: 발육기간(D, x축)과 발육기간×온도(DT, y축) 그래프를 작성하고 선형에서 벗어난 자료는 제거한다.
- 기타 결정계수 비교법: 선형구간에서 벗어난 자료를 제거하고 회귀분석한 다

음 결정계수가 가장 큰 자료 범위를 선택한다.

둘째, 회귀분석 결과를 이용하여 발육영점온도와 발육완료에 필요한 온량상수 추정한다.

셋째, 실제 기상자료를 이용하여 적산온도를 계산하고 발생 시기를 예측한다.

마지막으로 예측치와 실측치를 비교하여 정확도를 평가한다.

본 원고는 한국응용곤충학회지 56권 1호에 게재된 논문(Kim et al., 2017)을 참조하여 작성하였음(본문 내 인용 생략).

Please cite this chapter as: Kim, D.-S., Lee, J.-H., 2021. Linear model of temperature-dependent development of insects and its application on the forecasting models of insect pests, In: Lee, J.-H., Kim., D.-S., Jung, C., Park, Y.-L. (eds.), Research Methodology in Insect Ecology, Seoul National University Press, Seoul, pp. 23-48.

참고문헌

Ahn, J.J., Son, Y., He, Y., Lee, E., Park, Y-L. 2016. Effects of temperature on development and voltinism of *Chaetodactylus krombeini* (Acari: Chaetodactylidae): Implications for climate change impacts.PLOS One 11, e0161319.

Allen, J.C. 1976. A modified sine wave method for calculating day degrees. Environ. Entomol. 5: 388-396.

Amarasekare, P., Savage, V. 2012. A framework for elucidating the temperature dependence of fitness. Am. Nat. 179, 178-191.

AMS(American Meteorological Society). 2012. *Thermal constant, AMS Gl*ossary. (http://glossary.ametsoc.org/wiki/Thermal_constant)

Arnold, C.Y. 1959. The determination and significance of the base temperature in a linear heat unit system. Proc. Am. Soc. Hortic. Sci. 74, 430-435.

Arnold, C.Y. 1960. Maximum-minimum temperatures as a basic for computing heat units. proc. Am. Soc. Hort. Sci. 76, 682-692.

Blehrádek, J. 1935. Temperature and Living Matter (Protoplasma-Monographien, Vol. 8). Berlin, Gebrüder Borntraeger.

Blunk, H. 1923. Die entwicklung der Dytiscus marginalis L. vom Ei bis zur imago. Z. Wiss. Zool. 121, 171-391.

Bodenheimer, F.S. 1924. On the prediction of the number of generations of insects. II. The temperature development curve in insects of medical importance. Cbl. Bakt. (I. Abt., Orig.) 93, 474-480.

Briere, J.F., Pracros, P., Le Roux, L.Y., Pierre, J.S. 1999. A novel rate model of temperature-dependent development for arthropods. Environ. Entomol. 28, 22-29.

Campbell, A., Frazer, B.D., Gilbert, N., Gutierrez, A.P., Mackauer, M. 1974. Temperature requirements of some aphids and their parasites. J. Appl. Ecol. 11, 431-438.

Curry, G.L., Feldman, R.M. 1987. Mathematical foundations of population dynamics. Mono. Ser. 3. Tex. Eng. Exp. Stn., College Station, TX. 246pp.

Damos, P., Savopoulou-Soultani, M. 2012. Temperature-driven models for insect development and vital thermal requirements. Psyche 2012, 1-13.

Dixon, A.F.G., Honek, A., Keil, P., Kotela, M.A.A., Sizling, A.L., Jarosik, V. 2009. Relationship between the minimum and maximum temperature thresholds for development in insects. Funct. Ecol. 23, 257-264.

Fand, B.B., Sul, N.T., Bal, S.K., Minhas, P.S. 2015. Temperature impacts the development and survival of common cutworm (*Spodoptera litura*): Simulation and visualization of potential population growth in India under warmer temperatures through life cycle modelling and spatial mapping. PLOS One e0124682.

Higley, L.G., Pedigo, L.P., Ostle, K.R. 1986. DEGDAY: a program for calculating degree-days, and assumptions behind the degree-day approach. Environ. Entomol. 15, 999-1016.

Hilbert, D.W., Logan, J.A. 1983. Empirical model of nymphal development for migratory grasshopper, *Meldnoplus sanguinipes* (Orthoptera: Acrididae). Environ. Entomol. 12, 1-5.

Honek, A. 1999. Constraints on thermal requirements for insect development. Entomol. Sci. 2, 615-621.

Howe, R.W. 1967. Temperature effects on embryonic development in insects. Annu. Rev. Entomol. 10, 15-42.

Huey, R.B., Kingsolver, J.G. 1989. Evolution of thermal sensitivity of ectotherm performance. TREE 4, 131-135.

Ikemoto, T., Takai, K. 2000. A new linearized formula for the law of total effective temperature and the evaluation of line-fitting methods with both variables subject to error. Environ. Entomol. 29, 671-682.

Ikemoto, T. 2003. Possible existence of a common temperature and a common duration of development among members of a taxonomic group of arthropods that underwent speciational adaptation to temperature. Appl. Entomol. Zool. 38, 487-492.

Jeon. H.Y., Kim, D.-S. Yiem, M.S. Lee, J.H. 1996. Modeling Temperature-Dependent Development and Hatch of Overwintered Eggs of *Pseudococcus comstodki* (Homoptera: Pseudococcidae). Korean J. Appl. Entomol. 35, 119-125.

Johnson, F.H., Lewin, I. 1946. The growth rate of *E. coli* in relation to temperature, quinine and coenzyme. J. Cell. Comp. Physiol. 28, 47-75.

Judd, G.J.R., McBrien, H.L. 1994. Modeling temperature-dependent development and hatch of overwintered eggs of *Campylomma verbasi* (Heteroptera: Miridae). Environ. Entomol. 23: 1224-1234.

Kim, D.-S., Ahn, J.J., Lee, J.-H. 2017. A review for non-linear models describing temperature-dependent development of insect populations: characteristics and developmental process of models. Korean J. Appl. Entomol. 56, 1-18.

Kim, D.-S., Lee, J.-H., Yiem, M.-S. 2001. Temperature-dependent development of *Carposina sasakii* (Lepidoptera: Carposinidae) and its stage emergence models. Environ. Entomol. 30, 298-305.

Lactin, D.J., Holliday, N.J., Johnson, D.L., Craigen, R. 1995. Improved rate model of temperature-dependent development by arthropods. Environ. Entomol. 24, 68-75.

Lin, S., Hudson, A.C., Richards, A.G., 1954. An analysis of threshold temperatures for the development of *Oncopeltus* and *Tribolium* eggs. Physiol. Zool. 27: 287-310.

Lindsey, A.A., Newman, J.E., 1956. Use of official weather service data in spring time-temperature analysis of an Indiana phenology record. Ecology 37, 812-823.

Logan, J.A., Wollkind, D.J., Hoyt, S.C., Tanigoshi, L.K. 1976. An analytic model for description of temperature dependent rate phenomena in arthropods. Environ. Entomol. 5, 1133-1140.

Obrycki, J.J., Tauber, M.J. 1981. Phenology of three coccinellid species: thermal requirements for development. Annu. Entomol. Soc. Am. 74, 31-36.

Pruess, K.P. 1983. Day-degree methods for pest management. Environ. Entomol. 12, 613-619.

Raworth, D.A. 1994. Estimation of degree-days using temperature data recorded at regular intervals. Environ. Entomol. 23, 893-899.

Réaumur, R.A.F.de. 1735. Observations de thermomètre, faites a Paris pendant Fannee 1735, comparees avec celles qui ont ete faites sons la ligne, a lTsle de France, a Alger, et en quelques-unes de nos isles de l'Amérique. Mem. Paris Acad. Sci. 1735, 545.

Régnière, J., Powell, J., Bentz, B., Nealis, V. 2012. Effects of temperature on development, survival and reproduction of insects: Experimental design, data analysis and modeling. J. Insect Physiol. 58, 634-647.

Shi, P., Ge, F., Sun, Y., Chen, C. 2011a. A simple model for describing the effect of temperature on insect development rate. J. Asia-Pac. Entomol. 14, 15-20.

Shi, P., Ikemoto, T., Egami, C., Sun, Y., Ge, F. 2011b. A modified program for estimating the parameters of the SSI model. Environ. Entomol. 40, 462-469.

Shi, P., Li, B-L., Ge, F. 2012. Intrinsic optimum temperature of the diamondback moth and its ecological meaning. Environ. Entomol. 41, 714-722.

Toyoshima, S., Arai, T., Yaginuma, K. 2010. Effect of constant temperature on the development of peach fruit moth, *Carposina sasakii* (Lepidoptera: Carposinidae). Bull. Natl. Inst. Fruit Tree Sci. 10, 1-8.

UC(University of California). 2020. Weather, models, & degree-days. Agriculture and Natural Resources in UC. (Accessed on 21 April 2020 at http://ipm.ucanr.edu/WEATHER/index.html)

Van Kirk, J.R., AliNiazee, M.T. 1981. Determining low-temperature threshold for pupal development of the Western cherry fruit fly for use in phenology models. Environ. Entomol. 10, 968-971.

Wagner, T.L., Wu, P.J.H. Shrape, Coulson. R.N. 1984b. Modeling distribution of insect development time: a literature review an application of Weibull function. Ann. Entomol. Soc. Am. 77, 475-487.

Wagner, T.L., Wu, H., Sharpe, P.J.H., Schoolfield, R.M., Coulson, R.N. 1984a. Modeling insect development rates: a literature review and application of a biophysical model. Ann. Entomol. Soc. Am. 77, 208-225.

Yan, W., Hunt, L.A. 1999. An equation for modelling the temperature response of plants using only the cardinal temperatures. Ann. Bot. 84, 607-614.

Yin, X., Kropff M.J., McLaren, G., Visperas, R.M. 1995. A nonlinear model for crop development as a function of temperature. Agric. For. Meteorol. 77, 1-16.

Zalom, F.G., Goodell, P.B., Wilson, L.T., Barnett, W.W., Bentley, W.J. 1983. Degree-days: The calculation and use of heat Units in pest management. University of California Division of Agriculture and Natural Resources, Leaflet 21373.

부록 01 복숭아심식나방 알 발육기간자료와 선형구간의 선택

표 1. 복숭아심식나방 알의 온도에 따른 발육기간자료

No.	섭씨온도(℃)	절대온도(°K)	발육기간(D)	발육률(1/D)	인용문헌
1	15.0	288.15	18.9	0.0529	Toyoshima et al., 2010
2	16.0	289.15	21.6	0.0464	Kim et al., 2001
3	17.5	290.65	12.9	0.0775	Toyoshima et al., 2010
4	18.0	291.15	14.6	0.0685	Kim et al., 2001
5	20.0	293.15	10.8	0.0929	Kim et al., 2001
6	20.0	293.15	9.0	0.1111	Toyoshima et al., 2010
7	22.5	295.65	9.3	0.1081	Kim et al., 2001
8	22.5	295.65	8.2	0.1220	Toyoshima et al., 2010
9	25.0	298.15	7.4	0.1355	Kim et al., 2001
10	25.0	298.15	7.9	0.1266	Toyoshima et al., 2010
11	27.5	300.65	6.0	0.1667	Toyoshima et al., 2010
12	28.0	301.15	6.5	0.1529	Kim et al., 2001
13	30.0	303.15	5.3	0.1887	Toyoshima et al., 2010
14	32.0	305.15	4.8	0.2088	Kim et al., 2001
15	35.0	308.15	6.5	0.1538	Kim et al., 2001

절대온도는 생물리학적 발육모형에 적용하기 위하여 제시하였음.

표 2. 복숭아심식나방 알의 온도 발육자료와 선형구간의 선택

No.	T(온도)	D(발육기간)	D · T	대기 일평균온도 빈도수			제거 여부
				범위	빈도수	가중치	
1	15.0	18.9	283.5	14.5~15.5	7	0.2059	
2	16.0	21.6	345.1	15.5~16.5	10	0.2941	
3	17.5	12.9	225.8	17.0~18.0	7	0.2059	
4	18.0	14.6	262.6	17.5~18.5	5	0.1471	
5	20.0	10.8	215.4	19.5~20.5	2	0.0588	
6	20.0	9.0	180.0	19.5~20.5	2	0.0588	
7	22.5	9.3	208.1	22.0~23.0	1	0.0294	
8	22.5	8.2	184.5	22.0~23.0	1	0.0294	
9	25.0	7.4	184.5	24.5~25.5	1	0.0294	
10	25.0	7.9	197.5	24.5~25.5	1	0.0294	
11	27.5	6.0	165.0	27.0~28.0	0	0.0000	
12	28.0	6.5	183.1	27.5~28.5	1	0.0294	
13	30.0	5.3	159.0	29.5~30.5	0	0.0000	
14	32.0	4.8	153.3	31.5~32.5	0	0.0000	
15	35.0	6.5	227.5	34.5~35.5	0	0.0000	제거

대기 일평균온도 빈도수: 가중회귀의 가중치를 선택하게 위하여 활용되었음.

부록 02 SAS를 이용한 선형회귀분석법(직선회귀)

일반회귀분석 사례	가중회귀분석 사례

data;
input x y w; //x = 온도, y = 발육률
cards;
15 0.0529
16 0.0463
17.5 0.0775
이하 데이터 생략
;
proc reg;
model y = x;
run;
	data;
	input x y w; //x = 온도, y = 발육률, w = 가중치
	cards;
	15 0.0529 0.2059
	16 0.0463 0.2941
	17.5 0.0775 0.2059
	이하 데이터 생략
	;
	proc reg;
	Weighted: model y = x;
	weight w;
	run;

일반회귀분석 결과: SAS 버전에 따라 다를 수 있음

Analysis of Variance					
Source	DF	Sum of Squares	Mean Square	F Value	Pr > F
Model	1	0.03041	0.03041	348.53	<.0001
Error	12	0.00105	0.00008726		
Corrected Total	13	0.03146			

Root MSE	0.00934	R-Square	0.9667
Dependent Mean	0.11840	Adj R-Sq	0.9639
Coeff Var	7.88943		

Parameter Estimates					
Variable	DF	Parameter Estimate	Standard Error	t Value	Pr > |t|
Intercept	1	-0.08836	0.01135	-7.78	<.0001
x	1	0.00907	0.00048605	18.67	<.0001

제3장

곤충 비선형 온도발육모형의 종류와 특성

김동순, 안정준, 이준호

1. 비선형 곤충발육모형의 역사

수학적 모형들은 가설과 실험적인 관찰을 통해서 얻은 지식을 일정한 형식에 맞추어 공식화하는 언어의 일종이라고 할 수 있다(Burnham and Anderson, 2002). 경험적인 모형은 원인과 결과를 결정할 수 있으며 다른 조건들하에서 일어날 수 있는 시스템의 행동을 기술하고 예측하는 데 이용될 수 있다. 온도발육모형은 곤충이라는 시스템에 외부의 영향(온도)에 따른 곤충발육의 변화를 묘사할 뿐만 아니라 그 과정에 대한 정량적인 특성을 개략적이고 함축적으로 나타내는 것으로 관찰과 관찰을 통한 정보의 축적 그리고 이들의 이해를 바탕으로 한다(Wagner et al., 1991; Régnière et al., 2012).

일반적으로 곤충발육기간은 온도가 증가함에 따라 감소하고 최적온도 이후에는 다시 증가하는 경향을 보인다. 온도발육모형 개발은 온도와 발육기간의 관계 함수보다는 발육기간의 역수(1/발육기간)를 취하여 온도와 곤충 발육속도(즉, 발육률)의 관계함수를 이용해왔다. 온도에 따른 발육률 곡선과 관련된 그동안의 보고(Logan et al., 1976; Wagner et al., 1984; Lactin et al., 1995; Briere et al., 1999; Ikemoto, 2003;

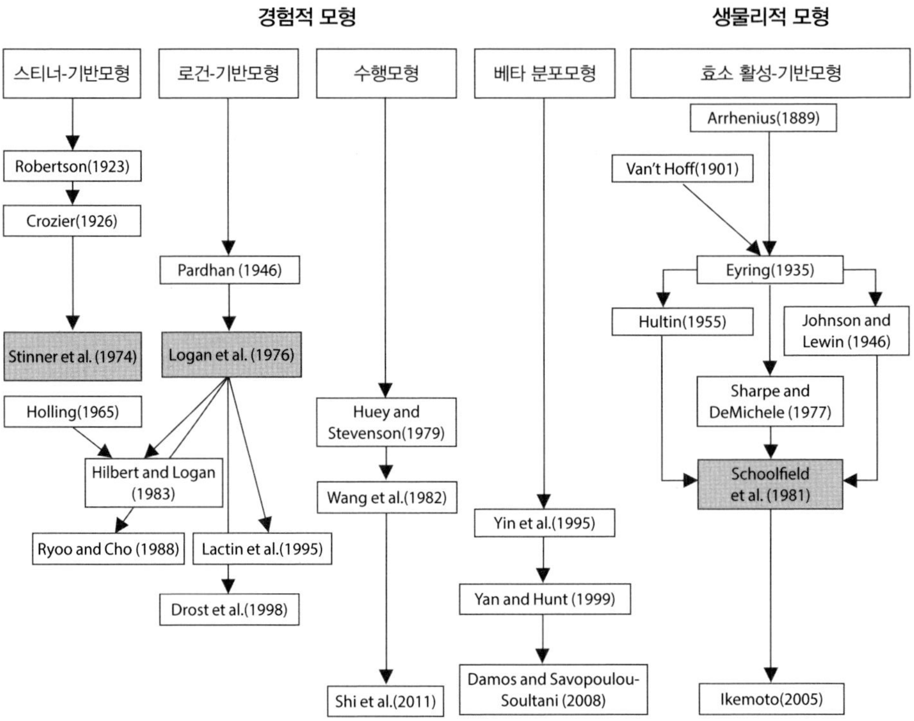

그림 1. 곤충 비선형 온도발육모형의 역사적 발달과정과 특성에 따른 분류체계(Kim et al., 2017)

Shi et al., 2011a)를 고려하여 표현하면 2장 〈그림 1〉과 같이 발육률 변화에 따라 온도영역을 구분할 수 있다.

여기에서는 비선형 온도발육모형에 관해 설명한다.

비선형 온도발육모형은 중위영역뿐만 아니라 고온, 그리고 저온 영역까지 발육률 곡선의 특성을 포함할 수 있도록 발전했다. 비선형 온도발육모형은 크게 경험적 모형(empirical model)과 생물리(학)적 모형(biophysical model)으로 구분할 수 있다(그림 1). 경험적 모형은 온도에 따른 발육률 곡선에 대한 형태적 특징의 묘사에 적합한 수식을 선택하거나 합성하여 이용하는 것으로, 모두 해석 함수식(analytic function or model)에 기반을 두고 있다. 반면 생물리적 모형은 발육과 관련된 효소 등과 같은 생체 내 기질(substance)의 촉매반응(enzyme kinetic reaction)에 기인한 생물 물리적 반응을 바탕으로 수립된 모형이다. 수식의 유사성 내지 기원에 대한 유연관계에 따라 분류하는데, 경험적 모형은 스티너(Stinner)-계열, 로건(Logan)-계열, 수행모형(performance model), 그리고 베타 분포모형(beta distribution model) 계열로 세분화해 고찰했다. 생물리적 모형은 아이링-모형(Eyring, 1935), SM-모형(Sharpe and DeMichele, 1977), SS-모형(Schoolfield et al., 1981), SSI-모형(Ikemoto, 2005)으로 이어지는 단계통으로 분류했다. 여기에서는 곤충발육률과 온도와의 관계를 설명하는 여러 가지 비선형 발육모형의 특성과 이들 모형의 변형과정을 기술했다. 이전 연구들을 알리기 위해 되도록이면 원문의 매개변수 기호를 그대로 표현하고자 노력했다. 각 모형들의 관측자료에 대한 적합성능(fitting performance)을 비교하기 위하여 복숭아심식나방 알 발육자료를 이용한 적합자료(그림과 매개변수값)와 적합도 지수(AIC, BIC 등)를 부록에 실었다.

2. 경험적 모형

1) 스티너-모형 계열

일찍이 스티너-모형 이전 로버트슨(Robertson, 1923)이 미분형 발육모형을 제시했는데, 최적온도 이상에서도 곡선이 하강되지 않는 형태를 가지고 있었다. 그 후 크로지에(Crozier, 1926)는 두 개의 속도상수를 도입하여 좀 더 개선된 형태의 온도와 발육률 관계를 설명하는 식을 제시했다.

$$t = \frac{1}{K_1 + K_2 A} \ln\left[\frac{A(K_2 x + K_1)}{K_1(A - x)}\right] \tag{1}$$

A = 생장촉진 전구물질의 초기 활력

K_1, K_2 = 속도상수

식 1에서 x는 t 시간 후 형성된 생장량을 나타내는데, 역으로 적용하면 x만큼의 생장량 완료에 필요한 시간(t)이 된다. 발육생장량(x)을 발육기간(t)으로 변환해 표현할 수 있었다.

스티너 등(Stinner et al., 1974)은 그 당시 곤충 발육기간(또는 발육률)의 적합에 이용되고 있었던 야니쉬(Janisch, 1925)의 곡선(catenary, 현수선)과 유뱅크 등(Eubank et al., 1973)의 포물선(parabolic function)이 저온영역에서 적합력이 떨어진다는 점에 주목했다. 따라서 스티너 등(Stinner et al., 1974)은 로버트슨(Robertson, 1923)과 크로지에(Crozier, 1926)의 아이디어를 바탕으로 야니쉬(Janisch, 1925)의 모형만큼 중-고온영역에서 적합도가 뛰어나고, 저온영역에서도 온도와 발육률의 관계를 좀 더 정확하게 묘사할 수 있는 간단한 형태의 시그모이드 식(스티너-모형)을 제시했다.

$$R\tau = \frac{C}{1+\exp(k_1 + k_2\tau')} \tag{2}$$

$R\tau$ = 온도 τ에서 발육률

$C = R_{max}$(최대발육률) × $\exp(k_1 + k_2\ T_{opt})$, 즉 점근선(asymptote)

$T_{opt} = R_{max}$를 나타내는 온도

K_1, K_2 = 경험적 속도상수

스티너-모형은 최적온도(T_{opt})를 기준으로 온도 τ가 T_{opt} 이하인 경우 $\tau' = \tau$, 반면 τ가 T_{opt}보다 큰 경우 $\tau' = 2\ T_{opt} - \tau$ 값을 적용하도록 설계되었다. 스티너-모형은 최적온도를 중심으로 예측치가 대칭을 이루며 고온 추정치를 정확하게 나타내지 못한다는 약점이 있다.

2) 로건-모형 계열

(1) 로건-모형(Logan et al., 1976)

로건 등(Logan et al., 1976)은 전 영역의 온도범위에서 곤충의 발육률 곡선은 두 가지 형태의 반응곡선으로 구분할 수 있다는 점을 간파했다. 〈그림 2〉에서 곡선 I은 온도증가에 따른 발육률의 단조적 증가(monotone increasing)기를 나타내는 부분으로 임의의 기준온도(T_b, base temperature)에서 최적온도(T_{opt}, optimum temperature)까지의

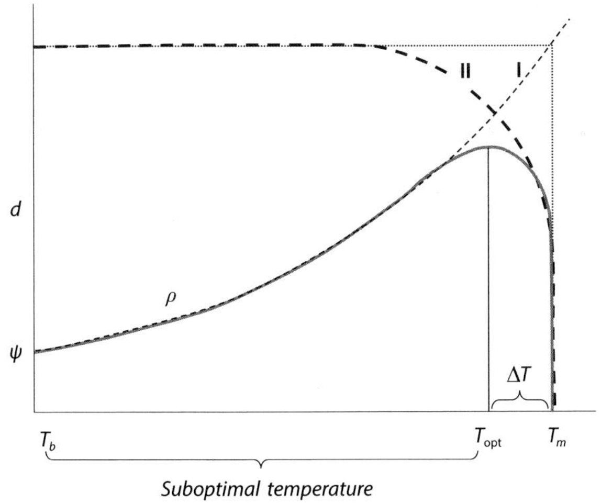

그림 2. 두 수식(I & II)의 종합한 로건-모형(Logan et al., 1976)의 구조와 곡선에서 매개변수의 제어 위치

d = 발육률, T_b = 기준온도, T_{opt} = 최적온도, T_m = 상한치사온도, ψ = 기준온도에서 발육률, ρ = 최적온도까지의 증가율, ΔT = 온도경계역의 너비

변화양상을 나타낸다. 최적온도를 지나면서 발육률이 감소하는데, 곡선 II는 최적온도에서 고온한계온도(T_m)에 도달할 때까지 발육률이 급격하게 감소되는 부분을 나타낸다.

곡선 I은 발육률의 촉매와 관련된 생화학 반응을 설명하고자 프라단(Pradhan, 1946)이 제시한 식의 형태를 갖고 있다.

$$d_0(T) = \psi \exp(\rho T) \tag{3}$$

ψ = 임의의 기준온도(T_b, 발육하한온도의 일종, 단위 = ℃)에서 발육률

ρ = 최적온도까지의 증가율(곡선의 기울기)

$T = T_0 - T_b$, 대기온도(T_0)에서 임의의 기준온도(T_b)를 제외한 온도

곡선 II를 위하여 척도변수(scaled variable; ratio-scaled variable 비율척도변수) 'τ'를 도입하여[$\tau = (T_m - T) \ / \ \Delta T$] 다음과 같은 식을 제시했다.

$$d_i(\tau) = C_0 \, [1 - \exp(-\tau)] \tag{4}$$

식 4에서 C_0는 다음과 같이 중앙값 극한 정리기술(intermediate limit technique)을 통하여 대체했다.

$$d_0(T_m) = \lim_{\tau \to \infty} d_i(\tau) \to C_0 = \psi \exp(\rho T_m) \tag{5}$$

결과적으로 로건의 발육모형은 부합점근전개(matched asymptotic expansion) 기술에 따라(Lin and Segel, 1974) 두 식을 차감하여 완성되었다.

$$d(T) = \psi \left[\exp(\rho T) - \exp\left(\rho T_m - \frac{T_m - T}{\Delta T} \right) \right] \tag{6}$$

식 6에서 T_m = 고온한계온도(일종의 고온치사온도), ΔT = 고온한계 부근에서 급격한 발육붕괴가 일어나는 온도범위(발육붕괴 온도범위, 즉 고온경계역)를 나타낸다.

로건-모형에서 최적온도를 추정할 수 있는데, 위 식은 $\frac{dr}{dT} = 0$일 때 최고값을 보이므로 최적온도는 다음과 같이 계산할 수 있다.

$$T_{\text{opt}} = T_m - \frac{\Delta T \log(\rho \Delta T)}{\rho \Delta T - 1} \tag{7}$$

로건-모형은 관측치 분석을 통해 추정치를 가장 잘 나타내는 모형 중 하나로 매개변수들이 생물학적인 의미를 나타내지만 발육최저온도를 예측할 수 없다는 단점이 있다.

(2) 힐베르트와 로건(Hilbert and Logan, 1983)

힐베르트와 로건(Hilbert and Logan, 1983)은 기존 대부분의 비선형 발육모형이 발육영점온도를 추정할 수 없는 단점을 개선하기 위하여 새로운 식을 개발했다. 로건 등(Logan et al., 1976)의 접근방법과 같이 두 개의 식을 부합점근전개시켰는데 식 8은 시그모이드 형태로 포식자의 피식자에 대한 기능반응식(Holling, 1965: Type III)과 유사한 형태를 갖고 있다.

$$r_0 = \psi\left[\frac{T^2}{T^2 + D^2}\right] \tag{8}$$

여기서 $T = T_0 - T_b$를 나타내며 T_0 = 온도(대기온도, ℃), T_b = 임의의 발육하한온도다. 식 8은 발육영점온도와 온도가 동일할 때 '0'이 되므로 발육률 곡선이 x축과 교차하게 된다.

식 9는 최적온도를 넘어서 곡선이 감소하는 부분을 설명하는 것으로 로건-모형(Logan et al., 1976) 개발 시 도입한 곡선 II와 동일하다.

$$r_1 = \psi\left[1 - \exp\left(-\left(T_m - \frac{T}{\Delta T}\right)\right)\right] \tag{9}$$

식 8과 9를 부합점근전개 방식에 따라 융합하여 최종적으로 발육영점온도를 추정할 수 있는 식을 개발했다.

$$r(T) = \psi\left[\frac{T^2}{T^2 + D^2} - \exp\left(-\left(T_m - \frac{T}{\Delta T}\right)\right)\right] \tag{10}$$

식 10에서 $T = T_0 - T_b$를 나타내고, 다른 매개변수의 의미는 로건-모형과 동일하며, 새로운 매개변수 D가 추가되었다.

(3) 류-모형(Ryoo and Cho, 1988)

류와 조(Ryoo and Cho, 1988)는 로건(Logan et al., 1976)이 사용한 기본적인 수식을 활용하고, 적온(온도와 발육 간 선형관계 구역), 고온, 저온 범위에서 적용되는 3개의 수식을 조합하여 모든 온도영역에서 적용되는 매개변수 7개의 수식을 제시했다.

$$r(T_0) = \alpha\left\{\begin{array}{l}\dfrac{1}{1+\kappa\exp(-\rho(T_0 - T_b))} - \dfrac{1}{1+\kappa\exp(-\rho(T_m)}\exp\left[-\left(\dfrac{T_m - (T_0 - T_b)}{\Delta T}\right)\right] \\ -\dfrac{1}{1+\kappa}\exp\left(\dfrac{T_0 - T_b}{\varepsilon}\right)\end{array}\right\} \tag{11}$$

식 11에서 저온경계역을 나타내는 매개변수 ε와 더불어 상수 k가 추가되었다.

(4) 락틴-모형(Lactin et al., 1995)

로건-모형의 특성은 온도 T(℃)에서 T_0(하한임계온도 또는 발육영점온도)를 빼서 발육률을 재조정(re-scaling)하는 형태를 갖고 있다. 락틴 등(Lactin et al., 1995)은 로건-모형이 매개변수 ψ를 도입하여 크기를 재조정한 형태이기 때문에 그 매개변수를 제거해도 곡선의 형태는 근본적으로 변하지 않는다고 판단했다. 따라서 락틴 등(Lactin et al., 1995)은 매개변수 ψ를 생략하여 새로운 식을 제시했으며(락틴 1-모형), '$T = T_0 - T_b$'항을 고려하지 않았다.

$$r(T) = \left[\exp(\rho T) - \exp\left(\rho T_m - \frac{T_m - T}{\Delta T}\right)\right] \tag{12}$$

로건-모형은 최적온도의 이하온도 영역에서 x축과 교차하지 않고 '0'에 점근하기 때문에 발육영점온도를 추정할 수 없었다. 락틴 등(Lactin et al., 1995)은 곡선이 가로축과 교차하도록 유도하는 매개변수 λ를 도입한 모형을 제시했다(락틴 2-모형).

$$r(T) = \left[\exp(\rho T) - \exp\left(\rho T_m - \frac{T_m - T}{\Delta T}\right)\right] + \lambda \tag{13}$$

로건-모형과 연관된 락틴-모형 매개변수의 의미를 종합하여 정리하면 다음과 같다.

$T_{\max}$ = 발육상한온도(상한임계온도)를 의미하는 매개변수로서 더는 생명현상을 지속할 수 없는 일종의 치사온도를 나타낸다.

ΔT = 온도상한 부근에서 급격한 발육붕괴가 일어나는 온도범위(발육붕괴 온도범위)를 나타낸다. 이 값이 커질수록 온도상한 부근에서 발육률 곡선이 완만한 곡선을 그리면서 떨어진다. 이 값이 작으면 발육곡선이 급격하게 붕괴된다.

ρ = 곤충발육에 관여하는 주요 효소가 촉매하는 생화학적 반응에 대한 합성치로 해석될 수 있다. 이 값이 증가하면 발육률 곡선은 위쪽으로 수직 이동한다.

λ = 최적하위온도에서 가로축(좌표)을 교차하도록 유도하는 값이다.

(5) 드로스트-모형(Drost et al., 1998)

드로스트 등(Drost et al., 1998)은 로건-모형에서 매개변수 ψ를 α와 T_1으로 대체하여 새로운 식을 제시했다.

$$d(T) = \alpha \exp(-\rho T_1)\left[\exp(\rho T) - \exp\left(\rho T_m - \frac{T_m - T}{\Delta T}\right)\right] \qquad (14)$$

매개변수 T_1가 추가되어 전체 매개변수가 증가함에 따라 매개변수 추정 시 오차가 증가될 수 있다고 평가되었다(Shi et al., 2011a).

3) 수행모형(performance model) 계열

(1) 쉬-모형(Shi et al., 2011a)

쉬 등(Shi et al., 2011a)은 곤충 발육률에 작용하는 두 가지 방향의 효소반응을 가정하고 모형을 유도했다. 즉 효소가 활성화되어 발육률이 증가하는 함수 '$y_1(T) = K_1T + C_1$'와 효소가 변성되어 발육률이 감소하는 함수 '$y_2(T) = -K_2T + C_2$'를 가정했다(K_1와 K_2는 각각 증가율과 감소율, C_1와 C_2는 상수). 따라서 쉬 등(Shi et al., 2011a)의 접근방법은 로건-모형의 개발과정과 유사한 방식을 취하고 있다(두 함수의 특성에 따른 접근전개).

두 식의 편미분 방정식 '$y_1(T) = 1 - \exp(-K_1T + K_1T_1)$'와 '$y_2(T) = 1 - \exp(-K_2T_2 + K_2T)$'에 근거하여 다음과 같은 온도(℃)에 따른 발육모형을 얻었다.

$$r(T) = c\{1 - \exp[-K_1(T - T_1)]\}\{1 - \exp[K_2(T - T_2)]\} \qquad (15)$$

c = 상수
K_1 증가율, K_2 감소율
T_1, T_2 = 각각 저온임계온도와 고온임계온도와 관련이 있는 상수

쉬-모형은 발육영점온도를 추정할 수 있는 형태인데, 근본적으로 두 지수

함수를 합성하여 제작한 휴이와 스티븐슨(Huey and Stevenson, 1979)의 수행모형(performance model)과 동일한 구조를 갖고 있다. 이 수행모형은 온도(체온)에 따른 개구리의 뜀뛰기 수행반응을 설명하고자 제시되었다.

$$P = SC\{1-\exp[-K_1(T_b - T_1)]\}\{1-\exp[K_u(T_b - T_u)]\} \tag{16}$$

P = 온도(체온) T_b에서 수행반응(활동)

SC = 규모(scale) 매개변수(예: 87.5cm)

K_1 = 좌측곡선(저온영역)의 초기 기울기

T_1 = 저온임계온도

K_u = 우측곡선(고온영역)의 초기 기울기

T_u = 고온임계온도

따라서, 쉬 등(Shi et al, 2011a)은 자신들이 개발한 모형의 이름을 '수행모형'이라 칭하고, 최적온도는 $\frac{dr}{dT} = 0$를 만족시키는 온도로 추정했다.

$$\begin{aligned}\frac{dr}{dT} &= cK_1\exp[-K_1(T-T_1)]\{1-\exp[K_2(T-T_2)]\} \\ &\quad -cK_2\exp[K_2(T-T_2)]\{1-\exp[-K_1(T-T_1)]\}\end{aligned} \tag{17}$$

발육률이 증가하는 함수를 $g(T)$, 발육률이 감소하는 함수를 $h(T)$라 할 때, 두 곡선이 교차하는 온도가 최적온도가 된다($g(T) - h(T) = 0$).

(2) 왕-모형(Wang et al., 1982)

쉬 등(Shi et al., 2011a)의 수행모형과 매우 유사한 구조를 갖는 모형은 왕 등(Wang et al., 1982)이 개발한 모형이다. 왕 등(Wang et al., 1982)은 쉬 등(Shi et al., 2011a)이 수행모형을 개발하기 전 다른 방식으로 모형을 제시했다.

$$r(T)=\frac{K\{1-\exp[-K_1(T-T_1)]\}\{1-\exp[-K_2(T-T_2)]\}}{1+\exp[-\kappa(T-T_0)]} \tag{18}$$

식 18에서 온도(℃)에 따른 발육률 곡선의 매개변수 K와 k는 상수이고, 상수 k = 0이면 수행모형과 동일한 형태가 된다. 식 18은 분모항이 존재함에 따라 식 17보다 실험자료에 대한 적합력이 뛰어난 특징이 있다.

류와 멍(Liu and Meng, 2000)은 무테두리진딧물의 발육모형을 적합시키기 위하여 약간 변형된 왕(Wang et al., 1982) 모형을 사용했다.

$$V(T)=\frac{H\left[1-\exp\left(-\frac{T-T_L}{\delta}\right)\right]\left[1-\exp\left(-\frac{T_H-T}{\delta}\right)\right]}{1+\exp[-\gamma(T-T_0)]} \tag{19}$$

$V(T)$ = 온도 T(℃)에서 발육률

H = 곡선의 상부 점근선

r = 지수적 증가율

T_0 = 발육최적온도

T_L, T_H = 각각 발육최소 및 최고온도

δ = 발육최소와 최고온도의 임계영역

4) 베타(Beta)분포모형 계열

(1) 베타분포 발육모형(Yin et al., 1995)

확률론과 통계학에서 베타분포(beta distribution)는 두 매개변수 α와 β에 따라 [0, 1] 구간에서 정의되는 연속확률분포들의 집단이며, 이의 표준밀도함수는 x가 0 이하 또는 1보다 클 때 0의 확률을 갖는다(William, 1971; Bock and Krischer, 1998). 0과 1 사이에 있는 최적의 x값에서 최대 확률을 나타내는 단봉형(unimodal) 함수다.

인 등(Yin et al., 1995)은 x를 온도(T, ℃)로 대치하고 최저 기준온도(T_{min})와 최고온도(T_{max})를 매개변수로 도입함으로써 최적온도(T_{opt})에서 최고 발육률 값(R_{max})을 갖는 생물(정확히는 식물)의 온도반응식을 제시했다.

$$r(T) = R_{\max}\left[\left(\frac{T - T_{\min}}{T_{\text{opt}} - T_{\min}}\right)\left(\frac{T_{\max} - T}{T_{\max} - T_{\text{opt}}}\right)^{\frac{T_{\max} - T_{\text{opt}}}{T_{\text{opt}} - T_{\min}}}\right]^{c} \tag{20}$$

식 20에서 곡선의 형태를 조절하는 매개변수 c를 포함하여 총 5개의 매개변수로 구성되어 있으며 식물의 온도발육모형으로 많이 사용했다(Yin and Kropf, 1996; Yin et al., 1996).

(2) 축소 베타모형(Yan and Hunt, 1999)

옌과 헌트(Yan and Hunt, 1999)는 인 등(Yin et al., 1995)의 베타분포모형을 바탕으로 3개의 매개변수로 구성된 축소된 베타모형을 제시했다. 즉 형태를 조절하는 c를 제거하고, $T_{\min}$은 0℃로 대체함으로써 곡선의 형태를 크게 훼손시키지 않으면서 단순한 식을 제시했다.

$$r(T) = R_{\max}\left(\frac{T_{\max} - T}{T_{\max} - T_{\text{opt}}}\right)\left(\frac{T}{T_{\text{opt}}}\right)^{T_{\text{opt}}/(T_{\max} - T_{\text{opt}})} \tag{21}$$

식 21에서 식물의 온도에 따른 생장모형으로 널리 쓰이고 있다(van der Heide et al., 2006; Cho et al., 2009; Shi et al., 2016).

(3) 단순 베타모형(Damos and Savopoulou-Soultani, 2008)

베타분포 형태의 수식을 곤충발육모형에 사용한 사례는 다모스와 사보폴루-솔타니(Damos and Savopoulou-Soultani, 2008)의 논문에서 발견되는데, 수식의 일부를 과감히 생략하여 3개의 매개변수로 단순화한 형태를 갖고 있다.

$$r(T) = \rho\left(\alpha - \frac{T}{10}\right)\left(\frac{T}{10}\right)^{\beta} \tag{22}$$

ρ = 발육률의 최댓값을 결정하는 매개변수이고, α와 β는 각각 저온과 고온 영역에서 곡선의 형태를 조절하는 매개변수다.

5) 기타 경험적 비선형 모형

(1) 가우스-모형(Taylor, 1981)

테일러(Taylor, 1981)는 54종의 곤충에 대하여 고도 및 경도에 따른 연간 온도적응범위를 분석하기 위하여 가우스-모형을 사용했다.

$$r(T) = R_{\max} \exp\left[-\frac{1}{2}\left(\frac{T - T_{\max}}{T_{\text{sig}}}\right)^2\right] \tag{23}$$

식 23에서 매개변수 $R_{\max}$ = 최대 발육률, $T_{\max}$ = 최대 발육률을 보이는 온도, T_{sig} = 저온한계온도이며, 좌우대칭인 특성이 있다.

(2) 브리에르 등(Briere et al., 1999)

브리에르 등(Briere et al., 1999)은 여러 곤충 종의 발육단계별 온도에 대한 비선형적인 발육률을 간단히 기술하기 위한 모형을 제시했다. 수식의 매개변수 수를 줄이고 적은 온도발육자료를 갖고도 매개변수를 추정할 수 있도록 다음과 같은 원칙을 두었다. 첫째 저온 및 고온임계온도의 결정 가능성, 둘째, 발육률이 가장 높은 최적온도 기준에서 비대칭성, 셋째, 변곡점의 존재, 넷째, 최적온도 이상에서 발육률의 급속한 감소 등 경험적 비선형 모형을 수립했다.

$$r(T) = aT(T - T_0)(T_L - T)^{\frac{1}{m}} \tag{24}$$

T_0 = 저온발육임계온도

T_L = 고온발육임계온도

a, m = 경험적 상수, m은 비선형곡선의 모형과 고온에서 생존하고 발육하는 곤

충의 능력을 나타내는 상수다.

3. 생물리적 모형

1) 아이링-모형(Eyring, 1935)

생물리적 발육모형은 생물의 발육을 조절하는 효소가 존재하며, 그 효소는 온도의 존적 반응을 보인다는 가설에 기초한다. 반트호프(Van't Hoff, 1901)는 그의 삼투압 법칙에서 최초로 화학반응률이 온도에 비례한다고 경험적 자료를 통하여 증명했다. 그 후 아이링-모형(Eyring, 1935)이 가스 열역학 이론으로부터 유도되었는데, 근본적으로 아레니우스-모형(Arrhenius, 1889)과 유사한 구조를 가지고 있다. 아레니우스-모형은 온도(T 절대온도)와 활성화 에너지(E_a)에 따른 화학반응률(k)의 변화에 대한 경험적 관계를 나타낸다(k_0 = 비율계수, R = 기체상수).

$$k = k_0 \exp(-E_a / RT) \tag{25}$$

아이링-모형은 온도에 따른 화학반응률의 변화를 설명하기 위한 화학반응속도론(chemical kinetic)에서 이용되는 수식의 일종이다. 같은 시기에 에반스와 폴라니(Evans and Polanyi, 1935)가 동일한 모형을 발표했다.

$$k = \frac{k_B T}{h} \exp\left[\left(-\frac{\Delta G^{\ddagger}}{R}\right) / T\right] \tag{26}$$

식 26에서 $\Delta G^{\ddagger}$ = 기브스 활성화 에너지, k_B = 볼츠만 상수, h = 플랑크 상수를 나타낸다. 아이링-모형은 상수값을 정리하여 $a\exp(bT)$ 형태로 단순화될 수 있다.

2) 샤프와 디미셀 계열 모형

(1) 샤프와 디미셀-모형(Sharpe and DeMichele, 1977)

아이링-모형은 생화학 반응률이 활성화 에너지에 준하여 온도에 따라 지수함수적으로 증가한다는 것을 기본적으로 나타낸다. 반면 생물의 온도발육은 중위온도에서는 선형적으로 증가하는 형태를 보이지만, 저온과 고온 등 양 극단 온도에서는 발육률이 감소하는 비선형적인 관계를 갖는 것이 일반적이다. 존슨과 레빈(Johnson and Lewin, 1946)은 화학반응속도론에 기초하여 고온영역에서 미생물의 생장이 저해되는 수식을 제시했다. 또한 헐틴(Hultin, 1955)은 확률론적(stochastic) 방식으로 반응의 저온저해 현상을 수식화했다.

샤프와 디미셀(Sharpe and DeMichele, 1977)은 존슨과 레빈(Johnson and Lewin, 1946)과 헐틴(Hultin, 1955)이 제시한 가정하에 저온과 고온 영역에서 속도조절(화학반응률)의 가역적 불활성화 과정을 반영하여 새로운 모형을 제시했다. 샤프와 디미셀(Sharpe and DeMichele, 1977)은 세 가지 중요한 가정을 제시했다. 첫째, 발육은 하나의 조절효소에 의해 조절되며, 둘째, 발육률은 활성효소의 농도와 반응속도상수의 곱에 비례한다. 셋째, 조절효소는 두 가지 방식의 온도 반응을 보인다. 하나는 온도에 의해 불활성화되는 것이고, 다른 하나의 방식은 온도에 의해 활성화되는 것이다. 수식의 분모 항에 극단온도에서의 반응저해 현상을 구현하는 수식을 추가하고, 분자 항에 중위온도 범위에서 발육률 변화를 나타내는 아이링-모형 형태의 반응곡선을 배치함으로써 저온에서 고온 등 전체 온도영역에서 반응률의 변화를 나타내는 식을 완성했다(이하 SM-모형).

$$r(T) = \frac{T \exp\left[\left(\Phi - \frac{\Delta H_A^{\ddagger}}{T}\right) / R\right]}{1 + \exp\left[\left(\frac{\Delta S_L - \Delta H_L}{T}\right) / R\right] + \exp\left[\left(\frac{\Delta S_H - \Delta H_H}{T}\right) / R\right]} \qquad (27)$$

$\Delta H_A^{\ddagger}$ = 반응 활성화 엔탈피(총열량) = 속도조절에 의하여 촉매되는 반응의 활성화 엔탈피

ΔH_H = 중온과 고온 간 활성화 엔탈피의 차이(고온저해 엔탈피의 변화) = 속도조절의 고온저해와 관련된 엔탈피의 변화

ΔH_L = 저온과 중온 간 활성화 엔탈피의 차이(저온저해 엔탈피의 변화) = 속도조절의 저온저해와 관련된 엔탈피의 변화

ΔS_H = 중온과 고온 간 활성화 엔트로피(사용 불가능한 에너지)의 변화 = 속도조절의 고온저해와 관련된 엔트로피의 변화

ΔS_L = 저온과 중온 간 활성화 엔트로피의 변화 = 속도조절의 저온저해와 관련된 엔트로피의 변화

Φ= 열역학과 관련 없는 상수로 보정값의 일종

$$P_2 = \frac{1}{1 + \exp\left[\left(\frac{\Delta S_L - \Delta H_L}{T}\right) / R\right] + \exp\left[\left(\frac{\Delta S_H - \Delta H_H}{T}\right) / R\right]} \tag{28}$$

P_2는 발육조절이 활성화 상태에 있을 확률을 나타내며(식 35의 공통고유발육률과 유사한 개념으로 해석됨) 발육과정을 촉진한다.

(2) SS-모형(Schoolfield et al., 1981)

SM-모형은 매개변수들 간의 높은 상관성 때문에 마쿼트 알고리즘(Marquardt's algorithm)과 같은 비선형 회귀분석을 통하여 매개변수 추정이 쉽지 않다는 한계가 있다. 스쿨필드 등(Schoolfield et al., 1981)은 매개변수를 통계적으로 추정할 수 있도록 SM-모형을 변형시켰다. 스쿨필드 등(Schoolfield et al., 1981)은 SM-모형의 분자항에 있는 열역학과 관련 없는 Φ를 대체하기 위하여 활성이 저해받지 않는 온도(중위온도 영역)로 25°C(기준온도, reference temperature)를 가정하고, 그 기준온도에서 발육률을 나타내는 첫 번째 새로운 매개변수 ρ(25°C)를 정의했다.

$$\rho(25°\mathrm{C}) = 298 \exp\left[\left(\Phi - \frac{\Delta H_A^{\ddagger}}{298}\right) / R\right] \tag{29}$$

식 29를 Φ에 대하여 전개하고 대입하여 스쿨필드 등(Schoolfield et al., 1981) 모

형(이하 SS-모형)의 분자 항을 완성했다.

$$\frac{T\rho(25°C)}{298}\exp\left[\frac{\Delta H_A^{\ddagger}}{R}\left(\frac{1}{298}-\frac{1}{T}\right)\right] \tag{30}$$

두 번째 새로운 매개변수는 저온영역에서 활성 저해를 나타내는 항을 헐틴(Hultin, 1955)의 정의에 따라 도입했다.

$T_{1/2L}=\frac{\Delta H_L}{\Delta S_L}$, 따라서 SM-모형의 좌측 항을 $\Delta S_L=\frac{\Delta H_L}{T_{1/2L}}$로 대체했다.

$$\exp\left(\frac{\Delta H_L}{R}\right)\left(\frac{1}{T_{1/2L}}-\frac{1}{T}\right) \tag{31}$$

고온영역에서 활성의 저해와 관련된 세 번째 새로운 매개변수는 저온영역과 같은 방식으로 대치하여 SM-모형의 이론적 배경에 대한 침해 없이 모든 매개변수의 변환을 완성했다.

$$r(T)=\frac{\rho(25°C)\frac{T}{298.15}\exp\left[\frac{\Delta H_A^{\ddagger}}{R}\left(\frac{1}{298.15}-\frac{1}{T}\right)\right]}{1+\exp\left[\frac{\Delta H_L}{R}\left(\frac{1}{T_{1/2L}}-\frac{1}{T}\right)\right]+\exp\left[\frac{\Delta H_H}{R}\left(\frac{1}{T_{1/2H}}-\frac{1}{T}\right)\right]} \tag{32}$$

$r(T)$ = 절대온도 °K에서 발육속도(1/발육기간)

R = 기체상수(1.987 cal degree^{-1} mole^{-1})

$\rho(25°C)$ = 활성의 저해가 없다고 가정한 기준온도 25℃에서 발육속도(*RHO25*)

$\Delta H_A^{\ddagger}$ = 발육에 관여하는 속도조절이 촉매하는 반응의 활성화 엔탈피(*HA*)

$T_{1/2L}$ = 속도조절이 1/2 불활성화되어 1/2 활성화되어 있는 저온영역의 절대온도(*TL*)

ΔH_L = 속도조절의 활성이 저온영역에서 저해되는 것과 관련된 엔탈피의 변화

(HL)

$T_{1/2H}$ = 속도조절이 1/2 불활성화되어 1/2 활성화되어 있는 고온영역의 절대온도(TH)

ΔH_H = 속도조절의 활성이 고온영역에서 저해되는 것과 관련된 엔탈피의 변화 (HH)

SS-모형은 SM-모형과 비교하여 첫째, 그래프 모형과 매개변수를 이용하여 더 나은 생물학적 해석을 할 수 있고, 둘째, 비선형 회귀분석을 통한 매개변수 추정이 쉬워졌으며, 셋째, 매개변수들 간의 상관성이 줄어들었다. 곤충발육이 저해되는 고온과 저온 영역에서 조절효소의 불활성화를 통한 곤충발육속도의 조절은 극한 온도에서 곤충발육의 생물리적 과정을 보호하기 위한 메커니즘으로 해석되고 있다.

와그너 등(Wagner et al., 1984)은 SM-모형 매개변수의 초기값을 결정하는 방법과 SAS 프로그램의 비선형 회귀분석 프로시저(PROC NLIN)를 이용하여 매개변수를 추정할 수 있는 코드를 제공하였고, 생물리학적 모형의 이론적 가정에 부합되는 매개변수값의 범위를 지정했다. SS-모형은 총 6개의 매개변수를 갖고 있으므로 모든 매개변수를 추정하려면 최소 7개의 온도자료가 필요하다. 그리고 온도자료의 특성에 따라 저온저해가 없는 경우 분모의 왼쪽 항을 제외한 4개 매개변수로 변환시킬 수 있다(축소모형). 이때 저온저해를 조절하는 매개변수를 정해진 설정값인 $\Delta H_L = -E08$, $T_{1/2L} = 100$으로 고정시킨다. 고온저해가 없는 경우에는 $\Delta H_H = E08$, $T_{1/2H}$

표 1. SS-모형(Schoolfield et al., 1981)의 유효한 매개변수값의 범위와 저온 또는 고온 저해가 없는 모형에서 해당 매개변수의 대체 값

SS-모형	SSI-모형	매개변수의 범위	모형적합에 따른 매개변수 대체 값(축소모형)	초기값 사례
$\rho(25℃)$	ρ_{Φ}	-		0.07
$\Delta H^{\ddagger}_A$	HA	양수 값		25,000
ΔH_L	HL	-	저온저해 없는 경우 –E08 입력	–324,400
$T_{1/2L}$	TL	250∼330	저온저해 없는 경우 100 입력	288
ΔH_H	HH	-	고온저해 없는 경우 E08 입력	42,300
$T_{1/2H}$	TH	250∼330	고온저해 없는 경우 1,000 입력	300

= 1,000으로 설정하고 남아 있는 4개의 매개변수를 추정한다. 저온과 고온 저해가 없는 경우는 ρ(25°C)와 $\Delta H_A^{\ddagger}$의 매개변수만 추정하게 되는데, 나머지 4개의 매개변수는 고정된 설정값을 사용하게 된다(표 1).

(3) SSI-모형(Ikemoto, 2005)

이케모토(Ikemoto, 2005)는 자신이 2003년에 제시한 유사 분류군의 공통고유최적온도(T_Φ)와 공통고유발육률(ρ_Φ)의 개념을 SS-모형에 적용했다(이하 SSI-모형). 곤충과 같은 변온동물에서 발육기간(D), 온도(T), t(발육영점온도), k(유효적산온도) 간에는 기본적으로 '$D(T-t)=k$'의 관계가 성립하는데, k와 t는 지역 개체군의 고윳값인 일종의 모수로 생각할 수 있다. 동일한 분류군 내에서 t가 증가할수록 k는 감소하는데 일정한 선형관계가 존재한다고 가정했다(Ikemoto, 2003).

따라서, SSI-모형에서는 활성이 저해 받지 않는 온도로 가정한 25℃를 분류군 고유의 최적공통온도(T_Φ)로 대치하고, 그 온도에서 발육률(ρ_Φ)로 SS-모형의 ρ(25°C)를 대체했다.

$$r(T)=\frac{\rho_\Phi \dfrac{T}{T_\Phi}\exp\left[\dfrac{HA}{R}\left(\dfrac{1}{T_\Phi}-\dfrac{1}{T}\right)\right]}{1+\exp\left[\dfrac{HL}{R}\left(\dfrac{1}{TL}-\dfrac{1}{T}\right)\right]+\exp\left[\dfrac{HH}{R}\left(\dfrac{1}{TH}-\dfrac{1}{T}\right)\right]} \tag{33}$$

$$T_\Phi=\frac{HL-HH}{R\ln\left(-\dfrac{HL}{HH}+\dfrac{HL}{TL}-\dfrac{HH}{TH}\right)} \tag{34}$$

SSI-모형에서 최적공통온도는 SS-모형과 다르게 다른 매개변수와 밀접한 관계를 가지고 있으며, 분류군 내 계통발생을 추적할 수 있는 도구로 이용될 수 있는 가능성이 제시되었다(Shi et al., 2012; Ikemoto et al., 2013). 최적공통온도는 활성화 상태에서 속도조절의 활성이 최고조에 이른 온도를 말하며, 공통고유발육률은 공통고유최적온도에서의 발육률을 의미한다(식 35).

$$P_2(T) = \frac{1}{1 + \exp\left[\frac{HL}{R}\left(\frac{1}{TL} - \frac{1}{T}\right)\right] + \exp\left[\frac{HH}{R}\left(\frac{1}{TH} - \frac{1}{T}\right)\right]} \quad (35)$$

이케모토(Ikemoto, 2005)는 SSI-모형의 매개변수를 추정하는 프로그램을 제공했으며, 그 뒤 쉬 등(Shi et al., 2011a,b)은 MATLAB 소프트웨어를 이용하여 매개변수를 적합하고, R-소프트웨어 기반의 개선된 프로그램을 제시했으며(www.rproject.org), 이케모토(Ikemoto et al., 2013)는 더 빠르게 매개변수를 추정하는 프로그램을 개발했다.

4. 모형별 자료적합 형태 특성

적합 모형의 선택은 보정 결정계수(adjusted coefficient of determination), 잔차자승합(residual sum of squares, RSS), 추정변수의 수와 변수의 생물학 해석 가능성, 중요한 온도 특성(발육최저온도, 발육최적온도, 발육최고온도)의 추정 가능성, AIC(Akaike Information Criterion), BIC(Bayesian Information Criterion), AICC(Corrected Akaike Information Criterion)를 근거로 하고 있다(Roy et al., 2002; Kontodimas et al., 2004; Shi and Ge, 2010; Zahiri et al., 2010; Damos and Savopoulou-Soultani, 2012). 고트 등(Got et al., 1997)은 조명나방 일종(*Ostrinia nubilalis*)의 발육률 자료를 몇 가지 발육모형에 적합시켜 다변량 군집분석(cluster analysis)을 실시하고 그 특성을 비교한 바 있다. 그 결과 스티너-모형, SS-모형, 가우스-모형이 한쪽 집단, 그리고 로건-모형과 선형모형이 서로 집단화되어 유사성을 나타냈다. 저온에서는 선형모형과 로건-모형이 빠른 발육속도를 보였고, 고온에서는 SS-모형과 선형모형이 높은 발육속도를 나타냈다.

각 발육모형의 형태적 유사성을 비교하기 위하여 복숭아심식나방 알 발육 기간 자료(제2장 참조)를 이용하여 매개변수를 추정하고, 온도(10~35℃)별 발육률을 설명변수로 군집분석을 실시한 결과를 〈그림 3〉에 나타내었다(PROC Cluster

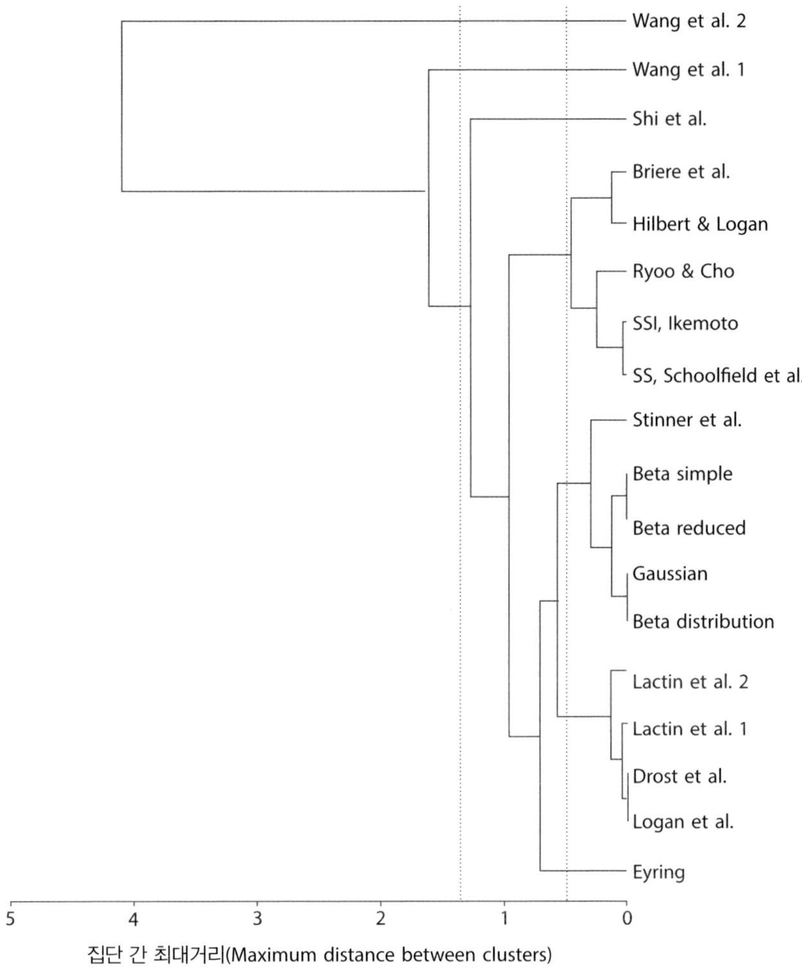

그림 3. 다양한 비선형 모형의 유클리디언 거리(Euclidean distance)를 기준으로 한 유사성(군집) 비교

Kim et al.(2001)과 Toyoshima et al.(2010)가 보고한 복숭아심식나방 알 발육자료를 이용하여 SAS 완전연결법(complete linkage)으로 군집분석을 실시하였음(SAS Institute, 1999).

with complete linkage option, SAS Institute, 1999). 임의의 유클리디언 거리(Euclidean distance) 1.0에서 4개의 군집으로 분리되었는데, 쉬-모형(수행모형), 왕-1 및 2 모형이 단독 군집으로 분리되었다. 나머지 한 집단은 유클리디언 거리 0.5에서 다시 4개의 군집으로 분리되었다. 즉, 아이링-모형이 단독으로 분리되었고, 로건-모형, 드로스트-모형, 락틴 1-모형, 락틴 2-모형을 포함하는 소집단과 베타(Beta) 분포계열

모형과 가우스-모형 및 스티너-모형의 소집단이 같이 묶였으며, SS-모형, SSI-모형 및 류-모형의 소집단과 힐버트와 로건-모형과 브리에르-모형의 소집단이 같은 군집을 형성했다. 이러한 군집분리는 〈부록 그림 1〉과 같이 각 모형의 자료에 대한 적합형태 특징에 기인하는 것으로 보인다.

베타-분포 계열의 베타-발육모형을 비롯한 축소 베타-모형과 단순 베타-모형은 거의 동일한 형상을 나타냈다. 고온영역 변곡점에서 너무 완만하게 하강함에 따라 부근의 관측치(30과 32℃)에서 훨씬 아래쪽으로 통과하면서 고온한계 부위가 다소 과대평가되는 경향을 보였다. 저온영역에서는 x축과 교차하지 않으며 0에 점근하면서 수렴하는 형태를 가지고 있었다.

수행모형 계열에 속한 쉬-모형과 왕 2-모형은 전 온도구간의 관측치에 적합성능이 외관적으로 볼 때 좋았는데, 저온영역에서 왕 2-모형은 다소 가파르게 변곡되어 쉬-모형보다 높은 온도에서 x축과 교차했다. 왕 2-모형은 고온영역에서 부드럽게 변곡되면서 고온한계온도 부근에서 x축과 교차했으며, 반면 쉬-모형은 고온영역 두 관측치에서 다소 뾰족하게 변곡되어 가파르게 x축과 교차했다. 이러한 쉬-모형의 고온영역 적합 형태는 생물리적 모형인 샤프와 디미셸 계열의 모형과 헐버트와 로건-모형, 류-모형, 그리고 브리에르-모형에서도 나타났다. 왕 1-모형은 고온영역에서 관측치를 통과하지 못하고 변곡되는 문제점을 노출했다.

로건-모형 계열인 로건-모형, 락틴 1-모형, 드로스트-모형은 거의 같은 형태로 나타났다. 고온영역에서 변곡부가 다소 완만하여 관측치 1점을 포함하지 못하고 고온한계온도 부위로 하강했다. 저온영역에서는 완만하게 0에 점근하나, 0℃ 이하에서도 높은 발육률이 추정되는 문제점이 있었다. 류-모형은 저온에서 급격히 떨어지면서 x축과 교차하게 되어 비교적 높은 저온하계온도를 보였는데, 힐버트와 로건-모형이 완만하게 떨어지면서 더 낮은 온도에서 x축과 교차하는 것과는 달랐다. 락틴 2-모형은 x축과 교차하도록 매개변수를 도입했지만 본 적합자료에서는 교차하지 못하였고, 가장 완만하게 x축에 점근하여 0℃ 이하에서도 비이상적으로 높은 발육률이 나타났다. 즉 이 매개변수 λ은 저온영역에서 곡선을 변곡시켜 x축과 교차시키는 성질을 갖고 있는 것이 아니라 단순히 수평이동시키는 역할을 하는 것으로 보인다.

생물리적 모형인 SS-모형과 SSI-모형은 중위온도에서 관측치와 유사한 결과를 보이며 고온영역에서 변곡 후 급격하게 고온한계온도 부근으로 하강하지만 x축과 교차하지는 않았다. 저온영역에서 SSI-모형와 SS-모형 모두 약하게 변곡되면서 감소하여 x축에 수렴했다.

기타 가우스-모형은 중위-저온영역에서는 적합한 결과를 보여주었지만 고온 변곡 부분에서 관측치를 통과하지 못하고 완만하게 하강했다. 반면 브리에르-모형은 고온변곡부와 저온수렴부가 SS-모형과 유사한 형태를 보였다.

본고에서는 곤충의 온도와 발육률 간 관계를 분석하는 데 많이 이용되고 있는 비선형 발육모형에 대하여 종류와 형태적 특성 측면에서 고찰했다. 모형에 따라 고온변곡점과 상한한계온도 부위 그리고 저온영역에서 적합능력에 차이가 다소 발생하고 있음을 이해할 수 있었다. 비선형 발육모형들은 곤충의 발육, 성장, 계절적인 출현에 대한 온도의 영향을 설명해줄 수 있는 도구로서 다양한 측면에서 이용될 수 있다. 첫째, 경제적으로 중요한 작물들의 해충에 대한 관리를 좀 더 효율적으로 하기 위한 도구로 이용될 수 있다. 즉 각 해충이 갖고 있는 온도 특이적인 생물 특성의 이해는 해충의 출현 시기를 예측할 수 있고, 이를 통해 방제적기와 관리전략을 수립할 수 있는 기회를 제공하게 된다(Campolo et al., 2014; Ahn et al., 2016). 둘째, 침입가능한 외래 해충의 분포 가능지역을 예측하고 관리하는 데 이용될 수 있다. 지리정보시스템과 온도자료를 이용하여 외래 해충의 서식가능 지역을 도식화하고 관리지역으로 선정하여 선제적으로 관리할 수 있다(Zhu et al., 2012). 셋째, 멸종위기에 놓인 종에 대한 대체 서식지를 제공하는 데 이용될 수 있다. 온도는 곤충에게 가장 중요한 환경요인 중 하나이므로 멸종위기종에 적합한 온도지역을 선정해 멸종위기종을 보존할 수 있는 전략에 이용될 수 있다.

곤충과 온도와의 관계를 나타내는 모형들은 다음과 같은 한계를 가지고 있다. 첫째, 모든 모형은 온도라는 기후인자 독립변수와 관련되어 있다. 광주기, 습도, 영양소, 개체군 밀도, 군집, 경쟁 등의 요소들이 배제된 가운데 온도 하나만을 이용하여 발육을 예측했다. 둘째, 실질적으로 곤충이 느끼고 경험하고 있는 온도를 측정하기 어렵기 때문에 모형의 정확성을 이야기하기 어려운 부분이 있다. 셋째, 변온조건에서의 곤충 발육을 예측하기 위한 기술이 필요하다. 완벽한 모형은 존재하지 않지만 각각의 모형은 다른 종류의 곤충 종의 온도발육을 설명하는 데 이용될 수 있는 장점이 있다. 미래의 연구는 장단기적인 관점에서 곤충의 온도에 대한 적응을 예측하고 진화적으로 해석할 수 있는 기틀을 마련해야 한다. 그뿐만 아니라 기후와 다른 생태적인 요인들이 포함되는 모형의 구성은 실질적인 환경에서 적응하는 곤충들의 개체군 동태를 설명하는 데 주요할 것이다.

본 내용은 한국응용곤충학회지 56권 1호에 게재된 논문(Kim et al., 2017)을 참조하여 작성하였음(본문 내 인용생략).

Please cite this chapter as: Kim, D.-S., Ahn, J.J., Lee, J.-H., 2021. The type and characteristics of non-linear models describing temperature-dependent development of insect populations, In: Lee, J.-H., Kim, D.-S., Jung, C., Park, Y.-L. (eds.), Research Methodology in Insect Ecology, Seoul National University Press, Seoul, pp. 49-81.

참고문헌

Ahn, J.J., Son, Y., He, Y., Lee, E., Park, Y-L. 2016. Effects of temperature on development and voltinism of *Chaetodactylus krombeini* (Acari: Chaetodactylidae): Implications for climate change impacts. PLOS One 11, e0161319.

Akaike, H. 1974. A new look at the statistical model identification. IEEE Trans. Autom. Con. 19, 716-723.

Amarasekare, P., Savage, V. 2012. A framework for elucidating the temperature dependence of fitness. Am. Nat. 179, 178-191.

Arrhenius, S. 1889. Uber die Reactionsgeschwindigkeit bei der Inversion von Rohrzucker durch Sauren. Zeitschrift fur Physikalische Chemie 4, 226-292.

Bock, R.K., Krischer, W. 1998. The data analysis brief book. Berlin/Heidelberg: Springer-Verlag.

Briere, J.F., Pracros, P., Le Roux, L.Y., Pierre, J.S., 1999. A novel rate model of temperature-dependent development for arthropods. Environ. Entomol. 28, 22-29.

Burnham, K.P., Anderson, D.R. 2002. Model selection and multimodel inference: a practical information theoretic approach. Springer, New York. 488pp.

Campbell, A., Frazer, B.D., Gilbert, N., Gutierrez, A.P., Mackauer, M. 1974. Temperature requirements of some aphids and their parasites. J. Appl. Ecol. 11, 431-438.

Campolo, O., Malcrino, A., Laudani, F., Maione, V., Zappala, L., Palmeri, V. 2014. Population dynamics and temperature-dependent development of *Chrysomphalus aonidum* (L.) to aid sustainable pest management decisions. Neotrop. Entomol. 43, 453-464.

Cho, Y.-Y., Oh, M.-M., Son, J.-E. 2009. Modeling approaches for estimating cardinal temperatures by bilinear, parabolic, and Beta distribution functions. Korean J. Hortic. Sci. Technol. 27, 239-243.

Crozier, W.J. 1926. On curves of growth, especially in relation to temperature. J. Gen. Physiol. 10, 53-73.

Curry, G.L., Feldman, R.M. 1987. Mathematical foundations of population dynamics. Mono. Ser. 3. Tex. Eng. Exp. Stn., College Station, TX. 246pp.

Damos, P., Savopoulou-Soultani, M. 2012. Temperature-driven models for insect development and vital thermal requirements. Psyche 2012, 1-13.

Damos, P.T., Savopoulou-Soultani, M. 2008. Temperature dependent bionomics and modeling of *Anarsia lineatella* (Lepidoptera: Gelechiidae) in the laboratory. J. Econ. Entomol. 101, 1557-1567.

Dixon, A.F.G., Honek, A., Keil, P., Kotela, M.A.A., Sizling, A.L., Jarosik, V. 2009. Relationship between the minimum and maximum temperature thresholds for development in insects. Funct. Ecol. 23, 257-264.

Drost, Y.C., van Lenteren, J.C., van Roermund, H.J.W. 1998. Lift-history parameters of different biotypes of *Bemisia tabaci* (Hemiptera: Aleyrodidae) in relation to temperature and host plant: a selective review. B. Entomol. Res. 88, 219-229.

Eubank, W.P., Atmar, J.W., Ellington, J.J. 1973. The significance and thermodynamics of fluctuating versus static thermal environment on *Heliothis zea* egg development rates. Environ. Entomol. 2, 491-496.

Evans, M.G., Polanyi, M. 1935. Some applications of the transition state method to the calculation of reaction velocities, especially in solution. Trans. Faraday Soc. 31, 875-894.

Eyring, H. 1935. The activated complex in chemical reactions. J. Chem. Phys. 3, 107-115.

Fand, B.B., Sul, N.T., Bal, S.K., Minhas, P.S. 2015. Temperature impacts the development and survival of common cutworm (*Spodoptera litura*): Simulation and visualization of potential population growth in India under warmer temperatures through life cycle modelling and spatial mapping. PLOS One e0124682.

Got, B., Piry, S., Migeon, A., Labatte, M.J. 1997. Comparison of different models for predicting development time of the european corn borer (Lepidoptera: Pyralidae). Environ. Entomol. 26, 46-60.

Higley, L.G., Pedigo, L.P., Ostle, K.R. 1986. DEGDAY: a program for calculating degree-days, and assumptions behind the degree-day approach. Environ. Entomol. 15, 999-1016.

Hilbert, D.W., Logan, J.A. 1983. Empirical model of nymphal development for migratory grasshopper, *Meldnoplus sanguinipes* (Orthoptera: Acrididae). Environ. Entomol. 12, 1-5.

Holling, C.S. 1965. The functional response of predators to prey density and its role in mimicry and population regulation. Mem. Entomol. Soc. Can. 45, 5-60.

Honek, A. 1999. Constraints on thermal requirements for insect development. Entomol. Sci. 2, 615-621.

Huey, R.B., Kingsolver, J.G. 1989. Evolution of thermal sensitivity of ectotherm performance. TREE 4, 131-135.

Huey, R.B., Stevenson, R.D. 1979. Integrating thermal physiology and ecology of ectotherms: a discussion of approaches. Amer. Zool. 19, 357-366.

Hultin, E. 1955. The influence of temperature on the rate of enzyme processes. Acta Chem. Scand. 9, 1700-1710.

Ikemoto, T. 2005. Intrinsic optimum temperature for development of insects and mites. Environ. Entomol. 34, 1377-1387.

Ikemoto, T. 2003. Possible existence of a common temperature and a common duration of development among members of a taxonomic group of arthropods that underwent speciational adaptation to temperature. Appl. Entomol. Zool. 38, 487-492.

Ikemoto, T., Kurahashi, I., Shi, P-J. 2013. Confidence interval of intrinsic optimum temperature estimated using the thermodynamic SSI model. Insect Science 20, 420-428.

Janisch, E. 1925. Uber die temperaturabhangigbeit biologischer vorgange und ihre kurvenmassige analyse. Arch. Ges. Physiol. 209, 414-436.

Johnson, F.H., Lewin, I. 1946. The growth rate of *E. coli* in relation to temperature, quinine and coenzyme. J. Cell. Comp. Physiol. 28, 47-75.

Kim, D.-S., Ahn, J.J., Lee, J.-H. 2017. A Review for non-linear models describing temperature-dependent development of insect populations: Characteristics and developmental process of models. Korean J. Appl. Entomol. 56, 1-18.

Kim, D.-S., Lee, J.-H., Yiem, M.-S. 2001. Temperature-dependent development of *Carposina sasakii* (Lepidoptera: Carposinidae) and its stage emergence models. Environ. Entomol. 30, 298-305.

Kontodimas, D.C., Eliopoulos, P.A., Stathas, G.J., Economou, L.P. 2004. Comparative temperature-dependent development of *Nephus includens* (Kirsch) and *Nephus bisignatus* (Boheman) (Coleoptera: Coccinellidae) preying on *Planococcus citri* (Risso) (Homoptera: Pseudococcidae): evaluating of a linear and various nonlinear models using specific criteria. Environ. Entomol. 33, 1-11.

Lactin, D.J., Holliday, N.J., Johnson, D.L., Craigen, R. 1995. Improved rate model of temperature-dependent development by arthropods. Environ. Entomol. 24, 68-75.

Lin, C.C., Segel, L.A. 1974. Mathematics applied to deterministic problems in the natural sciences. Macmillan Publishing Co., Inc., New York. 604pp.

Liu, S.S., Meng, X.D. 2000. Modelling development time of *Lipaphis erysimi* (Hemiptera: Aphididae) at constant and variable temperatures. Bull. Entomol. Res. 90, 337-347.

Logan, J.A., Wollkind, D.J., Hoyt, S.C., Tanigoshi, L.K. 1976. An analytic model for description of temperature dependent rate phenomena in arthropods. Environ. Entomol. 5, 1133-1140.

Pradhan, S., 1946. Insect population studies. IV. Dynamics of temperature effect on insect development. Proc. Nat. Inst. Sci. India 12, 385-404.

Pruess, K.P., 1983. Day-degree methods for pest management. Environ. Entomol. 12, 613-619.

Régnière, J., Powell, J., Bentz, B., Nealis, V., 2012. Effects of temperature on development, survival and reproduction of insects: Experimental design, data analysis and modeling. J. Insect Physiol. 58, 634-647.

Robertson, T.B. 1923. The chemical basis of growth and senescence. Lippincott, Phildelphia. 389pp.

Roy, M., Brodeur, J., Cloutier, C. 2002. Relationship between temperature and developmental rate of *Stethorus punctillum* (Coleoptera: Coccinellidae) and its prey *Tetranychus mcdanieli* (Acarina: Tetranychidae). Environ. Entomol. 31, 177-187.

Ryoo, M.I., Cho, K.J. 1988. A model for the temperature-dependent developmental rate of *S. oryzae* L. (Coleoptera: Curculionidae) on rice. J. Stored Prod. Res. 24, 79-82.

SAS Institute, 1999. SAS System for Window, Release 8.02. SAS Institute, Cary, NC.

Schoolfield, R.M., Sharpe, P.J.H., Mugnuson, C.E. 1981. Nolinear regression of biological temperature-dependent rate models based on absolute reaction-rate theory. J. Theor. Biol. 88, 715-731.

Schwartz, G. 1978. Estimating dimensions of a model. Ann. Stat. 6, 461-464.

Sclove, L. 1987. Application of model-selection criteria to some problems in multivariate analysis. Psychometrika 52, 333-343.

Sharpe, P.J.H., DeMichele, D.W. 1977. Reaction kinetics of poikilotherm developement. J. Theor. Biol. 64, 649-670.

Shi, P.-J., Chen, L., Hui, C., Grissino-Mayer, H.D. 2016. Capture the time when plants reach their maximum body size by using the beta sigmoid growth equation. Ecol. Model. 320, 177-181.

Shi, P., Ge, F., Sun, Y., Chen, C. 2011a. A simple model for describing the effect of temperature on insect development rate. J. Asia-Pac. Entomol. 14, 15-20.

Shi, P., Ge, F. 2010. A comparison of different thermal performance functions describing temperature-dependent development rates. J. Therm. Biol. 35, 225-231.

Shi, P., Ikemoto, T., Egami, C., Sun, Y., Ge, F. 2011b. A modified program for estimating the parameters of the SSI model. Environ. Entomol. 40, 462-469.

Shi, P., Li, B-L., Ge, F. 2012. Intrinsic optimum temperature of the diamondback moth and its ecological meaning. Environ. Entomol. 41, 714-722.

Stinner, R.E., Gutierrez, A.P., Butler, Jr., G.D. 1974. An algorithm for temperature-dependent growth rate stimulation. Can. Entomol. 105, 145-156.

SYSTAT software Inc. 2002. TableCurve 2D. Automated Curve Fitting and Equation Discovery: Version 5.01 for Windows. SYSTAT software Inc, CA, USA.

Taylor, F. 1981. Ecology and evolution of physiological time in insects. Am. Nat. 117, 1-23.

Toyoshima, S., Arai, T., Yaginuma, K. 2010. Effect of constant temperature on the development of peach fruit moth, *Carposina sasakii* (Lepidoptera: Carposinidae). Bull. Natl. Inst. Fruit Tree Sci. 10, 1-8.

Van't Hoff, J.H. 1901. Osmotic pressure and chemical equilibrium. Nobel Lecture, December 13.

van der Heide, T., Roijackers, R.M.M., van Nes, E.H., Peeters, E.T.H.M. 2006. A simple equation for describing the temperature dependent growth of free-floating macrophytes. Aquat. Bot. 84, 171-175.

Wagner, T.L., Olson, R.L., Willers, J.L. 1991. Modeling arthropod developing time. J. Agric. Entomol. 8, 251-270.

Wagner, T.L., Wu, H., Sharpe, P.J.H., Schoolfield, R.M., Coulson, R.N. 1984. Modeling insect development rates: a literature review and application of a biophysical model. Ann. Entomol. Soc. Am. 77, 208-225.

Wang, R., Lan, Z., Ding, Y. 1982. Studies on mathematical models of the relationship between insect development and temperature. Acta Ecol. Sin. 2, 47-57.

William, F. 1971. An Introduction to probability theory and its applications (Vol. 2), 2nd ed. John Wiley & Sons Inc. 798pp.

Yan, W., Hunt, L.A. 1999. An equation for modelling the temperature response of plants using only the cardinal temperatures. Ann. Bot. 84, 607-614.

Yin, X., Kropff, M.J. 1996. The effect of temperature on leaf appearance in rice. Ann. Bot. 77, 215-221.

Yin, X., Kropff, M.J., Goudriaan, J. 1996. Differential effects of day and night temperature on development to flowering in rice. Ann. Bot. 77, 203-213.

Yin, X., Kropff M.J., McLaren, G., Visperas, R.M. 1995. A nonlinear model for crop development as a function of temperature. Agric. For. Meteorol. 77, 1-16.

Zahiri, B., Fathipour, Y., Khanjani, M., Moharramipour, S., Zalucki, M.P. 2010. Preimaginal development response to constant temperatures in *Hypera postica* (Coleoptera: Curculionidae): picking the best model. Environ. Entomol. 39, 177-189.

Zhu, G., Bu, W., Gao, Y., Liu, G. 2012. Potential geographic distribution of brown marmorated stink bug invasion (*Halyomorpha halys*). PLOS One 7, e31246.

모형적합

본 고찰에 포함된 주요 온도발육모형들의 자료에 대한 적합성능을 비교하기 위하여 기존 발표된 복숭아심식나방 알 발육기간자료(Kim et al., 2001; Toyoshima et al., 2010)를 이용했다. 김 등(Kim et al., 2001)의 자료는 16℃ 21.57일, 18℃ 14.59일, 20℃ 10.77일, 22.5℃ 9.25일, 25℃ 7.38일, 28℃ 6.54일, 32℃ 4.79일, 35℃ 6.5일이었으며, 도요시마 등(Toyoshima et al., 2010)의 자료는 15℃ 18.9일, 17.5℃ 12.9일, 20℃ 9.0일, 22.5℃ 8.2일, 25℃ 7.9일, 27.5℃ 6.0일, 30℃ 5.3일이었고, 두 자료를 종합하여 Table2D 프로그램(SYSTAT software Inc., 2002)을 이용하여 각 발육모형의 매개변수를 추정했다(부록 표 1). 각 모형의 수식에 적합된 발육률 곡선의 형태는 〈부록 그림 1〉과 같다.

모형 적합성능의 비교

복숭아심식나방 알 발육기간에 대한 각 모형들의 적합능력을 비교하기 위하여 보정 결정계수(r^2adj)와 몇 가지 정보지수(information criteria)를 계산하여 비교했다. 보정 결정계수는 표본 및 매개변수의 수에 따라 결정계수(r^2)의 값을 보정한 것으로 다음과 같이 계산했다.

$$r^2adj = 1 - \left(\frac{n-1}{n-p}\right)(1-r^2)$$

여기서 n은 관측치(표본) 수, p는 매개변수의 수를 나타낸다. 결정계수 값의 크기가 클수록 적합성능이 좋다는 것을 의미한다.

다음으로 모형의 선택에 많이 이용되는 정보지수로 AIC(Akaike Information Criterion: Akaike, 1974), BIC(Bayesian Information Criterion: Schwartz, 1978), SABIC(Sample-size Adjusted BIC: Sclove, 1987)를 적용하여 비교했다.

$$\mathrm{AIC} = a \ln\left(\frac{SSE}{n}\right) + 2p$$

$$\mathrm{BIC} = -2 \ln\left(\frac{SSE}{n}\right) + p[\ln(n)]$$

여기서 SSE는 오차자승합, n, p는 보정 결정계수 계산에 사용한 값과 동일하며, SABIC는 BIC에서 n 대신 $n^* = (n+2)/24$으로 대체하여 계산한다. SABIC는 표본의 크기가 보정된 BIC를 나타낸다. 일반적으로 BIC가 AIC보다 작은 차수(매개변수 수)를 선택하도록 설계된 것으로 알려져 있으며, 정보지수 모두 값이 작을수록 좋은 적합도를 의미한다.

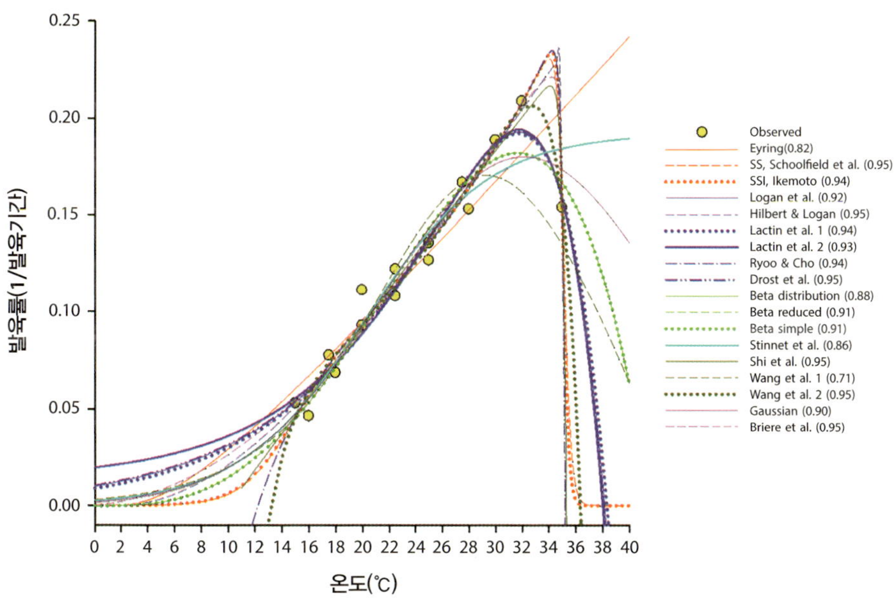

그림 1. 온도에 따른 복숭아심식나방 알의 발육률 곡선에 대한 다양한 비선형 모형들의 적합 형태

범례 괄호의 수치는 보정 결정계수(adjusted r^2)를 나타냄. Kim et al.(2001)과 Toyoshima et al.(2010)이 보고한 발육자료를 이용하였음.

표 1. 동일 발육자료(복숭아심식나방 알)에 대한 비선형 발육모형의 매개변수 추정값

모형의 종류	매개변수 및 추정값						
생물리적 모형(Biophysical models)							
Eyring-equation Eyring(1935)	a	b					
	0.0077	9.7825					
SS-model Schoolfield et al.(1981)	$\rho(25℃)$	$\Delta H^{\ddagger}_{A}$	ΔH_L	$T_{1/2L}$	ΔH_H	$T_{1/2H}$	
	0.1362	10355.81	-84196.53	287.09	706244.39	308.28	
SSI-model Ikemoto(2003)	ρ_{Φ}	HA	HL	TL	HH	TH	T_{Φ}
	0.0673	10309.71	-81888.08	287.06	960305.92	308.25	287.12
경험적 모형(Empirical models)							
Logan-based models							
Logan-model Logan et al.(1976)	ψ	T_b	ρ	T_m	ΔT		
	-0.0017	6.4621	0.2025	31.6715	8.32690		
Hilbert and Logan (1983) model	Ψ	T_b	D	T_m	ΔT		
	0.7131	1.6301	47.8702	33.3909	0.0096		
Lactin-1 Lactin et al.(1995)	ρ	T_{max}	ΔT				
	0.1526	38.3018	6.5442				
Lactin-2 Lactin et al.(1995)	ρ	T_{max}	ΔT	λ			
	0.1663	37.8255	6.0065	0.0140			
Ryoo and cho(1988)	α	κ	ρ	T_m	T_b	ΔT	ε
	18.4775	288.84	0.0603	23.0082	12.2072	0.2213	3.6054
Drost-model (Drost et al., 1998)	α	T_b	ρ	T_m	ΔT	T_1	
	-0.0020	5.4770	0.2119	32.6026	8.5918	3.7749	
Stinner-based model							
Stinner-model Stinner et al.(1974)	R_{max}	k_1	k_2	T_{opt}			
	0.1095	4.2810	-0.2117	17.5487			
수행모형(Performance models)							
Shi et al.(2011a)	c	T_1	k_1	k_2	T_2		
	2.3047	10.0286	0.0042	3.8297	35.2954		
Wang et al. 1(1982)	K	k_1	T_1	k_2	T_2	κ	T_0
	3.3750	5.4790	-29.3500	0.0053	43.7600	0.2102	25.6500
Wang et al. 2(1982)	H	T_L	δ	T_H	Y	T_0	
	1.9626	13.1891	1.5389	36.3341	0.0754	59.5883	
베타모형(Beta distribution-based models)							
Beta distribution	R_{max}	T_{opt}	T_{max}	T_{min}	c		
	0.1736	29.3227	306.09	-241.83	340.10		
Beta reduced	R_{max}	T_{opt}	T_{max}				
	0.1822	31.6753	41.6551				
Beta simple	ρ	α	β				
	0.0047	4.1655	3.1740				
기타(Others)							
Gaussian(Taylor, 1981)	R_{max}	T_{max}	T_{sig}				
	0.1800	32.1266	10.4937				
Briere et al.(1999)	a	T_o	T_L	m			
	0.0002	-3.0142	35.0001	23.0297			

Kim et al.(2001)과 Toyoshima et al.(2010)이 보고한 복숭아심식나방 알 발육자료를 이용하였음.

표 2. 다양한 지수를 이용한 모형적합 성능(performance) 비교

모형의 종류	n^1	p^2	r^2	r^2adj	SSE	AIC	BIC	SABIC
생물리적 모형(Biophysical models)								
Eyring equation(Erying, 1935)	15	2	0.8436	0.8175	0.0051	-115.7985	21.3892	9.1777
Schoolfield et al.(1981), SS-model	15	6	0.9721	0.9512	0.0009	-133.8175	35.6906	11.2675
Ikemoto(2003), SSI-model	15	7	0.9721	0.9443	0.0009	-131.8175	38.3987	10.9227
경험적 모형(Empirical models)								
Logan-based models								
Logan et al.(1976) model	15	4	0.9509	0.9237	0.0016	-127.1870	31.8319	10.4616
Hilbert and Logan(1983) model	15	5	0.9670	0.987	0.0011	-132.8074	32.5812	11.2110
Lactin et al. 1(1995)	15	3	0.9498	0.9361	0.0310	-86.7273	20.4878	5.2233
Lactin et al. 2(1995)	15	4	0.9510	0.9314	0.0016	-129.1870	29.1238	10.8065
Ryoo and cho(1988)	15	7	0.9715	0.9430	0.0009	-131.8175	38.3987	10.9227
Drost-model(Drost et al., 1998)	15	6	0.9513	0.9147	0.0016	-125.1870	34.5399	10.1168
Stinner-based models								
Stinner-model(Stinner et al., 1974)	15	4	0.9010	0.8615	0.0032	-118.7898	27.7375	9.4202
수행모형(Performance models)								
Shi et al.(2011a)	15	5	0.9667	0.9483	0.0011	-132.8074	32.5812	11.2110
Wang et al. 1(1982)	15	7	0.8589	0.7177	0.0046	-107.3462	35.1358	7.6598
Wang et al. 2(1982)	15	6	0.9683	0.9446	0.0010	-132.2371	35.4799	11.0568
베타모형(Beta distribution-based models)								
Beta distribution	15	5	0.9213	0.8775	0.0026	-119.9044	30.8608	9.4906
Beta reduced	15	3	0.9300	0.9109	0.0023	-125.7434	25.6899	10.4255
Beta simple	15	3	0.9660	0.9109	0.0023	-125.743	25.6899	10.4255
기타(Others)								
Gaussian(Taylor, 1981)	15	3	0.9213	0.8999	0.0026	-123.9044	25.4447	10.1803
Briere et al.(1999)	15	4	0.9660	0.9523	0.0011	-134.8074	29.8732	11.5558

보정 결정계수(r^2adj), 오차 자승합(SSE), Akaike 정보지수(AIC), Bayesian 정보지수(BIC), 표본수 보정(SABIC)
Kim et al.(2001)과 Toyoshima et al.(2010)이 보고한 복숭아심식나방 알 발육자료를 이용하였음.

[1] 실험온도의 수

[2] 매개변수의 수

제4장

곤충 발육기간 분포모형과 발육단계 전이 시뮬레이션

김동순, 이준호

1. 곤충 발육기간의 변이와 분포 특성

1) 곤충 발육기간 분포도의 특징

비선형 모형을 이용한 곤충 발생모형에서는 곤충의 집단을 한 단위로 취급하여, 집단의 상태가 시간의 흐름에 따라 다음 단계로 이전하는 과정을 결정론적인 측면(즉 평균의 이동)에서 다루었다. 이러한 과정에서 개체에 따라 나타나는 발육기간의 변이는 평균값으로 흡수되어 모두 무시되었다. 실제 곤충의 발육기간은 개체 간 변이가 존재한다. 동일한 조건에서 사육을 하더라도 일찍 발육을 완료하는 개체가 있는가 하면 발육이 느린 개체가 나타난다. 이는 근본적으로 곤충 종 고유의 유전적인 특성에서 기인한다.

여기에서는 확률론적 측면(stochastic aspect)에서 곤충의 발육을 다루고자 한다. 확률론적 접근방법은 어떤 곤충 개체군 내에서 각 개체들의 발육이 완료되는 비율(확률)을 결정하여 모형에 이용한다. 온도와 발육률 간 선형관계식(선형모형)으로 추정하여 얻은 발육영점온도와 온량상수를 기반으로 한 적산온도 모형에서는 발육이 완료되는 50% 시기(평균 또는 중앙값을 사용할 수도 있음)를 예측하지만, 확률론적 모형에서는 곤충집단 중에서 10%의 개체가 발육을 완료하는 시기, 30%가 완료하는 시기 등 0~100%까지 모든 범위에서 예측이 가능하다. 이것은 시간에 따라 발육을 완료하는 개체들의 빈도분포도(즉, 발육기간 빈도분포도)를 통하여 계산할 수 있다.

곤충의 발육기간은 일반적으로 항온조건에 일정수의 개체를 처리하고 일정시간 간격으로 조사하여 얻는다. 이해를 돕기 위하여 전형적인 곤충의 온도발육실험 가상자료를 〈부록 1 표 1〉에 제시했다. 보통 여러 온도에서 실험을 하기 때문에 조사간격을 일치하여 일관된 값을 얻는 것이 바람직하다. 본 예제는 1일 간격으로 조사한 자료다(부록 1 표 1). 발육기간은 속성상 연속변량이지만, 조사간격이 정해져 있으므로 불연속변량처럼 취급되며, 조사간격이 이론상으로는 계급구간(class interval)이 된다.

예제자료를 이용해 18, 23, 25℃의 단순 빈도분포도를 비교하면 〈그림 1〉과 같다. 동일한 온도에서 발육이 진행되었다고 하더라도 개체 간 변이가 존재하기 때문에 동일한 시간에 발육을 완료하지 않으며, 평균을 중심으로 변이가 발생한다. 온도 18℃ 조건에서 번데기 30개의 발육기간은 평균인 31.7일을 중심으로 양쪽으로 분포한다. 빈도분포도는 1일 간격으로 발육기간이 배열되어 있으며(x축), 각 발육기간에 해당되는 빈도수(y축)가 나타나 있다. 예를 들어 25℃에서 15일 만에 발육을 완료한 개체수가 7마리이므로 발육기간 15일 지점에 빈도수는 7이 되었다. 이렇게 한 온도조건에서 얻은 각 발육기간에 대응하는 빈도수를 모두 나타내면, 그 온도의 발육기간 빈도분포도가 완성된다(결국 발육완료 시기의 빈도분포도가 됨).

온도에 따라 곤충의 발육기간이 다르기 때문에 〈그림 1A〉와 같이 빈도분포도는 발육기간의 축(x축)상에서 다른 위치에 있게 된다. 그러나 발육기간을 표준연령으로 표시하는 경우 1.0을 중심으로 모든 분포도가 정렬된다(그림 1B). 표준연령은 발육기간을 중앙값의 단위수(평균의 단위수를 이용할 수도 있음), 즉 '발육기간 ÷ 중위수'로 변환한 값이다. 따라서 분포도의 중심에 해당되는 값은 1.0이 된다. 향후 이 표준연령은 생리적 연령의 개념으로 사용될 것이다.

곤충의 발육기간 빈도분포도는 완벽한 대칭을 이루지는 않으나, 정규성을 검정하는 경우 정규분포의 가정을 벗어나는 경우는 드물다. 물론 빈도분포도가 발육기간이 긴 쪽(즉 오른쪽)으로 편의(bias)되는 것이 일반적이라고 기술하고 있지만, x축

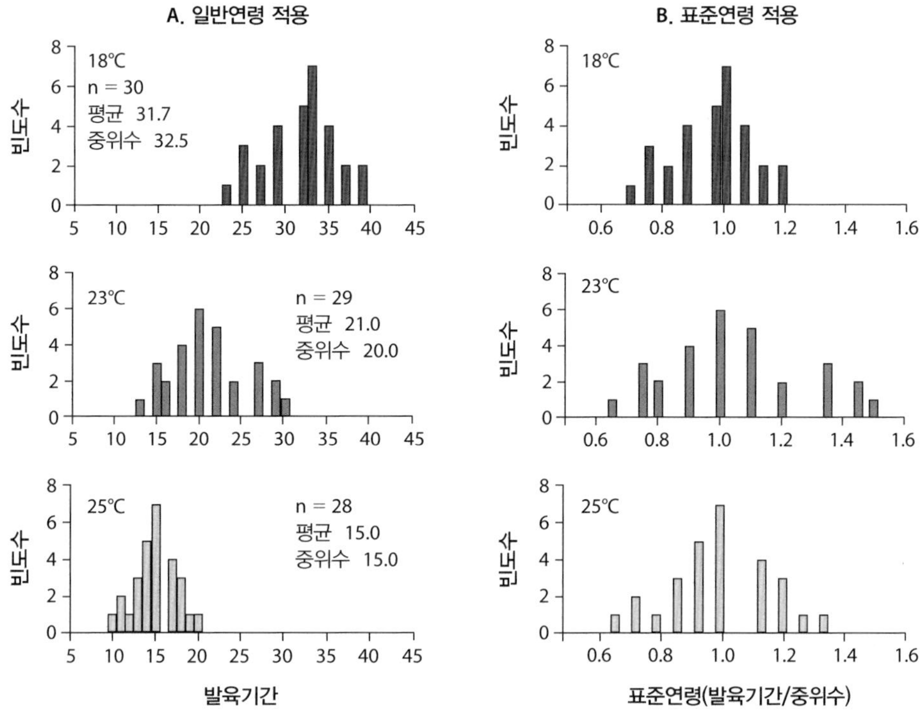

그림 1. 곤충 발육기간 빈도분포도의 변이 비교

을 발육률로 나타내는 경우 대칭화가 개선된다(Wagner et al., 1984a).

어쨌든 확률론적 접근방법에서는 발육기간의 변이가 소실되지 않고 모형에 반영되며 기술적인 적용 방법은 다양할 수 있다. 즉 변량으로써 발육기간 또는 발육률, 빈도분포도 또는 누적빈도분포도, 함수의 종류(정규분포, 2차 방정식, 베타분포, 와이블 함수 등) 등 선택이 다양할 수 있다.

2) 발육기간분포의 확률론적 모형화 방법

(1) 몬테카를로 기법(Monte-Carlo method)

이 방법은 기본적으로 난수를 이용하여 함수의 값을 확률적으로 계산하는 알고리즘을 이용한다. 곤충에 적용하는 경우는 실험을 통하여 얻은 곤충발육기간 빈도분포도에서 누적확률분포함수를 유도하고 이것을 이용하여 발육기간을 추정하는 방법이다. 이러한 기술은 일찍이 야외에서 해충의 발생예측모형에 적용된 바 있다(Menke, 1973; Hardman, 1976). 먼저 0과 1 사이에 균등하게 분포하고 있는 수에서 임의로 한 개의 값을 선택한다(난수값). 이 선택된 난수는 누적확률로 처리되고, 이 값이 누적확률분포함수에 적용되어 해당 발육기간을 확률적으로 추정한다.

이 방법은 곤충의 개체수만큼 난수를 발생시켜 계산해야 되기 때문에 시간이 오래 걸리고, 모형 구현과정에서 수만 개체의 자손이 출생하게 되는 경우 컴퓨터 메모리 공간도 많이 필요하다. 또한 실제 실험 발육기간의 분포(변이)를 직접 이용하는 것이 아니라 일종의 표본추출기법이 적용되기 때문에 통계적으로 해석해야 하는 단점이 있다.

(2) 분포지연모형(distributed delay model)

항온조건에서 발육을 완료하는 개체수에 대한 확률밀도함수 $f(x)$는 얼랭분포(Erlang distribution)를 기반으로 다음과 같이 정의할 수 있다(Manetsch, 1976).

$$f(x) = \frac{\alpha^k x^{k-1} \exp(-\alpha x)}{(k-1)!} \qquad (x \geqq 0)$$

얼랭분포함수는 포아송분포에서 k번째 사건이 발생할 때까지 걸리는 시간의 분포를 나타낸다. 단위시간의 평균 발생건수를 α, 성공 횟수를 k로 나타내며, n이 정수일 때 감마분포와 동일한 특성을 갖는다. 얼랭분포에서 분산(s^2) $= k/\alpha^2$, 평균 ($\bar{X}$) $= k/\alpha$가 성립한다(Erlang, 1909; Banneheka and Ekanayake, 2009). 이로부터 매개변수 $k = \bar{X}^2 / s^2$으로 계산되며, $\alpha = k / \bar{X}$이 유도된다(Curry and Felman, 1987). 곤충발육과 관련하여 해석하면, 이 함수는 발육기간 x에서 발육을 완료하는 확률(비율)이 $f(x)$가 된다. 즉 곤충집단에서 발육을 완료하는 개체는 확률분포 값에 따라서 지연(delay)되어 출현한다. 매개변수 k의 값은 곤충 종별 발육기간의 변이와 관련된 매개변수로 해석할 수 있다(Song et al., 1982).

곤충 집단의 평균발육기간($\bar{X}$)과 분산(s^2)은 실험을 통하여 얻을 수 있으므로 시간 x에서 발육을 완료하는 확률은 다음과 같이 구할 수 있다(Manetsch and Park, 1974;

Song et al., 1982).

$$f(t) = \frac{(\bar{X}/k)x^{k-1}\exp(-kx/\bar{X})}{(k-1)}$$

(3) 확률분포함수의 직접 이용

몬테카를로 방법은 확률분포함수를 간접적으로 이용하는 것이지만, 확률분포함수를 직접 적용하여 곤충의 발육완료 시기를 확률론적으로 추정할 수도 있다.

스티너 등(Stinner et al., 1975)은 실험자료를 바탕으로 발육을 완료하는 개체의 누적비율이 각각 <1, 25, 50 및 100%가 되는 발육기간에 대응하는 누적함수를 제시했다. 이 방식은 각 실험온도에서 나타나는 누적빈도분포를 묘사하는 데는 유용하지만, 누적함수가 실험온도에 따라 달라지므로 야외 변온조건에서 개체군 모형에 직접 사용할 수 없는 한계가 있었다.

따라서 스티너 등(Stinner et al., 1975)의 방법을 개선하여 다른 접근방법이 제시되었다(Logan et al., 1979; Anderson et al., 1982). 우선 온도별 누적빈도분포도에서 10, 50 및 90%(다른 비율을 임의로 선택 가능)에 해당되는 발육기간을 선택하여 발육률(즉 발육기간의 역수)로 변환시킨다. 그러면 실험온도에 따른 발육률을 얻을 수 있다(즉 10, 50, 90% 등 3개의 발육률 곡선). 여기서 50% 누적빈도수를 기준으로 작성한 발육률 곡선은 온도발육모형(3장 참조)과 동일한 형태임을 알 수 있다. 최종적으로 3개의 각 발육률 곡선에 적합한 비선형 함수식을 추정하여 개체군 모형에 이용한다. 즉 변온조건에서 일별 3개의 발육률 곡선을 이용하여 발육률을 계산하여 누적하고, 날짜에 따라 배열하면 어느 날짜에 개체군의 10, 50, 90%가 발육을 완료하는지 알 수 있다(즉 각 발육률 누적이 1.0이 되는 날). 최종적으로 날짜(Julian date 이용 가능)를 독립변수로 하고 10, 50, 90%를 종속변수로 취급하여 회귀식(비선형식)을 구하면 0~100%까지 발육을 완료하는 개체의 비율을 얻을 수 있다. 이 방식은 야외적용은 가능하나 계산이 복잡하고, 매 단계마다 회귀식을 수동으로 추정하여 반영해야 한다. 또한 곤충 고유의 발육기간 변이를 그대로 반영하지 못한다.

더 진전된 방법은 어떤 곤충 종 고유의 발육기간 변이를 반영하려는 접근방법이다. 샤프와 디미셸(Sharpe and DeMichele, 1977)은 곤충의 발육이 한 개의 특정 효소에 의해 조절되고, 종마다 고유의 평균농도를 갖고 있으며 개체 간 농도의 변이는 평균을 중심으로 대칭적으로 분포한다고 가정했다. 이런 가정하에 발육기간의 편의된 빈도분포도는 발육률 빈도분포도가 수학적으로 변환된 것으로 해석했다. 발육률의 변이는 종 고유의 유전적 특성이기 때문에 각 온도별 빈도분포도의 변이계수는 온도와 독립적이고, 따라서 시간(발육기간)을 표준화하는 경우(normalized time) 단일 온도에서 추정한 빈도분포도를 모든 온도에 적용할 수 있다. 연구자들은 정규분포식과 2차 함수식을 확률밀도함수로 사용한 바 있다. 이 방법은 대칭적 분포를 가정하고 있으므로 발육률의 빈도분포도 자체가 편의되는 경우 개체군 모형에 그 변이를 반영시키기 불가능하다. 샤프와 디미셸(Sharpe and DeMichele, 1977)의 접근방식은 곤충의 발육기간 변이에서 온도와 독립적인 분포의 개념을 도출했다는 점에서 의의가 크다. 이 개념은 커리 등(Curry et al., 1978a,b)에 의하여 "동일형태성(same-shape property)"의 개념으로 발전하였고(Gagne et al., 1982; Baxendale 1983), 와이블 함수(Weibull function)를 적용하는 모형이 완성되었다(Wagner et al., 1984a).

2. 곤충 발육기간 변이(분포)의 동일형태성과 모델링

1) 이론적 개념

온도는 곤충의 발육률에 미치는 영향이 크기 때문에 서로 다른 온도에서 얻은 발육기간의 누적확률분포는 시간의 선상에서(즉 x축 발육기간) 다른 위치에 놓이게 된다. 그러나 일일 단위(또는 시간단위)의 발육기간을 평균값(또는 중위값)으로 나누어서 표준화하면, 서로 다른 온도의 분포는 1.0을 중심으로 겹쳐진다. 만일 발육기간 분포의 동일형태성이 만족된다면 모든 분포도는 한 지점에서 거의 정확하게 일치할 것이다. 발육기간 분포의 동일형태성은 샤프와 디미셸(Sharpe and DeMichele, 1977)의 단일효소를 바탕으로 한 변이의 종별 고유성에 대한 가정을 바탕으로 한다. 이론적으로 볼 때 동일형태성의 가정하에서는 각 온도별 표준화된 분포를 표준화된 동일한 발육기간에서 평균값을 산출하게 되면, 모든 온도에 대하여 독립적인 표준화된 단일 누적분포곡선을 얻을 수 있다. 이 곡선은 앞으로 상세히 설명할 것이지만, 개체군 모형에서 변온의 외부온도를 입력값으로 발육률 적산을 통하여 개체의 발육 완료 시기를 예측하는 기본 모형이 된다(Curry et al., 1978a).

곤충발육기간의 동일형태성에 대한 가정이 위반되는 경우가 발생할 수 있다. 첫째, 실험온도 간 조사간격이 매우 다른 경우다. 저온에서는 일반적으로 발육기간이 길기 때문에 조사간격이 떨어져 있어도 분포의 모양이 크게 변화하지 않는다. 하지만 발육기간이 짧은 최적조건 온도에서 조사간격이 너무 길어지면 분포가 왜곡된다. 따라서 발육기간의 1/10 정도의 간격으로 조사를 추천하고 있다(Howe, 1967). 둘째, 표본의 크기가 분포의 형태에 영향을 미칠 수 있다. 표본수, 즉 반복수가 증가하면 정규분포에 가까워지므로 차이가 나타나지 않게 된다. 표본수가 적은 경우 분포도는 한쪽으로 심하게 편의되거나 고유의 형태를 잃을 수 있다. 셋째, 온도에 따른 사망률의 차이가 분포도에 영향을 미칠 수 있다. 특히 저온과 고온 등 극단온도에서는 다른 온도에 비하여 사망률이 높기 때문에 표본수가 감소되는 것뿐만 아니라 고유의 분포도와는 다른 형태의 곡선이 나타날 수 있다. 기타 다양한 요인이 분포도에 영향을 줄 수 있으며, 반복 간 실험 개체군의 차이, 먹이의 양과 질, 그리고 사육밀도, 습도, 광조건 등 온도와 관련 없는 요인들이 존재한다.

모든 실험온도에서 관측된 발육기간의 분포도가 근본적으로 동일형태성을 갖고 있다 하더라도 표준화 방법이 잘못되는 경우 차이가 발생할 수 있다. 반대로 온도 간 약간의 차이가 있더라도 표준화 과정을 거치면서 일치도가 높은 모형을 얻을 수 있다.

커리 등(Curry et al., 1978a)은 동일형태성을 전제로 다음과 같은 표준화 방법을 제시한 바 있다. 이것은 먼저 어느 한 온도의 분포도를 선택하여 기본 분포도로 정해놓고, 나머지 온도의 분포도를 여기에 개별적으로 적합시켜 맞추는 방법이다. 각 분포도와 기본 분포도 간의 편차 자승합이 최소화되도록 맞춤으로써 동일형태성의 모형을 얻을 수 있다. 하지만 이 방법은 실제 개체군 모형에 활용되지는 않았으며, 가장 일반적인 방법인 발육기간의 중위수로 표준화하는 접근방법을 소개하고자 한다.

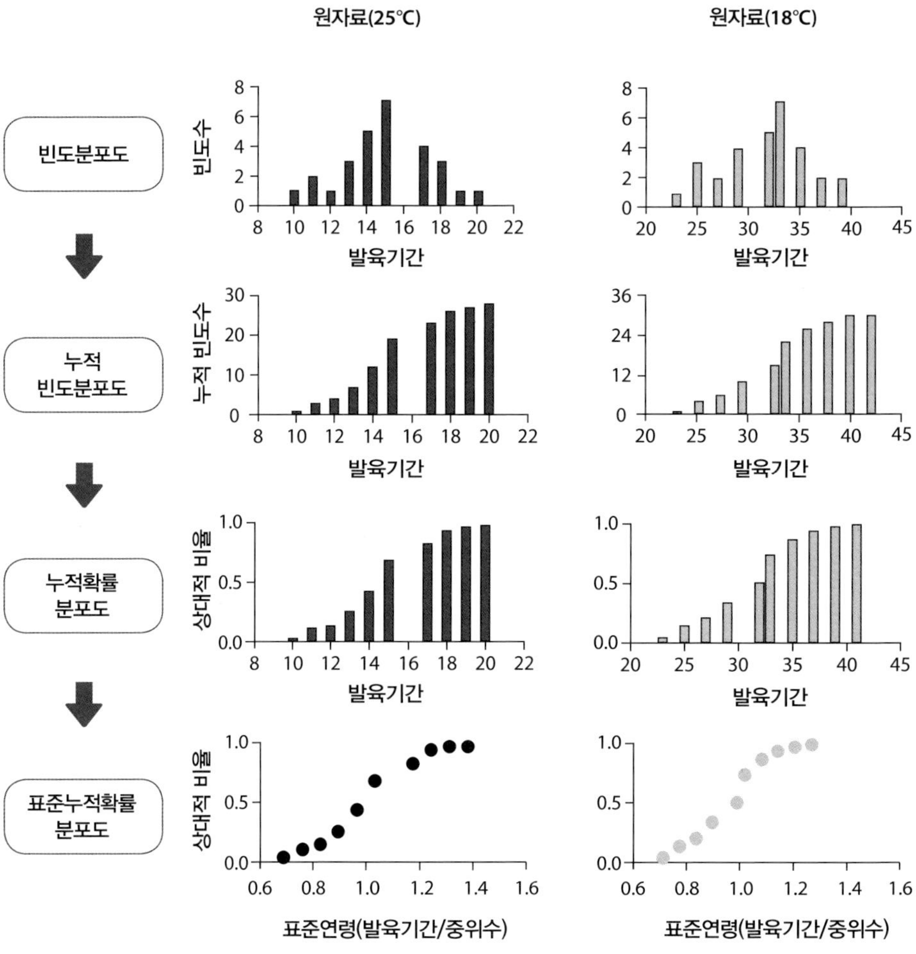

그림 2. 곤충 발육기간자료의 변환과 표준누적확률분포도 작성과정

2) 표준누적확률분포도 작성

동일형태성의 가정이 위배되지 않도록 위해서는 모든 실험온도에서 일괄된 방법을 적용하여 표준화를 실시해야 한다. 와그너 등(Wagner et al., 1984a)은 발육기간의 표준누적확률분포도를 작성하는 일련의 과정을 제시했다.

(1) 빈도분포도 작성

첫 단계는 발육기간의 빈도분포도(frequency distribution)를 작성하는 것으로 온도별 전체 개체수를 종합하여 작성한다(반복이 있는 경우 모두 합침). 통계적으로 빈도분포도의 계급 수와 계급구간을 결정하는 계산방법이 있으나, 곤충 발육의 경우 계급구간은 최소조사 간격을 적용하며 일반적으로 1일 간격을 적용하는 것이 편리하다. 발육기간을 *x*축에 배열하고, 해당 발육기간을 나타내는 개체의 수(즉 빈도수)를 *y*축에 놓으면 기본적인 빈도분포도가 완성된다.

(2) 누적빈도분포도 작성

빈도분포도에서 연속된 계급의 빈도수를 순서대로 더해 나가면 누적빈도분포도(cumulative frequency distribution)가 작성된다. 오른쪽 끝의 계급(즉 발육기간의 최댓값이 됨)에는 누적된 총 빈도수(총 개체수)가 나타난다. 왼쪽 첫 '0' 빈도수에 계급을 추가하고 연속된 계급 간 선으로 연결하여 누적빈도분포도를 완성한다.

(3) 누적확률분포도 작성

누적빈도분포도에서 각 계급의 빈도수를 총 빈도수로 나누어 누적확률분포도(cumulative probability distribution)를 작성한다. 모든 온도의 누적확률분포도의 *y*축은 0~1 사이의 비율로 변환된다. 이 분포도는 총 개체수 중에서 발육기간에 따라 발육을 완료하는 개체들의 퍼센트(비율)를 나타낸다. 만일 50%의 개체가 발육을 완료하는 발육기간을 계산하는 경우, 먼저 *y*축의 0.5 지점을 통과하도록 *x*축과 평행한 직선을 긋는다. 그다음 이 직선과 분포도의 곡선과 만나는 교점에서 *x*축과 수직인 직선을 내린다. 이 수직선과 *x*축의 교점이 50% 개체가 발육을 완료하는 발육기간이다. 이 발육기간의 값이 앞으로 중요하게 사용할 발육기간의 중위수다.

(4) 타우분포도 작성

여기서 말하는 타우분포도(tau distribution)는 누적확률분포도에서 일정한 비율에 대응하는 값으로 *x*축에 재정리하고, 발육기간을 표준화한 분포도를 뜻한다. 즉, 모든 온도에서 각각 1, 5, 10, 15, ..., 95, 99 및 100%의 발육을 완료하는 발육기간에 따라 분포도를 재작성한다. 그러면 모든 온도의 *x*축은 22개의 발육기간으로 재정리되어 동일한 개수로 통일된다(τ_i, i = 1~22). 이제 *x*축을 각 온도의 발육기간 중위수로 나누어 표준화하면 타우분포도가 작성되며, 모든 온도의 분포도는 1.0을 중심으로 한 곳에 정렬된다(즉 50% 완료지점).

곤충 발육기간 분포의 동일형태성이 성립하더라도 온도에 따라 사망률 및 반복수의 차이 또는 다른 요인에 의하여 모든 타우분포도가 일치하기는 어렵다. 이런 변이를 제거하기 위하여 가중평균을 적용하여 표준타우분포도를 작성한다(그림 3, 부록 2, 표 3, 표 4).

타우분포도와 비교하여 표준누적확률분포도(normalized cumulative probability distribution)는 x축을 τ_i(i = 1~22)로 통일시키지 않고, 원래의 관측치에서 표준화시킨 경우를 주로 지칭한다. 각 온도의 값을 평균하면 평균표준누적확률분포도(mean normalized cumulative probability distribution)가 되어 표준타우분포도와 유사한 분포가 될 것이다.

(5) 표준타우분포도(standard tau distribution) 작성

실험온도의 수만큼 존재하는 타우분포도의 각 τ_i에서 총 개체수(빈도수)를 기준으로 가중평균을 계산하여 단일 곡선을 작성한다(그림 3B). 최종적으로 이 분포도가 곤충 발육기간 변이를 확률론적으로 개체군 모형에 반영하는 비선형식(와이블 함수)의 매개변수를 추정하는 데 사용된다.

와그너 등(Wagner et al., 1984a)은 실험온도 간 나타날 수 있는 차이를 제거하고 일관된 자료를 바탕으로 매개변수 추정이 가능하도록 표준타우분포도를 제시했다. 그럼으로써 매개변수 추정과정에서 곤충의 종류나 실험온도가 다르더라도 곤충 종 고유의 변이 특성 외의 모든 조건은 통일된다.

타우분포도는 가네 등(Gagne et al., 1982)과 와그너 등(Wagner et al., 1984b)이 적용한 바 있으며, 다만 십분위수(τ_i, i =1~11)에 대하여 발육기간의 평균값으로 분포를 표준화했다.

3) 곤충 발육기간분포 모형의 작성: 매개변수 추정

곤충의 발육기간분포 모형 작성에 있어서 와그너 등(Wagner et al., 1984a)은 표준타우분포도를 우선 작성하여 온도 간의 변이를 모두 제거하고 매개변수를 추정하는

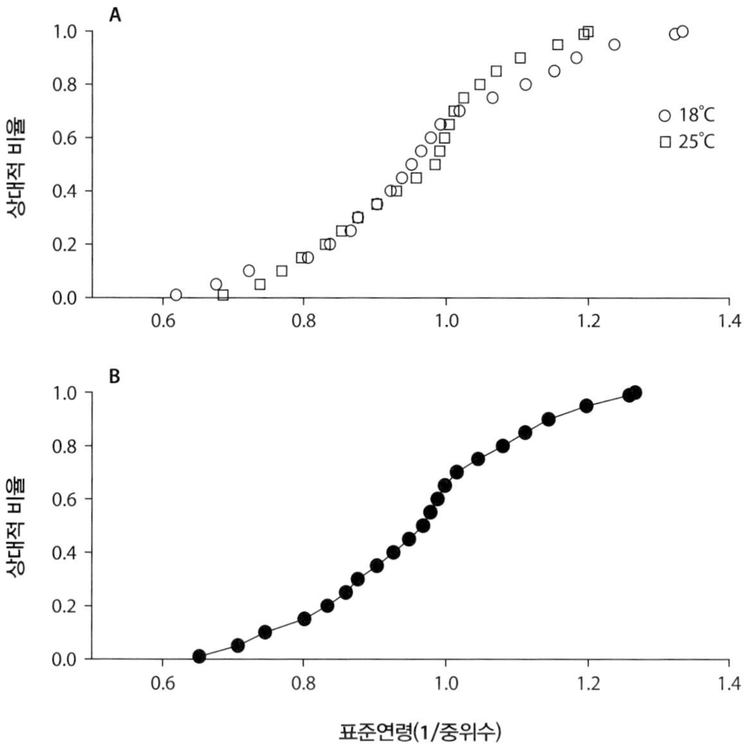

그림 3. 타우분포도(A)와 표준타우분포도(B) 작성

방법을 제시했으며, 곤충 발육기간분포 모형의 함수식으로 사용한 와이블 함수의 매개변수를 체계적으로 추정하는 SAS 프로그램을 제공했다. 물론 표준타우분포도의 작성 없이 각 실험온도별 표준누적확률분포도를 작성하여 매개변수를 직접 추정하는 방법이 있다(예: TableCurve 2D 이용). 이런 접근방식은 와그너 등(Wagner et al., 1984a)의 평균표준타우분포도 방식과 다소 차이가 있음을 이해해야 한다. 어떤 경우든 비선형식의 매개변수를 추정하기 위해서는 우선 초기값을 지정해주어야 한다. 와그너 등(Wagner et al., 1984a)이 제시한 와이블 함수의 선형화 변환을 통한 초기치 추정법에 대하여 소개하고자 한다.

세 개의 매개변수를 갖고 있는 와이블 함수식은 다음과 같다.

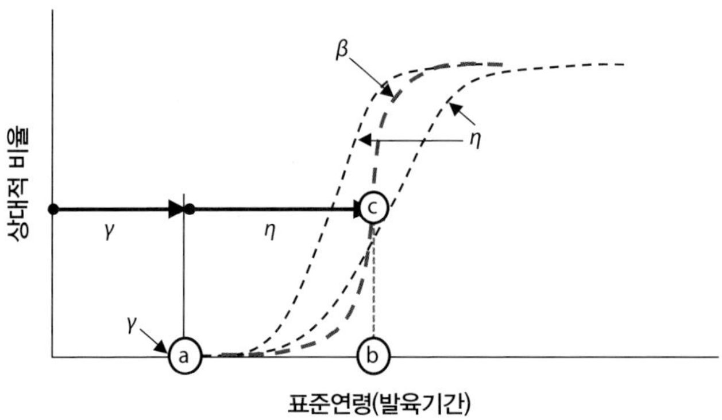

그림 4. 표준누적확률분포도의 형태와 매개변수값의 위치

$$F(x) = 1 - \exp\{-[(x-\gamma)/\eta]^{\beta}\}$$

여기서 $F(x)$는 표준연령 x에서 누적빈도수, 추정해야 할 매개변수는 γ(감마), η(에타), β(베타)다. 각 매개변수는 분포도에서 각 부위의 형태를 결정한다(그림 4).

〈그림 4〉는 설명의 편의상 x축을 표준연령(normalized time)으로 표시했다(앞으로 다양한 용어를 사용함). 매개변수 감마는 빈도분포가 첫 번째로 출현하는 표준연령을 나타낸다(a). 즉 발육기간의 최솟값에 해당되는 표준연령과 비슷한 값을 갖는다. 에타값이 증가하면 감마 지점이 고정된 상태에서 곡선이 오른쪽으로 기울어진다. 감소하면 반대로 움직인다. 분포도의 y축 50%(즉 0.5, c)에 대응하는 x축 값은 대략 '감마 + 에타'가 된다(b). 와이블 함수가 완벽한 대칭이 아니므로 보통 b값은 1.0보다 큰 값을 갖는다. 결과적으로 에타값은 $b-a$가 될 것이다. 베타값이 감소되면 50% 지점을 고정 축으로 곡선이 시계 반대방향으로 뒤틀어진다(즉 분포도가 수직상으로 변동). 반대로 베타값이 증가하면 분포도가 눕게 되고 발육기간의 변이가 크다는 것을 나타낸다. 분포도에서 매개변수의 위치를 이해하면 선형화 변환 없이 대략 초기값을 결정할 수 있다.

와이블 함수의 선형화를 위하여 식 1과 같이 정리하고 양변에 로그(자연로그)를 취하면 식 2를 얻을 수 있다. 식 2의 양변에 −1을 곱하고 다시 로그를 취하여 식 3을 얻고 정리하면 식 4의 형태로 변환된다.

$$1 - F(x) = \exp\{-[-(x-\gamma)/\eta]^{\beta}\} \quad (1)$$

$$\ln[1 - F(x)] = -[(x-\gamma)/\eta]^{\beta} \quad (2)$$

$$\ln\{-\ln[1 - F(x)]\} = \beta\ln[(x-\gamma)/\eta] \quad (3)$$

$$\ln\{-\ln[1 - F(x)]\} = \beta\ln[(x-\gamma) - \beta\ln\eta] \quad (4)$$

식 4는 $Y = mx + b$의 형태로 직선의 형태를 갖는 식이 된다. 따라서 $Y = \ln(-\ln[1 - F(x)])$, 기울기 $m = \beta$, $x = \ln(x - \gamma)$, 절편 $b = -\beta\ln\eta$가 된다. 평균표준타우분포도의 x축과 y축을 로그를 취하여 변환하고(단, 감마의 초기치는 육안으로 결정, 즉 처음 빈도분포가 나타나는 표준연령), 선형 회귀분석(직선회귀)을 실시하여 기울기와 절편을 추정하고 각 매개변수의 초기값을 구한다.

초기값이 정해지면 SAS 비선형 분석법이나 TableCurve 2D 프로그램을 이용하여 최종의 매개변수값을 추정할 수 있다.

4) 기타 곤충 발육기간 분포모형

(1) 도비에 함수 분포모형

앞에서 언급했듯이 와그너 등(Wagner et al., 1984a)은 표준타우분포도를 유도하고 비선형 회귀분석을 이용하여 와이블 함수의 매개변수를 추정했다. 이 방법이 가장 정통적인 방법으로 평가된다. 약식으로 표준누적확률분포도를 작성하여 곤충 발육기간분포 모형의 수식으로 많이 사용하는 와이블 함수의 매개변수를 직접 추정할 수 있다. 표본의 크기가 적당히 크면 표준누적확률분포도와 타우분포도가 별 차이가 없으므로 후자의 방법은 빠르게 자료를 분석할 수 있다는 측면에서 합리적일 수 있다. 따라서 앞으로 예제에서는 후자의 방법을 적용할 것이다.

개체군 모형에서 발육기간 분포모형은 아주 간단하게 추정하여 적용한 경우가 많다. 샤퍼와 골드(Shaffer and Gold, 1985)는 코드링나방 개체군 모형에서 다음과 같은 변형된 도비에(Dobie, 1978) 식을 사용했다.

$$y = \exp[c - \exp(a - bt)]$$

샤퍼와 골드(Shaffer and Gold, 1985)는 매개변수 c를 제거하여 생리적 연령(표준연령) 0~1 사이에서 발육이 완료되도록 확률을 조절했다. 매개변수 c는 와이블 함수의 γ와 동등한 역할을 하며, 와이블 함수의 적용 시에도 이 매개변수를 제거하고 2개의 매개변수 모형을 적용하는 경우가 흔히 있다(Kim et al., 2001). 도비에(Dobie, 1978) 식은 표준연령(t) 1.0에 50% 누적확률을 갖기 때문에 매개변수 추정이 용이하다(즉 0.5 = exp[−exp(a − b)]의 등식이 성립한다). 최종적으로는 표준누적확률분포도를 이용하여 매개변수를 추정했다.

(2) 쌍봉형 발육기간 분포모형

복숭아심식나방 월동유충은 쌍봉형으로 우화하는 양상을 보이며, 이를 모형화하기 위하여 쌍봉형 발육기간 분포모형(bimodal distribution model)을 작성하여 사용되었다(Kim et al., 2000).

$$f(x) = \alpha_1 \left\{ \frac{1}{1+\exp\left(-\dfrac{x-\beta_1}{\gamma_1}\right)} + \left(\frac{\alpha_2}{\alpha_1}\right) \Big/ \left[1+\left(\frac{x}{\beta_1+\Delta\beta}\right)^{\gamma_2}\right] \right\}$$

α_1: 첫 번째 발육완료 집단의 비율(크기)

α_2: 두 번째 발육완료 집단의 비율(크기)

β_1: 첫 번째 발육완료 집단의 50% 발육완료 시기

$\Delta\beta$: 첫 번째와 두 번째 집단의 50% 발육완료 시기 간 거리

γ_1, γ_2: 매개변수

(3) 표준편차 이용 발육기간 분포모형 매개변수의 추정

발육기간 분포모형의 추정에서 확률론적 분포는 개별 관측치의 변이 자료가 있어야만 작성이 가능하다. 그러나 개체군 모델링 과정에서는 기존 발표된 자료를 단순 인용하는 경우가 있으며, 이런 경우 개별 관측치 원자료를 이용할 수 없다. 따라서 발육기간의 빈도분포가 정규분포를 한다고 가정하고 평균과 표준편차를 이용하여

표준누적확률분포도를 작성하는 방법이 제시되었다(Kim and Kim, 2018).

표준정규분포는 평균을 표준편차의 단위(표준편차단위 z)로 나타낸 것으로 평균에서 떨어져 있는 어떤 관측치 값(x)은 다음과 같이 표준편차를 이용하여 표준화시킨다(μ = 평균, σ = 표준편차).

$$z = \frac{x - \mu}{\sigma}$$

표준정규분포에서 95% 신뢰구간은 $\mu \pm 1.960\sigma$가 되는데(즉 좌우 양쪽의 면적 2.5%의 안쪽 구간), 누적표준정규분포를 적용하면 관측치가 $\mu - 1.960\sigma$까지 2.5%(0.025), 관측치 $\mu + 1.960\sigma$까지 97.5%(0.975)의 개체가 포함된다는 것을 뜻한다. 즉 같은 방식으로 〈그림 5〉와 같이 누적확률(빈도) 0.5, 2.5, 16.87, 25.0, 50.0, 75.0, 83.13, 97.5, 99.5%에 해당하는 각 표준편차 5단위는 −2.576, −1.960, −1.0, −0.675, 0.0, 0.675, 1.0, 1.960, 2.576가 된다(Sokal and Rohlf, 1981). 여기서 표준편차단위 $z_1 = -2.576$, $z_2 = -1.960$, ..., $z_9 = 2.576$이다.

이제 표본집단의 평균($\bar{X}$)과 표준편차(s)를 알고 있으며 각 누적확률에 대응하는 관측치 값의 표준연령을 계산할 수 있다(표준연령은 관측치÷평균으로 가정). 누적확률 50%에 해당되는 표준연령은 '[평균 + (표준편차 × z_5)]/평균'이 된다. 또 누적확률

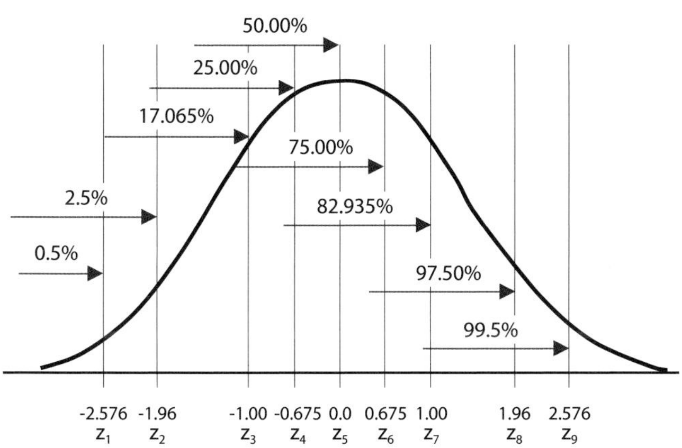

그림 5. 표준정규분포에서 표준단위 값에 대응하는 확률의 범위

97.5%의 표준연령은 z_8를 사용해서 구한다. 즉 평균이 23.7, 표준편차가 1.19인 경우 누적확률 97.5%에 해당되는 표준연령은 [23.7 + (1.19 × 1.96)] / 23.7 = 1.0979이 될 것이다. 이렇게 어떤 한 온도에서 얻는 발육기간의 평균과 표준편차를 이용하여 z_1~z_9에 해당되는 표준연령(x축)과 누적확률(y축)을 계산하면 표준누적확률분포도를 대치 가능한 분포도를 얻을 수 있다. 다만 곤충 발육기간의 분포도는 오른쪽으로 약간 편의되나, 이 방법은 대칭인 정규분포를 가정했으므로 실제 분포도와는 다를 수 있다. 하지만 야외 곤충 개체군에서 다른 환경요인에 의한 발생시기의 변이가 이 수식의 오차보다 훨씬 우세하기 때문에 개체군 모델링에서 시뮬레이션 결과에 큰 영향을 미치지 않을 수 있다(Kim and Kim, 2018).

3. 발육단계 전이모형의 구조와 시뮬레이션

1) 발육단계 전이모형의 개념

(1) 발육률 적산과 생리적 연령

발육기간 예제 18℃ 자료에서 발육기간의 중위수는 32.5일이었다(부록 1 표 1). 이것을 풀어서 이해하면 50%의 개체가 발육을 완료하는 기간을 뜻한다. 발육기간에 역수를 취하면 발육속도의 개념이 되며, 단위시간(즉 1일)당 변화율(증가율), 즉 발육률이 된다(3장 참조). 중위수 32.5일에 역수를 취하면 '0.0308/일'의 값을 얻을 수 있는데, 1일당 0.0308의 비율(3.08%)로 발육이 진행된다는 것을 나타낸다. 즉 32.5일의 3.08%가 하루 동안 완성된다. 따라서 0.0308/일 × 32.5일 = 1.0이라는 등식이 성립

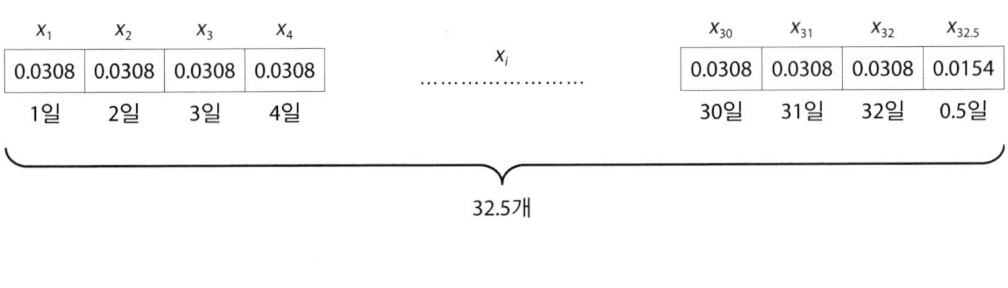

한다.

이제 0.0308의 값(18℃ 조건)을 1일부터 32.5일까지 누적하면 다음과 같이 표현할 수 있다(n =32.5, 불연속분포를 가정하고 있기 때문에 실제 상황에서 0.5일 동안의 발육률을 누적하지 않는다).

$$x_1 + x_2 + x_3 + \ldots + x_n = \sum_{i=1}^{n} x_i$$

여기서 x_i는 발육률 값이고, 온도발육모형(3장 참조)으로 계산되므로 다음과 같이 대체하여 나타낼 수 있다.

$$\sum_{i=1}^{n} x_i \Rightarrow \sum_{i=1}^{n} r(T_i)$$

앞에서 표준연령은 중위수로 단위수(발육기간/중위소)로 나타낸 값으로써(경우에 따라 평균을 단위수로 나타낼 수 있음) 표준누적확률분포도의 x축 값이다. 어떤 곤충 집단에서 발육을 완료하는 개체들이 표준연령에 따라서 0~100%까지 분포했다. 이론적으로 표준연령 1.0에서 50%의 개체가 발육을 완료한다. 따라서 집단의 크기가 100마리였다면 표준연령 1.0에서 50마리가 출현(발육완료)한다는 것을 뜻한다. 또 1.0을 넘어 표준연령이 증가하면 발육을 완료하는 개체들의 비율이 증가한다. 표준연령은 온도와 독립적이 되도록 표준화시킨 연령이고, 실제 곤충이 생리적으로 성숙하는 정도를 나타내기 때문에 실제적인 생리적 연령(px, physiological age)이 된다. 결과적으로 곤충의 생리적 연령은 다음과 같이 정의할 수 있다(Curry and Feldman, 1987; Kim and Lee, 2003a,b).

$$px \approx \int_0^n r(T) = \sum_{i=1}^{n} r(T_i)$$

생리적 연령을 계산하는 수식에서 알 수 있듯이 이 값은 발육률을 적산하여 얻을 수 있다. 적산온도모형에서는 매일 일유효온도를 누적하여 해충 발생 예찰에 사용했다. 앞으로 이 생리적 연령은 개체군 모형의 작성에서 해충의 연령을 표현하는 기본방법으로 이용될 것이다.

(2) 발육단계 전이모형의 구조

곤충의 발육단계 전이모형(stage transition model)은 두 종류의 기본적인 온도의존발육모형, 즉 온도발육(률)모형과 발육기간 분포모형으로 구성되어 있다(Wagner et al., 1985; Kim et al., 2001). 바로 앞에서 발육기간 분포모형은 표준연령, 즉 발육률의 누적값(생리적 연령)으로써 x축이 작성되었다는 것을 보여주었다. 따라서 야외 변온조건이라도 발육모형을 이용하여 일별 발육률을 계산하고, 이를 누적하면 생리적 연령을 얻을 수 있으며, 발육기간 분포모형에 대입하여 발육을 완료하는 개체들의 비율(확률)을 예측할 수 있다.

온도에 따른 발육기간 곡선 또는 발육률 곡선에서 빈도분포도는 〈그림 6〉과 같이 위치한다. 이 그림은 온도발육 그래프에 25℃의 빈도분포도를 겹쳐서 나타낸 것이다. 각 온도별 발육기간 분포도는 동일형태성의 가정하에서 모두 표준화되어 발육기간 분포모형으로 단일화되었다. 이렇게 발육률 곡선(온도발육모형)과 발육기간 분포도는 밀접히 결합되어 있다.

발육단계 전이모형은 어떤 발육단계 상태에 있는 집단(cohort) 중에서 생리적 연령(시간) i와 $i+1$ 동안 다음 발육단계로 전이되는 개체수를 확률론적으로 추정하

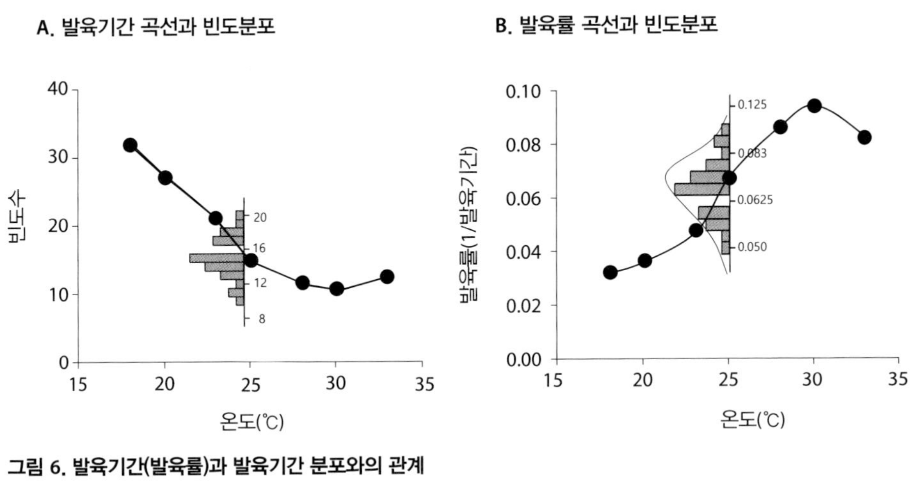

그림 6. 발육기간(발육률)과 발육기간 분포와의 관계

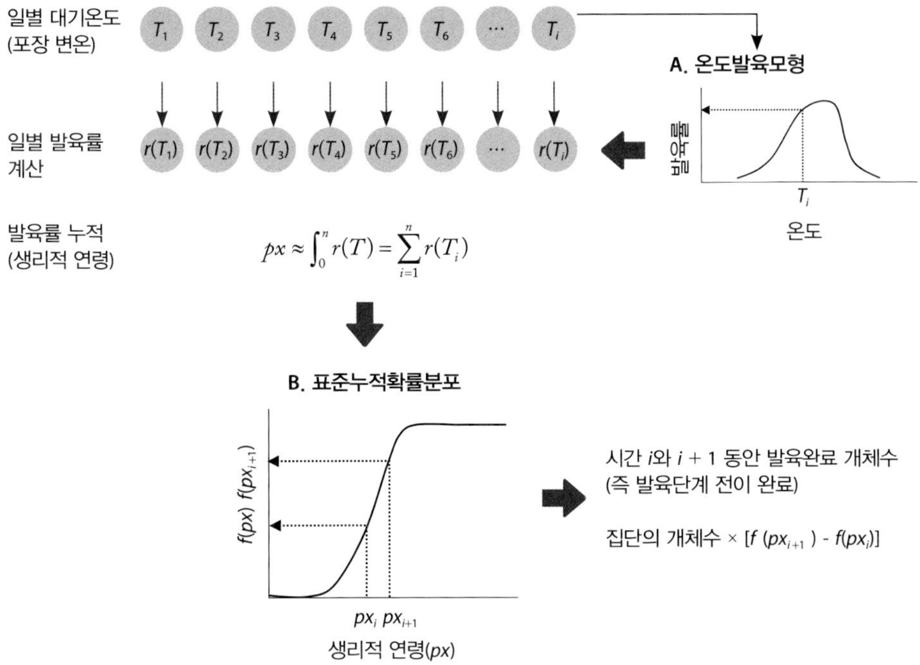

그림 7. 발육단계 전이모형의 구조와 계산과정

는 모형이다(그림 7). 다음과 같은 순서로 계산한다.

① 필요한 온도자료를 얻는다(평균온도 이용의 경우).

② 온도발육모형을 이용하여 일별 발육률을 계산한다.

③ 일별 발육률을 누적하여 누적발육률을 계산한다(생리적 연령).

④ 생리적 연령 px_i 와 px_{i+1}를 발육기간 분포모형(표준누적확률분포곡선)에 대입하여 누적확률 $f(px_i)$와 $f(px_{i+1})$를 계산한다.

⑤ 생리적 연령(시간) i와 $i+1$ 동안 다음 발육단계로 전이되는 비율을 계산한다. $f(px_{i+1}) - f(px_i) = \Delta(px)$와 같이 계산한다.

⑥ 집단(N) 중에서 다음 발육단계로 전이되는 개체수를 계산한다.
$\Delta(px) \times N$

이와 같은 방법으로 두 날짜 사이에 발육단계를 완료하는 개체수를 연속적으로 추정하여 모든 개체가 발육을 완료하게 되면 발육단계 전이모형 시뮬레이션이 완료된다.

2) 단일 또는 다중 집단의 발육단계 전이 시뮬레이션 예제

예제로써 2010년 7월 20일 수원의 한 과수원에서 복숭아심식나방 번데기 100마리가 발생했다고 가정하고 성충으로 우화과정의 시뮬레이션을 해보도록 한다. 동일한 날, 즉 24시간 내 형성된 개체들이므로 한 개의 동일연령집단으로 취급할 수 있다. 시뮬레이션 목적상 모든 개체의 생리적 연령은 동일하게 '0' 상태라고 가정한다. 즉 7월 21일부터 발육률이 누적되어 생리적 연령이 증가하게 될 것이다. 발육률 누적값, 즉 생리적 연령이 발육완료에 필요한 시기에 도달함에 따라 성충우화 개체수가 출현하게 된다.

발육단계의 전이를 시뮬레이션하려면 두 개의 온도발육 단위모형인 온도발육모형과 발육완료 분포모형을 추정해야 한다. 예시자료 〈부록 1 표 1〉과 〈부록 1 표 2〉를 이용하여 기본적인 두 모형을 추정할 수 있다.

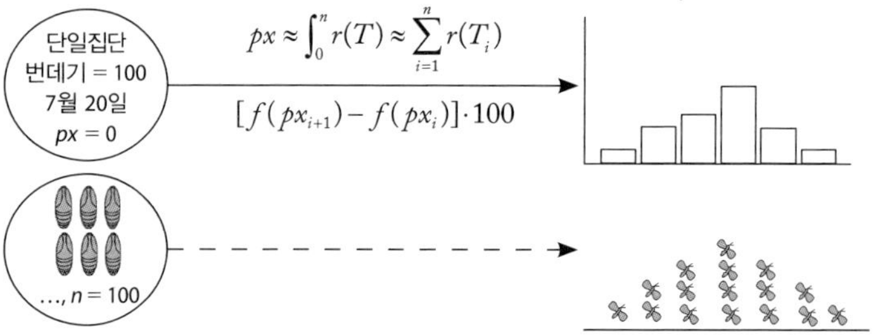

그림 8. 단일집단의 발육단계 전이과정 모식도

(1) 온도발육모형의 추정

온도발육모형은 온도에 따른 발육률(발육기간의 역수)의 변화곡선이다. 발육기간 중에서 중위수를 선택하여 발육률 곡선을 추정했다(중위수를 선택한 이유는 3장 참조). 온도발육모형식으로 매개변수의 수가 적고, 자료에 대한 적합성이 뛰어난 3-매개변수 락틴-모형을 적용했다(3장 비선형 모형 참조).

추정된 비선형 회귀식은 통계적으로 고도의 유의성을 보였으며(df = 2, 4; F = 311.7; P<0.001), 모든 매개변수값은 작은 표준오차의 범위에 있었고 통계적으로 타당했다(표 1). 이 온도발육모형은 발육률을 누적하여 생리적 연령을 계산하는 데 사용한다.

(2) 발육기간 분포모형

앞에서 예제 자료의 18℃와 25℃ 자료에 대하여 발육기간 분포자료에 대한 타우분포도를 작성한 바 있다. 표준타우분포도를 작성하려면 0, 1, 5, ... 99, 100%에 대응하는 표준연령을 내삽하여 수동으로 계산해야 하는 번거로움이 있다. 본 예제에서는 표준타우분포도 작성을 생략하고, 각 온도별 '표준누적확률분포도'를 작성하여 3-매개변수 와이블 함수식을 직접 추정하는 방식을 소개한다. 먼저 누적확률분포도를 작성하고, 발육기간(x축)을 중위수 값으로 나누어 표준화한다. 총 7개 온도에서 작성된 표준누적확률분포도를 종속변수(y)로 하고 생리적 연령(표준연령)을 독립변수(x)로 취급하여 비선형 회귀분석을 실시한다(그림 9). 추정된 매개변수는 통계적으로 유의했으며 〈표 1〉과 같다.

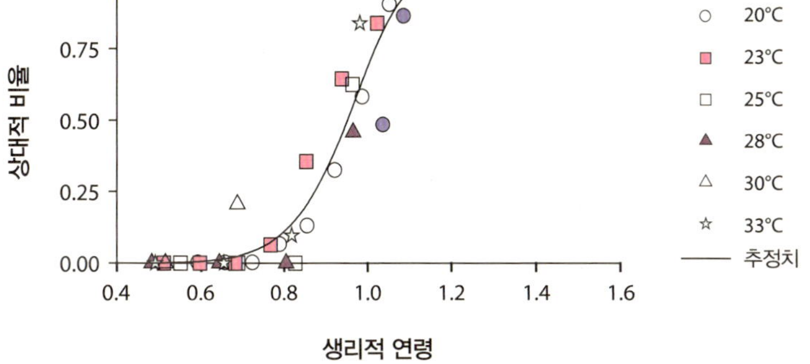

그림 9. 발육기간 분포모형의 적합 형태(실측 7개 온도의 자료 참조)

표 1. 복숭아심식나방 번데기 온도발육모형과 발육기간 분포모형 매개변수 추정값(Kim et al., 2001)

모형의 종류	매개변수	추정값	표준오차(SE)	R^2 (결정계수)
온도발육모형	ρ	0.1753	0.00731	0.99
	T_{max}	36.7333	0.40735	
	ΔT	5.7010	0.23710	
발육기간 분포모형	γ	0.5455	0.14955	0.90
	η	0.5007	0.15545	
	β	2.54109	0.94946	

(3) 엑셀을 이용한 시뮬레이션

엑셀을 이용한 계산결과는 〈그림 10〉과 같다. 좌측 C-열에 계산에 필요한 매개변

	A	B	C	D	E	F	G	H	I	J	K	L
1												
2		모형부분			월	일	줄리언	평균온도	발육율	생리적연령	누적우화율	일별우화빈도수
6					7	17	3	24		0.00000		
7					7	18	4	24		0.00000		
8		7/20 N=	100		7	19	5	21.8		0.00000		
9					7	20	6	22	0	0.00000		
10					7	21	7	22.4	0.0504	0.05040		
11		온도발육모형			7	22	8	21.4	0.0452	0.09565		
12		매개변수	추정값		7	23	9	26.6	0.0744	0.17008		
13		rho	0.1753		7	24	10	23.7	0.0576	0.22765		
14		Tmax	36.7333		7	25	11	23.7	0.0576	0.28522		
15		delta T	5.7010		7	26	12	26.7	0.0750	0.36022		
16					7	27	13	28.7	0.0853	0.44550		
17		발육기간분포모형			7	28	14	29.9	0.0895	0.53503	0.0000	0
18		매개변수	추정값		7	29	15	28.9	0.0861	0.62116	0.0082	1
19		gamma	0.5454997		7	30	16	29.6	0.0887	0.70983	0.0572	5
20		eta	0.5007214		7	31	17	29.7	0.0890	0.79880	0.1622	10
21		beta	2.5410901		8	1	18	28.9	0.0861	0.88493	0.3109	15
22					8	2	19	25	0.0651	0.95003	0.4410	13
23					8	3	20	23.6	0.0570	1.00703	0.5564	12
24					8	4	21	25.3	0.0669	1.07389	0.6822	13
25					8	5	22	25.4	0.0674	1.14134	0.7890	11
26					8	6	23	21.7	0.0468	1.18809	0.8482	6
27					8	7	24	22.2	0.0493	1.23744	0.8972	5
28					8	8	25	23.6	0.0570	1.29444	0.9381	4
29					8	9	26	27.2	0.0778	1.37224	0.9720	3
30					8	10	27	28.6	0.0848	1.45708	0.9898	2
31					8	11	28	28	0.0820	1.53908	0.9967	1
32					8	12	29	27.9	0.0815	1.62057	0.9991	0
33					8	13	30	27.6	0.0799	1.70052	0.9998	
34					8	14	31	27.5	0.0794	1.77994	0.9999	
35					8	15	32	27.9	0.0815	1.86143	1.0000	
36					8	16	33	28.1	0.0825	1.94393	1	

발육률 계산식 "=EXP($C$13*H10) - EXP($C$13*$C$14 -($C$14-H10)/$C$15)"
누적우화율 계산식 "=IF(J21>$C$19,(1-EXP(-(((J22-$C$19)/$C$20)^$C$21))),0)"

그림 10. 단일집단의 전이모형 계산(N = 100, 7월 20일 생성집단)

수가 입력되어 있다. 발육률은 일별 평균온도를 온도발육모형에 입력하여 계산한다(계산수식 참조). 7월 20일 생리적 연령을 0로 가정했기 때문에 7월 21일부터 발육률이 계산되었다. 발육률을 누적하면 생리적 연령을 얻을 수 있다. 누적우화율은 생리적 연령을 발육기간 분포모형에 입력하여 구한다(계산수식 참조). 7월 29일 우화율 0.82%를 시작으로 8월 15일까지 거의 100%가 우화되었다. 일별 우화빈도수는 100개의 번데기가 하루단위로 우화한 개체수를 나타낸 것으로 8월 3일의 우화 개체수는 '(0.5564 − 0.4410) × 100'과 같이 계산되어 12마리가 되었다. 즉 하루 동안 우화율이 약 12%(즉 0.1155)이므로 100개 중 12개가 성충으로 우화한 것을 의미한다.

누적우화율 계산수식의 경우 생리적 연령이 γ보다 작은 경우 '불능' 값이 출력되어 계산이 불가하다. 따라서 기술적으로 조건문을 이용하여 생리적 연령이 γ값을 초과한 날부터 계산이 되도록 했다.

다중집단 발육단계 전이모형은 7월 20일 70마리, 7월 22일 30마리가 생성된

모형부분	
7/20 n=	70
7/22 n=	30

온도발육모형

매개변수	추정값
rho	0.1753
Tmax	36.7333
delta T	5.7010

발육기간분포모형

매개변수	추정값
gamma	0.5455
eta	0.500721
beta	2.54109

월	일	쥴리언	평균온도	발육율	7/20 집단		7/22 집단		일일우화수 합계
					생리적연령	일별우화빈도수	생리적연령	일별우화빈도수	
7	18	4	24						
7	19	5	21.8						
7	20	6	22	0	0.00000				
7	21	7	22.4	0.0504	0.05040				
7	22	8	21.4	0.0452	0.09565		0.00000		
7	23	9	26.6	0.0744	0.17008		0.07443		
7	24	10	23.7	0.0576	0.22765		0.13200		
7	25	11	23.7	0.0576	0.28522		0.18957		
7	26	12	26.7	0.0750	0.36022		0.26457		
7	27	13	28.7	0.0853	0.44550		0.34985		
7	28	14	29.9	0.0895	0.53503	0	0.43938		0
7	29	15	28.9	0.0861	0.62116	1	0.52551		1
7	30	16	29.6	0.0887	0.70983	3	0.61418	0	4
7	31	17	29.7	0.0890	0.79880	7	0.70315	1	9
8	1	18	28.9	0.0861	0.88493	10	0.78928	3	13
8	2	19	25	0.0651	0.95003	9	0.85437	3	12
8	3	20	23.6	0.0570	1.00703	8	0.91138	3	11
8	4	21	25.3	0.0669	1.07389	9	0.97824	4	13
8	5	22	25.4	0.0674	1.14134	7	1.04568	4	11
8	6	23	21.7	0.0468	1.18809	4	1.09244	2	7
8	7	24	22.2	0.0493	1.23744	3	1.14179	2	6
8	8	25	23.6	0.0570	1.29444	3	1.19879	2	5
8	9	26	27.2	0.0778	1.37224	2	1.27658	2	4
8	10	27	28.6	0.0848	1.45708	1	1.36142	1	2
8	11	28	28	0.0820	1.53908	0	1.44342	1	1
8	12	29	27.9	0.0815	1.62057		1.52492	0	0

집단1(7/20일)에서 7월 30일 우화개체수 계산수식

=IF(J19>$C$20,((1-EXP(-(((J20-$C$20)/$C$21)^$C$22)))-(1-EXP(-(((J19-$C$20)/$C$21)^$C$22))))*$C$9,0)

그림 11. 다중집단의 전이모형 계산(7월 20일 70마리, 7월 22일 30마리 집단)

것과 같이 생리적 연령이 다른 여러 개 집단의 발육단계 전이를 시뮬레이션하는 방법이다. 집단을 같은 생리적 연령을 갖는 여러 개로 나누는 것일 뿐 계산과정은 동일하다. 참고로 일별 우화빈도수는 $[f(px_{i+1}) - f(px_i)] \times n$으로 직접 계산했다(그림 10의 수식 참조).

다중집단의 발육단계 전이모형은 개체군 모형을 작성할 때 유용하게 사용된다. 개체군 모형 작성과정에서는 24시간 단위로 구분된 수십 개의 집단이 형성된다. 각 집단을 개별적으로 다음 발육단계로 전이시키고, 동일한 날 발생된 다음 발육단계 개체를 다시 한 집단으로 묶어서 전이시키는 과정이 반복된다.

3) 가루깍지벌레 월동알 부화 시기 예찰모형 사례

월동집단은 이론적으로 한 개의 집단으로 구성되어 있기 때문에 단일집단의 발육단계 전이모형을 적용하여 발생 시기 예측모형을 작성할 수 있다. 본 사례에서는 제2장 선형모형의 사례로 사용했던 가루깍지벌레 월동알 자료를 이용하여 부화 시기 예찰모형의 작성을 보여준다(Jeon et al., 1996).

가루깍지벌레 월동알 온도발육모형은 저온저해가 없는 4-매개변수 생물리적 모형에 적합되었으며 RHO25 = 0.1115, HA = 26916.3273, TH = 300.7119, HH = 66849.2314였고, 수식의 정의에 따라 저온영역의 값 HL = −100,000,000, TL =100을 적용한다. 발육기간 분포모형(3-매개변수 와이블 함수)의 매개변수를 추정한 결과 $\gamma = 0.8943$, $\eta = 0.1138$, $\beta = 3.1697$이었다.

수원지역에서 월동알 집단이 100개의 알로 구성되어 있다고 가정할 때 시기에 따라 일별 부화하는 개체수를 추정하면 〈그림 12〉와 같다.(단 월동알 집단의 생리적 연령은 '0' 상태로 동일하며, 1월 1일부터 발육률을 적산한다. 1992, 1993년)

모형부분	
	알
1/1 N=	100

온도발육모형

매개변수	월동알
HL	-100,000,000
TL	100
RHO25	0.1115
HA	26916.3273
TH	300.7119
HH	66849.2314

발육기간분포모형

매개변수	월동알
gamma	0.89418
eta	0.11378
beta	3.16974

	월	일	쥴리언	평균온도	발육율	생리적연령	누적부화율	일별부화빈도수
3								
122	4	29	119	15.3	0.0232	0.68932	0.0000	0
123	4	30	120	13.9	0.0184	0.70775	0.0000	0
124	5	1	121	13.2	0.0164	0.72416	0.0000	0
125	5	2	122	12.6	0.0148	0.73900	0.0000	0
126	5	3	123	14.4	0.0200	0.75902	0.0000	0
127	5	4	124	17.5	0.0330	0.79199	0.0000	0
128	5	5	125	18.9	0.0408	0.83280	0.0000	0
129	5	6	126	15.2	0.0226	0.85545	0.0000	0
130	5	7	127	15.8	0.0250	0.88041	0.0000	0
131	5	8	128	15.8	0.0250	0.90538	0.0006	1
132	5	9	129	14.0	0.0186	0.92397	0.0142	5
133	5	10	130	13.9	0.0184	0.94240	0.0637	16
134	5	11	131	16.0	0.0258	0.96819	0.2257	27
135	5	12	132	16.2	0.0266	0.99482	0.4922	17
136	5	13	133	13.3	0.0165	1.01136	0.6664	22
137	5	14	134	16.5	0.0279	1.03930	0.8849	10
138	5	15	135	17.8	0.0345	1.07384	0.9858	1
139	5	16	136	15.5	0.0238	1.09762	0.9982	0
140	5	17	137	15.6	0.0242	1.12179	0.9999	0
141	5	18	138	15.3	0.0230	1.14481	1.0000	0

5월 3일의 발육률 계산식

=($C$129*((H126+273.15)/298.15)*EXP($C$130/1.987*(1/298.15-1/(H126+273.15))))/(1+(EXP($C$127/1.987*(1/$C$128-1/(H126+273.15))))+(EXP($C$132/1.987*(1/$C$131-1/(H126+273.15)))))

그림 12. 가루깍지벌레 월동알 부화시기 예측모형 계산

Please cite this chapter as: Kim, D.-S., Lee, J.-H., 2021. The distribution model of insect development times and the simulation of stage transition. In: Lee, J.-H., Kim., D.-S., Jung, C., Park, Y.-L. (eds.), Research Methodology in Insect Ecology, Seoul National University Press, Seoul, pp. 83-113.

참고문헌

Anderson, T.E., Kennedy, C.C., Stinner, R.E. 1982. Temperature-development model for postdiapaus development and spring emergence of the European corn borer, *Ostrinia nubilalis* (Hiibner) (Lepidoptera: Pyralidae), in North Carolina. Environ. Entomol. 11, 1307-1311.

Banneheka, B., Ekanayake, G. 2009. A new point estimator for the median of gamma distribution. Vidyodaya J. Sci. 14, 95-103.

Baxendale, F.P. 1983. Modeling seasonal development of the sorghum midge, *Contarinia sorghicola* (Coquillett). Ph.D. dissertation, Texas A&M University, College Station.

Curry, G.L., Feldman, R.M., Smith, K.C. 1978a. A stochastic model of a temperature-dependent population. J. Theor. Pop. Biol. 13, 197-213.

Curry, G.L., Feldman, R.M., Sharpe, P.J.H. 1978b. Foundation of stochastic development. J. Theor. Biol. 74, 397-410.

Curry, G.L., Feldman, R.M. 1987. Mathematical foundations of population dynamics. Mono. Ser. 3. Tex. Eng. Exp. Stn., College Station, TX. 246pp.

Dobie, P. 1978. A simple curve describing the development pattern of some beetles breeding on stored products. J. Stored Prod. Res. 14, 41-44.

Erlang, A.K. 1909. The theory of probabilities and telephone conversations. Nyt Tidsskrift Matematika B.20, pp. 33-39.

Gagne, J.A., Wagner, P.J.H., Sharpe, T.L., Coulson, R.N. 1982. Reemergence of *Dendroctonus frontalis* at constant temperatures. Environ. Entomol. 11, 1216-1222.

Hardman, J.M. 1976. Life table data for use in deterministic and stochastic simulation models predicting the growth of insect populations under Malthusian conditions. Can. Entomol. 108, 897-906.

Howe, R.W. 1967. Temperature effects on embryonic development in insects. Annu. Rev. Entomol. 10, 15-42.

Jeon. H.Y., Kim, D.-S. Yiem, M.S. Lee, J.H. 1996. Modeling Temperature-Dependent Development and Hatch of Overwintered Eggs of *Pseudococcus comstodki* (Homoptera: Pseudococcidae). Korean J. Appl. Entomol. 35, 119-125.

Kim, D.-S., Lee, J.-H. 2003a. Oviposition model of *Carposina sasakii* (Lepidoptera: Carposinidae). Ecol. Model. 162, 145-153.

Kim, D.-S., Lee, J.-H. 2003b. Oviposition model of overwintered adult *Tetranychus urticae*(Acari: Tetranychidae) and mite phenology on the ground cover in apple orchards. Exp. Appl. Acarol. 31, 191-209.

Kim, D.-S., Lee, J.-H., Yiem, M-S. 2000. Spring emergence pattern of *Carposina sasakii*(Lepidoptera: Carposinidae) in apple orchards in Korea and its forecasting models based on degree-days. Environ. Entomol. 29, 1188-1198.

Kim, D.-S., Lee, J.-H., Yiem, M.-S. 2001. Temperature-dependent development of *Carposina sasakii* (Lepidoptera: Carposinidae) and its stage emergence models. Environ. Entomol. 30, 298-305.

Kim, S.B., Kim, D.-S. 2018. A tentative evaluation for population establishment of *Bactrocera dorsalis* (Diptera: Tephritidae) by its population modeling: considering the temporal distribution of host plants in a selected area in Jeju, Korea. J. Asia-Pac. Entomol. 21, 451-465.

Logan, J.A., Stinner, R.E., Rabb, R.L., Bacheler, J.S. 1979. A descriptive model for predicting spring emergence of *Heliothis zea* populations in North Carolina. Environ. Entomol. 8, 141-146.

Manetsch, T.J. 1976. Time-varying distributed delays and their use in aggregative models of large system. IEE Trans. Syst. Man. Cybernet. 6, 547-553.

Manetsch, T.J., Park, G.L. 1974. Simulation of time delay. Chapter 10, in Systems analysis and simulation with application to economic and social systems. Department of Electrical Engineering and System Science, Michigan State University, East Lansing, MI.

Menke, W.W. 1973. A computer simulation model: the velvetbean caterpillar in the soybean agro-ecosystem. Fla. Entomol. 56, 92-102.

Shaffer, P.L., Gold, H.J. 1985. A simulation model of population dynamics of the codling moth, *Cydia pomonella*. Ecol. Model. 30, 247-274.

Sharpe, P.J.H., DeMichele, D.W. 1977. Reaction kinetics of poikilotherm developement. J. Theor. Biol. 64, 649-670.

Sokal, R.R., Rohlf, F.J. 1981. Biometry: The Principles and Practice of Statistics in Biological Research. W.H. Freeman, San Francisco.

Song, Y.H. Choi, S.Y. Hyun, J.S., Kim, C.H. 1982. A phenological simulation of striped rice borer, *Chilo suppressalis,* occurrence in Korea. Korean 1. Plant Prot. 21, 200-206.

Stinner, R.E., Butler, Jr., G.D., Bacherler, J.S., Tuttle, C. 1975. Simulation of temperature-dependent development in population dynamics models. Can. Entomol. 107, 1167-1174.

Wagner, T.L, Wu, H., Shrape, P.J.H., Coulson, R.N. 1984a. Modeling distribution of insect development time: a literature review an application of Weibull function. Ann. Entomol. Soc. Am. 77, 475-487.

Wagner, T.L., Gagne, J.A., Sharpe, P.J.H., Coulson, R.N. 1984b. A biophysical model of southern pine beetle, *Dendroctonus frontalis* Zimmermann (Coleoptera: Scolytidae), development. Ecol. Model. 21, 125-147.

Wagner, T.L., Wu, H., Feldman, R.M., Sharpe, P.J., Coulson, R.N. 1985. Multiple-cohort approach for simulation development of insect population under variable temperatures. Ann. Entomol. Soc. Am. 78, 691-704.

Wagner, T.L., Wu, H., Sharpe, P.J.H., Schoolfield, R.M., Coulson, R.N. 1984c. Modeling insect development rates: a literature review and application of a biophysical model. Ann. Entomol. Soc. Am. 77, 208-225.

부록 01 복숭아심식나방 발육기간 가상자료

표 1. 온도에 따른 복숭아심식나방 번데기 발육기간 가상자료

반복	처리온도(°C)						
	18	20	23	25	28	30	33
1	23	20	13	10	7	7	9
2	25	22	15	11	8	8	10
3	25	22	15	11	8	8	10
4	25	22	15	12	9	8	10
5	27	23	16	13	9	8	11
6	27	23	16	13	9	9	11
7	29	26	18	13	10	9	11
8	29	26	18	14	10	10	11
9	29	26	18	14	10	10	12
10	29	26	18	14	10	10	12
11	32	27	20	14	12	10	12
12	32	27	20	14	12	10	12
13	32	27	20	15	12	11	12
14	32	27	20	15	12	11	12
15	32	27	20	15	12	11	12
16	33	29	20	15	12	11	12
17	33	29	22	15	12	11	12
18	33	29	22	15	13	11	12
19	33	29	22	15	13	11	13
20	33	31	22	17	13	11	13
21	33	31	22	17	13	11	13
22	33	34	24	17	13	12	13
23	35	34	24	17	14	12	14
24	35	35	27	18	14	12	14
25	35		27	18	15	12	14
26	35		27	18	15	13	14
27	37		29	19	15	13	14
28	37		29	20		14	15
29	39		30			14	15
30	39					14	
n	30	24	29	28	27	30	29
평균	31.7	27.2	21.0	15.0	11.6	10.7	12.2
중위값	32.5	27.0	20.0	15.0	12.0	11.0	12.0
표준편차	4.16	4.01	4.64	2.49	2.28	1.87	1.53

표 2. 온도별 발육기간의 빈도수(복숭아심식나방 가상자료, 번데기 발육기간)

18℃		20℃		23℃		25℃		28℃		30℃		33℃	
발육기간	빈도수	발육기간	빈도수	발육기간	빈도수	발육기간	빈도수	발육기간	빈도수	발육기간	빈도수	발육기간	빈도수
23	1	20	1	13	1	10	1	6	0	6	0	8	0
25	3	22	3	15	3	11	2	7	1	7	1	9	1
27	2	23	2	16	2	12	1	8	2	8	4	10	4
29	4	26	4	18	4	13	3	9	3	9	2	11	3
32	5	27	5	20	6	14	5	10	4	10	5	12	10
33	7	29	4	22	5	15	7	12	7	11	9	13	4
35	4	31	2	24	2	17	4	13	5	12	4	14	5
37	2	32	0	27	3	18	3	14	2	13	2	15	2
39	2	34	2	29	2	19	1	15	3	14	3	16	0
41	0	35	1	30	1	20	1	16	0	15	0		

부록 02 표준타우분포도 작성 방법

타우분포도는 발육기간을 중위수(또는 평균)로 표준화시키고 누적확률이 1, 5, 10, 15, ..., 95, 99 및 100% 되는 22개 지점을 바탕으로 재정리한 분포도를 뜻한다(τ_i , i = 1~22). 〈부록 2 표 3〉 자료는 타우분포도 이전의 단계로써 누적확률분포도가 1, 5, 15, ..., 95, 99, 100%로 정리되어 있지 않은 상태에 있다. 타우분포도를 작성하려면 두 연령계급 사이의 확률값을 계산해야 한다. 예를 들어 누적확률 0과 0.0333(3.3%) 사이에서 1.0%에 해당되는 표준연령 값을 찾아야 한다. 보간법(interpolation)을 적용하여 추정한다.

자료에서 3.3% 비율 동안 표준연령은 0.6769에서 0.7077로 0.0308의 차이를 보이므로 1% 단위당 증가율은 '0.0308 ÷ 3.3 = 0.0092'가 된다. 따라서 1% 지점의 표준연령은 '0.6769 + 0.0092 = 0.6862'가 된다. 이러한 방법으로 각 연령계급 간 누적확률을 이용하여 표준연령 값을 보간하면 된다.

누적확률 33.3%와 50.0%는 급격히 변동하는 구간이지만 똑같은 방법을 적용할 수 있다. 누적확률 1%당 표준연령 증가율은 0.0055(즉 0.0923 ÷ 16.7)가 되므로 누적확률 35%에 대응하는 표준연령은 '0.8923 + 0.0055 × 2 = 0.9034로 계산된다(33.3 ≈ 33.0%의 표준연령이 0.8923이므로). 이렇게 이 구간에서는 40, 45, 50% 누적확률의 표준연령이 구해진다. 완성된 표준타우분포도 값은 〈부록 2 표 4〉와 같다.

표 3. 발육기간 원자료를 기반으로 계산한 다양한 발육기간 분포도(원자료: 표 1, 18℃의 자료임)

x축		y축		
발육기간(연령)	표준연령	빈도분포도	누적빈도분포도	누적확률분포도
22	0.6769	0	0	0
23	0.7077	1	1	0.0333
25	0.7692	3	4	0.1333
27	0.8308	2	6	0.2000
29	0.8923	4	10	0.3333
32	0.9846	5	15	0.5000
33	1.0154	7	22	0.7333
35	1.0769	4	26	0.8667
37	1.1385	2	28	0.9333
39	1.2000	2	30	1.0000

표 4. 타우분포 τ_i (i = 1~22)에 대응하는 표준연령(즉 1, 5, 10, 15 ... 95, 99, 100% 각 누적비율의 표준연령)

타우계급	누적비율(%)	표준연령	타우계급	누적비율(%)	표준연령
T1	1	0.6862	T12	55	0.9912
T2	5	0.7200	T13	60	0.9978
T3	10	0.7508	T14	65	1.0044
T4	15	0.7877	T15	70	1.0110
T5	20	0.8338	T16	75	1.0246
T6	25	0.8538	T17	80	1.0477
T7	30	0.8769	T18	85	1.0708
T8	35	0.9034	T19	90	1.1046
T9	40	0.9311	T20	95	1.1569
T10	45	0.9588	T21	99	1.1938
T11	50	0.9846	T22	100	1.2000

제5장

곤충 산란곡선의 특성과 산란모형의 작성

김동순, 이준호

1. 곤충 산란곡선의 특성

곤충의 산란력(fecundity, 산란수)은 직접적으로 자손의 수를 결정하기 때문에 개체군 성장에서 가장 중요한 요인 중 하나라고 할 수 있다. 다양한 요인이 곤충의 산란력에 영향을 미치지만 온도가 가장 중요한 요인으로 알려져 있으며, 광도와 같은 무생물적 요인(Wyatt and Brown, 1977)이나 먹이조건과 같은 생물적 요인(Leather and Dixon, 1982; Kaakeh and Dutcher, 1993)에 의하여 변화될 수 있다. 기타 응애류 같은 경우는 습도의 영향을 크게 받는다(Nickel, 1960; Perring et al., 1984). 그러나 대부분은 산란력에 미치는 온도의 영향이 다른 요인들과 비교하여 훨씬 우세하기 때문에 온도기반의 개체군 모형은 야외에서 현장에 적용할 만큼 충분히 구현되는 경우가 많다(Dover et al., 1979; Toole et al., 1984; Shaffer and Gold, 1985; Hayes, 1989; Kim and Lee, 2010). 문제는 어떻게 곤충 산란곡선의 특성을 이해하고 모형화하느냐다.

항온조건에서 곤충(암컷 성충)을 사육하면서 매일 산란수를 조사하게 되면 일별 산란빈도분포도 자료를 얻을 수 있다. 서로 다른 두 온도에서 작성된 복숭아심식나방의 일별 산란빈도분포도의 형태는 〈그림 1〉과 같다(비교하기 쉽게 1개체의 자

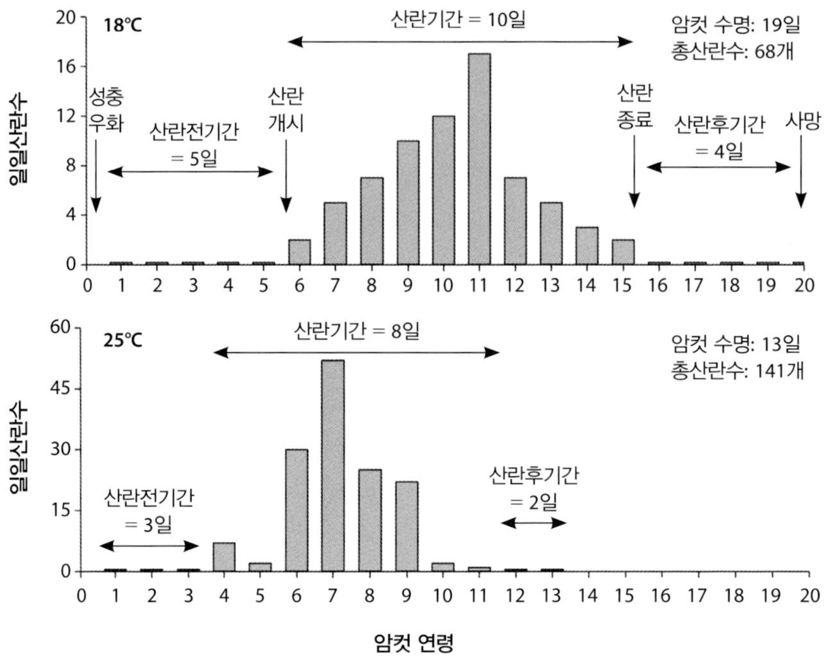

그림 1. 두 항온조건에서 복숭아심식나방의 일별 산란빈도분포도(암컷 1개체의 사례임)

료를 제시하였음). 일별 산란빈도분포도는 산란전기간(preoviposition period), 산란기간(oviposition period), 산란후기간(postoviposition period)으로 구성되어 있으며, 모두 더하면 암컷의 수명(longevity)이 된다. 산란기간 동안 생성된 일별 알의 수를 모두 합치면 총산란수(total fecundity)가 될 것이다. 일별 산란빈도분포도는 근본적으로 불연속분포지만, 모형화를 위한 수식화의 목적상 선으로 연결하면 연속분포의 형태가 되고 산란곡선(oviposition curve)을 형성한다.

서로 다른 두 온도에서 일별 산란빈도분포도에는 뚜렷한 차이점이 몇 가지 존재한다. 수명(산란전기간 포함)이 다르며, 총산란수에서 차이가 있다. 또한 근본적으로는 수명에 따른 일별 산란수에 큰 차이가 나타나고 있다. 이렇게 온도의존적인 곤충의 산란요소는 수명(생존기간), 일별 산란수, 총산란수 등으로 산란모형의 기본적인 구성요소(산란모형의 단위모형)가 된다. 야외 변온조건에서는 대상 해충이 다양한 온도조건에 놓이기 때문에 개체군 모형의 구동을 위해서는 산란요소들을 생리적 연령으로 표준화해 구현해야 한다.

발육기간 빈도분포도에서 언급했듯이 표준화의 전제조건은 '동일형태성'이다. 〈그림 1〉에서 보는 바와 같이 일별 산란빈도분포도는 대략적으로 좌우대칭 형태를 보인다. 아직까지 곤충의 산란빈도분포도의 분포 특성에 대하여 일반화된 이론은 없다. 여기에서는 온도에 따라 일별 산란빈도분포도의 폭과 높이의 차이만 있을 뿐 동일한 형태를 갖는다고 가정한다. 곤충의 종에 따라서 고유의 형태를 보이며 좌우대칭일 수도 있고, 곤충 종의 적응전략에 따라 좌 또는 우측으로 편의될 수 있다. 대부분의 곤충은 단봉형(unimodal peak) 산란곡선을 갖고 있으나(Kim and Lee, 2003a; 2003a, b), 쌍봉형(bimodal peaks) 또는 다봉형(multi-modal peaks)을 갖는 경우도 있다(다봉형의 사례: 화살깍지벌레, Kim et al., 2010; Kim and Lee, 2015). 또한 개체 특이적 산란곡선 변이를 나타낼 수도 있다. 이러한 변칙적인 곤충의 산란모형 작성 방법에 대해서는 뒤에서 다루기로 하고, 먼저 단봉형 산란곡선을 기준으로 한 산란모형 작성 방법에 대하여 기술하고자 한다.

곤충 산란의 기본요소가 되는 수명(생존기간), 일별 산란수, 총산란수에 대하여 생리적 연령에 따른 성충노화율(adult aging rate), 연령별 누적산란율(age-specific cumulative oviposition rate), 연령별 생존율(age-specific survival rate)과 온도별 총산란수(temperature-dependent total fecundity) 등 산란모형의 단위모형을 추정하는 방법을 소개한다.

2. 산란모형의 단위모형

1) 성충노화율 곡선(adult aging rate curve)

성충의 수명은 곤충 발육기간의 개념과 유사하다. 다만 다른 발육단계와는 달리 발육이 완료되는 경우 다음 발육단계로 진행하는 것이 아니라 사망(노화)에 이른다. 성충 수명을 발육기간으로 취급하고 역수를 취하여 온도발육모형을 추정하여 개체군 모형에 이용한 경우가 많다(Shaffer and Gold, 1985). 기타 곤충 수명완료율(longevity completion rate)의 개념을 사용한 경우도 있다(Kim and Lee, 2010). 사용하는 용어가 다를 뿐 내용은 동일하다. 모두 수명의 역수를 취하여 발육속도(또는 노화속도)로 변환시키고 온도에 따른 곡선을 추정한다. 이 곡선은 성충노화율 곡선이 되며, 성충의 생리적 연령을 계산하는 데 사용된다.

곤충 발육률이 최적온도를 넘어서 오히려 감소하는 현상과는 달리, 성충노화율 곡선은, 온도 증가에 따라 수명이 짧아지는 현상을 반영하여, 온도의 증가에 따라 지속적으로 증가하는 형태를 보인다. 노화율 곡선은 그러나 실제로는 높은 고온에 직면한 성충은 어느 순간 바로 사망(즉 노화율 = 0)하게 될 것이다. 따라서 곡선은 급격하게 '0' 지점으로 하강한다. 그러나 이런 온도는 정상적인 범위를 벗어나 있기 때문에 고려할 필요가 없다.

성충노화율 모형은 곤충 온도발육모형에 사용된 수식을 적용하여 추정할 수 있다. 다만 노화율 곡선의 특성상 고온저해가 없는 모형이 적합하게 사용된다. 지금까지 로지스틱 모형(Shaffer and Gold), 생물리적 모형의 2-매개변수 모형(Kim and Lee, 2003a, b), 아이링-모형(Kim and Riedl, 2005), 시그모이드 모형(Choi and Kim, 2016) 등이 활용된 바 있다. 아이링-모형의 수식은 다음과 같다.

$$r(T) = a\exp(bT) \quad (1)$$

2) 연령별 누적산란율 곡선(age-specific cumulative oviposition rate curve)

연령별 누적산란율 곡선은 수명기간 동안 총 산란능력(산란수) 중에서 어느 특정 연령 시기까지 산란되는 알 수의 비율을 의미한다. 도버 등(Dover et al., 1979)은 응애류 피식자-포식자 상호작용 개체군 모형에서 최대 산란율을 분획하여 연령별 산란표(age-specific oviposition schedule) 형식으로 적용했다. 코드링나방 개체군 모형에서는 도비 함수가 사용된 바 있다(Shaffer and Gold, 1985). 기타 감마분포식이나 다항회귀식 등이 종종 이용되었다(Mack et al., 1987; Mack and Smith, 1992). 2000년 이후에는 연령별 누적산란율 곡선의 형태와 유사한 궤적을 보이는 와이블 함수가 자주 사용되고 있다(Kim and Lee, 2003a, b; Choi and Kim, 2016).

산란모형을 작성하기 위하여 얻은 산란실험 자료는 여러 개의 온도와 같은 온도에서 여러 반복수로 구성되어 있다. 예시 자료(부록 표 1)는 온도 18℃에서 15마리의 복숭아심식나방 암컷에 대한 일별 산란수다. 실험 도중 갑자기 사망한 개체는 제외했다. 이 자료를 이용하여 모형식의 매개변수를 추정하기 위한 입력자료인 표준누적산란확률분포도를 작성하게 된다(실험온도의 수만큼 입력자료가 생김). 최종 자료는 온도독립적인 형태로 표준화되기 때문에 모든 자료는 성충의 표준연령에 맞추어 정렬될 것이다.

산란실험 원자료는 산란빈도분포도 → 누적산란빈도분포도 → 누적산란확률분포도 → 표준누적산란확률분포도의 순으로 변환된다.

(1) 산란빈도분포도

산란빈도분포도는 〈그림 1〉과 같이 일일 산란수를 기준으로 작성하는 것이 유리하다. 조사간격이 벌어지는 경우 분포도가 좌측으로 치우칠 수 있다. 두 가지 방법으로 산란빈도분포도를 작성할 수 있다. 하나는 개체별 빈도분포도를 작성하고(수직계산법) 최종 반복 개체수만큼의 표준누적산란확률분포도를 작성하여 평균값을 사용하는 방법이다. 즉, 평균표준누적산란확률분포도가 되며, 최종적으로 온도별 한 개씩의 자료가 생성된다. 이 수직계산법은 복잡하고 시간과 노력을 많이 투여해야 한다.

다른 방법은 같은 날 산란된 개체별 알의 평균 값(수평계산법)으로 온도별 한 개의 (수평평균)산란빈도분포도를 작성하여 이용하는 방법이다. 처음부터 온도별 한 개의 자료를 다루므로 시간을 절약할 수 있다. 본 예제에서는 수평계산법을 이용한 과정을 소개한다. 온도 25℃ 산란실험 자료에 대하여 수평계산법을 적용하여 수평평균을 계산한 결과는 부록 〈표 2〉에 제시되어 있다.

수평계산법에 의한 18℃와 25℃의 수평평균산란빈도분포도는 〈그림 2〉 맨 위 그림과 같다. 두 그래프의 빈도분포는 두 온도 간 수명의 차이로 인하여 연령의 선상에서 다른 위치에 있기 때문에 서로 합치되지 않는다(물론 산란수의 차이로 분포도의 높이 차이도 발생함). 표준화 과정을 거쳐서 표준연령의 선상에서 합치되어 정렬될 것이다.

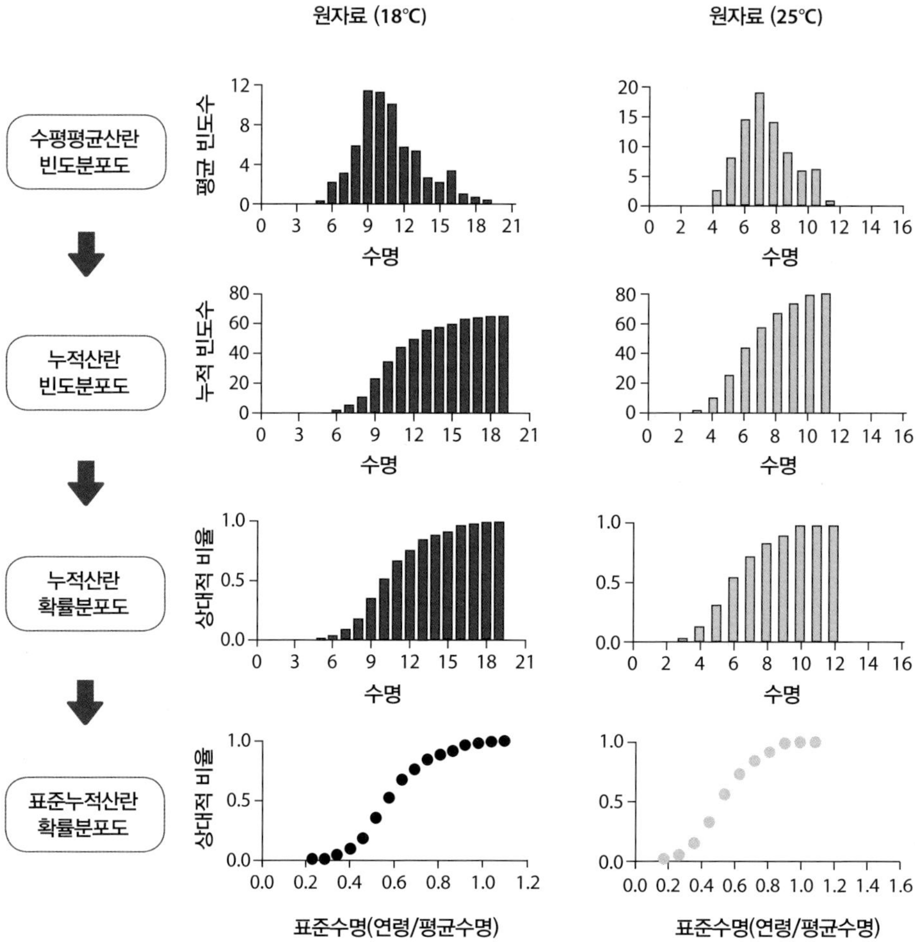

그림 2. 온도독립적 산란율 곡선을 얻기 위한 표준화 과정

(2) 누적산란빈도분포도

산란빈도분포도에서 연속된 연령(1일 단위)의 빈도수를 순서대로 계속 더해 나가면 누적산란빈도분포도가 작성된다. 이 분포도의 최고점은 평균산란수 값이 된다. 두 온도에서 평균산란수 간에는 큰 차이가 있기 때문에 누적분포의 높이에 큰 차이가 발생한다.

(3) 누적산란확률분포도

누적산란빈도분포도에서 각 연령에 대응하는 누적산란수를 산란수의 총합으로 나눈 분포도가 누적산란확률분포도다. 이제 두 온도의 산란수, 즉 y축은 0에서 1.0의 범위로 통일되어 표준화되었다.

(4) 표준누적산란확률분포도

마지막으로 성충의 연령을 표준연령으로 변환시킴으로써 온도에 독립적인 표준누적산란확률분포도가 완성된다(그림 2). 본 예제에서는 각 연령을 평균수명으로 나누는 것으로써 표준연령을 계산했다(중위수를 이용할 수 있음). 이제 x축도 표준화되어 상이한 위치에 분포하였던 두 곡선은 같은 위치에 정렬된다. 표준수명을 독립변수로 하고 표준누적산란확률 값(즉 상대적 비율)을 종속변수로 취급하여 모형식의 매개변수를 추정하여 연령별 누적산란율 모형을 제작한다.

곤충의 산란율 곡선으로 2-매개변수의 와이블 함수를 소개하면 다음과 같다.

$$O(px) = 1 - \exp[-(px / \eta)^{\beta} \quad (2)$$

여기서 $O(px)$는 표준연령(생리적 연령) px에서 누적산란율이며, 매개변수는 η(에타)와 β(베타)다. 각 매개변수의 특성은 발생기간 분포모형 부분에서 자세히 설명되어 있다.

3) 연령별 생존율 곡선(age-specific survival curve)

연령별 생존율은 갓 우화한 어떤 성충집단이 시간이 경과하여 어느 연령에 도달했을 때 살아있는 개체수의 비율이다(부록 표 2 참조). 온도에 따라 성충의 생존곡선이 달라지기 때문에 온도에 독립적인 생존율 곡선을 유도해야 한다. 이미 종속변수인 y축은 표준화된 상태인 생존율로 변환되어 있으므로 독립변수인 연령(x축)을 표준연령으로 대체함으로써 온도에 독립적인 곡선을 얻을 수 있다. 표준연령은 연령별 산란율 곡선에 적용한 것과 동일한 값이다.

지금까지 곤충의 연령별 생존율을 표현하기 위하여 지수함수(Birley, 1977), 곰퍼

츠(Gompertz) 함수(Clements and Paterson, 1981; Readshaw and Van Gerwen, 1983), 와이블(Weibull) 함수(Bartlett and Murray, 1986; Madden et al., 1986), 로지스틱 및 로건-모형(Logan et al., 1976; Dover et al., 1979; Shaffer and Gold, 1985; Berry et al., 1991), 시그모이드 식(Kim and Lee, 2003a, b) 등이 이용된 바 있다.

곤충생존율 모형으로 자주 사용하고 있는 시그모이드 모형을 소개하면 다음과 같다.

$$S(px) = \frac{1}{1+\exp[(\gamma - px)/\delta]} \tag{3}$$

이 식에서 $S(px)$는 표준연령(생리적 연령) px에서 생존율이며, 매개변수는 γ와 δ이다.

4) 온도별 총산란수 곡선(temperature-dependent total fecundity curve)

온도별 총산란수는 어떤 온도조건에서 암컷 성충이 평생 동안(수명기간, longevity) 낳을 수 있는 총 알 수(자식 수)를 의미한다. 온도와 총산란수의 관계를 나타내는 데 있어서 아직까지는 생물학적 의미를 갖고 있는 수식(모형)이 개발된 바 없으며, 경험적인 비선형식이나 다항회귀식을 주로 이용했다(Richards, 1959; Shaffer and Gold, 1985; Allen et al., 1995). 김과 이(Kim and Lee, 2003a)는 매개변수를 생물적 의미로 해석할 수 있는 극치함수(extreme value function)를 이용하여 온도의존적 총산란수 모형을 작성했다. 이 극치함수 모형은 나방류 및 응애류의 온도별 총산란수를 추정하는 데 효과적이었으며(Kim and Lee, 2003b; Choi and Kim, 2016), 다른 다양한 곤충의 모형 작성에 활용되고 있다. 이 극치함수를 소개하면 다음과 같다.

$$F(T) = \omega \exp\left[1 + \frac{\varepsilon - T}{\kappa} - \exp\left(\frac{\varepsilon - T}{\kappa}\right)\right] \tag{4}$$

여기서 $F(T)$는 온도 T에서 총산란수이며, 매개변수 ε는 최고 산란수가 나타나는 온도로 이때 산란수는 ω가 된다. 매개변수 κ는 산란곡선의 폭을 조절하는 변수다.

3. 산란모형의 작성과 시뮬레이션

1) 곤충 산란모형의 기원

과거 개체군 모형에서 곤충 산란수의 처리는 평균산란수를 단순 적용하거나, 산란율을 수명의 분획으로 처리하여 대략적으로 적용했다. 곤충 산란의 생물적 속성을 반영하여 논리적으로 산란모형의 구조를 제시한 학자는 커리와 펠드먼(Curry and Feldman, 1987)이다. 그들은 곤충 산란곡선의 온도에 따른 변이와 표준화 방법에 대하여 이론적인 접근방법을 제시하고, 연령별 산란율, 연령별 생존율 및 온도별 총산란수의 개념을 정의했다. 따라서 살아있는 암컷 성충의 생리적 연령 x에서 산란율 $[b^k(x)]$는 항온조건 k에서 생식능력 $n(k)$와 생리적 연령 x에서의 생식비율 $p(x)$의 곱인 $b^k(x) = n(k) \cdot p(x)$로 표현할 수 있었다. 여기에 변온조건의 온도함수 $Q(s)$와 생리적 연령함수 $d(s)$, 그리고 성충의 발육률 함수 $r[Q(s)]$를 부가하고, 연령별 사망요인 $F[dQ(s)]$를 추가하여 다음과 같은 적분식을 제시했다.

$$B^Q(t) = n\int_{t_0}^{t} n[Q(s)] \cdot p[d^Q(s)] \cdot r[Q(s)]\{1 - F[d^Q(s)]\}ds \tag{5}$$

이 식은 이론적으로 곤충의 산란모형을 설명할 수 있는 기반을 제공했으나, 실제 개체군 모형에 활용할 수 있도록 각 단위모형을 실체적으로 구현하지는 못했다. 그 후 김과 이(Kim and Lee, 2003a)는 곤충 산란실험 실증자료를 바탕으로 산란율, 총산란수, 생존율 등 각 단위모형을 추정하고, 개체군 모형에서 구현될 수 있는 모형을 완성했다. 이 모형은 다음과 같이 나타낼 수 있다.

성충의 표준수명(즉 생리적 연령) px_i는 성충노화율의 적산값으로 나타낼 수 있다(Curry and Feldman, 1987; Kim and Lee, 2003a).

$$px = \int_0^n r(T_i) = \sum_{i=1}^{n} r(T_i) \tag{6}$$

여기서 $r(T_i)$는 성충의 노화율 모형으로써 i-날의 온도 T에서 성충노화율을 나타낸다. 따라서 어떤 암컷 성충이 생리적 연령 px_i와 px_{i+1} 사이에 생산한 알 수는 다음과 같이 정의된다(Kim and Lee, 2003a).

$$F(T_i)[O(px_{i+1})-O(px_i)]\left(\frac{S(px_i)+S(px_{i+1})}{2}\right) \tag{7}$$

여기에 성충수, 성비 등의 변수를 추가하여 변온조건에서 시간의 경과에 따른 산란수의 변화를 추정할 수 있다. 이 산란모형은 처음 복숭아심식나방에 적용되었으며(Kim and Lee, 2003a), 이후 다양한 농업해충의 산란모형 작성에 사용되었다.

김과 이(Kim and Lee, 2003a)의 산란모형은 개체군 모형의 구성요소로 유효할 뿐만 아니라 독립적으로 작동하여 해충의 산란수 추정을 바탕으로 방제 시기 결정에 활용할 수 있다. 즉 점박이응애와 볼록총채벌레 월동 성충의 산란 시기를 추정하여 적절한 관리 방안이 제시된 바 있다(Kim and Lee, 2003b; Kang et al., 2015). 또한 복숭아심식나방의 경우 페로몬 트랩 성충수를 이용하여 계산한 산란수를 바탕으로 과실당 알 밀도를 추정하고 피해과율을 예측하는 데 활용된 바 있다(Kim and Lee, 2011).

2) 산란모형의 작성과 시뮬레이션

(1) 단위모형 매개변수의 추정

앞에서 산란모형의 기본 단위모형이 되는 성충노화율 모형, 연령별 누적산란율 모형, 연령별 생존율 모형, 온도별 총산란수 모형의 개념과 매개변수 추정을 위한 자료 획득과정에 대하여 설명했다. 이제 김과 이(Kim and Lee, 2003a)의 산란모형을 이용하여 직접 매개변수를 추정하고 포장에서 산란수를 시뮬레이션해보고자 한다.

예시자료 〈표 1〉에는 15~33℃까지 복숭아심식나방 수명 및 산란수 가상자료가 제시되어 있다. 두 온도, 즉 18℃와 25℃에서는 연령별 누적산란율과 연령별 생존율 모형 추정에 필요한 입력자료는 이미 마련되었다. 실제는 모든 온도에서 입력자료를 계산하여 매개변수를 추정해야 하지만 실습을 위하여 두 온도의 자료만 사용할 것이다. 다만 성충노화율과 온도별 총산란수 모형의 매개변수 추정은 모든 온도의 자료를 사용했다. 각 단위 모형의 수식은 앞에서 소개한 식을 사용했으며, 다

표 1. 복숭아심식나방 온도별 총산란수 및 성충 수명 가상자료

구분	온도(℃)							
	15	**18**	20	23	**25**	28	30	33
총산란수	64.7	**64.7**	64.7	75.3	**78.8**	60.3	35.2	13.1
성충 수명	-	**17.3**	14.5	13.0	**11.0**	7.1	5.2	3.7

표 2. 산란모형 단위모형의 매개변수 추정값

모 델	매개변수	추정치	SEM	R^2
암컷 노화율 모형	a	0.4604	0.19296	0.99
	b	140.0377	14.00105	
	c	0.0550	0.00527	
온도별 총산란수 모형	ω	81.5299	5.70188	0.91
	ε	21.6192	0.46788	
	κ	5.5753	0.56907	
연령별 누적산란율 모형	η	0.6244	0.00706	0.99
	β	3.9386	0.23263	
연령별 생존율 모형	γ	1.0389	0.00681	0.98
	δ	-0.0854	0.00615	

만 성충노화율 모형은 예제자료에 적합되도록 아이링-수식을 변형하여 사용했다.

$$r(T) = a\exp(bT) + c \tag{8}$$

예시자료를 이용하여 추정한 각 단위모형의 형태와 매개변수 추정값은 〈그림 3〉 및 〈표 2〉와 같다. 온도를 독립변수로 하고 성충 수명의 역수를 종속변수로 하여 얻은 성충노화율 모형은 통계적으로 유의했으며(df = 2, 4; F = 502.8; P<0.0001), 전형적인 성충의 노화율 곡선인 지수함수적 증가 양상을 보였다. 추정된 온도별 총산란수는 극치함수 수식에 유의하게 적합되었으며(df = 2, 5; F = 23.9; P = 0.0028), 온도 21.6℃(매개변수 ε = 21.6192)에서 최대 산란수 81.5개(매개변수 ω = 81.5299)를 나타냈다. 연령별 누적산란율은 2-매개변수 와이블 함수에 유의하게 적합되었다(df = 1, 24; F = 1833.39; P<0.0001). 연령별 생존율은 초기 연령에서는 생존율이 높게 유지

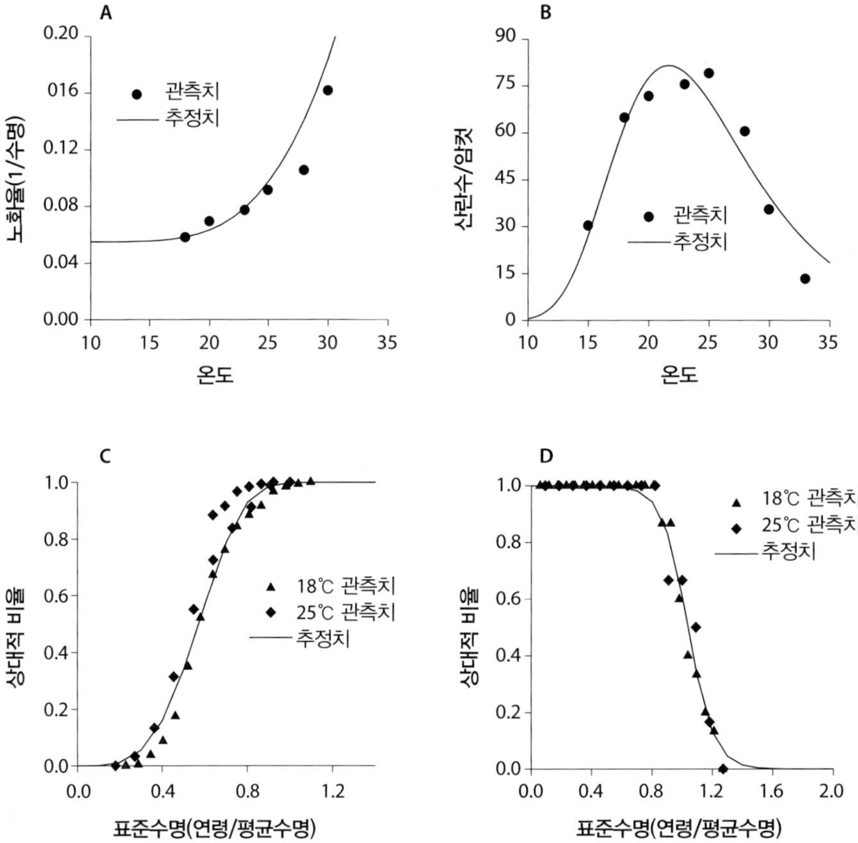

그림 3. 산란모형의 단위모형

A: 성충노화율 곡선, B: 온도별 총산란수 곡선, C: 연령별 누적 산란율 곡선, D: 연령별 생존율 곡선

되다가 후기 연령에서 급격하게 감소하는 양상을 보였으며 시그모이드 식에 유의하게 적합되었다(df = 1, 34; F = 1512.77; P<0.0001). 모형에서 50%의 생존율을 나타내는 생리적 연령은 1.0389(매개변수 γ)로 추정되었다.

(2) 산란모형 작성 및 시뮬레이션(엑셀 실습)

〈표 2〉의 산란모형 작성에 필요한 단위모형의 매개변수를 이용하여 산란모형을 작성하고 다음 물음에 대하여 시뮬레이션해보자.

사과원에서 복숭아심식나방 페로몬 트랩을 이용하여 약 5일 간격으로 조사한

	B	C	E	FA	FB	FC	FD	FE	FF	FG	FH	FI	FJ	FK	FL	FM	FN	FO	FP	FQ	FR	FS	FT	FU
1			일렬번호	146	147	148	149	150	151	152	153	154	155	156	157	158	159	160	161	162	163	164	165	166
2			줄리언 날짜	147	148	149	150	151	152	153	154	155	156	157	158	159	160	161	162	163	164	256	257	258
3			날짜	26-May	27-May	28-May	29-May	30-May	31-May	1-Jun	2-Jun	3-Jun	4-Jun	5-Jun	6-Jun	7-Jun	8-Jun	9-Jun	10-Jun	11-Jun	12-Jun	13-Jun	14-Jun	15-Jun
4	모형 매개변수		대기온도	20	19.8	20.8	19.3	19.6	18.9	19.6	19.7	19.8	21.3	22.2	22	21.1	20.4	21.4	22	21.3	22.4	22.4	22	20.7
5	성충노화율		성충노화율	0.06	0.06	0.07	0.06	0.06	0.06	0.06	0.06	0.06	0.07	0.07	0.07	0.07	0.06	0.07	0.07	0.07	0.07	0.07	0.07	0.07
6	a	0.4604	성충생리적연령	8.23	8.30	8.36	8.42	8.49	8.55	8.61	8.67	8.73	8.80	8.88	8.95	9.02	9.08	9.15	9.22	9.29	9.37	9.44	9.51	9.58
7	b	140.0377	온도별총산란수	67.6	70.2	73.1	74.1	77.3	76.2	75.9	74.6	75.2	77.1	79.9	81.0	81.4	81.5	81.5	81.5	81.3	81.5	81.4	81.3	81.5
8	c	0.055	성충집단																					
9	연령별누적산란율		5/26 집단의 산란	1						4					7					11				
10	에타	0.6244	6/1 집단의 산란	0.0	0.1	0.6	1.4	2.9	4.6	7.0	9.1	10.8	12.5	11.9	8.2	4.1	1.6	0.5	0.1	0.0	0.0			
11	베타	3.9386	6/6 집단의 산란							0.0	0.5	2.1	6.4	15.4	27.3	37.8	45.6	53.4	52.0	37.7	24.5	10.4	2.8	0.5
12	연령별생존율		6/11 집단의 산란												0.1	1.5	5.5	14.8	31.6	50.1	78.6	97.0	96.7	76.0
13	감마	1.0389	6/16 집단의 산란																	0.1	2.6	11.5	28.9	50.5
14	로우	-0.0854	6/21 집단의 산란																					
15	온도별총산란수																							
16	오메가	81.5299																						
17	앱씰론	21.6192																						
18	카파	5.5753	산란수 합계	0	0	1	1	3	5	7	10	13	19	27	36	43	53	69	84	88	106	119	128	127

그림 4. 예제 산란모형의 일별 산란수 계산을 위한 엑셀 화면과 입력값

결과 성충(수컷)이 5월 26일 1마리, 6월 1일 4마리, 6월 6일 7마리, 6월 11일 11마리, 6월 16일 5마리, 6월 21일 3마리 유살되었다(2006년 수원지역 기준).

MS-엑셀을 이용하여 산란모형을 작성하고 일변 산란수를 추정하라. 단 성비는 1:1이며 천적 등에 의한 성충사망률은 없다고 가정한다. 또한 같은 날 포획된 성충은 당일 0시 모두 우화했다고 가정한다(성충의 생리적 연령은 '0').

엑셀을 이용하여 계산한 일별 산란수는 〈그림 4〉와 같다. B와 C열에 각 단위모형의 매개변수값이 입력되어 있다. 엑셀시트 1~4행까지는 날짜와 온도 등 계산에 필요한 기본 값이 들어가 있다. 일별 성충노화율은 5행, 성충노화율을 누적한 생리적 연령은 6행에 나타나 있다. 계산의 편의상 1월 1일부터 성충노화율을 누적하였기 때문에 FA6셀에는 8.23의 높은 값이 생성되어 있으며, 연령별 누적산란율과 생존율 계산 시에 기준일을 바탕으로 갱신될 것이다. 온도별 총산란수 모형의 출력값은 7행에 있으며, 성충이 경험한 일정기간의 온도 영향을 반영하기 위하여 5일간의 평균온도를 사용하여 계산했다(Kim and Lee, 2003a,b).

예제의 성충이 6회 다른 날짜에 포획되었으므로 각각을 하나의 독립적인 집단으로 취급하여 시뮬레이션했다. 성비가 1:1이므로 수컷 유살수를 암컷의 수로 대체할 수 있다. 따라서 9행 FA, FG, FL, FQ, FV, GA셀에는 각각 1, 4, 7, 11, 5, 3의 성충수가 입력되었다. 각 집단별로 일별 산란수를 계산하고 같은 날에 생성된 알을 더하면 전체 일별 산란수가 된다(즉 18행의 산란수 합계).

첫 번째 집단 1마리가 시간의 경과에 따라 낳은 알의 수는 10행 FA~FR에 나타나 있으며, 두 번째 집단 4마리가 생산한 알은 11행 FG~FX에 계산된다. 이렇게 집단에 따라 다른 행을 할당하여 연속적으로 배열하면 계산이 편리하다.

예시로 6월 1일 우화한 4마리 성충이 6월 4일 산란한 알의 수를 계산하는 과정을 설명하면 〈그림 5〉와 같다. 우선 6월 4일 하루 동안 증가된 산란비율을 계산해야 한다. 우화일인 6월 1일부터 생리적 연령이 증가하므로(즉 0시 우화) 엑셀 계산상 5월 31일까지의 생리적 연령을 제거하여 새로 생리적 연령을 갱신하는 계산과정이 포함된다. 따라서 "(FJ$6-$FF$6)"는 6월 1일부터 6월 4일까지 생리적 연령을 참조하기 위한 것이고, "(FI$6-$FF$)"은 6월 1일부터 6월 3일까지 생리적 연령을 참조하는 값이다. 이렇게 함으로써 6월 4일 하루 동안 증가한 $O\ (px_{june4}) - O\ (px_{june3})$의 산란비율이 산출된다. 연령별 생존율 모형에서 생리적 연령을 "((FI$6-$FF$6)+(FJ$6-$FF$6))/2"로 처리함으로써 6월 3일과 4일 동안 성충의 평균 생존율을 계산할 수 있다. 6월 4일 산란능력, 즉 이전 5일 동안 평균온도를 적용한 총산란수는

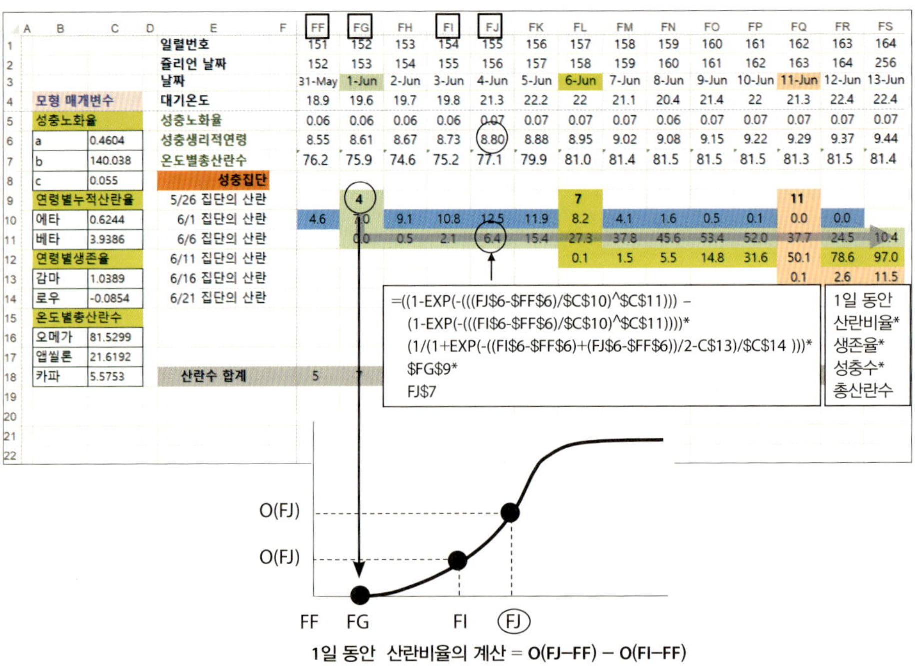

그림 5. 일별 산란수의 계산과정(6월 1일 우화집단의 6월 4일 산란수 계산 예시)

77.1개이며, 이 중에서 6월 4일 증가한 산란비율만큼만 알로 출현된다. 최종적으로 처음 수립된 집단의 수를 반영하면 일일 산란수 6.4개가 계산되고, 이러한 방법으로 일별 산란수를 모두 계산하면 한 집단의 산란수 시뮬레이션이 완료된다.

(3) 현존 알 수의 계산

실제 포장상태에서는 시간의 경과에 따라 먼저 낳은 알은 부화하여 유충으로 전이하므로 특정 날짜에 포장을 관찰하는 경우 미부화 상태의 알만 관찰된다. 따라서 포장자료와 비교하여 모형을 평가하고자 할 때는 미부화 상태에 있는 알의 수를 계산해야 한다. 그뿐만 아니라 이러한 계산과정은 전체 개체군 모형을 작성할 때도 그대로 적용된다. 산란모형과 알 발육단계 전이모형을 이용하여 현존 알 수를 계산할 수 있다. 발육단계 전이모형에 필요한 알 발육모형은 제3장의 락틴 1-모형(ρ = 0.1526, $\Delta T_{\max}$ = 38.3018, ΔT = 6.5442), 발육기간 분포모형은 2-매개변수 와이블 함수(Kim et al., 2001; η = 0.9861, β = 10.2820)를 사용했다(그림 6).

발육단계 전이모형은 제4장에서 충분히 소개했으므로 여기서는 상세한 설명은 생략한다. 일별 총산란수를 각각 독립적인 집단으로 처리하여 다중집단의 발육단계 전이를 시뮬레이션하면 된다. 다만 엑셀의 계산상 각 집단의 시작일에 맞추어 생리적 연령을 갱신하는 과정이 추가된다(예제에서는 알이 각 날짜의 0시에 산란된 것으

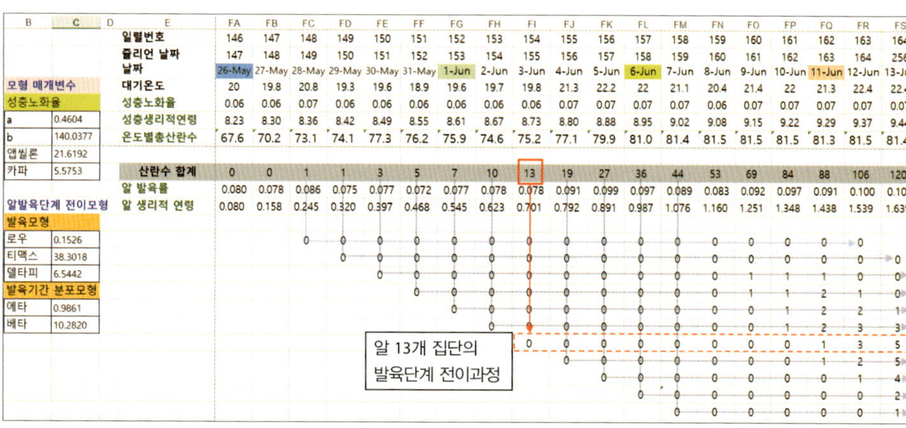

그림 6. 산란모형과 알 발육단계 전이모형의 종합(현존 알 수의 계산)

로 가정하였음).

현존하는 알의 수는 총 알의 수에서 부화되어 유충으로 전이된 개체수를 빼주면 되므로 i번째 날까지 누적산란수를 E_i 누적부화유충수를 L_i라고 할 때 다음과 같이 계산할 수 있다.

$$\sum_{i=1}^{n} E_i - \sum_{i=1}^{n} L_i \tag{9}$$

4. 다봉형 산란 특성과 산란모형의 작성

지금까지는 단봉형 산란주기를 보이는 곤충에 대한 산란모형 작성방법에 대하여 기술했다. 산란주기가 복잡한 경우 개체군 모형에서 산란모형을 구현하는 방법에 대하여 소개하고자 한다.

화살깍지벌레의 산란주기는 특이한 형태를 갖고 있다. 첫 번째 산란주기를 마친 성충은 일정기간의 휴식기 후 산란주기를 이어가며 세 번째 주기까지 뚜렷하게

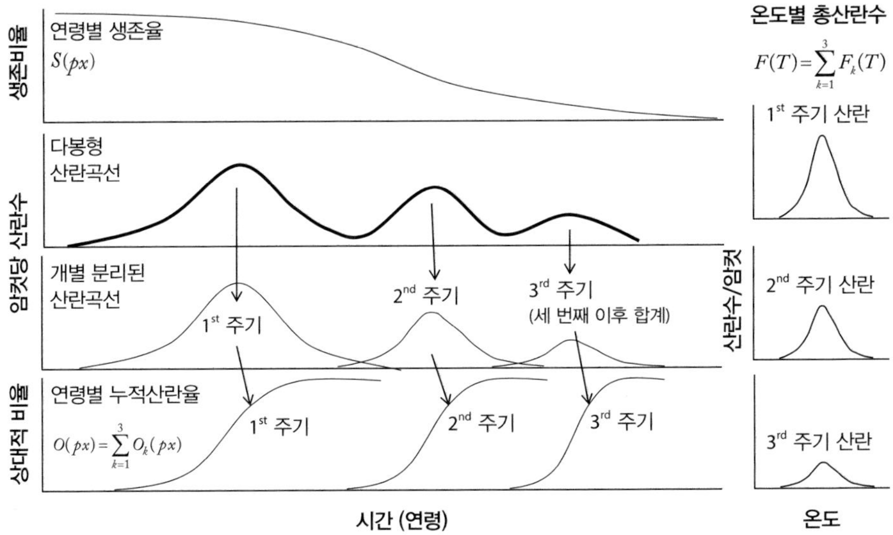

그림 7. 화살깍지벌레의 다봉형 산란모형 모식도 구조(Kim and Lee, 2015)

산란곡선이 나타난다. 주기의 경과에 따라 해당 주기의 총산란수는 감소하는 현상을 보인다(Kim et al., 2008).

김과 이(Kim and Lee, 2015)는 각 산란곡선을 분리하고 3종의 해충으로 취급하여 성공적으로 산란모형을 완성했다. 즉 성충연령의 선상에서 순서대로 산란율 곡선을 배치하는데, 다만 두 번째와 세 번째의 산란율은 산란전기간이 긴 별개의 종으로 생각하면 이해하기 쉽다. 여기에 산란주기별 총산란수 모형을 적용했다. 성충 생존율 곡선의 경우 하나의 모형을 적용하고, 총산란수는 각각 3종의 산란수를 합계하면 얻을 수 있다.

Please cite this chapter as: Kim, D.-S., Lee, J.-H., 2021. The characteristics of insect oviposition curve and its modeling. In: Lee, J.-H., Kim., D.-S., Jung, C., Park, Y.-L. (eds.), Research Methodology in Insect Ecology, Seoul National University Press, Seoul, pp. 115-135.

참고문헌

Allen, J.C., Yang, Y.Y., Knapp, J.L. 1995. Temperature effects on development and fecundity of the citrus mite (Acari: Eriophydae). Environ. Entomol. 24, 996-1004.

Bartlett, P.W., Murray, A.W.A. 1986. Modeling adult survival in the laboratory of diapause and non-diapause colorado beetle, *Leptinotarsa decemlineata* (Coleoptera: Chrysomelidae) from Normandy, France. Ann. Appl. Biol. 108, 487-501.

Berry, J.S., Holtzer, T.O., Norman, J.M. 1991. MiteSim-a simulation model of the banks grass mite(Acari: Tetranychidae) and the predatory mite, *Neoseiulus fallacis* (Acari: Phytoseiidae) on the mite: model development and validation. Ecol. Model. 53, 91-317.

Birley, M. 1977. The estimation of insect density and instar survivorship functions from census data. J. Anim. Ecol. 46, 497-510.

Choi, K.S., Kim, D.-S. 2016. Effect of temperature on the fecundity and longevity of *Ascotis selenaria* (Lepidoptera: Geometridae): Developing an oviposition model. J. Asia-Pac. Entomol. 109, 1267-1272.

Clements, A.N., Paterson, G.D. 1981. The analysis of mortality and survival rates in wild populations of mosquitoes. J. Appl. Ecol. 18, 373-399.

Curry, G.L., Feldman, R.M. 1987. Mathematical foundations of population dynamics. Mono. Ser. 3. Tex. Eng. Exp. Stn., College Station, TX. 246pp.

Dover, M.J., D.A. Croft, Welch, S.M., Tummala, R.L. 1979. Biological control of *Panonychus ulmi* (Acarina: Tetranychidae) by *Amblyseius fallacis* (Acarina: Phytoseiidae) on apples: a pery-predator model. Environ. Entomol. 8, 282-292.

Hayes, A.J. 1989. Simulation model for the European red mite and *Typhlodromus pyri* in New Zealand apple orchards. Exp. Appl. Acarol. 6, 109-122.

Kaakeh, W., Dutcher, J.D., 1993. Rates of increase and probing behavior of *Acrythosiphon pisum*. Environ. Entomnol. 22, 1016-1021.

Kang, S.H., Lee, J.-H. Kim, D.-S. 2015. Temperature-dependent fecundity of overwintered *Scirtothrips dorsalis* (Thysanoptera: Thripidae) and its oviposition model with field validation. Pest Manag. Sci. 71, 1441-1451.

Kim, D.-S., Choi, K.S., Lee, J.-H. 2010. A multi-Gaussian model for predicting the crawler occurrence of *Unaspis yanonensis* (Homoptera: Diaspididae) in citrus orchards. Entomol. Exp. Appl. 137, 93-101.

Kim, D.-S., Lee, J.-H. 2003a. Oviposition model of *Carposina sasakii* (Lepidoptera: Carposinidae). Ecol. Model. 162, 145-153.

Kim, D.-S., Lee, J.-H. 2003b. Oviposition model of overwintered adult *Tetranychus urticae*(Acari: Tetranychidae) and mite phenology on the ground cover in apple orchards. Exp. Appl. Acarol. 31, 191-209.

Kim, D.-S., Lee, J.-H. 2010. A Population model for the peach fruit moth, *Carposina sasakii* Matsumura (Lepidoptera: Carposinidae), in a Korean orchard system. Ecol. Model. 221, 268-280.

Kim, D.-S., Lee, J.-H. 2011. A novel approach to the assessment of fruit damage caused by *Carposina sasakii* (Lepidoptera: Carposinidae) using pheromone trap catches in Korean orchards. Appl. Entomol. Zool. 46, 143-152.

Kim, D.-S., Lee, J.-H. 2015. Multi-modal oviposition model of overwintered *Unaspis yanonensis* (Hemiptera: Diaspididae) females and its field validation. J. Asia-Pac. Entomol. 18, 787-795.

Kim, D.-S., Riedl, H. 2005. Effect of temperature on development and fecundity of the predaceous plant bug *Deraeocoris brevis* reared on *Ephestia kuehniella* eggs. BioControl 50, 881-897.

Kim, D.-S., Seo, Y.-D., Lee, J.-H. 2008. Post-diapause development and multimodal oviposition activity of arrowhead scale, *Unaspis yanonensis* (Homoptera: Diaspididae) and its modeling. Appl. Entomol. Zool. 43, 553-562.

Leather, S.R., Dixon, A.F.G. 1982. Secondary host preference and reproductive activity of the bird cherry-oat aphid, *Rhopalosiphum padi*. Ann. Appl. Biol. 101, 219-228.

Logan, J.A., Wollkind, D.J., Hoyt, S.C., Tanigoshi, L.K. 1976. An analytic model for description of temperature dependent rate phenomena in arthropods. Environ. Entomol. 5, 1133-1140.

Mack, T.P., Smith, J.W. Jr. 1992. Modeling insect recruitment. In: Goodenough, J.L. and McKinion, J.M. (eds.), Basics of Insect Modeling. American Society of Agricultural Engineers, St. Joseph, MI, pp. 155-169.

Mack, T.P., Smith, J.W. Jr., Reed, R.B. 1987. Mathematical model of the population dynamics of the lesser cornstalk borer, *Elasmopalpus lignosellus* (Lepidoptera: Pyralidae). Ecol. Model. 39, 267-286.

Madden, L.V., Nault, L.S., Heady, E., Styer, W.E. 1986. Effect of temperature on the population dynamics of three Dalbulus leafhopper species. Ann. Appl. Biol. 108, 475-485.

Nickel, J.L., 1960. Temperature and humidity relationships of Tetranychus desertorum Banks with special reference to distribution. Hilgardia 30, 41-100.

Perring, T.M., Holtzer, T.O., Kalisch, J.A., Norman, J.M., 1984. Temperature and humidity effects on oviposition rates, fecundity and longevity of adult female banks grass mites (Acari: Tetranychidae). Ann. Entomol. Soc. Am. 77, 581-586.

Readshaw, J.L., van Gerwen, A.C.M. 1983. Age-specific survival, fecundity and fertility of the adult blow fly in relation to crowding, protein food and population cycles. J. Anim. Ecol. 52, 879-887.

Richards, F. J., 1959. A flexible growth function for empirical use,. J. Exp. Bot. 10, 290-300.

Shaffer, P.L., Gold, H.J. 1985. A simulation model of population dynamics of the codling moth, *Cydia pomonella*. Ecol. Model. 30, 247-274.

Toole, J.L., Norman, J.M., Holtzer, T.O., Perring, T.M. 1984. Simulating banks grass mite (Acari: Tetranychidae) population dynamics as a subsystem of a crop canopy-microenvironment model. Environ. Entomol. 13, 329-337.

Wyatt, I.J., Brown, S.T. 1977. The influence of light intensity, daylength and temperature on increase rates of grasshouse aphids. J. Appl. Ecol. 14, 391-399.

부록 산란모형 작성을 위한 복숭아심식나방 산란 예제 가상자료

표 1. 복숭아심식나방 일별 산란수 가상 원자료(온도 18℃, 15 반복)

수명 (일)	1	2	3	4	5	6	7	8	9	10	11	12	13	14	15	평균
1	0	0	0	0	0	0	0	0	0	0	0	0	0	0	0	
2	0	0	0	0	0	0	0	0	0	0	0	0	0	0	0	
3	0	0	0	0	0	0	0	0	0	0	0	0	0	0	0	
4	0	0	0	0	0	0	0	0	0	0	0	0	0	0	0	
5	0	0	0	2	0	0	0	0	0	0	0	0	2	0	0	
6	0	0	0	8	0	2	0	0	0	8	0	3	8	5	0	
7	0	0	0	5	0	2	5	0	0	11	5	5	5	7	4	
8	0	14	0	2	3	2	7	12	2	12	13	2	2	12	6	
9	1	43	4	7	7	12	10	22	4	7	9	12	7	20	9	
10	2	7	7	14	15	15	12	27	7	10	10	10	14	7	15	
11	3	23	3	12	11	4	17	23	5	10	9	7	12	3	11	
12	7	3	2	7	9	7	7	3	2	6	7	7	7	4	10	
13	9	0	13	0	10	3	5	11	7	0	10	5	0	3	7	
14	3	0	5	0	0	0	3	0	13	0	6	0	0	5	5	
15	10	0	6		0	0	2	0	6	0	4	0		0	0	
16	7	0	22		0		0	0	12	0	0	0		0	0	
17	0		5		0		0	0	5		0			0	0	
18	0		4				0		0		0				0	
19	0		2				0		0		0					
20	0		0						0							
21			0						0							
22																
수명	20	16	21	14	17	15	19	17	21	16	19	16	14	17	18	17.3
산란수	42	90	73	57	55	47	68	98	63	64	73	51	57	66	67	64.7

제6장

곤충 개체군 모형의 작성과 포장적합

김동순, 이준호

1. 모형의 정의와 개념

모형화란 실제 존재하는 복잡한 시스템을 몇 개의 중요한 성분만으로 흉내내어 묘사하는 것이라 할 수 있다(Jeffers, 1982). 물론 작성된 모형은 가정이 한정하는 범위 내에서 어떤 시스템의 핵심적인 움직임을 표현할 수 있어야 한다(Shaffer and Gold, 1985). 모형화의 대상과 작성과정은 범위가 상당히 넓고 다양하기 때문에 여기서는 해충관리와 관련된 곤충 개체군 모형에 한정하여 서술하고자 한다.

모형은 현존하는 시스템을 표현하는 데 있어 불연속(discrete) 또는 연속(continuous), 정적(static) 또는 동적(dynamic), 결정론적(deterministic) 또는 확률적/추론적(stochastic) 등의 특성을 가질 수 있다. 해충 발생 예찰모형은 해충 개체군(또는 집단)이 시간에 따라 변동하는 것을 표현하기 때문에 대부분 동적 모형에 속한다. 정적인 요소는 상수값 또는 함수의 매개변수 설정값으로 전체 모형의 한 부분을 차지할 것이다. 또한 모형의 전개는 시간의 연속선상에서 연속적 또는 불연속적 시간 단위로 구성할 수 있다. 미분방정식(또는 편미분방정식) 등을 이용한 이론적인 개체군 동태 모형의 경우는 대부분 연속적 모형의 특성을 갖는다. 해충관리에서는 1일

(24시간) 단위의 결과가 방제 결정에 실질적으로 유용하기 때문에 불연속적인 (1일) 계산구조를 갖거나 연속적인 계산구조를 갖고 있는 경우에도 불연속적 출력이 되도록 모형을 작성하는 경우가 많다.

개체군 모형 작성에 있어 무엇보다 중요한 것은 어떠한 방법으로 개체군 변동을 전개할 것인가 하는 점이다. 실험자료의 평균값을 이용하여 수식의 매개변수를 추정하고 개체군의 변동을 예측하는 결정론적 모형이 보편적으로 이용되고 있다. 즉 사건의 전개가 평균값의 이동에 의해 결정되므로 어떤 원인에 따라 평균 결과를 출력한다. 예를 들면 선형 모형 기반의 발육영점온도와 적산온도를 이용한 해충 발생 예찰모형은 결정론적 모형에 속한다. 즉 해충의 50%(평균) 발생 시기 추정에 주목적을 두는 모형이다. 반면 확률적 모형은 좀 더 복잡한 방식으로 원인에 따라 어떤 사건의 발생을 확률적으로 제시해준다. 곤충 발육기간 분포모형을 활용한 발육단계 전이모형은 확률적 모형의 좋은 예라 할 수 있다. 즉 한 집단의 발육완료 시기를 단일 평균값이 아니라 0~100%까지 비율(확률)로 나타낼 수 있다.

모형화 과정에서는 이 두 가지 방식이 서로 조합되어 결정론적이면서 확률적인 속성을 포함하게 된다(발육단계 전이모형 등). 따라서 대부분 해충 발생 예찰모형을 포함하는 개체군 모형은 동적모형이며 시간별(보통 1일 단위)로 전개되므로 비연속적이나 생리적 연령을 이용하여 연속적으로 표현이 가능하고, 결정론적 함수를 중심으로 확률적 함수를 반영하여 복합적인 모형의 성격을 갖는다.

모형의 종류를 뚜렷하게 구분하기는 어렵지만 병해충관리(IPM)에서 많이 이용되는 모형을 〈표 1〉과 같이 구분해볼 수 있다.

통계적 모형(statistical model) 범주에 속하는 회귀모형은 대상생물(병해충)의 생물학적 고유속성보다는 경험적인 관측자료를 이용하므로 경험적 모형(empirical model)이라고도 한다. 해충 월동개체군의 봄철 우화 실측자료를 기반으로 수식에 적합시켜 일반화한 다음, 모형으로 이용하는 경우, 이를 경험적 모형의 형태로 볼 수 있다. 만일 발육영점온도를 적용하고 적산온도를 기반으로 수식을 추정했다면 기계론적 속성이 포함되어 있다고 볼 수 있다. 즉 해당 해충 고유의 발육영점온도와 발육완료에 필요한 적산온도가 구현되었기 때문이다. 순수한 통계적 모형은 "4월 강우량에 따른 1세대 이화명나방 발생량"과 같이 생물적 요소가 모두 배제된

표 1. 병해충관리에서 많이 이용되는 모형의 종류(Norton et al. 1993)

모형 범주	모형 종류	사용 예
통계적 모형 (statistical models)	회귀모형 (regression models)	• 봄철 강우량이 해충 발생에 미치는 영향 • 2월의 0℃ 이상 온도와 해충 발생 시기
기계적/기술적 모형 (mechanistic/descriptive models)	감염 시기 추정모형 (infection period models)	• 결로시간(습도)과 온도에 따른 병감염 시기 예찰
	적산온도 모형 (degree-days models)	• 적산온도를 이용한 해충 발생 시기 예찰 및 방제 시기 결정
	시뮬레이션 모형 (simulation models)	• 개체군 동태/발생 모형: 기주식물, 기상, 천적 등과 관련된 동태
	분석/해석 모형 (analytical models)	• 이론적 개체군 모형(미분식, 편미분식 등) • 이론적 행렬모형
최적화 모형 (optimization models)	-	• 최적 방제 결정모형(미리 수확기 방제수준 결정하고 거꾸로 방제 정도 추정)

모형이다.

기계적 모형(mechanistic model)은 생물적 실험을 통하여 매개변수를 얻어 작성하는 모형이다. 온도에 따른 발육기간, 산란수, 생존율 등 생물적 요소가 중심이 되며, 무생물적 요인의 사망률, 기주식물의 영향 등 다양한 매개변수가 포함될 수 있다.

대상 병해충을 제어하고자 하는 목적에 따라 모형의 유형은 달라질 수 있다. 병해충 방제 시 가장 유용하게 이용되는 모형은 병감염 시기 추정모형, 해충 적산온도 예찰모형, 그리고 해충 개체군의 중장기적 관리 방향을 평가할 수 있는 시뮬레이션 모형이라 할 수 있다. 물론 시뮬레이션 모형의 몇몇 모듈은 해당 해충의 특정 발육단계 발생 시기를 예측하여 방제에 응용하는 데 쓰일 수 있다.

2. 곤충 개체군 모형의 작성과정

1) 흐름도의 작성과 단위모듈의 합성

낯선 수식과 흐름도로 구성된 모형은 처음 접하는 사람들에게는 어색하고 복잡하게 보이지만 사실은 아주 단순한 몇 개의 조각을 연결해놓은 것에 불과하다. 인간은 누구나 일상생활에서 자신도 모르는 사이에 끊임없이 모형을 설정하고 그것을 실행한다. 아침에 출근을 할 때 일터에 도착할 때까지 시간이 얼마나 걸릴 것인가 하는 것을 경험적으로 추정할 수 있다. 차가 막히지 않는 경우, 좀 막히는 경우, 많이 막히는 경우 각각 10분, 20분 30분과 같은 경험치를 갖고 있다. 따라서 다른 사람이 같은 도로를 통하여 운전을 한다고 할 때 교통 상황에 따라서 도착지까지 시간이 얼마나 걸릴 것인가를 쉽게 예측할 수 있다. 이러한 단순한 모형에서 출발하여 신호체계, 차량의 평균속도 등 여러 가지 요인(매개변수)을 추가함으로써 그 모형은 일반화된 형태를 갖게 되고 복잡화될 것이다. 여기서 일반화된 형태란 매개변수값만 바꾸게 되면 다른 곳에서도 적용 가능하다는 의미다.

곤충 개체군 모형화의 과정은 첫째, 전체 생활계(life system)에서 어느 부분을 대상으로 할 것인가 하는 범위를 정하는 데에서부터 시작한다. 그리고 그 생활계에 영향을 미치는 생물적 또는 물리적 환경요인을 분별하여 전체적인 흐름도를 작성한다(그림 1).

둘째, 모형화하고자 하는 전체 생활계를 가능한 기능적인 단위로 세분화하는 것이 필요하다. 예시된 〈그림 2〉는 복숭아심식나방의 전체 생활계를 기능적인 모듈로 세분화하여 구성한 것이다(Kim, 1999; Kim and Lee, 2010). 전체 생활계는 기본적으로 월동유충부터 성충의 우화, 산란 및 발육단계 진전 및 산란모형 등 기능적 세부단위로 구성되었다. 여기에 복숭아심식나방 개체군 동태에 주요한 영향을 미칠 수 있는 기주식물의 가용성이 시간적 분포로 배열되어 있으며, 살충제 모형이 기능적으로 종합되어 있다. 물론 전체 모형에서 월동유충(고치)의 성충우화 모듈은 독립적으로 기능하여 성충의 발생을 예측하여 방제 시기를 결정하는 데 이용할 수 있다. 개체군 모형의 기본이 되는 온도발육모형과 발육기간 분포모형, 발육단계 전이모형, 산란모형 등은 별도로 자세히 기술했다.

천적 등 생물적 요인이 중요한 요인인 경우 또는 천적의 역할을 대상으로 했을 때는 포식(또는 기생)모형이 추가될 것이다(Dover et al., 1979). 만일 물리적 요인으로 서식처의 미기상에 중요성을 둔 경우는 기상자료를 처리하는 과정이 세분화된다. 한 예로 〈그림 3〉과 같이 수관 내 온도, 풍속, 광, 상대습도를 이용하여 해충발육에 관여하는 미기상자료를 얻고, 이것으로 토양온도, 토양수분함량 등의 자료로

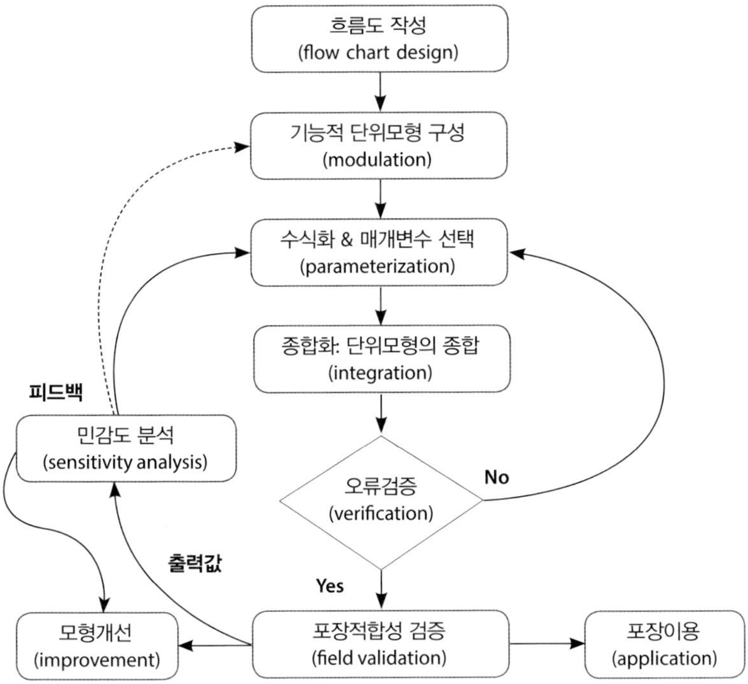

그림 1. 개체군 모형의 제작과정을 나타내는 순서도

변환하여 기주식물의 생육상태를 모형에 삽입하여 해충 개체군 동태를 예측하는 Cupid-MitMod 모형(Toole et al., 1984)을 들 수 있다.

셋째, 기능적 세부단위들의 전개과정을 수식으로 표현한다. 즉 세부단위에 영향을 미치는 환경요인을 독립변수로 하고 그 영향으로 나타나는 세부단위의 변화상을 종속변수로 하여 수식의 매개변수(parameter)를 추정하는 것이다.

넷째, 각 수식을 종합하여 하나의 모형으로 구성한다. 여기서는 어떤 단위모형(기능적 세부단위)의 출력값이 다른 단위모형의 입력값이 되는 일련의 과정을 전체 모형을 전개하는 환경요인과 관련지어 유기적으로 엮어내는 것이다. 즉 〈그림 2〉에서 한 단위모형인 월동유충(고치)이 성충으로 되는 전이모형(우화모형)은 두 개의 수식인 발육모형(DEL)과 발육완료 분포모형(DIS)으로 구성되었으며 여기서 독립변수(환경요인)는 토양온도다. 이 단위모형의 출력값인 성충수는 또 다른 단위모형인 산란모형의 입력값이 된다.

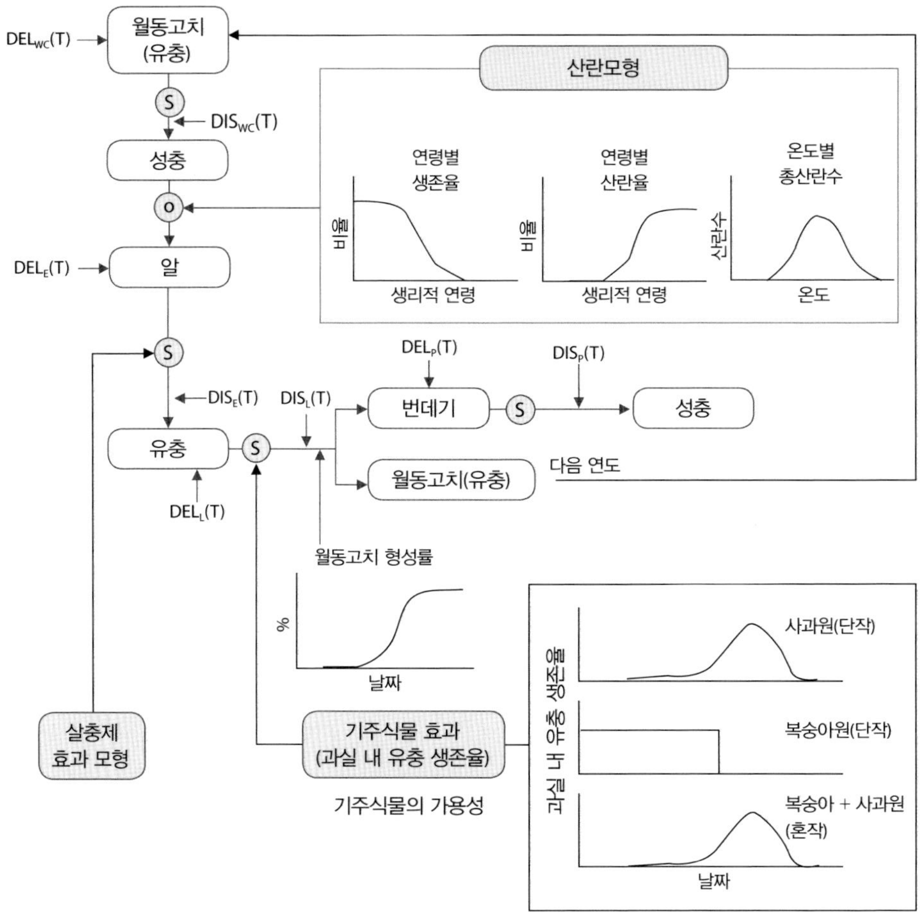

그림 2. 복숭아심식나방 개체군 동태 시뮬레이션 모형의 구조(Kim, 1999; Kim and Lee, 2010)

DEL: 발육모형, DIS: 발육완료 분포모형, S: 생존율, O: 산란모형, E: 알, L: 유충, P: 번데기

이 단계에서 단위모형을 종합하여 연산하기 위해서는 프로그래밍 언어 내지 모델링 전문엔진(소프트웨어)이 필요하다. 다만 간단한 개체군 모형은 엑셀로 구현이 가능하므로 초보자라도 개체군 모형의 흐름과 구조를 잘 이해한다면 모델링을 시도할 만하다.

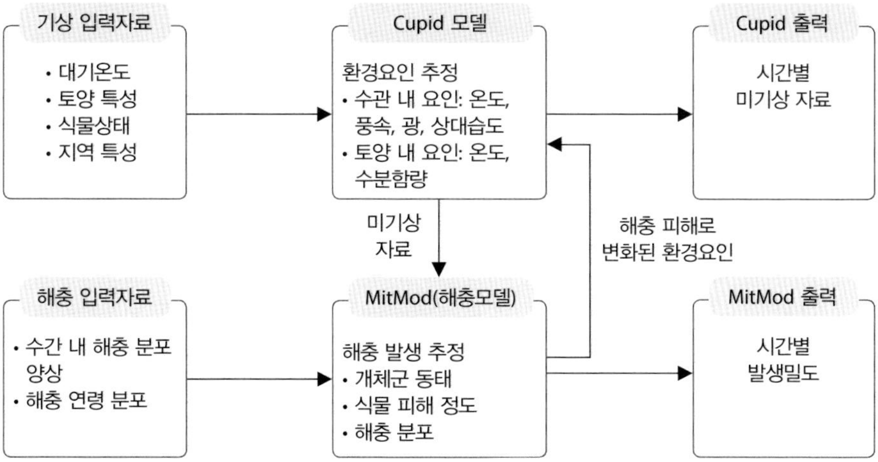

그림 3. Cupid-MitMod 모형의 구조(banks grass mite 모형, Toole et al. 1984)

2) 예비 합성모형의 평가와 피드백 과정

이와 같이 작성된 예비모형이 실제 포장에서 이용되기 위해서는 일반적으로 세 단계의 검정과정, 즉 오류검증(verification), 포장적합성 검증(field validation), 민감도 분석(sensitivity analysis) 등을 거친다(그림 1).

오류검증은 프로그램상의 실수 또는 수식오류, 잘못된 단위모형의 관련성 등을 수정하여 의도했던 대로 전체 생활계가 표현되도록 수정하는 것이다. 이 경우 이미 알고 있는 결과자료를 이용하여 똑같은 결과가 재현되는지 검사함으로써 알 수 있다. 문제가 발생되면 각 단위모형별로 순차적으로 오류검사가 필요하다. 프로그래밍 언어를 사용하는 경우 언어 논리구조상의 오류는 자동으로 검출된다. 중요한 것은 매개변수값이 정해진 범위를 초과하여 오류가 발생하거나 매개변수 간 연산과정에서 정의되지 않은 값이 발생해 오류가 발생되는 경우 프로그램 목록에서 찾아내기란 쉽지 않다. 따라서 모형 작성자는 각 단위모형이 작동할 수 있는 범위를 이해하고 있어야 한다. 미리 단위모형별 민감도 분석을 통하여 극단적인 변동을 찾아냄으로써 종합했을 때 찾을 수 없는 오류를 발견할 수도 있다. 한 가지 좋은 방법은 엑셀로 연산하고 연산의 결과를 확인하면서 모형을 완성해나가는 것이다. 그래프로 출력하면 빠르게 오류를 확인할 수 있다. 비상업적 개체군 모형 툴인 팝-모델

(POPMODEL)은 단위모형의 유효한 출력 범위를 미리 정의해놓고 합성하는 단계를 거치기 때문에 오류수정이 비교적 용이하다(Choi and Kim, 2016).

적합성 검증은 실제 관찰자료와 모형 결과를 비교하는 과정이다. 다른 용어로는 '타당성 검증'이라는 용어를 사용하는데, 본 원고에서는 농작물을 주로 다루고 있기 때문에 모형의 포장적합성 검증(field validation)이라는 의미로 사용했다. 따라서 다양한 포장조건 및 시간적으로 다른 조건에서 얻어진 포장자료가 이용될 수 있다. 이 단계에서 현실성이 떨어지면 일부 매개변수값을 수정하여 현실성 있게 수정할 수 있다. 포장적합성 검증방법에 대해서는 별도로 기술했다.

민감도 분석은 각 매개변수값의 변화에 따른 모형 결과의 변화를 파악하는 과정이다. 시스템 요소 중에서 어떤 요인(매개변수)이 중요한 영향을 미치는가를 파악하고, 여러 매개변수 중에서 상대적으로 중요한 요인을 도출할 수 있다. 단순한 모형에서는 민감도 분석을 생략하는 경우가 많은데, 복잡한 모형의 경우 민감도 분석을 통하여 모형의 개선이나 사용자에게 중요한 정보를 제공할 수 있기 때문에 반드시 권장되는 사항이다.

앞서 오류검증(verification)을 프로그램 논리오류나 수식오류 등으로 설명했는데, 모형 개발단계에서 초기의 설정된 조건을 만족하는지 여부를 점검하는 것도 모두 여기에 포함된다. 비슷한 과정이지만 모형적합성 검증은 보통 개발단계 말기에 이루어진다는 점과 독립적인 자료와 비교한다는 점에서 차이가 있다.

3. 개체군 모형의 포장적합성 검증 기술

곤충 개체군 모형의 타당성 검증(validation)은 최종적으로 포장적합성 검증(field validation)을 통하여 이루어진다. 원론적으로 타당성 검증은 외적 타당성 검증(external validation)과 내적 타당성 검증(internal validation)으로 나누어볼 수 있다. 둘의 차이는 근본적으로 어떤 자료를 검증자료로 사용하는가에 있다. 전자는 새로운 실측자료를 별도로 획득하여 모형의 결과와 비교하는 것이다. 지금까지 기술한 곤충 개체군 모형은 기계적 모형으로서 근본적으로 내적 자료를 검증자료로 사용할 수 없으며, 외적 자료인 포장관찰 자료를 이용하여 검증하게 된다. 그러나 경험적인 통계적 개체군 모형이나 다른 유형의 이론 개체군 모형에서는 전체 자료를 나누어서 일부는 모형 개발에 이용하고, 나머지는 모형 적합성 검증용으로 사용한다. 이렇게 자료 분할(data-splitting)을 통하여 내적 자료를 적합성 검증에 이용하는 방식이 후자의 방법이다. 내적 타당성 검증 방법은 교차 타당성 검증(cross-validation), 부츠트랩(bootstrapping) 등이 있으나, 본고에서는 다루지 않고 MaxEnt 모형(최대엔트로피 모형) 등 다른 모형을 소개하면서 설명할 것이다. 기타 모형의 타당성 검증과는 별도로 매개변수의 신뢰구간(표준오차)은 비모수적 기법인 잭나이프(jackknife) 또는 프로파일 우도 그래프(profile likelihood plot) 등을 통해 얻을 수 있는데, 생명표 통계량 부분에서 언급할 것이다. 또한 모형 이용의 경제적 타당성도 실제 방제적용에는 중요한 요소이나 주제를 벗어나므로 웰치 등(Welch et al., 1981)의 저술로 대신한다. 여기서는 곤충 개체군 모형의 타당성 검증을 위한 포장적합성 검증방법에 한정하여 기술하고자 한다.

1) 모형 결과의 단순 경향성 및 강건성 평가

개체군 모형의 구동 결과는 초기 설정값(초기밀도)에 기초하여 각 세대별 발생 시기와 발생량 등 다양한 종속변량이 출력된다. 이 변량들과 야외 포장에서 조사한 자료들과 비교하게 되는데 정량적인 비교는 어려운 경우가 대부분이다. 즉 모형 결과 값과 포장 조사자료의 단위가 일치하기 어렵다. 물론 응애류의 경우 잎당 마리수 단위로 시뮬레이션하여 검증하기도 한다(Jung et al., 2005). 개방된 야외 개체군을 다루고 있기 때문에 개체군의 크기를 한정할 수 없고, 포장적합성 검증 조사자료의 경우도 페로몬 트랩 유살량이나 잎 표본조사 등 전수조사가 아닌 상대적인 값인 경우가 대부분이다. 따라서 모형과 실측값의 정점을 일치시키기 위하여 모형의 예측값과 실측값을 각각의 최고값으로 나누어 표준화해 비교하는 방법을 많이 적용한다.

복숭아심식나방 개체군 모형(Kim and Kim, 2010)에서 성충의 발생량을 표준화해 시계열로 배열하고, 강건성(robustness) 평가를 위하여 자료를 추출하는 과정은 〈그림 4〉와 같다. 왼쪽(A) 그래프는 최고정점을 1.0에 맞추어 정렬한 것이다. 이

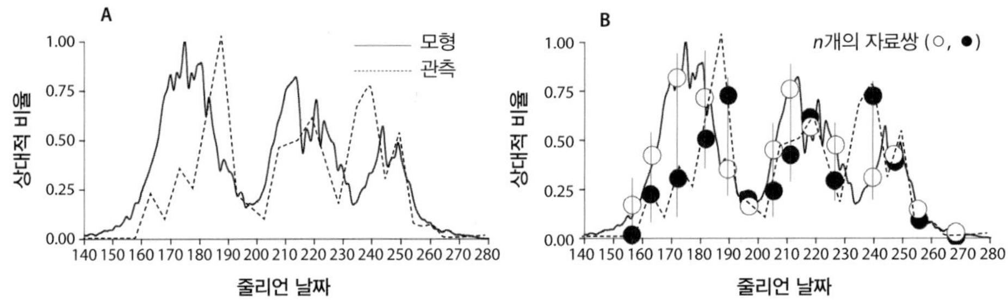

그림 4. 모형 결과의 포장적합. A: 표준화를 통한 정렬, B: 비교 자료쌍의 수집(원자료 수정 Kim and Kim, 2010)

렇게 함으로써 모형값과 실제 관측값 변동의 일치성을 빠르게 판단할 수 있다. 오른쪽(B) 그래프는 연속적인 곡선(여기에서는 A 그래프)에서 관측 날짜에 맞추어 자료 쌍을 추출하는 과정을 도식한 것이다. 관측자료가 페로몬 조사자료라고 가정하면, 조사 횟수만큼 n개의 자료 쌍을 얻을 수 있으며, 상관분석(Pearson's correlation)을 통하여 일치 경향성의 유의성을 검정하여 강건성을 평가할 수 있다(Kim and Lee, 2010). 또한 두 자료 쌍으로 잔차자승합(residual sum of square, RSS)을 계산하여 강건성을 평가할 수 있다(Kim et al., 2010). 잔차자승합이 작은 모형이 적합도가 강건한 것으로 판단하며 다음과 같이 계산된다.

$$Rss = \sum_{i=1}^{n} (P_i - O_i)^2$$

여기서 P_i와 O_i는 각각 i번째 자료쌍의 예측치와 관측치다.

2) 발생정점 예측능력(peak time predictability)과 통계검정

(1) χ^2-검정(카이제곱 검정)의 적용

개체군 모형 결과의 발생정점과 실측정점의 일치성을 평가하기 위하여 χ^2-검정을 적용할 수 있다. 실측치와 예측치의 줄리언 날짜(Julian date) 간 차이가 없다는 귀무가설하에서 자유도 n-1에서 검정한다. 검정통계량은 다음과 같이 계산할 수 있다

표 2. 다년도 이용 발생정점의 일치성 평가를 위한 χ^2-검정통계량의 계산(날짜 = 줄리언 날짜 기준)

연도	실측일	예측일	계산식	검정통계량
2016	150	153	$(150-153)^2/153 =$	0.0588
2017	155	161	$(155-161)^2/161 =$	0.2236
2019	147	152	$(147-152)^2/153 =$	0.1634
합계				$\chi^2 = 0.4458$

(Sokal and Rohlf, 1981).

$$\chi^2 = \sum_{i=1}^{n}\left[\frac{(O_i - E_i)^2}{E_i}\right]$$

이 검정은 빈도분석의 원리를 적용한 것으로 O_1 = 실측치, O_2 = 예측치가 되며, 1:1로 동일하다고 가정하므로 기대치(E_i)는 $(O_1 + O_2) / 2$가 된다. 만일 모형 예측일이 184일이고 실측일이 180일이라고 하면 기대치는 182일이 되므로 통계량 $(180 - 182)^2/182 + (184 - 182)^2 / 182 = 0.0440$이 되며, 자유도 $2 - 1 = 1$에서 검정한다.

다년도 자료에 대하여 발생정점의 일치성을 평가하는 경우에는 예측치를 기대치로 간주하여 직접 검정통계량을 계산할 수 있다(표 2). 자료가 3개 년도로 구성되어 있으므로 자유도 $n - 2$를 적용하여 $3 - 2 = 1$이 된다. 귀무가설로 실측일과 예측일이 동일하다는 1:1의 분리비율을 적용하고 있는 것이지만, 단일빈도 자료와는 달리 χ^2-값의 근사값으로 대체하여 검정통계량을 계산할 수 있다(Ludwig and Reynolds, 1988). 단년도의 자료에 적용하는 경우는 20, 50, 75 및 90% 발생완료 시점(사분위수, 즉 quartile 개념 적용)에서 자료를 추출하여 검정통계량을 계산함으로써 유용하게 분석할 수 있다(Park et al., 2014; Kim and Lee, 2015). 기타 타우분포도(Tau distribution)에 적용한 것과 같이 0~100% 사이에서 자료의 숫자를 증가시켜 검정통계량을 계산할 수 있을 것이다.

카이제곱검정을 적용하는 데 있어 문제점은 실제 빈도자료가 아니라 날짜를 빈도로 대체 이용한 것이므로 줄리언 날짜가 클수록 검정통계량 값이 감소한다는 점이다. 즉 기대치인 분모의 값이 커지기 때문에 모형과 실측 간 차이가 5일로 동일하더라도 150일과 250일에서 중요도 차이는 다르게 나타난다. 따라서 카이제곱

검정의 단점을 보완할 수 있는 방법으로 t-검정을 생각할 수 있다.

(2) 단일평균 t-검정의 적용

모형과 실측 간 발생정점 또는 목적하는 발생 시기의 차이가 특정 기준(3일, 5일 등) 이내에 있는지 평가할 때 적용한다. 모형 결과값과 실측값의 절대적인 차이를 검정하게 되므로 카이제곱 검정통계량 계산에서 나타나는 적용 시기의 문제점이 나타나지 않는다. 이 방법은 처음 솔수염하늘소 우화 시기 적합성 검증에 적용한 바 있다(Park et al., 2014). 모형의 결과가 실측값과 3일 이상의 차이가 나지 않는다는 것을 검정하고자 할 때, 귀무가설로 '모형값과 실측값과의 차이는 3일과 같다'고 설정한다. 따라서 양측검정(two-tailed test)이 되며, 검정 결과 유의성이 없는 경우 3일과 차이가 없다고 판단한다. 유의성이 있는 경우는 차이의 평균이 3보다 작다고 하는 경우에는 모형과 실측 간 차이가 3일보다 작다고 판단할 수 있다. 검정통계량은 다음과 같이 계산한다(Sokal and Rohlf, 1981).

$$ts = \frac{\bar{X} - D}{S_{\bar{X}}}$$

여기서 $\bar{X}$는 차이의 평균, $S_{\bar{X}}$는 차이의 표준오차, D는 모형의 정확도로 설정한 임의의 기준이 된다.

단일평균 t-검정을 적용하여 모형의 적합성을 평가한 사례는 〈표 3〉과 같다. 솔수염하늘소 월동유충의 성충으로의 우화모형 세 가지에 대하여 25, 50, 75 및 90% 발생완료 예측일과 실측일의 차이를 검정한 것이다. 양측검정이고 자유도가 3이므로 유의수준 5%와 1%에서 각각 $t = 3.182$ 및 $t = 5.841$ 값과 유의차를 비교하게 된다. $D = 3$일에서 유의성이 없다는 것은 3일과 다르지 않다는 것을 의미한다. 유의성이 있는 경우는 3과 같지 않다는 것을 뜻하고, 차이의 평균이 3보다 큰 상태에서 유의성이 나타났다면 3일보다 차이가 더 난다고 결정할 수 있다(즉 차이의 평균 13.3과 11.5일에 해당됨). $D = 5$일 검정통계량에서 평균 차이 2.0일에 1% 유의수준에서 유의성이 발생되었는데, 이 경우의 해석은 '모형과 실측의 차이가 5일보다 고도로 유의하게 작다'라고 판단한다. 반면 평균 차이가 11.5일이고 $D = 5$일 기준과 비

표 3. 솔수염하늘소 세 가지 우화모형의 예측일 결과와 실측치 차이에 대한 단일평균 t-검정통계량

연도	모형 종류	누적발생 시기별 차이				t-검정통계량			
		25%	50%	75%	90%	평균	표준오차	D = 3일	D = 5일
2010	전진 모드	3	2	1	2	2.0	**0.41**	2.4495ns	7.3485**
	보통 모드	2	3	6	3	3.5	**0.87**	0.5774ns	1.7321ns
	지연 모드	9	14	15	15	13.3	**1.44**	7.1372**	5.7446*
2011	전진 모드	4	1	3	5	3.3	**0.85**	0.2928ns	2.0494ns
	보통 모드	2	6	5	4	4.3	**0.85**	1.4639ns	0.8783ns
	지연 모드	7	14	14	11	11.5	**1.66**	5.1257*	3.9196*

판단의 논리성을 높이기 위하여 원자료(Park et al., 2014)의 단측검정을 양측검정으로 수정하였음(ns: 유의성 없음, *: 5% 유의수준, **: 1% 유의수준).

교에서 유의성이 발생된 경우는 차이가 5일보다 크다는 것을 의미한다. 즉 검정통계량에서 유의성이 없는 경우와 유의성이 있는 경우는 평균 차이가 기준보다 작은 값일 때 모형의 정확도가 높은 것으로 판단할 수 있다.

3) 예측치 대 관측치 회귀모형

모형 결과인 예측치와 실제 포장조사 자료인 실측치 간의 일치도는 전통적으로 $x-y$ 도면 그래프를 제작하여 평가하고 있다(Welch et al., 1981; McCann et al., 1989; Battisti and Cescatti, 1994). 보통의 경우 관측치를 독립변수로 취급하여 x축에 배치하고, 예측치는 y축에 배열하는데, 이러한 배열은 위조오차(spurious error)를 발생시키므로 예측치(x축) 대 관측치(y축) 도면을 작성해야 한다고 제안한다(Piñero et al., 2008).

이 방법에서는 직선회귀 모형을 적용하고($y = ax + b$), t-검정을 이용하여 '기울기(a, 회귀계수) = 1, 절편(b) = 0이다'는 귀무가설에 대한 유의성을 검정한다. 기울기와 절편에 대한 귀무가설이 기각되는 경우 모형은 관측치와 일치하지 않는다고 판단한다. 귀무가설로 '회귀계수 = 1이다'라고 가정했을 때(양측검정) 검정통계량은 다음과 같이 계산한다(Sokal and Rohlf, 1981).

표 4. 화살깍지벌레 부화약충 발생기 자료를 이용한 검정통계량 계산 및 유의성 검정(Kim and Lee, 2015)

조사 연도	조사 장소	1차 발생정점		2차 발생정점		t-검정통계량의 계산 및 유의성 검정
		예측	관측	예측	관측	
2005	오등동	161	158	189	182	〈1차 발생정점〉 • 매개변수 추정값($y = ax + b$) 회귀계수 = 1.1194 ± 0.14782(SE 표준오차) 절편 = −18.3561 ± 24.09011(SE 표준오차) • 검정통계량 회귀계수 t_a = (1.1194-1)/0.14782 = 0.8080 절편 t_b = (−18.3561-0)/24.09011 = −0.7620 〈2차 발생정점〉 • 매개변수 추정값($y = ax + b$) 회귀계수 = 1.1194 ± 0.14782(SE 표준오차) 절편 = −18.3561 ± 24.09011(SE 표준오차) • 검정통계량 회귀계수 t_a = (1.1194−1)/0.14782 = 0.8080 절편 t_b = (−18.3561−0)/24.09011 = −0.7620
2005	도련동	161	159	189	186	
2006	토평동	165	167	192	193	
2006	오등동	165	166	189	192	
2006	도련동	165	168	192	192	
2011	조천읍	166	166	190	188	
2011	한림읍	167	170	191	187	
2011	남원읍	169	172	195	194	
2013	오등동	158	161	185	183	
2013	남원읍	152	153	180	182	
평균		162.9	164	189.2	187.9	

$$ts = \frac{a-1}{S_a}$$

여기서 a는 추정한 회귀계수(기울기), S_a는 회귀계수의 표준오차이고 자유도 n-2에서 검정한다.

예측치 대 관측치 회귀모형을 이용하여 화살깍지벌레 부화약충 발생 시기 예측모형(Kim and Lee, 2015)의 정확도를 평가하는 검정통계량은 〈표 4〉와 같다. 자유도 8, 유의수준 5%와 1%에서 t-분포값은 각각 2.306과 2.355이므로 모두 유의성이 없다(t-값은 절대값으로 이용함). 따라서 회귀선의 기울기와 절편은 각각 1과 0이 되어 모형값은 실측값에 잘 부합한다고 판단할 수 있다. 예시로 제시한 〈표 4〉를 예측치 대 관측치 회귀모형을 도표로 나타내면 〈그림 5A〉와 같다.

해충방제의 시기 측면에서는 예측치가 실측치의 일정 범위 내에 있을 때도 유효할 수 있다. 잔류성이 있는 약제는 해충의 출현 이전 살포하여도 잔류가 지속되는 기간에 따라 유효할 수 있으며, 해충의 출현 이후에도 고착성 해충이나 노출되어 서식하는 해충은 방제효과를 기대할 수 있다. 따라서 범위를 설정하여 그 범위 내에 예측값이 포함되는지 평가할 수 있다(Welch et al., 1981). 예시자료에서 화살깍

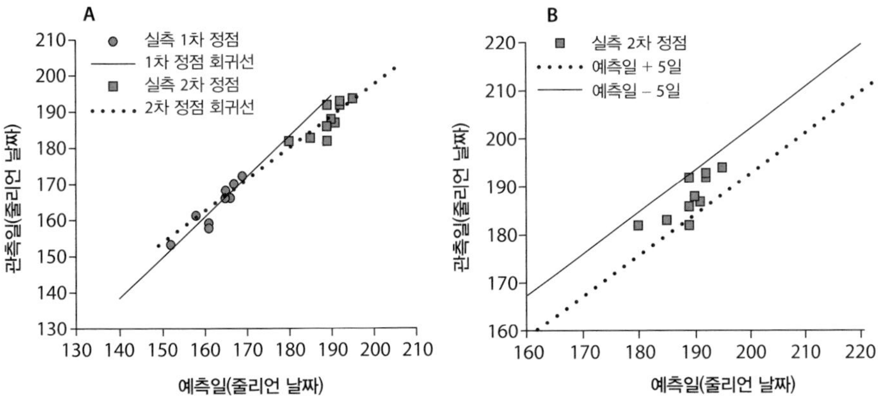

그림 5. 예측치 대 관측치 회귀모형(A) 및 예측 범위설정 평가(B) 예시

지벌레 부화약충 2차 발생기 예측은 다소 큰 편차를 보이고 있으나(그림 5B), 실측치와 비교하여 ±5일의 편차는 방제 시기 결정 측면에서 감수할 수 있다고 하면 대부분의 경우 그 범위에 포함된다고 평가할 수 있다.

4. 민감도 분석 방법

민감도 분석(sensitivity analysis)의 정의는 특정의 가정 아래 운용되는 모형에서 독립변수의 변동이 어떤 특정 종속변수에 어떠한 영향을 미치는지 평가하는 데 이용되는 기술이라고 할 수 있다. 보통 개체군 모형은 다양한 변수를 포함하는 복잡한 구조를 갖고 있어서 입력값이나 출력값의 불확실성(uncertainty)이 존재한다. 따라서 입력에서 불확실성의 다양한 원인이 수학적 모형(또는 시스템)의 출력에서 나타나는 불확실성(숫자 또는 기타의 값으로 출력)에 어떻게 분배되는지를 분석하는 연구 분야로 정의되기도 한다.

모형 작성자는 민감도 분석 과정을 통하여 실제 모형작동 결과에 대한 다양한 정보를 얻을 수 있다. 우선 모형에서 함수의 매개변수값이나 환경변수(예를 들면 온도) 등 입력값에 따라 모형 출력값의 변화를 이해할 수 있다. 특히 모형 매개변수값의 인위적 조절(입력)에 따라서 모형 결과값이 어떻게 변동되는지 파악함으로써 특정 매개변수의 영향력을 이해하는 데 도움이 된다. 즉, 모형의 요인 중에서 어떤 요인(매개변수)이 중요한 영향을 미치는가를 파악하고, 여러 매개변수 중에서 상대적으로 중요한 요인을 도출할 수 있다. 이런 과정에서 입력과 출력 간에 예기치 않는 연관관계로 인한 모형의 오류도 찾을 수 있게 된다. 또한 모형 출력값이 어떤 특정 최고값 또는 최솟값, 기타 정해진 신뢰구간에 오도록 입력 요소의 범위를 발견하는 데도 이용할 수 있다. 민감도 분석을 깊게 진행할수록 불확실성의 원인이 되는 매개변수 입력값을 확인함으로써 모형의 불확실성은 감소되며, 모형의 강건성(robustness)은 증가한다. 민감도 분석은 모형을 단순화하는 데도 도움이 된다. 즉 모형 결과에 영향을 미치지 못하는 매개변수(상수값 또는 함수)나 모형구조의 중복(redundant parts)을 확인하여 제거할 수 있다. 궁극적으로는 좀 더 이해 가능하고 신뢰성 및 설득력 있는 민감도 분석의 실증자료를 통하여 모형의 타당성과 신뢰성을 높이고, 모형 작성자와 실제 사용자 간의 의사소통을 향상시킬 수 있다.

모형 개발에서 민감도 분석은 흔히 매개변수값의 변화에 따른 모형 결과의 변화를 평가하는 방법과 환경요인의 순차적 변화에 따른 모형의 반응을 분석하는 방법이 많이 이용되고 있다.

1) 매개변수값 변화에 따른 모형의 반응평가

모형에 포함된 각 매개변수값의 변동이 모형 출력값의 형태에 어떻게 영향을 미치는지 평가하는 방법으로 선형적 효과(average effect) 및 비선형적 효과(non-linearity effect)를 분석하는 기술이 있다(Shaffer and Gold, 1985). 전자는 출력과 연관된 매개변수의 1차 편미분 그리고 후자는 2차 편미분 값에 비례하는 것으로 정의할 수 있다. 이러한 변동은 매개변수값을 인위적으로 10% 증가시키거나 감소시키면서 다음 수식의 계산값으로 평가할 수 있다. 이 방법은 샤퍼와 골드(Shaffer and Gold, 1985)가 소개했으며 복숭아심식나방(Kim and Lee, 2010), 오리엔탈과실파리(Kim and Kim, 2018) 개체군 모형의 민감도 분석에 적용된 바 있다.

$$\text{선형적 효과} = 0.5[F(1.1p_0) - F(0.9p_0)]$$
$$\text{비선형적 효과} = 0.5[F(1.1p_0) + F(0.9p_0)] - F(p_0)$$

여기서 $F(p)$는 매개변수값 p에서 모형의 출력값이며, p_0는 원래의 매개변수값을 나타낸다.

오리엔탈과실파리 개체군 모형의 민감도 분석 결과는 〈표 5〉와 같다(Kim and Kim, 2018). 이 결과를 보면서 매개변수 변동과 관련된 민감도 분석의 의미를 이해해보도록 한다.

첫 우화일을 비롯한 각 세대의 발생 최성일에 대해서는 선형 및 비선형 효과값의 대부분은 0의 상태이고 크게 변하지 않는다(줄리언 날짜로 계산). 즉 대부분의 매개변수는 해충 발생 시기에는 큰 영향을 미치지 않았다고 해석할 수 있다. 이런 정보는 포장적합성 검증과정에서 모형 예측치와 실측치 간 차이가 나타나는 경우 어떤 매개변수가 작용하고 있는지 파악할 수 있게 해준다. 민감도 분석값에서 양의 값은 매개변수값(즉 입력값)의 증가에 따라 결과값이 증가하는 것을 나타낸다(그림 6). 출력 변량이 발생 시기인 경우에는 출현 시기가 지연되는 것으로 해석할 수 있다(즉 줄리언 날짜가 증가한 것이므로). 발생량의 경우는 매개변수값의 증가가 발생량의 증가로 작용한다는 것을 뜻한다.

발생량에 대해서는 몇 개 단위모형의 매개변수에서 큰 값을 보이고 있으며, 절대값으로 비교했을 때 대체로 선형 효과가 크게 나타나고 있다(표 5). 민감도 분석값의 크기는 매개변수값 변화에 따른 출력값의 변화율을 나타낸다. 예를 들어 선형 효과에서 큰 값이 나타났다는 것은 〈그림 6B〉의 a′ 형태로 변화의 기울기가 크다는 것을 뜻한다. 비선형 효과에서 양(+)과 음(–)의 값은 매개변수값의 변동에 따라서 출력값이 변화하는 곡선 모양을 의미한다(그림 7). 양과 음은 각각 오목형(A) 및 볼록형(B) 반응곡선을 나타낸다. 비선형 효과가 인정되는 경우 양의 반응값은 매개변수값이 감소하든 증가하든 상관없이 모두 모형의 출력값이 증가하기 때문에 나타난다. 즉 〈그림 7A〉에서 오목한 곡선의 꼭짓점 p_0(본래값)에서 발생량은 최소를 보이고 있으며 $0.9p_0$ 또는 $1.1p_0$ 쪽으로 변동되는 순간 증가한다. 또한 비선형 반응값이 크면 클수록 곡선의 모양이 대칭적이고 급격하게 변한다는 것을 의미한다.

동일한 출력변량에서도 선형과 비선형 효과가 매개변수의 민감도에 따라 다른 방향으로 나타날 수 있다. 즉 〈그림 8〉과 같이 네 가지 조합의 반응값을 생각할 수 있다. 오리엔탈과실파리 개체군 모형의 민감도 분석에서도 분석값의 부호가 다른

표 5. 오리엔탈과실파리 개체군 모형에서 매개변수 변동에 따른 민감도 분석 결과(Kim and Kim, 2018)

모형 종류	단위 모형	매개 변수	첫 우화일		1세대				2세대				3세대			
					최성일		발생량		최성일		발생량		최성일		발생량	
			LL	NL	LL	NL	LL	NL	LL	NL	LL	NL	LL	NL	LL	NL
발육 모형	알	ρ	0	0	0	0	0	0	-	-	-	-	-	-	-	-
		T_{max}	0	0	0	0	0	0	0	0	-710	-250	0	0	-5,603	5,221
		ΔT	0	0	0	0	0	0	-	-	-	-	-	-	-	-
	유충	ρ	0	0	0	0	0	0	-	-	-	-	-	-	-	-
		T_{max}	0	0	0	0	0	0	-1	-1	33	33	0	0	-8,072	-8,072
		ΔT	0	0	0	0	0	0	-	-	-	-	-	-	-	-
	번데기	ρ	-	-	-	-	-	-	-	-	-	-	-	-	-	-
		T_{max}	-4	-1	-4	1	1	-1	-9	7	757	-1,236	-2	-2	-122,734	98,168
		ΔT	-1	-	-	-	-	-	-	-	-	-	-	-	-	-
발육 기간 분포 모형	알	η	0	0	0	0	0	0	0	0	364	-177	0	0	-147	1,963
		β	0	0	0	0	0	0	0	0	40	1	0	0	31	254
	유충	η	0	0	0	0	0	0	1	0	-37	-9	0	0	8,020	-235
		β	0	0	0	0	0	0	0	0	1	-11	0	0	595	-56
	번데기	η	3	-1	2	0	1	0	0	0	889	16	0	0	7,331	981
		β	1	0	-1	0	0	-1	0	0	32	-368	0	0	770	2,043
산란 모형	노화율	a	0	0	-3	0	0	0	-2	-1	-3,036	76	-53	-53	-75,416	33,189
		b	0	0	7	-1	0	0	9	3	6,060	-2,432	54	-54	174,929	129,766
	산란수	ω	0	0	0	0	0	0	0	0	2,399	14	0	0	10,982	1,835
		ε	0	0	0	0	0	0	1	1	-1,641	-3,419	0	0	-3,968	-13,594
		κ	0	0	0	0	0	0	0	0	163	-18	0	0	4,159	981
	산란율	γ	0	0	0	0	0	0	0	0	2,518	155	0	0	10,793	2,331
		η	0	0	0	0	0	0	0	0	11	-82	0	0	19,549	-131
	생존율	λ	0	0	5	-1	0	0	2	-1	912	-275	53	-53	44,215	-146
		δ	0	0	-2	0	0	0	0	0	-346	-20	0	0	-2,355	952

LL: 선형적 효과, NL: 비선형적 효과(지면 관계상 네 번째 세대의 반응값은 제거했음). 매개변수에 적용된 기호는 해당 모형에 한정되어 사용됨.

조합이 다수 나타나고 있으며, 이렇게 매개변수값의 변동에 따라 모형의 결과값이 복잡하게 변화하고 있다는 것을 알 수 있다.

알 발육기간 분포모형 매개변수 η가 3세대 발생량에 미치는 영향을 예로 설명하면, 민감도 분석값은 각각 선형 −147, 비선형 1,963으로 약한 음의 선형 효과와 비교적 강한 양의 비선형 효과를 나타내고 있으며 〈그림 9A〉와 같은 반응곡선으로

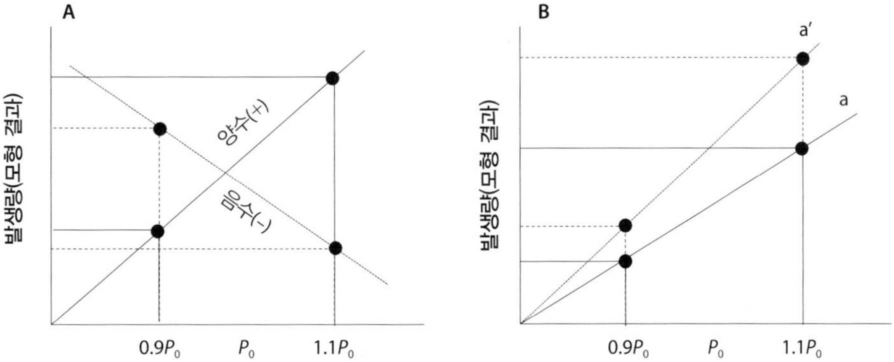

그림 6. 선형 효과의 반응곡선. A: 증가 및 감소 반응 비교, B: 증가율의 차이 비교

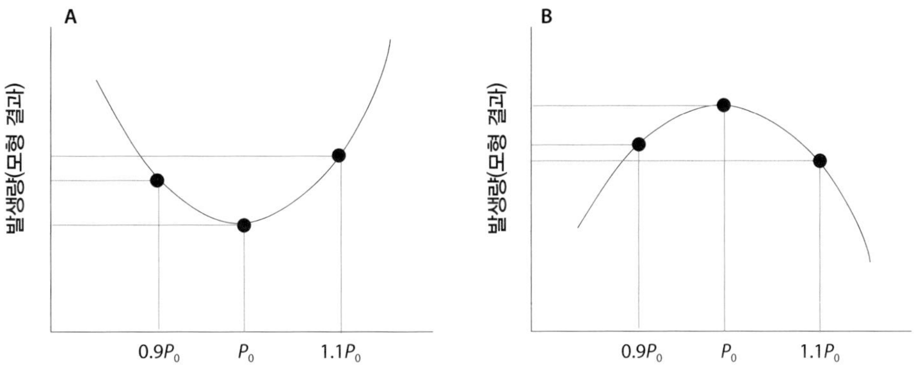

그림 7. 비선형 효과의 반응곡선. A: 증가의 경우 양수값, B: 감소의 경우 음수값

설명할 수 있다. 선형 효과는 경사가 완만하게 우측으로 기울어져 있어서(-) 0.9p_0와 1.1p_0의 결과값에 큰 차이가 없다. 거의 수평으로 되면 0이 되어 선형 효과가 없는 것으로 나타날 것이다. 반면 비선형 효과(반응값 계산에 선형 효과와는 달리 p_0의 출력값이 포함된다는 점에 주의)는 오목한 곡선(+)으로 폭이 좁고 대칭적인 형태를 갖고 있어서 출력값이 급격하게 변동하고 있다. 즉 반응곡선 꼭짓점에서는 매개변수값이 조금만 변하더라도 출력값은 크게 증가한다. 알 발육기간 분포모형의 η는 알 발육완료 시기를 조절하는 매개변수로서 감소하면 알이 빨리 부화하여 세대진전이 촉진되고, 증가하면 세대진전이 지연되는 특성이 있다. 상식적으로 이해하면 매개변수값이 증가할 때 세대 발생이 지연되므로 성충의 발생량은 감소하거나 변화가

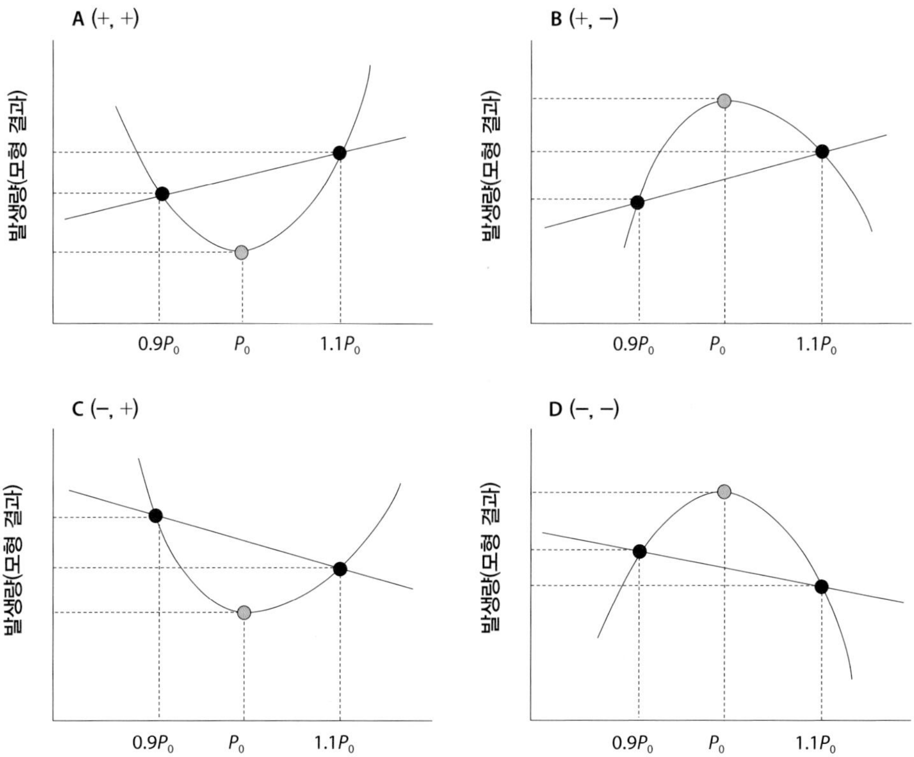

그림 8. 선형과 비선형 반응의 대표적인 네 가지 조합

없어야 옳다. 상식적으로 이해할 수 없는 이런 반응은 오리엔탈과실파리 실제 개체군 모형의 복잡한 구조(Kim and Kim, 2018)를 바탕으로 이해할 수 있다. 해당 오리엔탈과실파리 개체군 모형에는 기주식물의 가용성에 대한 시간적 분포가 내재되어 있다. 따라서 알 부화기와 관련된 요소가 먹이자원(산란)의 교체기와 연관이 있는 것으로 보인다. 세대가 진전되어 성충이 일찍 발생되면 앞에 배치된 먹이자원의 이용이 높아지고, 반대로 지연되면 뒤쪽에 배치된 먹이자원의 가용성이 증가하는 것으로 해석된다.

연령별 산란율 모형 매개변수 η는 〈그림 9B〉와 같은 반응값의 양상을 보인다. 선형 효과는 19,549로 매우 크며, 비선형 효과는 -131로 매우 작다. 이런 경우는 비선형 효과는 거의 없으며 선형 효과가 매우 우세하다고 해석할 수 있다. 실제로 비선형 효과의 곡선이 선형 효과의 직선에 거의 근접해 있는 것을 알 수 있다.

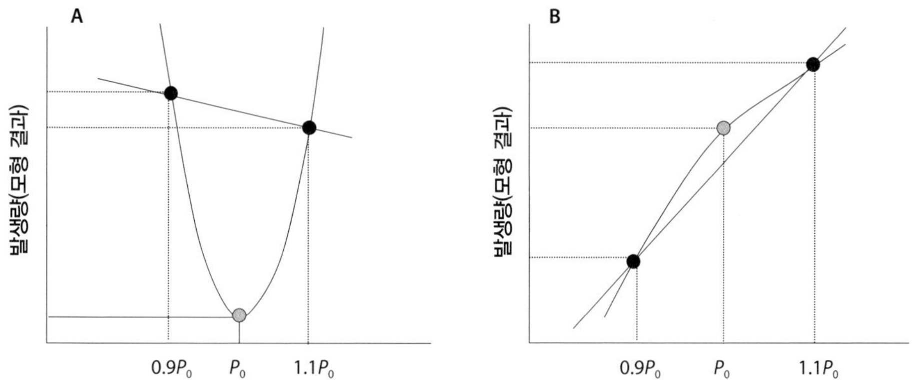

그림 9. 선형과 비선형 효과 간 극단적인 차이가 나는 경우의 모식도

오리엔탈과실파리 성충노화율(1/수명)의 매개변수는 특히 3세대 개체군 발생량에 가장 큰 영향을 미치고 있다(표 5). 선형 효과가 비선형 효과보다 크지만 비선형 효과도 강한 상태다. 노화율 모형의 특성상 두 매개변수값이 증가하면 모두 노화율이 증가하는 결과를 낳으며, 결과적으로 수명이 단축된다. 즉 짧은 기간 내 산란을 완료하게 되어 후기 세대의 발생량이 증가할 수 있다. 또한 이 매개변수들은 다른 매개변수들과 비교하여 발생최성기의 변동에 영향을 미친다. 관련하여 발생시기에 영향을 미치는 매개변수는 연령별 생존율 모형의 λ이다.

연령별 산란율 모형의 γ는 세대별 성충 발생량에 차별적인 효과를 나타내고 있다. 이 매개변수값의 증가는 성충의 초기와 후기 연령 기간 중 산란수의 증가를 유발하는 반면 중기 연령에서는 산란수 감소와 관련되어 있다(모형구조와 작동을 기반으로 추정하는 경우임). 초기 연령기 산란수 증가는 생존 성충수가 더 많은 상태에 있기 때문에 개체군 크기를 증가시킬 수 있다. 그러나 1세대와 3세대가 형성되는 봄철과 가을철의 서늘한 기후와 일치되도록 2세대와 4세대 성충 발생량에는 부(-)의 효과가 나타난다. 같은 방식으로 연령별 생존율 모형 δ의 증가는 초기와 후기 연령기 사망률 증가를 유도하므로(수식의 특성상 기울기가 감소함) 개체군 발생량 크기에 부의 영향을 미친다고 해석할 수 있다. 반면 매개변수 λ는 4세대 발생량에 부의 효과를 나타내고 있다(자료 생략됨). 이런 결과는 이 매개변수의 증가로 성충 수명이 증가된다는 점에 비추어볼 때 예기치 못한 결과다(수명이 길어짐에 따라 현존 개체군도 증가됨). 이의 해석은 앞 세대 현존 성충수의 증가는 먹이자원(한정된 먹이자원이 가정되었음)을 고갈시킴으로써 3세대 유충 개체군의 감소를 초래한 것 때문으로 이해된다. 이렇게 민감도 분석을 통하여 모형의 구조와 작동원리를 더 잘 이해할 수 있고, 사용자에게 유용한 정보를 전달할 수 있으며 더 올바른 모형으로 개선할 수 있다.

2) 외부 변수(온도)의 변화에 따른 반응평가

민감도 분석은 외적 입력변량에 대한 모형의 반응 정도의 평가 목적으로도 사용된다. 흔히 외부 온도의 변화에 따라서 모형의 결과가 어떻게 변동하는지 평가하는 경우가 많다. 복숭아심식나방 개체군 모형에서 적용한 방법으로 토양 및 대기온도를 3℃까지 증가 또는 감소시키면서 성충의 발생 양상이 어떻게 변동되는지 분석한 사례가 있다(그림 10). 이렇게 함으로써 모형의 외적변수로 입력되는 값에 모형이 어떻게 반응하는지 파악할 수 있다.

3) 기타 초기 설정값의 변화에 따른 반응평가

개체군 모형에서 초기 개체군의 연령은 보통 '0' 상태로 가정하고 시뮬레이션을 하는 경우가 많은데, 비휴면형 곤충의 경우는 다양한 연령의 집단으로 구성되어 있을 수 있다. 네눈쑥자나방 월동 번데기의 생리적 연령을 −0.25, 0, 0.25, 0.5 등 서로 다른 상태로 설정하고(-0.25값은 미성숙 상태의 번데기를 나타냄), 각 2:3:3:2의 비율

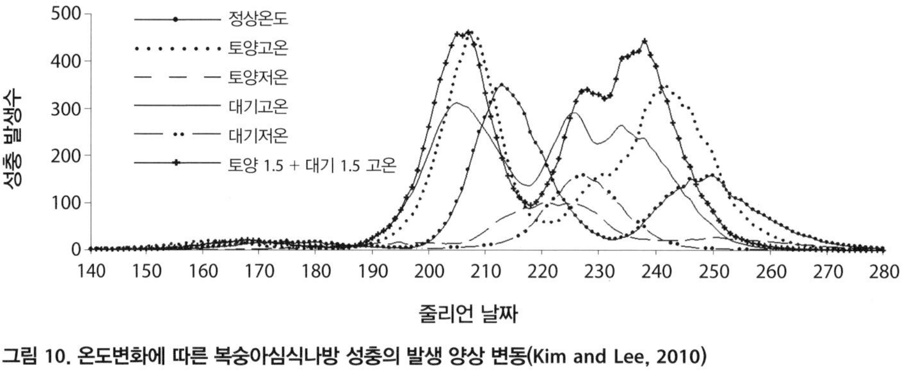

그림 10. 온도변화에 따른 복숭아심식나방 성충의 발생 양상 변동(Kim and Lee, 2010)

로 구성된 것(4개 집단)으로 시뮬레이션했을 때 예측 정확도가 높았다(Choi and Kim, 2014).

점박이응애 월동성충의 산란모형 적합성 검증에서 시뮬레이션 간격을 24시간에서 3시간 간격으로 조정했을 때 실측에서 발견되는 조기 피크를 설명할 수 있었다(Kim and Lee, 2003b). 이는 휴면을 타파한 성충이 짧은 시간 동안의 온도에 반응하여 산란활동을 할 수 있기 때문이며, 민감도 분석을 통하여 이러한 미세한 곤충의 반응을 모형의 개선에 반영할 수 있다.

5. IPM에서 해충 발생 예찰모형의 역할

원론적으로 IPM에서 해충방제는 특정 해충에 대하여 방제의사 및 방제수단 결정, 그리고 이러한 결정에 필요한 정보를 획득하는 일련의 과정이 포함되며, 생산자(농민)가 결정하는 방제수단은 그 해충의 합리적인 관리지침에 기초해야 한다. 이 관리지침은 농업생태계 특성, 기상 특성, 경제적 특성 등 다양한 상황에 따라서 역동적으로 방제수단을 제시하는 것이 필요하다(그림 11). 농업생태계 측면에서는 해충과 이에 작용하는 천적 개체군의 밀도 평가, 토양 등 환경과 관련된 작물의 생육상태 등이 고려되며, 기상 측면에서는 현재 기상자료와 이와 관련된 향후 예측, 그리고 경제적 측면에서는 방제비용과 이와 관련된 작물의 경제적 가치 등이 평가되어야 한다(Welch et al., 1981). 물론 해충 방제 시 이러한 요소를 모두 평가한 후 관리지침을 결정할 수는 없지만 전통적인 단순한 방제방법의 나열과는 차별성을 갖는다. 전통적인 방법은 각 방제방법의 상호작용, 환경과의 상호작용, 병해충상의 지역적 특성 등이 고려되지 않는 경우가 많으며, 장기적인 안목에서 추천된 방제수단이 병해충상에 미치는 영향과 경제성 등이 검토되지 않은 경우가 많았다.

물론 〈그림 11〉과 같은 완벽한 해충관리모형을 작성하는 것은 쉬운 일이 아니며, 실제 포장에서 정확한 의사결정을 내리기도 쉽지 않다. 지금까지 실제적으로 해충관리(방제) 기술의 진보는 새로운 방제기술의 개발, 해충생태에 대한 경험적인 연구결과, 방제 장애요인의 제거 및 이것들을 이용한 농민훈련에 의하여 대부분 이

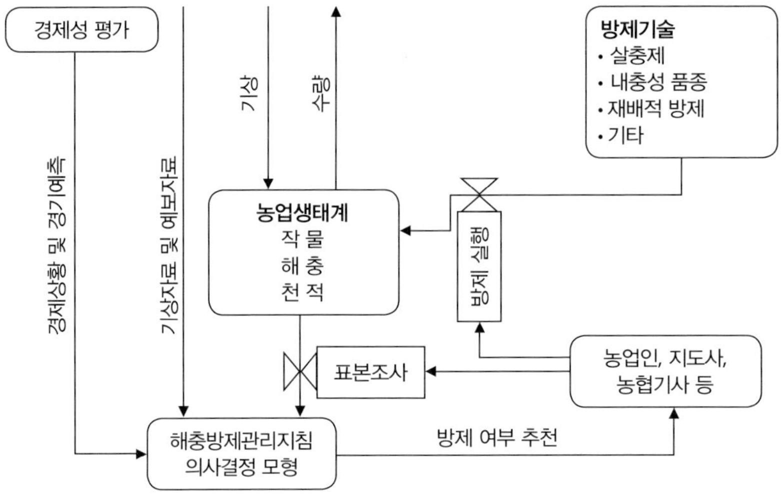

그림 11. 해충관리모형과 의사결정 과정(Ruesink, 1976; Ruesink and Onstad, 1994)

루어졌다. 하지만 원론적인 측면에서 해충관리모형은 기존 해충관리체계를 향상시킬 수 있다. 모형은 해충 생활계에 작용하는 주요인들이 어떻게 해충 개체군 발육, 작물피해, 방제효과에 영향을 미치는지 추정할 수 있다. 따라서 새로 개발된 방제수단을 미리 평가하여 적절한 이용방법을 제시할 수 있고, 포장 실증평가 이전에 문제점을 파악할 수 있다(Shaffer and Gold, 1985; Kim and Lee, 2010). 그뿐만 아니라 서로 독립적으로 수행된 연구결과를 종합하고 평가하여 적절한 방제지침을 제공할 수 있다.

모형의 원론적 측면으로만 접근하게 되면 실제적인 현상문제에 대하여 문제점을 파악하기 어려운 점이 있다. 따라서 IPM에서 해충 발생 예찰모형의 활용이라는 제한된 범위로 논의를 전개할 필요가 있다. 과수에서 IPM의 기본 개념은 천적 등 생물·생태적 요인에 의하여 밀도 억제가 불가능한 관건해충(key pests)은 약제방제 체계를 유지하고, 천적 등에 의해 밀도 억제가 가능한 해충(즉 2차 해충, secondary pests)은 생물적 방제를 접목하는 것이라 할 수 있다. 관건해충 또는 재배상 같은 등급으로 취급되는 해충의 약제 방제 시 우선적으로 두 가지, 즉 발생 예찰에 근거한 적기방제와 천적 개체군을 파괴하지 않는 선택적 약제 사용이 고려되어야 한다.

또한 2차 해충의 경우는 천적의 역할에 따라서 약제살포 여부를 결정해야 할

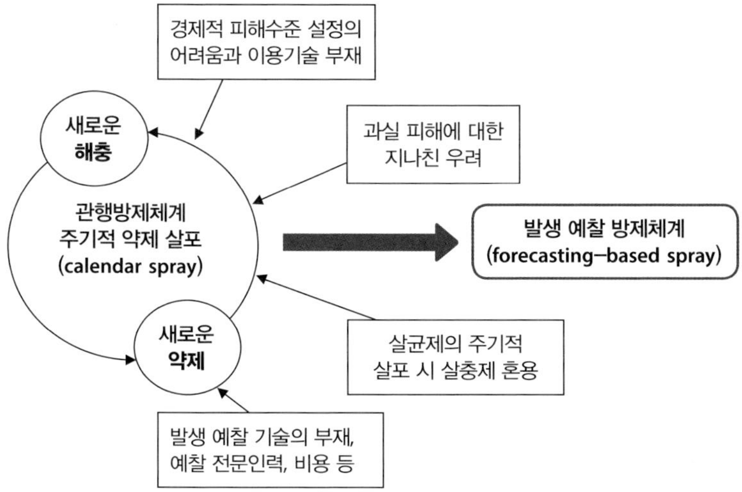

그림 12. 관행방제체계의 지속요인과 발생 예찰 방제체계

것이다. 이것은 일차적으로 새로운 해충 문제에 대하여 새로운 약제로 대응하는 관행적이고 경험적인 주기적 약제살포 체계에서 발생 예찰을 통한 방제체계의 토대를 마련하는 데서부터 시작한다(그림 11). 물론 〈그림 11〉과 같은 의사결정에 따라 모든 요소를 평가한 후에 관리지침을 내리면 가장 좋을 것이다. 하지만 주관적인 경험에 바탕하고 있는 관행방제체계에서 벗어나려면 중요한 병해충에 대하여 객관적인 방제체계 토대를 마련하는 것이 무엇보다 시급하다. 해충 발생 예찰모형이 이러한 토대 역할을 하지만 실제상 농민의 전통적인 관행, 과실피해에 대한 지나친 우려 등(그림 12)으로 실용화까지 가는 데는 어려움이 많다. 이것은 전체 시스템에 대한 기능적인 이해와 이 전체 시스템에 해충 발생 예찰모형을 유기적으로 결합시켜 원활하게 농민 수준에까지 도달될 때 가능하다.

Please cite this chapter as: Kim, D.-S., Lee, J.-H., 2021. The construction of insect population model and its field validation. In: Lee, J.-H., Kim., D.-S., Jung, C., Park, Y.-L. (eds.), Research Methodology in Insect Ecology, Seoul National University Press, Seoul, pp. 137-163.

참고문헌

Battisti, A., Cescatti, A. 1994. Temperature-dependent growth model for eggs and larvae of Cephalcia arvensis (Hymenoptera: Pamphiliidae). Environ. Entomol. 23, 805-811.

Choi, K.S., Kim, D.-S. 2016. POPMODEL 1.5. Ref. No: C-2017-003991. Korea Copyright Commission.

Choi, K.S., Kim, D.-S. 2014. Temperature-dependent development of *Ascotis selenaria* (Lepidoptera: Geometridae) and its stage emergence models with field validation. Crop Prot. 66, 72-79.

Dover, M.J., Croft, B.A., Welch, S.M., Tummala, R.L. 1979. Biological control of *Panonychus ulmi* (Acarina: Tetranychidae) by *Amblyseius fallacis* (Acarina: Phytoseiidae) on apples: a pery-predator model. Environ. Entomol. 8, 282-292.

Jeffers, J.N.R. 1982. Outline studies in ecology, modeling. 80pp. Dunnet, G.M., Gimingham, C.H. (eds.), Chapman and Hill, London, New York.

Jung, A., Kim, D.S., Park, Y.S., Lee, J.-H. 2005. Simulation modeling of twospotted spider mite population dynamics in apple and pear orchards in Korea. J. Asia-Pac. Entomol. 8, 285-290.

Kim, D.-S. 1999. Population phenology model of the peach fruit moth, *Carposina sasakii* (Lepidoptera: Carposinidae). Ph.D. dissertation, Seoul National University, Suwon, Korea.

Kim, D.-S., Choi, K.S., Lee, J.-H. 2010. A multi-Gaussian model for predicting the crawler occurrence of *Unaspis yanonensis* (Homoptera: Diaspididae) in citrus orchards. Entomol. Exp. Appl. 137, 93-101.

Kim, D.-S., Lee, J.-H. 2003a. Oviposition model of *Carposina sasakii* (Lepidoptera: Carposinidae). Ecol. Model. 162, 145-153.

Kim, D.-S., Lee, J.-H. 2003b. Oviposition model of overwintered adult *Tetranychus urticae*(Acari: Tetranychidae) and mite phenology on the ground cover in apple orchards. Exp. Appl. Acarol. 31, 191-209.

Kim, D.-S., Lee, J.-H. 2010. A Population model for the peach fruit moth, *Carposina sasakii* Matsumura (Lepidoptera: Carposinidae), in a Korean orchard system. Ecol. Model. 221, 268-280.

Kim, D.-S., Lee, J.-H. 2015. Multi-modal oviposition model of overwintered *Unaspis yanonensis* (Hemiptera: Diaspididae) females and its field validation. J. Asia-Pac. Entomol. 18, 787-795.

Kim, D.-S., Lee, J.-H. 2015. Multi-modal oviposition model of overwintered *Unaspis yanonensis* (Hemiptera: Diaspididae) females and its field validation. J. Asia-Pac. Entomol. 18, 787-795.

Kim, S.B., Kim, D.-S. 2018. A tentative evaluation for population establishment of *Bactrocera dorsalis* (Diptera: Tephritidae) by its population modeling: considering the temporal distribution of host plants in a selected area in Jeju, Korea. J. Asia-Pac. Entomol. 21, 451-465.

Ludwig, A.J., Reynolds, J.F. 1988. Statistical ecology: a primer on methods and computing, John

Wiley & Sons, Inc., New York, 337pp.

McCann, I.R., Lopez, J.D. Jr., Witz, J.A. 1989. Emergence model for field population of overwintering *Heliothis zea* and *H. virescens* (Lepidoptera: Noctuidae). Environ. Entomol. 18, 618-624.

Norton, G.A., Holt, J., Mumford, J.D. 1993. Introduction to pest models, pp. 89-99. In: Norton, G.A., Mumford, J.D. (eds.), Decision tools for pest management, 279p. UK at the University Press, Cambridge.

Park, C.G., Kim, D.S., Lee, S.M., Moon, Y.S., Chung, Y.J., Kim, D.-S. 2014. A forecasting model for the adult emergence of overwintered *Monochamus alternatus* (Coleoptera: Cerambycidae) larvae based on degree-days in Korea. Appl. Entomol. Zool. 49, 35-42.

Piñero, G., Perelman, S., Guerschman, J.P., Paruelo, J.M. 2008. How to evaluate models: Observed vs. predicted or predicted vs. observed? Ecological modelling 216, 316-322.

Ruesink, W.G. 1976. Status of the systems approach to pest management. Annu. Rev. Entomol. 21, 24-44.

Ruesink, W.G., Onstad, D.W. 1994. Systems analysis and modeling in pest management, pp. 393-419. In: Metcalf, R.L., Luckmann, W.H. (eds.), Introduction to insect pest management, 3rd ed., 650p. John Wiley & Sons, New York.

Shaffer, P.L., Gold, H.J. 1985. A simulation model of population dynamics of the codling moth, *Cydia pomonella*. Ecol. Model. 30, 247-274.

Sokal, R.R., Rohlf, F.J. 1981. Biometry: The Principles and Practice of Statistics in Biological Research. W.H. Freeman, San Francisco.

Toole, J.L., Norman, J.M., Holtzer, T.O., Perring, T.M. 1984. Simulating banks grass mite (Acari: Tetranychidae) population dynamics as a subsystem of a corp canopy-microenvironment model. Environ. Entomol. 13, 329-337.

Welch, S.M., Croft, B.A., Michels, M.F. 1981. Validation of pest management models · Environ. Entomol. 10, 425-432.

제7장

상용 소프트웨어 DYMEX를 이용한 개체군 발육 및 밀도 변동 모델링

박창규, 이준호

1. 서언

동식물의 개체군 밀도 변동은 많은 환경 요인에 의해 영향을 받게 되며, 유기체들과 환경과의 상호작용을 이해하기 위한 시뮬레이션 모델의 구축은 환경 요인의 정성적·정량적 영향력을 해석하기 위한 강력한 수단이 될 수 있다. 그럼에도 개체군 밀도 변동 모델링은 곤충생태학자들조차 쉽게 접근하기 어려운 분야인데, 가장 큰 이유로 시간이 오래 걸리고 전문 프로그래밍 기술이 필요하기 때문일 것이다.

DYMEX는 CSIRO(영연방 과학산업연구기관, 호주)에서 개발하고 상업화된 모듈 라이브러리 기반, cohort 기반 개체군 밀도 변동 모델링 소프트웨어 패키지로, 환경조건과 시간에 따라 밀도가 달라지는 동식물 개체군(subpopulation 설정 가능)에 대하여 프로세스를 중심으로 모델을 구축하고(Builder) 시뮬레이션(Simulator)할 수 있게 만들어져 있다. DYMEX를 이용하여 구축된 모델은 생활사를 중심으로 만들어지게 되며, 생활사를 완성하는 발육단계들은 일련의 모듈들로 구성되며, 각 모듈은 특정한 작업을 수행하게 되어 있다. 구축된 모델은 하나 이상의 Lifecycle 모듈을 중심으로 개발되며, 다른 모듈들은 Lifecycle 모듈에 입력자료를 제공하거나,

Lifecycle 출력값에 영향을 미치게 되어 있다. 여러 가지 모듈이 다중의 용도로 사용될 수 있으며, 구축된 모델의 여러 곳에서 사용될 수 있지만, 특정 모듈들은 사용 용도가 특화되어 있다. 사용되는 모든 모듈은 모듈 라이브러리에서 제공되며, 대부분의 모듈은 다른 모듈들이나 외부에서 입력값을 받게 되어 있다.

DYMEX는 Builder와 Simulator 두 개의 프로그램으로 나누어져 있다. Builder 프로그램에서는 컴포넌트 라이브러리에서 제공된 모듈, 프로세스, 함수 등을 이용하여 모델을 구축하는데, 이 과정에서 컴퓨터 언어로 프로그래밍하는 것이 아니라 그림으로 표현된 모듈들과 Lifecycle 간을 일련의 대화상자들을 선택하고, 논리적 연관을 선택한 후 상호 연결하여 모델을 구축하게 된다(Maywald et al., 2007b). Simulator 프로그램에서는 Builder에서 구축된 모델의 실행 파일을 만들고 시뮬레이션을 진행하게 된다(Maywald et al., 2007a). DYMEX를 이용하여 개체군 밀도 변동 모델을 구축할 경우 가장 효율적인 방법은 먼저 단순한 부분 모델들을 만들어 정상적으로 실행되는지를 확인한 후, 만들어진 여러 개의 단순한 모델들을 반복적으로 연결하면서 확장된 모델을 만들어내는 것이다.

2. DYMEX로 구축된 모델을 구성하는 핵심 요소

1) 변수(variable)

(1) 상태변수(state variable)

특정 시간단계에서 시스템의 상태를 설명해주는 변수(최대온도, 강수량, 일조량 등)가 있으며 이들은 한 시간단계에서 다음 시간단계로 넘어갈 때 변화된다. 다른 형태의 상태변수로는 모델이 구동되는 과정에서 특정 발육단계에 있는 개체들의 생리적 평균연령과 같은 변수들은 요약자료로 남지 않고 입력변수로만 사용된다.

(2) 지연변수(delayed variable)

예를 들어 특정 일에 산란된 알이 부화하는 데까지 걸리는 시간과 같이 시간의 길이를 나타내는 변수로, 이들은 표나 그래프를 출력할 때 사용되도록 고안된 변수들이고 모듈이나 함수에 입력변수로는 사용되지 않는다.

(3) 부분교배집단변수(demed variable)

만약 하위개체군(sub-population)을 가지는 모델에서는 몇몇 변수는 각 시간단계에서 여러 개의 값을 가지게 되는데, 이들을 부분교배집단변수라 하고 Builder에서  심볼로 표시된다. 모델에서 한 개의 개체군만 가지는 경우 부분교배집단변수는 입력변수로 사용될 수 없으나 단일 값을 가진 일반 변수는 부분교배집단 입력변수값으로 사용할 수 있다. 특별한 모듈인 DemeSplitter와 DemeStatistics 모듈을 사용하여 부분교배집단변수들로부터 표준변수와 같이 사용할 수 있는 값을 추출할 수 있다.

(4) 요약변수(summary variable)

예를 들어 생활사의 모든 시간단계에서 식물체의 총 수를 나타내는 "Total Plants"라는 표준 출력변수를 제공하는데, 이를 기준으로 다중의 시뮬레이션 결과를 비교 요약하기 위해 Total Plants를 기반으로 하는 요약변수를 만들 수 있다. 이들 요약변수를 만들고 조절하는 것은 Summary 모듈에서 할 수 있다.

2) 모듈(module)

(1) 모듈들의 기본 특성

모듈의 가장 간단한 구조는 한 개 또는 그 이상의 입력값과 출력값을 가지는 블랙박스 형태다(그림 1A). 모듈은 각각의 시간단계에서 출력값을 계산하며, DYMEX 모델에는 각기 다른 기능을 수행하는 다양한 형태의 모듈이 있다. 예를 들어 Expression 모듈은 두 개의 입력값을 합산하여 한 개의 출력값을 만들어낸다(그림 1B).

모듈의 출력값은 다른 모듈의 입력값으로 사용될 수 있으며 각 모듈에서 연결되어 사용되는 입력값과 출력값은 단위가 같아야 한다. 현재 버전의 Builder에서 하위 개체군 구조를 가지는 모델에서 부분교배집단변수를 표준변수의 입력값으로

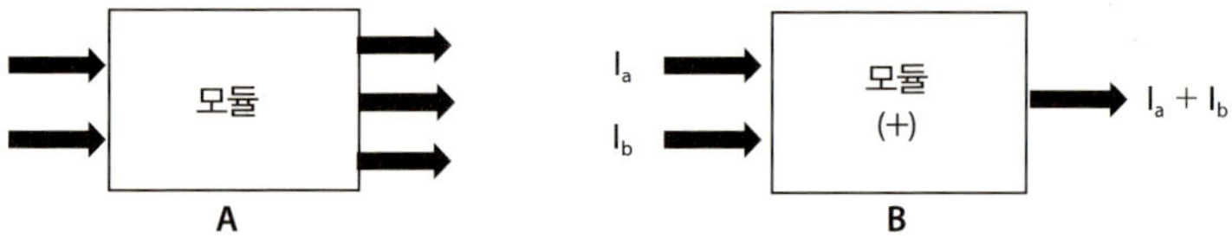

그림 1. DYMEX 모듈의 개념 모식도(A), 입력값 합산 모듈(B)(Maywald et al., 2007b)

는 사용할 수 없다. 데이터 파일이나 키보드를 통한 자료의 입력을 위해서는 특별한 모듈(DataFile, QueryUser 모듈)이 필요하다. 모델 작성자는 다양한 모듈을 적절한 작업을 하는 곳에 배치하면 된다. 예를 들어 Expression 모듈은 입력변수들을 더하거나, 곱하거나, 평균을 내는 데 사용하고, Lifecycle 모듈은 아주 유연하며, 원하는 생물체를 모델화하는 데 사용하고, Soil Moisture 모듈은 토양 표층에서 수분 평형을 시뮬레이션하는 하부 모델(sub-model)로 사용할 수 있다. 또한 Event 모듈 같은 경우는 사건이 발생하는 조건이 주어지는 시간과 실제 작용이 일어나는 시간 사이에 시간적 지연이라는 추가적인 조건을 사용하여 다양하게 변형된 모듈로 사용할 수도 있다. 부분교배 집단변수를 사용할 수 있는 모듈들은 .심볼로 표시할 수 있다. 모든 모듈의 출력변수들은 표나 그림으로 모델의 출력값들을 표시할 때 사용할 수 있다. 이들 출력값은 표준 모델 출력값이 되고 이들을 요약하여 요약변수로 사용할 수 있다. 이들 요약변수를 만들고 조작하기 위해서 Summary 모듈을 추가하면 된다. Summary 모듈은 시뮬레이션이 종료된 후에 직접적으로 갱신된다.

(2) 모듈 종류 및 기능 요약

- Circadian Module: 일일 사이클의 최솟값과 최대값을 조절
- Counter Module: 조건에 따라 발생한 사건의 횟수를 셈
- DataFile Module: 파일로부터 모델 변수 읽기
- DegreeDay Module: 역치값 이상의 일도(degree-days)를 계산
- Daylength Module: 연중 고도에 따른 낮의 길이 계산
- Difference Moldule: 시간단계 간의 변수 변화 계산
- Equation Module: 방정식을 사용하기 위해 입력변수를 결합
- Evaporation Module: Class A Pan 증발량 계산

- Event Module: 동원된 방제 수단의 역치값이나 날짜를 시뮬레이션함
- Expression Module: 간단한 수학을 사용하기 위해 입력변수를 결합
- Function Module: 함수를 사용함으로써 입력변수를 변환
- Lifecycle Module: cohort 기반 생활사의 개체군 밀도 변동 모델
- MetBase Module: 파일로부터 기상 정보를 읽음
- Metman Module: 장기간 기상 평균값을 읽어옴
- QueryFile Module: 파일이나 키보드로부터 모델 상수값을 입력
- QueryUser Module: 키보드로 모델 상수값을 입력
- QueryUser(Discrete) Module: 키보드로 이산 형태의 상수값을 입력
- RunMean Module: 변수값의 running mean(또는 총합)을 계산
- Soil Moisture Module: 단일 토양 수분 균형 모델
- Storage Module: 유입, 유출과 관련된 저장값을 시뮬레이션함
- Switch Module: 대체변수 선택 가능
- Timer Module: 모델의 시간 정보 제공
- Weather Module: 일 온도변화, 일조량, 증발량 등을 계산
- DemeSplitter Module: 부분교배집단의 변수를 부분교배집단으로 분할
- DemeStatistics Module: 부분교배집단 입력변수로부터 전체값과 비율을 계산

3) 매개변수(parameter), 함수(function) 및 과정(process)

(1) 매개변수(parameter)

특정 모듈들은 하나나 그 이상의 매개변수를 사용하여 조정할 수 있다. 매개변수들은 시뮬레이션 동안 그 값이 고정되어 있다는 점을 제외하면 변수들과 비슷하다. 예를 들어 Soil Moisture 모듈은 Soil Moisture Capacity, Evapotranspiration Coefficient, Drainage Rate 3개의 매개변수를 가진다. 이들 매개변수는 모델이 특정한 장소나 상황에 처하게 되도록 조정하는 장치들로 생각할 수 있다. 매개변수는 상수만 되는 것이 아니라, 함수(Function)나 과정(Process)일 수도 있다. DYMEX에서 일반적으로 사용되는 Factor라는 용어는 매개변수, 함수, 또는 과정들이 될 수 있다.

(2) 함수(function)

DYMEX에서 Function은 독립변수를 가지는 함수의 형태를 가지는 매개변수다. DYMEX에서는 일반적으로 사용되는 20개 함수의 식을 라이브러리에서 제공한다. 만약 이 식들이 부족하다면 모델을 만드는 사람이 새로운 식을 만들어 함수식 라이브러리에 추가할 수 있다.

(3) 과정(process)

과정은 Factor들의 집합인데 이들은 결합법칙(combination rule)이라고 부르는 함수적인 상관관계를 사용하여 여러 Factor를 연결해놓은 것이다. 즉 각각의 구성 Factor들의 값을 구하고 이들을 결합법칙에 따라 다시 계산하여 최종 값을 얻게 된다.

3. Builder를 구성하는 핵심 요소

1) 컴포넌트 창(component window)

모델 구축은 모듈을 추가하거나 제거, 수정하는 컴포넌트 창에서 수행된다. 모델이 사용하고 있는 모든 모듈은 각 모듈 타입에 따라 다른 형태의 그림으로 처리되는 직사각형의 작은 그림으로 표현되어 컴포넌트 창에 표기된다. 이것은 사용자가 모델의 구조를 파악하는 데 도움이 되고, 모듈을 검토하거나 수정할 때 쉽게 할 수 있다.

모듈의 왼쪽에 있는 +로 표시된 작은 상자를 클릭하면 해당 모듈에 관한 자세한 정보를 알 수 있다. 모듈의 주요 구성요소는 원 모듈 그림에서 갈라져나오는 여러 연결가지를 통해 알 수 있다(그림 2).

2) 모듈 심볼(module symbol)

컴포넌트 창에서 각 모듈에 포함되어 있는 변수나 과정을 한꺼번에 펼쳐보려면 컴포넌트 창을 선택한 상태에서 나타나는 메뉴 바에서 Model 메뉴를 선택한 후 하위 메뉴인 Expand All Branches 메뉴를 선택하면 된다. 펼쳐진 모듈을 다시 접기 위해서는 펼쳐진 상태에서 Model 메뉴 바에 나타나는 하위 메뉴인 Collapse All

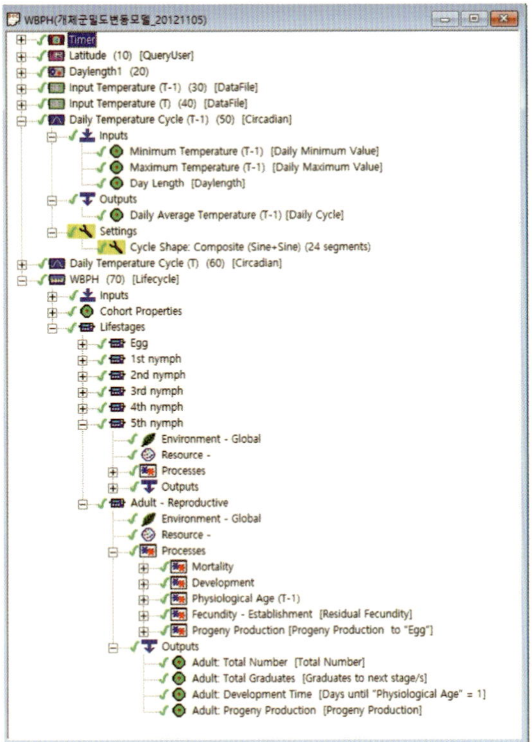

그림 2. 모델 Builder의 컴포넌트 창
(Maywald et al., 2007b)

Branches 옵션을 선택하면 된다. 〈그림 3〉은 컴포넌트 창에서 볼 수 있는 다양한 심볼들의 의미를 보여준다.

모듈을 편집하기 위해서는 컴포넌트 창에서 모듈을 더블 클릭하거나, 메뉴 바 중 Model 메뉴를 선택한 후 하위 메뉴인 Edit Module을 선택하면 된다. 대부분의 모듈은 더블 클릭하면 대화창을 열게 된다. Lifecycle 모듈은 더블 클릭하면 Lifecycle 창이 열리는데 이 창 안에는 Lifecycle을 구성하는 각각의 Lifestage가 묘사되어 있다. 각각의 Lifestage에 있는 작은 버튼을 누르면 이와 연관된 다양한 프로세스와 연관된 변수에 접속할 수 있다.

3) 명령어 메뉴(menu command)

메뉴 바는 현재 활성화된 창이 어떤 것이냐에 따라 달라진다. 메뉴 항목과 각각의

심볼	정의	심볼	정의
	모듈		함수
	입력변수세트		과정
	출력변수세트		동작(함수 또는 상수)
	변수		생활사/발육태
	부분교배집단 변수		자원 변수
	부분개체군 구조		환경
	매개변수/상수		설정/결합 법칙

그림 3. 컴포넌트 창에서 보이는 심볼과 그 정의(Maywald et al., 2007b)

기능은 다음과 같다.

가. 컴포넌트 창이 활성화할 때 나타나는 메뉴 항목

- File: 새로운 모델을 만들거나 불러오거나 저장과 프린트를 한다.
- Model: 모듈, 함수식, 환경 등을 첨가하거나 편집, 삭제할 수 있으며, 모델의 이름, 저자, 구현하는 내용을 설정하는 것이 가능하고 완성된 모델을 구동하기 위해서 Simulator에 접근 가능하게 한다.
- Tool: Builder의 몇몇 조작 특성을 바꿀 수 있게 하는데 색깔이나 크기, 모델 오프닝과 프린트 옵션 같은 것들의 설정을 포함한다.
- Window: DYMEX 내에서 열려 있는 다양한 창을 정렬 가능하게 한다.
- Help: 도움문서에 접속하도록 도와준다.

나. Lifecycle 창이 활성화되었을 때 나타나는 메뉴 항목

- Lifecycle: 그 이름, 설명, 정렬 순서, 입력변수와 같은 다양한 Lifecycle 특성에 접속하는 기능을 제공한다. Lifestage의 추가나 제거와 사용자가 정의한 cohort 변수의 추가가 이 메뉴를 통해서 이루어진다.
- Lifestage: 현재 선택된 Lifestage의 이름과 연관된 기능, 출력변수의 특징, 연관된 환경 자원변수를 편집할 수 있게 한다.

4) 변수 창(variables window)

변수 창은 모델에서 사용하는 모든 변수의 이름을 나타낸다. 이 창에서는 어떤 변수의 특징을 바꾸거나 각 변수가 업데이트된 모듈을 변형할 수 있게 해주고, 변수를 사용하는 모든 모듈을 보여준다.

변수 창을 열기 위해서는, Model 메뉴(모델 메뉴는 컴포넌트 창이 활성화되었을 때만 가능)를 선택한 후 하위 메뉴에서 변수 메뉴를 선택하면 된다(그림 4).

변수 창은 창의 윗부분(대부분 연두색)에서는 일반 변수를 나열하고, 창의 아랫부분(분홍색)에서는 요약변수를 보여준다. 변수 창을 처음 열었을 때, 변수들은 모듈에서 선언된 순서대로 나타난다.

변수 왼쪽에 있는 심볼은 부분교배집단변수인지 아닌지를 알려주며, 변수 이름을 클릭하면 이름이나 설명 등의 특성을 포함하고 있는 변수 특성 대화상자가 열리고 이것을 통해 특성들을 변경할 수 있다(그림 5).

변수 창에서 "Source Module"이나 "Used in Module" 행에서 모듈 이름을 클릭하면 그에 대응하는 모듈 대화창이나 상응하는 모듈의 창이 열린다. 만일 변수가 하나 또는 그 이상의 모듈에서 사용되었다면 하나 이상의 모듈을 "Used in Module" 행에서 볼 수 있을 것이다. "Used for" 행은 변수가 모듈에서 어떻게 사용되고 있는지를 보여주는데, 만약 "Used for"가 "Module Input"을 가리킨다면, 변수는 하나의 모듈 입력에 직접 연결이 된 것이고, 그것이 "Cohort Process (stagename)"를 지시한다면, "stagename"이라고 불리는 발육단계의 Lifestage process에서 독립변수로서 사용될 것이다.

4. 모델의 구축 또는 수정

DYMEX 프로그램에서 새로운 모델을 만들기 위해서는 File 메뉴에서 New Model을 선택한다. 이미 만들어 저장되어 있는 모델을 불러오기 위해서는 File 메뉴에서 Open Model....을 선택하고 Open file 대화상자에서 원하는 모델을 선택한다.

그림 4. 모델 Builder 내에 있는 변수창. 일반, 부분교배집단, 요약변수(Maywald et al., 2007b)

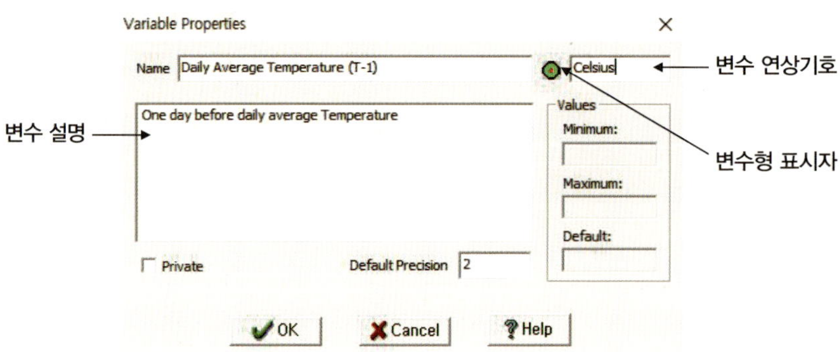

그림 5. 변수 특성 대화창(Maywald et al., 2007b)

1) 모델에 새로운 모듈 추가

가. 컴포넌트 창에서 Model 메뉴로부터 Add Module...을 선택한다.

나. 〈그림 6〉에 있는 모듈선택 대화상자에서 "normal" 모듈일 경우 Standard를 선택하고 "summary" 모듈일 경우 Summary를 선택한다.

다. 특정 형식의 새로운 모듈을 추가하기 위해서는 목록상자에서 원하는 모듈

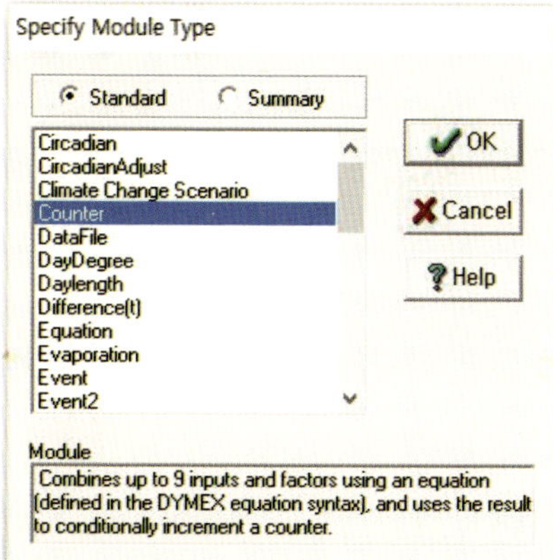

그림 6. 모델에 새로운 모듈을 추가할 때 사용하는 대화창 (Maywald et al., 2007b)

타입을 선택하고 그것을 더블클릭하거나 OK를 클릭한다.

라. 새로 추가되는 모듈은 모델의 현재 목록의 가장 끝에 추가된다. 모듈의 배치는 다른 모듈들과의 관계에서 신중하게 고려해야 할 필요가 있으며 위치는 Sort Order 기능을 사용하여 변경할 수 있다.

마. Lifecycle 모듈을 제외한 모든 모듈은 Module Dialog를 사용하여 구성되며 Lifecycle 창에서 수정할 수 있다.

2) 모델 구축 시 일반적 고려사항

가. 모듈을 추가할 때 언제 모듈을 추가할지 순서는 고려하지 않아도 되나 모델 구동에서의 순서는 중요하다. 즉 모델이 만들어질 때 어떻게 모듈을 추가할 것인가를 고민할 때 순서를 설정할 필요는 없으나 모듈의 simulation 과정에서 모듈의 순서는 필요한 효과를 얻기 위하여 신중하게 고려할 필요가 있다. 예를 들어 다른 모듈에 데이터를 공급하는 모듈은 일반적으로 공급을 받는 모듈 전에 와야만 할 것이다.

나. 초보자는 복잡한 모델을 디자인하거나 구축하기보다는 상대적으로 간단한 모델부터 시작하는 것이 좋다. 이는 Simulator에서 검정될 수 있고 이 모델을 가지고 필요한 부분을 고도화해보거나 적용해봄으로써 경험할 수 있을 것이다.

다. 모델의 목적을 명확하게 하는 것이 중요하다. 예를 들어 농민은 바로 전 세대의 성충의 발생 정보를 이용하여 표적 해충이 언제 피해를 일으킬 수 있는 노령의 유충이 출현할 것인지를 예측하기를 원할 것이다. 이런 경우 모델에 사망률에 대한 모듈은 넣을 필요는 전혀 없게 될 것이며, 또한 실제적으로 피해를 유발하기 전에 경과하는 몇 개의 유충영기(목적 영기 이전의 영기)도 하나의 모듈로 합쳐서 처리해도 무방할 것이다. 이와는 반대로 복잡한 모델구조를 가지게 될 수밖에 없는 경우는 방제 수단들을 섞어서 방제 시기나 빈도를 최적화하기를 요구하는 것들인데, 이러할 경우 경제적인 연관성까지 포함한 아주 섬세한 모델이 요구될 것이다. 최초에 구축된 모델의 경우 간단할 수 있지만 모델의 신뢰성이 증가함에 따라 살충제 처리와 같은 관리전략을 Event module들을 사용하여 추가할 수 있을 것이다. 언젠가는 모델은 생태학자의 관점에서 시스템의 이해를 요약하는 것과 같은 수준으로 제공될 수 있을 것이다.

라. 모델 매개변수들은 모델을 미세조정하는 데 사용되며 이들 값은 이미 만들어졌거나 이용 가능한 자료들에 대하여 적용된 모델과 같이 종종 변할 수 있다. 매개변수들의 범위와 최초 설정값('default')은 Builder에 설정되어 있으나 실제값(actual values)은 보통 Simulator에 의해 관리되는 Parameter File에 저장된다. 모델이 구축되는 동안의 상태에서는 Parameter File을 불활성화하고 Builder에 있는 'default' 값만을 사용하는 것을 강력하게 추천한다. 이것을 설정하는 방법은 Simulator 프로그램의 Model Options 대화상자에 있는 "Use Parameter Default" 옵션을 설정하면 된다.

3) 시간단계(timestep)

모델 작성과정 초기 단계에서 결정할 필요가 있는 주요 결정사항은 시간단계(timestep)를 결정하는 것이다. 이는 만들어지게 되는 모델의 생활사에서 가장 단순한 단계와 같은 특정 요소들에 의하여 일반적으로 결정된다. 예를 들면 다년생 초본류(woody weed)의 경우 7일이나 30일 간격 시간단계 모델이 적절할 것이고, 3일 만에 알의 발육이 완료되는 곤충은 하루 간격이 필요할 것이다. 아주 짧은 시간 간격을 위하여 작동되는 시간 간격을 더욱 잘게 나누어진 모드로 사용할 수 있다.

4) 하위 개체군 구조(sub-population structure)

정상적으로 DYMEX는 생물체의 단일 개체군(또는 모델 안에 여러 종이 포함된 단일 군집)을 모델화한다. 단일 개체군 모델의 경우 모델 범위 밖에서 유입되어 들어오는 것들을 이입 과정을 사용하여 다루고, 이출은 사망률을 사용하는 방법으로 접근할 수 있을 것이다. DYMEX 버전 3은 하위 개체군(sub-population)을 포함하는 모델 영역을 각각의 분리된 단위로 나눌 수 있는 도구들을 가지고 있다. 하위 개체군에 각각의 공간적인 좌표들도 줄 수 있고 그들 간의 분산도 명쾌하게 모델화할 수 있다. 매개변수들은 각기 다른 하위 개체군을 위해 다르게 주어질 수 있다. 예를 들면 방제를 위하여 사용된 살충제 저항성의 발달과 같은 유전적 현상을 모델화할 수 있는데, 현재까지는 세 가지 유전형 모델만 사용 가능하다는 것이 한계점이다. 유전적 하위 개체군 모델에서 이들은 공간적인 하위 개체군으로 다시 나눌 수 있는데, 이를 활용하면 정상적인 목화를 심음으로써 BT-cotton과 같은 유전적으로 변형된 작물에 대하여 해충의 저항성이 어떻게 지연하여 발달하게 하는지 예측이 가능해진다.

모델의 하위 개체군 구조는 Model 메뉴에 있는 Subpopulation Structure 메뉴 항목을 이용하여 바꿀 수 있다. 모델의 하위 개체군 구조는 모델의 핵심적인 특성이며, 어떤 수정이 이루어지기 전에 신중하게 고려해야 한다. 한번 특별하게 만들어진 하위 개체군을 나중에 바꾸려고 하면 모델의 많은 다른 부분을 바꾸어야 하기에 많은 시간과 노력이 들 수 있다.

개체군 내에서 유전형을 표현하는 3개의 하위 개체군을 만들기 위해서는

가. Model Components 창을 활성화하고 Model 메뉴를 클릭하고 Subpopulation Structure를 선택하면, Subpopulation Structure 대화상자가 열린다(그림 7).

나. 1차원을 위해서 Size 수정상자에서 하위 개체군의 수를 3으로 쳐넣는다(또는 수정상자의 왼쪽에 있는 위쪽 작은 화살을 3으로 표시될 때까지 클릭한다).

다. Genetic 체크박스가 활성화되면, Genetic 하위 개체군을 선택하기 위하여

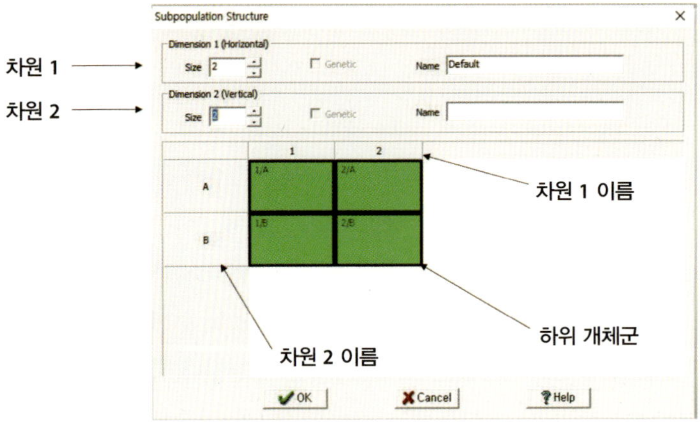

그림 7. 하위 개체군 설정 대화상자(Maywald et al., 2007b)

그것을 클릭한다.

라. Dimension 1의 이름을 이름상자에 입력한다.

마. 각 하위 개체군 상자의 위에 있는 회색의 header 부분을 클릭하고 상응하는 하위 개체군을 위한 이름을 입력하여 넣는다.

5) 모듈의 순서(module order)

모듈의 순서는 모델에서 하나의 중요한 특성이다. 모듈들은 컴포넌트 창에 나타난 순서대로 실행된다. 만약 하나의 모듈에 의해 생산된 결과들이 다른 모듈의 입력자료로 사용된다면, 이 모듈들은 일반적으로 이 자료를 사용하는 모듈 전에 놓여야 한다. 〈그림 8〉의 경우 입력값으로 "Daily Temperature Cycle(T)"을 사용하는 Lifecycle 모듈 앞에 Daily Temperature Cycle(T) 모듈이 있어야 하는데 그렇지 않은 결과를 보여준다. 이 상황을 올바르게 고치려면 Daily Temperature Cycle(T) 모듈이 Lifecycle 모듈 전에 놓여야 하고 이들의 입력자료를 생산하는 Input Temperature(T) 모듈 뒤에 놓여야 한다. 이렇게 만들기 위해서는 Daily Temperature Cycle(T) 모듈의 분류 순서를 80에서 60으로 바꾸어야 한다. 항상 첫 번째 발생하는 Timer 모듈은 '0'의 분류 순서를 가지고, 모델에서 추가되는 모든 새로운 모듈은 가장 높은 분류 순서를 가지는 이전 모듈보다 10이 큰 분류 순서가

그림 8. 모듈들의 틀린 순서들의 결과 도식도

첫 번째 시간단계에서 lifecycle에서 사용된 daily temperature cycle은 모두 0이 될 것이고 그 후의 모든 시간단계에서는 전 시간단계의 daily temperature cycle을 가지게 됨(Maywald et al., 2007b).

할당된다.

Lifecycle 모듈 이외의 다른 모든 모듈의 분류 순서를 바꾸기 위해서는

가. 모듈을 더블클릭하여 연다.

나. 모듈 대화상자의 오른쪽 부분에 있는 Options box 내에 Sort Order 텍스트 상자에서 원하는 숫자로 바꾸면 된다.

Lifecycle 모듈의 분류 순서는 Lifecycle Properties 대화상자에서 변경할 수 있다.

6) 변수들과 모듈들의 이름 붙이기(naming variables and modules)

미래에 참고하거나 잘 관리하기 위해서는 모델의 이름, 저자, 상세한 버전 등을 기록하는, 모델 설명서를 잘 작성하는 것이 중요하다. 더불어 이 모델에는 어떤 가정들이 사용되었는지 그리고 모듈, 과정, 매개변수 등과 연관된 코멘트 상자를 잘 작성해야 한다.

모델 설명서를 수정하기 위하여 먼저 Model 메뉴에서 Detail....을 선택한다. Model Details 대화상자는 모델의 이름, 저자, 모델의 버전 그리고 설정되어 있는 모델에 관련된 상세한 코멘트 등을 기록할 수 있다.

모듈, 과정, 함수 그리고 그와 관련된 매개변수들의 이름을 붙일 때 어떤 법칙을 따르게 하는 것이 중요하다. 모듈, 변수 그리고 매개변수들의 이름은 나중에 혼란을 피하기 위하여 일관되고 의미 있게 짓는 것이 바람직하다. 대부분의 경

우 Builder는 유사한 독립체를 위해 중복된 이름의 사용을 허락하지 않는다. 예를 들어 동일한 이름을 가진 두 개의 모듈은 허용되지 않는다. 문제가 일어나는 것을 피하기 위하여 "Module", "Function", "Parameter" 또는 "Variable" 등과 같은 DYMEX 자체 저장 용어들은 이름으로 사용하지 않는 것이 좋다. 또한 "run"도 이름으로 사용해서는 안 되며, 이름에 세미콜론(;), 인용부호(""), 쉼표(,) 등도 사용하지 않는 것이 좋다.

7) 모듈의 입력 설정(module inputs)

모듈에서 변수의 입력은 Module Inputs 대화상자에서 설정하는데, 이 대화상자는 두 가지 방법으로 열 수 있다. 컴포넌트 창에서 원하는 모듈 상징기호를 더블클릭한 후 모듈 창에 Inputs 버튼을 클릭하거나, 컴포넌트 창 bitmap의 왼쪽에 있는 작은 '+' 기호를 사용하여 모듈을 열고 "Inputs" 라인을 더블클릭하면 된다.

왼쪽에 있는 목록상자에는 모듈에 포함된 모든 입력변수들이 포함되어 있다. 이미 변수에 연계되어 있는 입력은 기호 '→'이 앞에 붙어 있고 현재 선택된 입력은 강조되어 있다. 오른쪽 상단에 있는 작은 창은 현재 선택되어 있는 입력과 연계되어 있는 변수들을 보여준다. 연계된 변수를 변경하기 위해서는 오른쪽 상단 역삼각형 작은 단추를 클릭하면 된다. 표시된 연계 가능한 모델 내부에 들어 있는 모든 변수를 목록에서 볼 수 있고 이 목록에서 원하는 변수를 선택하면 된다. 〈그림 9〉의 오른쪽 모식도를 보면 수행되는 작동과정을 체계적으로 알 수 있는데, 모듈들의 입력은 다른 모듈의 출력변수들과 연결되게 되고 그러므로 두 모듈은 연계되어 있다.

여러 개의 하위 개체군을 가진 모델에서는 하위 개체군의 사용을 허락하지 않는 모듈의 경우 부분교배집단변수를 사용할 수 없다. 그러나 역으로 부분교배집단변수는 단일 개체군 집단에서 변수로 사용될 수 있다.

만약 Options 대화상자에서 자동연계(automatic linking)가 선택되었다면 DYMEX는 입력들을 자동으로 가능한 변수들과 연계를 시도할 것이다. 이것은 입력들의 이름과 이용 가능한 변수들의 이름의 유사성을 감안하여 이루어지나 정확한 연계를 위해서는 발생되는 메시지를 잘 검토하여 수동적으로 최종 결정해야 한다.

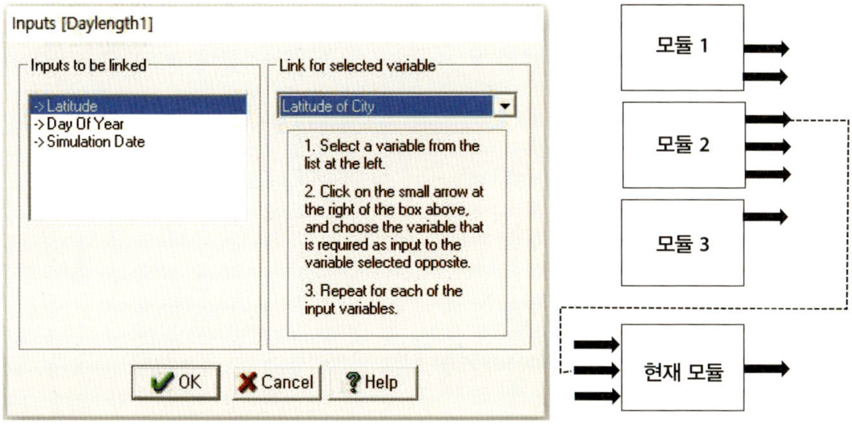

그림 9. 모듈 입력 대화상자. 오른쪽에는 두 가지 모듈 간에 연계된 동작 수행과정 도식화(Maywald et al., 2007b)

8) 모듈의 출력 설정(module outputs)

모듈은 하나 이상의 출력변수를 가지고 있으며, Module Outputs 대화상자에서 현재 모델이 요구하는 각각의 출력 환경을 설정할 수 있다(그림 10).

왼쪽 상단에 있는 목록창은 모듈로부터 이용 가능한 출력변수들을 보여준다. 기호 '+>'는 이 모델에서 사용하기 위하여 선택된 각각의 출력변수 앞에 표시되어 있다. 목록창의 아래에 있는 창은 현재 선택된 변수들에 대한 설명을 쓸 수 있게 한 곳이다. 변수들의 약자(연상기호, mnemonic) 또한 제공되는데 이는 공간이 제한되

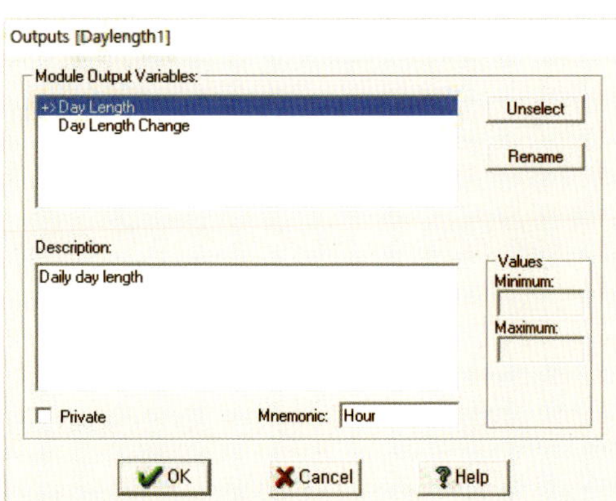

그림 10. 모듈 출력 대화상자(Maywald et al., 2007b)

는 표의 머리행(column header)과 같은 곳에 사용될 수 있다. "Private"라고 이름 붙여진 작은 박스는 출력변수가 표나 지도 또는 그래프에 포함시켜서 이용 가능하게 만들 것이 아니라면 체크 표시한다(즉 이것은 모델 내부에서만 사용하는 것이다). 2개의 "Values" 상자는 출력변수들의 값들을 설정하는 것을 제한하거나 적절한 초기 제공값을 설정한다.

9) 모듈의 요인 설정(module factor)

어떤 모듈들은 하나나 그 이상의 매개변수의 값을 사용하여 조정될 수 있는데, 이들 매개변수는 함수들이나 과정들로 대체될 수 있다(그림 11). Lifecycle 모듈에서는 이 대화상자를 사용하지 않고 Lifecycle 창 내부의 diagram에서 요인들을 설정할 수 있다.

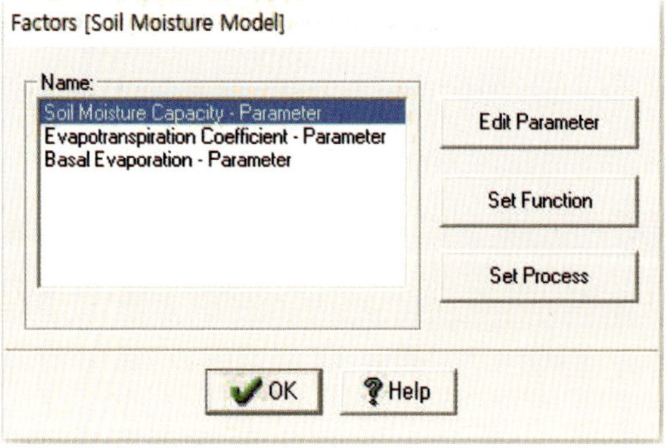

그림 11. 모듈 요인 대화상자(Maywald et al., 2007b)

요인 대화상자는 왼쪽 창에 모듈 요인들 목록으로 보여준다. 이미 설정된 어떤 요인들은 그 이름 다음에 선택된 요인들의 형태가 연결되어 나타난다. 오른쪽에 있는 3개의 버튼은 이들 요인의 형태 중 하나로 선택된 요인들을 수정하거나 설정할 수 있게 해준다. 버튼 3개 각각에 상응하는 대화상자는 〈그림 12〉에서 볼 수 있다.

10) 모듈 설정의 변경(module setting)

Module Setting 단추를 누르면 대화상자가 열리며 여기서 특정 모듈이 규정화되게 허락하는 다양한 설정을 할 수 있다. 각 모듈들은 고유의 대화상자를 가지며 이것

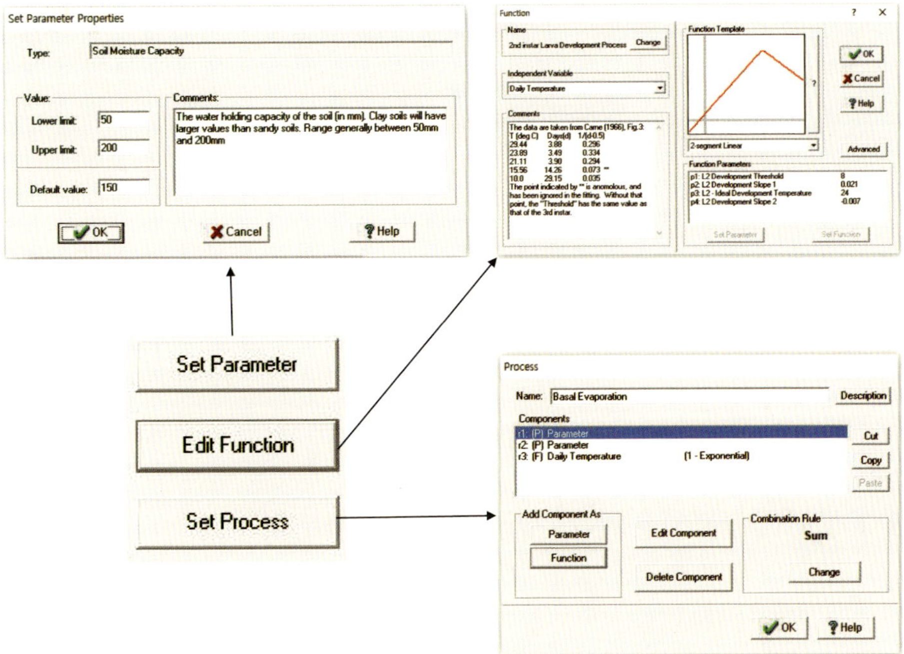

그림 12. 모듈 요인 대화상자. 각각의 형의 요인들에 상응하는 대화상자(Maywald et al., 2007b)

들은 모듈들의 기록문서에 기록된다.

11) 모듈에 대한 설명(module description)

문서 편집의 상자로 구성되어 있는 모듈 설명부분이 제공될 것이다. Simulator 안에서 이 설명내용은 모델의 이름과 함께 자동으로 Model Description에 연결되고, 여기에 모듈에 관한 목적, 작동의 일반적 내용 등의 정보가 보관된다.

12) 매개변수 특성 설정(parameter set property)

앞에서 설명했듯이 모듈들은 하나나 그 이상의 매개변수들의 값을 설정함으로써 조정될 수 있다. 매개변수 세트의 특성은 Parameter Set Properties 대화상자를 사용하여 설정된다. 이 대화상자는 모듈 대화상자의 Options panel에 Parameter Set 버튼을 클릭하면 열 수 있다(그림 13).

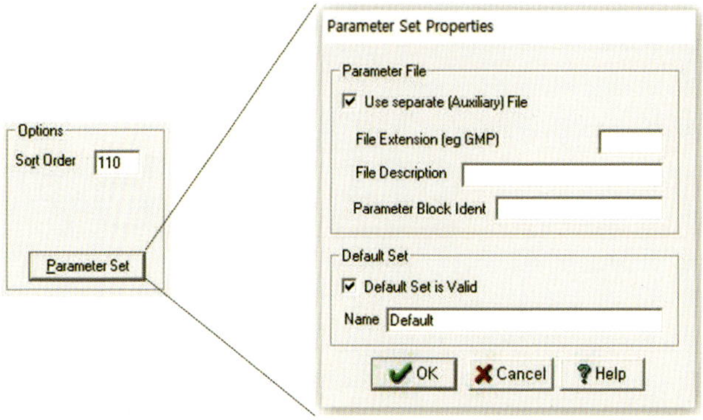

그림 13. 매개변수 특성 설정 대화상자(Maywald et al., 2007b)

5. DYMEX를 이용한 개체군 모델링 및 분석

1) 월동 애멸구 개체군 집단의 성충 우화 시기 결정(Park et al., 2011)

벼줄무늬잎마름병 매개충인 애멸구(*Laodelphax striatellus*)는 우리나라에서 주로 4령 약충의 형태로 월동한다. 벼줄무늬잎마름병은 본논 초기에 애멸구에 의해 매개되며, 병 발생 감소를 위해서는 월동 애멸구 개체군의 발육과 이동에 대한 이해가 필수적이다. 따라서 DYMEX를 이용하여 월동 애멸구의 발육과 성충 발생 시기를 예측하는 모델을 구축했으며 그 구조는 〈그림 14〉와 같다.

2) 톱다리개미허리노린재 개체군 연중 발생 밀도 변동 예측 및 방제 시기 결정(Park et al., 2015)

톱다리개미허리노린재(*Riptortus pedestris*)는 콩의 가장 중요한 해충으로 비행능력이 뛰어나고 세대에 따라 서식처를 이동하기 때문에 콩 포장에서 피해를 경감하기 위해서는 연간 발생 시기에 따른 발생태 및 침입 시기를 예측하는 것이 중요하다. 아울러 살충제 적용 시기에 따른 밀도 경감 효과를 예측함으로써 효과적인 방제 전략 수립이 가능할 수 있을 것이다. 따라서 DYMEX를 이용하여 톱다리개미허리노린재의 연중 발생밀도 변동과 살충제 살포 시기에 따른 밀도 변화를 예측하는 모델을 구축했으며 그 구조는 〈그림 15〉와 같다.

Model: **SBPH(0916_논문게재_최종)**
Version: **2.0**
Author: **Chang-Gyu, Park**

1. Rate summation model
2. Temperature-dependent developmental rate function :Sharpe and Demichele model
3. Stage emergence function : 2-parameter Weibull function
4. Add oviposition sub model

User-defined Function Templates

Lactin_2 equation

y = exp(p1*x)-exp(p1*p2-(p2-x)/p3)+p4

3-parameter weibull function

y = 1-exp(-((x-p1)/p2)^p3)

2-parameter weibull function

y = 1-exp(-(x/p1)^p2)

Sharp and DeMichele equation

y = ((p1*(x/298.15))*exp((p2/1.987)*(1/298.15-1/x)))/(1+exp((p3/1.987)*(1/p4-1/x))+exp((p5/1.987)*(1/p6-1/x)))

Adult developmental rate function

y = 1/(p1+p2*x^2.5)

Total Fecundity function

y = p1 + p2/(1+((x-p3)/p4)^2)

Logan_6 equation

y = p1*(exp(p2*x)-exp(p2*p3-(p3-x)/p4))

Module: Timer

Inputs: Not used [Equilibrium Variable]

Outputs:
- Days Since Start
- Day Of Year
- Simulation Date
- Time of Day

Timestep: Daily (1 hour segments)

Module: Latitude [QueryUser]

Inputs: None.

Outputs:
- Latitude of City

Module: Daylength1 [Daylength]

Inputs: Latitude of City [Latitude]
Day Of Year
Simulation Date

Outputs:
- Day Length

Module: Input Temperature [DataFile]

Inputs: Simulation Date

Outputs:
- Minimum Temperature
- Maximum Temperature

Module: Daily Temperature Cycle [Circadian]

Inputs: Minimum Temperature [Daily Minimum Value]
Maximum Temperature [Daily Maximum Value]
Day Length [Daylength]

Outputs:
- Daily Average Temperature [Daily Cycle]

Cycle Shape: Composite (Sine+Sine) (24 segments)

Module: SBPH(약충발육) [Lifecycle]

Inputs: Not used [Day of Year]
Simulation Date

Cohort Variables

- Chronological Age [Local]
  The time since the cohort was created (in units of days).
- Density [Local]
- Number [Local, Proportional (Inverted)]
- Physiological Age [Local, Direct, +, *-*]

Lifestage: 3rd nymph

Environment: Global
Resource: Not specified
Outputs:
- 3rd nymph: Total Number [Total Number]
- 3rd nymph: Graduates to 4th nymph [Graduates to 4th nymph]
- 3rd nymph: Development Time [Development Time (to Phys. Age = 1]

Normal Process: Development (affects Physiological Age)

r1: Function: 3rd nymph physiological age
Driving Variable: Daily Average Temperature
Function Shape: Sharp and DeMichele equation

Parameter: a
Min: Not Set Max: Not Set Default: 0.8568
Parameter: b
Min: Not Set Max: Not Set Default: -20030.2
Parameter: c
Min: Not Set Max: Not Set Default: -55253.8
Parameter: d
Min: Not Set Max: Not Set Default: 298.51
Parameter: e
Min: Not Set Max: Not Set Default: 273391.5
Parameter: p6: f
Min: Not Set Max: Not Set Default: 308.4

Process: Transfer (affects Stage Transition to 4th nymph)

Combination Rule: R = r1/r2
r1: Function: 3rd nymph stage emergence
Driving Variable: Physiological Age
Function Shape: 2-parameter weibull function

Parameter: a
Min: Not Set Max: Not Set Default: 0.9577
Parameter: b
Min: Not Set Max: Not Set Default: 5

r2: Parameter: Parameter
Min: Not Set Max: Not Set Default: 1.41

Lifestage: 4th nymph

Environment: Global
Resource: Not specified
Outputs:
- 4th nymph: Total Number [Total Number]
- 4th nymph: Graduates to 5th nymph [Graduates to 5th nymph]
- 4th nymph: Development Time [Development Time (to Phys. Age = 1]

Normal Process: Development (affects Physiological Age)

r1: Function: Daily Cycle (Tempeature)
Driving Variable: Daily Average Temperature
Function Shape: Sharp and DeMichele equation

Parameter: a
Min: Not Set Max: Not Set Default: 0.3972
Parameter: b
Min: Not Set Max: Not Set Default: 22409.9
Parameter: c
Min: Not Set Max: Not Set Default: -108395.9
Parameter: d
Min: Not Set Max: Not Set Default: 285.63
Parameter: e

Min: Not Set Max: Not Set Default: 81218.5
Parameter: p6: f
Min: Not Set Max: Not Set Default: 302.29

Process: Transfer (affects Stage Transition to 5th nymph)
Combination Rule: R = r1/r2
r1: Function
Driving Variable: Physiological Age
Function Shape: 2-parameter weibull function
Parameter: a
Min: Not Set Max: Not Set Default: 0.9653
Parameter: b
Min: Not Set Max: Not Set Default: 3
r2: Parameter: Parameter
Min: Not Set Max: Not Set Default: 1.49

Lifestage: 5th nymph

Environment: Global
Resource: Not specified
Outputs: 5th nymph: Total Number [Total Number]
5th nymph: Graduates to Adult [Graduates to Adult]
5th nymph: Development Time [Development Time (to Phys. Age = 1]

Normal Process: Development (affects Physiological Age)
r1: Function: Modified average temperature
Driving Variable: Daily Average Temperature
Function Shape: Sharp and DeMichele equation
Parameter: a
Min: Not Set Max: Not Set Default: 0.2445
Parameter: b
Min: Not Set Max: Not Set Default: 19811
Parameter: c
Min: Not Set Max: Not Set Default: -138713
Parameter: d
Min: Not Set Max: Not Set Default: 286.22
Parameter: e
Min: Not Set Max: Not Set Default: 109722
Parameter: p6: f
Min: Not Set Max: Not Set Default: 302.15

Process: Transfer (affects Stage Transition to Adult)
Combination Rule: R = r1/r2
r1: Function
Driving Variable: Physiological Age
Function Shape: 2-parameter weibull function
Parameter: a
Min: Not Set Max: Not Set Default: 0.9631
Parameter: b
Min: Not Set Max: Not Set Default: 3
r2: Parameter: Parameter
Min: Not Set Max: Not Set Default: 1.49

Lifestage: Adult

Environment: Global
Resource: Not specified
Outputs: Adult: Total Number [Total Number]

Summary Variables
None used.

그림 14. DYMEX Builder를 사용하여 구축한 월동 애멸구(*Laodelphax striatellus*) 성충 발생 시기 예측 프로그램

Model: **R_ped(개체군밀도변동_event_2013_0304)**
Version: **1.0**
Author: **Chang-Gyu, Park**

1. Rate summation model
2. Temperature-dependent developmental rate function :Lactin model
3. Stage emergence function : 2-parameter Weibull function
4. Add oviposition sub model
5. add event module

User-defined Function Templates

Lactin_2 equation

y = exp(p1*x)-exp(p1*p2-(p2-x)/p3)+p4

3-parameter weibull function

y = 1-exp(-((x-p1)/p2)^p3)

Sharp and DeMichele equation

y = ((p1*(x/298.15))*exp((p2/1.987)*(1/298.15-1/x)))/(1+exp((p3/1.987)*(1/p4-1/x))+exp((p5/1.987)*(1/p6-1/x)))

Total Fecundity function

y = p1*exp(1+((p2-x)/p3)-exp((p2-x)/p3))

Logan_6 equation

y = p1*(exp(p2*x)-exp(p2*p3-(p3-x)/p4))

2-parameter weibull function

y = 1-exp(-(x/p1)^p2)

User_Logistic(1974)

y = exp(p1+p2*x)/(1+exp(p1+p2*x))

Adult developmental rate function

y = exp(p1+p2*x^3)

Survival rate curve

y = 1/(1+exp((p1-x)/p2))

Module: Timer

Inputs: Not used [Equilibrium Variable]

Outputs:
- Days Since Start
- Day Of Year
- Simulation Date
- Time of Day

Timestep: Daily (1 hour segments)

Module: Latitude [QueryUser]

Inputs: None.

Outputs:
- Latitude of City

Module: Daylength1 [Daylength]

Inputs: Latitude of City [Latitude]
Day Of Year
Simulation Date

Outputs:
- Day Length

Module: Input temperature(T-1) [DataFile]

Inputs: Simulation Date

Outputs:
- D_Minimum_T(T-1)
- D_Maximum_T(T-1)

Module: Input Temperature [DataFile]

Inputs: Simulation Date

Outputs:
- Minimum Temperature
- Maximum Temperature

Module: Daily temperature cycle (T-1) [Circadian]

Inputs: D_Minimum_T(T-1) [Daily Minimum Value]
D_Maximum_T(T-1) [Daily Maximum Value]
Day Length [Daylength]

Outputs: Daily average Temperature(T-1) [Daily Cycle]

Cycle Shape: Composite (Sine+Sine) (24 segments)

Module: Daily Temperature Cycle [Circadian]

Inputs: Minimum Temperature [Daily Minimum Value]
Maximum Temperature [Daily Maximum Value]
Day Length [Daylength]

Outputs: Daily Average Temperature [Daily Cycle]

Cycle Shape: Composite (Sine+Sine) (24 segments)

Module: Riptortus pedestris [Lifecycle]

Inputs: Not used [Day of Year]
Simulation Date

Cohort Variables

- Chronological Age [Local]
  The time since the cohort was created (in units of days).
- Density [Local]
- Number [Local, Proportional (Inverted)]
- Physiological Age [Local, Direct, +, *-*]
- Physiologica age (T-1) [Local, Direct, +, 0-*]

Lifestage: Egg

Environment: Global
Resource: Not specified
Outputs:
- Egg: Total Number [Total Number]
- Egg: Graduates to 1st nymph [Graduates to 1st nymph]
- Egg: Development Time [Development Time (to Phys. Age = 1]

Establishment Process: Mortality - Establishment (affects Number)

r1: Parameter: Parameter
Min: Not Set Max: Not Set Default: 0.2

Normal Process: Development (affects Physiological Age)

r1: Function: Egg developmental rate
Driving Variable: Daily Average Temperature
Function Shape: Lactin_2 equation

Parameter: a
Min: Not Set Max: Not Set Default: 0.0084
Parameter: b
Min: Not Set Max: Not Set Default: 45.15
Parameter: c
Min: Not Set Max: Not Set Default: 2.245
Parameter: d
Min: Not Set Max: Not Set Default: -1.125

Process: Transfer (affects Stage Transition to 1st nymph)

r1: Function: Egg stage completion
Driving Variable: Physiological Age
Function Shape: 2-parameter weibull function

Parameter: a
Min: Not Set Max: Not Set Default: 0.962
Parameter: b
Min: Not Set Max: Not Set Default: 15

Lifestage: 1st nymph

Environment: Global
Resource: Not specified
Outputs:
- 1st nymph: Total Number [Total Number]
- 1st nymph: Graduates to 2nd nymph [Graduates to 2nd nymph]
- 1st nymph: Development Time [Development Time (to Phys. Age = 1]

Establishment Process: Mortality - Establishment (affects Number)

r1: Parameter: Parameter
Min: Not Set Max: Not Set Default: 0.133

Normal Process: Mortality (affects Number)

r1: Function: 1st Nymphal mortality by pesticide
Driving Variable: Nymphal mortality by pesticide
Function Shape: Linear

Parameter: Y-axis intercept
Min: Not Set Max: Not Set Default: 0

Parameter: Slope
Min: Not Set Max: Not Set Default: 1

Normal Process: Development (affects Physiological Age)

r1: Function: 1st nymph developmental rate
Driving Variable: Daily Average Temperature
Function Shape: Lactin_2 equation

Parameter: a
Min: Not Set Max: Not Set Default: 0.034

Parameter: b
Min: Not Set Max: Not Set Default: 59.083

Parameter: c
Min: Not Set Max: Not Set Default: 14.696

Parameter: d
Min: Not Set Max: Not Set Default: -1.2283

Process: Transfer (affects Stage Transition to 2nd nymph)

r1: Function: 1st nymph stage completion
Driving Variable: Physiological Age
Function Shape: 2-parameter weibull function

Parameter: a
Min: Not Set Max: Not Set Default: 0.898

Parameter: b
Min: Not Set Max: Not Set Default: 5

Lifestage: 2nd nymph

Environment: Global
Resource: Not specified
Outputs:
- 2nd nymph: Total Number [Total Number]
- 2nd nymph: Graduates to 3rd nymph [Graduates to 3rd nymph]
- 2nd nymph: Development Time [Development Time (to Phys. Age = 1]

Establishment Process: Mortality - Establishment (affects Number)

r1: Parameter: Parameter
Min: Not Set Max: Not Set Default: 0.057

Normal Process: Mortality (affects Number)

r1: Function: 2nd Nymphal mortality by pesticide
Driving Variable: Nymphal mortality by pesticide
Function Shape: Linear

Parameter: Y-axis intercept
Min: Not Set Max: Not Set Default: 0

Parameter: Slope
Min: Not Set Max: Not Set Default: 1

Normal Process: Development (affects Physiological Age)

r1: Function: 2nd nymph developmental rate
Driving Variable: Daily Average Temperature
Function Shape: Lactin_2 equation
Parameter: a
Min: Not Set Max: Not Set Default: 0.1681
Parameter: b
Min: Not Set Max: Not Set Default: 39.745
Parameter: c
Min: Not Set Max: Not Set Default: 5.9387
Parameter: d
Min: Not Set Max: Not Set Default: -0.0172

Process: Transfer (affects Stage Transition to 3rd nymph)

r1: Function: 2nd nymph stage completion
Driving Variable: Physiological Age
Function Shape: 2-parameter weibull function
Parameter: a
Min: Not Set Max: Not Set Default: 1.022
Parameter: b
Min: Not Set Max: Not Set Default: 5

Lifestage: 3rd nymph

Environment: Global
Resource: Not specified
Outputs:
- 3rd nymph: Total Number [Total Number]
- 3rd nymph: Graduates to 4th nymph [Graduates to 4th nymph]
- 3rd nymph: Development Time [Development Time (to Phys. Age = 1]

Establishment Process: Mortality - Establishment (affects Number)

r1: Parameter: Parameter
Min: Not Set Max: Not Set Default: 0.08

Normal Process: Mortality (affects Number)

r1: Function: 3rd Nymphal mortality by pesticide
Driving Variable: Nymphal mortality by pesticide
Function Shape: Linear
Parameter: Y-axis intercept
Min: Not Set Max: Not Set Default: 0
Parameter: Slope
Min: Not Set Max: Not Set Default: 1

Normal Process: Development (affects Physiological Age)

r1: Function: 3rd nymph physiological age
Driving Variable: Daily Average Temperature
Function Shape: Lactin_2 equation
Parameter: a
Min: Not Set Max: Not Set Default: 0.0868
Parameter: b
Min: Not Set Max: Not Set Default: 46.881
Parameter: c
Min: Not Set Max: Not Set Default: 11.146
Parameter: d
Min: Not Set Max: Not Set Default: -0.3271

Process: Transfer (affects Stage Transition to 4th nymph)

r1: Function: 3rd nymph stage emergence
Driving Variable: Physiological Age
Function Shape: 2-parameter weibull function
Parameter: a
Min: Not Set Max: Not Set Default: 0.898
Parameter: b
Min: Not Set Max: Not Set Default: 5

Lifestage: 4th nymph

Environment: Global
Resource: Not specified
Outputs:
- 4th nymph: Total Number [Total Number]
- 4th nymph: Graduates to 5th nymph [Graduates to 5th nymph]
- 4th nymph: Development Time [Development Time (to Phys. Age = 1]

Establishment Process: Mortality - Establishment (affects Number)

r1: Parameter: Parameter
Min: Not Set Max: Not Set Default: 0.16

Normal Process: Mortality (affects Number)

r1: Function: 4th Nymphal mortality by pesticide
Driving Variable: Nymphal mortality by pesticide
Function Shape: Linear
Parameter: Y-axis intercept
Min: Not Set Max: Not Set Default: 0
Parameter: Slope
Min: Not Set Max: Not Set Default: 1

Normal Process: Development (affects Physiological Age)

r1: Function: Daily Cycle (Tempeature)
Driving Variable: Daily Average Temperature
Function Shape: Lactin_2 equation
Parameter: a
Min: Not Set Max: Not Set Default: 0.1091
Parameter: b
Min: Not Set Max: Not Set Default: 44.666
Parameter: c
Min: Not Set Max: Not Set Default: 9.0773
Parameter: d
Min: Not Set Max: Not Set Default: -0.1355

Process: Transfer (affects Stage Transition to 5th nymph)

r1: Function
Driving Variable: Physiological Age
Function Shape: 2-parameter weibull function
Parameter: a
Min: Not Set Max: Not Set Default: 0.927
Parameter: b
Min: Not Set Max: Not Set Default: 7

Lifestage: 5th nymph

Environment: Global
Resource: Not specified
Outputs:
- 5th nymph: Total Number [Total Number]
- 5th nymph: Graduates to Adult [Graduates to Adult]
- 5th nymph: Development Time [Development Time (to Phys. Age = 1]

Establishment Process: Mortality - Establishment (affects Number)

r1: Parameter: Parameter
Min: Not Set Max: Not Set Default: 0.07

Normal Process: Mortality (affects Number)

r1: Function: 5th Nymphal mortality by pesticide
Driving Variable: Nymphal mortality by pesticide
Function Shape: Linear
Parameter: Y-axis intercept
Min: Not Set Max: Not Set Default: 0
Parameter: Slope
Min: Not Set Max: Not Set Default: 1

Normal Process: Development (affects Physiological Age)

r1: Function: Modified average temperature
Driving Variable: Daily Average Temperature
Function Shape: Lactin_2 equation
Parameter: a
Min: Not Set Max: Not Set Default: 0.0533
Parameter: b
Min: Not Set Max: Not Set Default: 54.756
Parameter: c
Min: Not Set Max: Not Set Default: 16.814
Parameter: d
Min: Not Set Max: Not Set Default: -0.4948

Process: Transfer (affects Stage Transition to Adult)
r1: Function
Driving Variable: Physiological Age
Function Shape: 2-parameter weibull function
Parameter: a
Min: Not Set Max: Not Set Default: 0.973
Parameter: b
Min: Not Set Max: Not Set Default: 13

Reproductive Lifestage: Adult

Environment: Global
Resource: Not specified
Outputs:
- Adult: Total Number [Total Number]
- Adult: Total Graduates [Graduates to next stage/s]
- Adult: Development Time [Development Time (to Phys. Age = 1]
- Adult: Progeny Production [Progeny Production]

Normal Process: Mortality (affects Number)
Combination Rule: R = (r2-r1)+r3
r1: Function: Adult mortality
Driving Variable: Physiological Age
Function Shape: Survival rate curve
Parameter: gamma
Min: Not Set Max: Not Set Default: 0.96
Parameter: delta
Min: Not Set Max: Not Set Default: -0.33
r2: Parameter: Parameter
Min: Not Set Max: Not Set Default: 1
r3: Function
Driving Variable: Adult mortality by pesticide
Function Shape: Linear
Parameter: Y-axis intercept
Min: Not Set Max: Not Set Default: 0
Parameter: Slope
Min: Not Set Max: Not Set Default: 1

Normal Process: Development (affects Physiological Age)
r1: Function: Adult developmental rate
Driving Variable: Daily Average Temperature
Function Shape: Adult developmental rate function
Parameter: a
Min: Not Set Max: Not Set Default: -6.747
Parameter: b
Min: Not Set Max: Not Set Default: 0.0001212

Normal Process: Physiologica age (T-1)
r1: Function: Adult developmental rate (T-1)
Driving Variable: Daily average Temperature(T-1)
Function Shape: Adult developmental rate function
Parameter: a
Min: Not Set Max: Not Set Default: -6.747
Parameter: b
Min: Not Set Max: Not Set Default: 0.0001212

Process: Fecundity - Establishment (Estab.)

Combination Rule: R = r1*r2*...

r1: Function: Total fecundity

Driving Variable: Daily Average Temperature
Function Shape: Total Fecundity function

Parameter: a
Min: Not Set Max: Not Set Default: 453.8

Parameter: b
Min: Not Set Max: Not Set Default: 25.94

Parameter: k
Min: Not Set Max: Not Set Default: -6.05

r2: Parameter: Parameter
Min: Not Set Max: Not Set Default: 0.5

Process: Progeny Production (affects Progeny Production to Egg)

Combination Rule: R = r1*r2*(r3-r4)

r1: Function: Adult mortality

Driving Variable: Physiological Age
Function Shape: Survival rate curve

Parameter: gamma
Min: Not Set Max: Not Set Default: 0.96

Parameter: delta
Min: Not Set Max: Not Set Default: -0.33

r2: Function: Total fecundity

Driving Variable: Daily Average Temperature
Function Shape: Total Fecundity function

Parameter: a
Min: Not Set Max: Not Set Default: 453.8

Parameter: b
Min: Not Set Max: Not Set Default: 25.94

Parameter: k
Min: Not Set Max: Not Set Default: -6.05

r3: Function

Driving Variable: Physiological Age
Function Shape: 2-parameter weibull function

Parameter: a
Min: Not Set Max: Not Set Default: 0.62

Parameter: b
Min: Not Set Max: Not Set Default: 1

r4: Function

Driving Variable: Physiologica age (T-1)
Function Shape: 2-parameter weibull function

Parameter: a
Min: Not Set Max: Not Set Default: 0.62

Parameter: b
Min: Not Set Max: Not Set Default: 1

Module: Pesticide spray effect (Nymph) [Event]

Inputs:
Day Of Year
Simulation Date
Not used [Threshold]
Not used [Cost per instance]

Outputs:
- Nymphal mortality by pesticide [Event Variable]
- Not used [Event Cost]
- Event Flag 1

Factor:

Parameter: Response Function
Min: Not Set Max: Not Set Default: 0.8

Reset Time: 2 days

Module: Pesticide spray effect (Adult) [Event]

Inputs:
Day Of Year
Simulation Date
Not used [Threshold]
Not used [Cost per instance]

Outputs:
- Adult mortality by pesticide [Event Variable]

Not used [Event Cost]
Event Flag 11 [Event Flag 1]

Factor:
Parameter: Response Function
Min: Not Set Max: Not Set Default: 0.5

Reset Time: 2 days

Summary Variables
None used.

그림 15. DYMEX Builder를 사용하여 구축한 톱다리개미허리노린재(*Riptortus pedestris*) 밀도 변동 예측 프로그램

본 원고의 DYMEX 모델 연구 사례는 한국응용곤충학회지 50권에 게재된 논문(Park et al., 2011)과 54권에 게재된 논문(Park, et al., 2015)을 참조하여 작성하였음.

Please cite this article as: Park, C.-G., Lee, J.-H., 2021. Insect population dynamics modeling using commercial software, DYMEX. In: Lee, J.-H., Kim., D.-S., Jung, C., Park, Y.-L. (eds.), Research Methodology in Insect Ecology, Seoul National University Press, Seoul, pp. 165-196.

For using DYMEX Builder, please cite this article as: Maywald, G.F., Kriticos, D.J., Sutherst, R.W., Bottomley, W.,2007. DYMEX Model builder, version3 user's guide. HearneScientific Software Pty Ltd, Melbourne 3000, Australia.

참고문헌

Maywald, G.F., Bottomley, W., Sutherst, R.W. 2007a. DYMEX Model simulator, version3 user's guide. Hearne Scientific Software Pty Ltd., Melbourne 3000, Australia.

Maywald, G.F., Kriticos, D.J., Sutherst, R.W., Bottomley, W. 2007b. DYMEX Model builder, version3 user's guide. HearneScientific Software Pty Ltd., Melbourne 3000, Australia.

Park, C.-G., Park, H.-H., Kim, K.-H. 2011. Temperature-dependent development model and forcasting of adult emergence of overwintered small brown planthopper, *Laodelphax striatellus* Fallen, population. Korean J. Appl. Entomol. 50, 343-352.

Park, C.-G., Yum, K.-H., Lee, S.-K., Lee, S.-G. 2015. Construction and evaluation of cohort based model for predicting population dynamics of *Riptortus pedestris* (Fabricicus) (Hemiptera: Alydidae) using DYMEX. Korean J. Appl. Entomol. 54, 73-81.

제3편

공간적 분포모형의 이론과 실제

제8장

해충의 공간분포와 표본조사의 원리

이준호, 박용락, 정철의

1. 서언

해충은 농업생태계의 중요 구성요소 중 하나로, 해충의 발생동태는 작물, 토양, 기상조건, 관리상태, 천적과 같은 여러 요인 간의 상호작용으로 생기는 생태학적인 결과다. 따라서 종합적 해충관리의 전략수립은 생태학적 개념을 토대로 해충 개체군 동태와 관계가 있는 농업생태계 내의 각종 구성요소에 관한 정량적인 정보의 수집 및 분석에 의한 이들의 기능적 평가가 전제되어야 한다. 또한 해충관리체계는 생물학적 측면을 중심으로 경제적 합리성 및 기술적 측면을 고려하여 계획, 수행되어야 한다. 이를 위해서는 해충의 분포나 발생 시기, 해충과 천적 개체군 밀도의 정확성 추정, 해충에 의한 작물 피해의 신뢰할 수 있는 평가를 바탕으로 해충 개체군 밀도와 경제적 피해 허용수준과의 관계를 정략적으로 파악 분석해야 한다.

해충 개체군 동태 연구에 있어 필수적인 것은 개체군 밀도의 정확한 추정으로, 특히 자유롭게 움직이는 해충의 경우 모든 개체를 일일이 조사하는 것은 거의 불가능하다. 따라서 특정 해충 개체군의 일정 부분을 표본추출 조사한 후, 이들 자료를 통계분석방법을 이용하여 전체 개체군에 관한 정보를 유추하는 것이 합리적이다.

이와 같이 해충 개체군에 관한 정보수집에 있어 무엇보다 중요한 것은 표본조사 방법과 통계분석 방법이며 이들의 올바른 이해와 사용은 성공적인 해충관리체계 수립의 관건이라 할 수 있다. 따라서 이 장에서는 해충의 밀도조사 방법과 자료분석 방법에 관하여 설명하고자 한다.

2. 모집단과 표본집단의 기초통계

해충 개체들의 서식처에서의 공간분포 유형은 해충 표본조사 계획의 수립에 매우 큰 영향을 미친다. 이러한 관계를 이해하기 위해서는 우선 기본적인 통계용어의 정의 및 공간분포의 개념 파악이 필요하다. 통계용어는 일반 통계학 전문서적에 상세히 설명되어 있기 때문에 여기서는 응용곤충학에서 표본추출과 관련해서 많이 쓰이는 용어들만 간단히 언급하고자 한다. 표본(sample)이란 정보를 얻고자 하는 더 큰 '모집단(population)'으로부터 특정 절차에 의하여 얻어진 개별 관측치(observations)의 작은 집단을 말한다. 따라서 관측되는 것은 표본이지만 연구대상은 모집단이다. 표본크기(sample size)는 표본 내 관측치의 수(n)이고, 표본단위(sample unit)는 단일표본의 물리적 구성과 크기를 말한다. 예를 들어 한 표본단위가 한 개의 포충망을 5번 휘둘러서 포획하는 것이라 할 때, 이의 표본크기가 10인 것은 5번 휘둘러서 하는 채집을 10번 반복했다는 의미다. 중심점(central tendency)을 측정하는 데 가장 잘 쓰이는 방법은 산술평균($\bar{X}$)인데 다음과 같은 수식으로 정의된다.

$$\bar{X} = \frac{1}{n}\sum X_i$$

여기서 X_i는 n개 중 i번째의 관측치를 뜻하며 n은 총 관측치 수다.

관측치들 간의 산포도를 측정하는 가장 보편적인 방법은 표준편차(standard deviation, s)이며 다음과 같은 수식으로 정의된다.

$$s = \sqrt{\frac{\sum(X_i - \bar{X})^2}{n-1}} = \sqrt{\frac{\sum X_i^2 - \frac{1}{n}(\sum X_i)^2}{n-1}}$$

분산(variance, s^2)은 표준편차의 자승이고, 표준오차(standard error, $S_{\bar{X}}$)란 표본평균 분포의 표준편차를 말하며 다음과 같이 정의된다.

$$S_{\bar{x}} = \frac{s}{\sqrt{n}}$$

또한 평균이 다른 집단 간의 변이를 비교하기 위해서는 변이계수(coefficient of variation, CV)나 상대변이(relative variation, RV)가 쓰이는데 각각 다음과 같이 정의된다.

$$\mathrm{CV} = (s\ /\ \bar{X}) \cdot (100)$$
$$\mathrm{RV} = (S_{\bar{X}}\ /\ \bar{X}) \cdot (100)$$

모집단의 중심점이나 산포도 등을 나타내는 함수를 모수(parameter)라 하고, 표본의 중심점이나 산포도 등은 모집단의 모수를 추정하는 통계량(statistic)이라고 한다. 일반적으로 모수는 그리스문자로 표기하고 통계량은 로마문자로 표기한다(표 1).

'정확도(accuracy)'는 표본값과 실제 모수와의 차이 정도를 말한다. 그런데 정확도란 용어가 바람직하지만 실제 모수값을 독립적으로 알 수 없기 때문에 그 대신 표본값이 어떤 분포를 가지는지에 대하여 정밀도(precision) 또는 신뢰도(reliability)를 통하여 평가하게 된다. 이 두 용어는 미묘한 차이가 있지만 일반적으로 동의어로 쓰인다. 정밀도는 여러 번 측정하거나 계산하여 그 결과가 서로 얼마나 가까운지를 나타내는 기준으로, 관측의 균질성과 정교성을 지표한다. 즉 관측값들 간 편차가 적을수록 정밀하다. 신뢰도는 상대변이를 사용하거나 정규확률론과 신뢰구간을 이용하여 측정할 수 있다.

표 1. 모집단의 모수와 표본의 통계량 기호 비교

구분	모집단의 모수	표본의 통계량
산술평균	μ	$\bar{X}$
분산	σ^2	s^2
표준편차	σ	s
포아송분포의 평균과 분산	λ	m
표본크기(표본 단위의 수)	N	n

3. 공간분포 양식

해충 개체들의 서식처에서의 공간분포는 해충 개체군 상태의 중요한 구조적 성분이며 해충 개체군과 환경과의 상호작용의 결과다. 따라서 해충의 공간분포에 대한 연구는 해충이 환경 내에서 어떻게 기능하는가를 이해하는 데 큰 도움이 된다. 더욱이 개체군의 공간분포는 표본추출의 정밀성 및 분석을 위한 자료변환에 영향을 줄 뿐만 아니라 개체군 크기의 측정에 사용될 수도 있고, 그 자체로 개체군 상태의 묘사에도 쓰일 수 있다. 또한 해충 개체들의 공간분포 유형을 관찰함으로써 그들의 생물적 특성과 개체군 밀도변화 이면에 숨겨진 원인들을 통찰할 수도 있다. 따라서 특정 해충에 대한 효과적인 표본추출 및 실험계획을 수립하기 위해서는 이들 개체군의 공간분포에 대한 연구가 선행되어야 한다.

곤충의 공간분포는 다음 세 가지 유형, 규칙분포(regular, $\sigma^2 < \mu$), 임의분포(random, $\sigma^2 = \mu$) 그리고 집중분포(clumped, $\sigma^2 > \mu$)로 구분할 수 있다(그림 1). 규칙분포는 개체들이 일정 간격으로 균등하게 분포하는 것이고, 임의분포는 각 개체의 존재가 다른 개체의 존재에 서로 독립적인 경우를 말한다. 다시 말해서 한 개체가 어떤 지점을 점유할 확률이 서로 같은 경우다. 집중분포는 한 개체가 어떤 지점을 점유할 확률이 서로 연관되어 있다. 집중분포는 한 개체가 어떤 지점에 존재할 때 다른 개체가 근처에 존재할 확률이 높아지는 경우다. 곤충의 공간분포는 밀도나 표본추출단위의 영향을 받지만 일반적으로 대부분의 곤충 개체군은 집중분포를 보이는 경향이 있다.

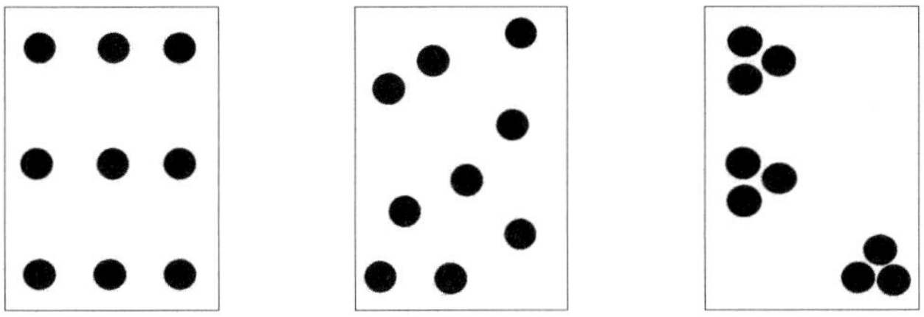

규칙분포 $\sigma^2 < \mu$ 임의분포 $\sigma^2 = \mu$ 집중분포 $\sigma^2 > \mu$

그림 1. 공간분포 양식의 종류

곤충의 공간분포를 설명하기 위하여 많은 이론적인 확률분포함수들이 사용되고 있으며, 안스콤베(Anscombe, 1950), 카티(Katti, 1966) 및 사우스우드(Southwood, 1978) 등의 저서에 상세한 설명과 참고문헌들이 제시되어 있다. 여기에서는 그중 중요한 몇 가지 분포함수에 대해서 간략하게 설명하고자 한다.

1) 포아송분포(Poisson distribution)

곤충 개체군이 임의분포를 보이고 임의표본추출 조사를 한다면 표본단위당 곤충 개체수는 포아송분포를 따른다. 포아송분포는 확률론에서 단위시간 또는 단위공간 안에 어떤 사건이 몇 번 발생할 것인지를 표현하는 이산 확률분포다. 이 경우 표본단위 하나에 x개체의 곤충이 나타날 확률은 다음의 식으로 주어진다.

$$P(x) = e^{-\lambda} \frac{\lambda^x}{x!}$$

여기서 λ는 포아송분포의 모수($\lambda = \sigma^2 = \mu$)로서 평균기대치이고, e는 자연상수로서 자연로그의 밑($e = 2.718282$)이다. 모수 λ는 통계량 m($m = \bar{X} = s^2$)에 의해 추정될 수 있다.

2) 음이항분포(negative binomial distribution)

곤충 개체군이 공간적으로 집중분포를 보이고 임의표본추출 조사를 한다면 표본단위당 곤충 개체수는 집중분포 함수를 따르게 된다. 모든 집중분포 함수의 특징은 분산이 평균보다 크다는 점이다. 곤충의 집중분포를 나타내는 함수 중 가장 많이 사용되는 것이 음이항분포다. 이것은 2개의 모수, 평균(μ)과 지수(k)로 설명된다. 음이항분포는 일반식 $(q-p)^{-k}$의 각 항은 다음 식에 의해 주어진다.

$$P(x)=\left[1+\left(\frac{\mu}{k}\right)\right]^{-k}\frac{(k+x-1)!}{x!(k-a)!}\left(\frac{\mu}{\mu+k}\right)^{x}$$

여기서 $P(x)$는 표본단위 하나에 x개체의 곤충이 있을 확률이고 $k=\mu^2\ /\ (\sigma^2-\mu)$이다. 모수 μ는 표본평균($\bar{X}$)으로부터 추정될 수 있고 k는 표본평균과 분산(s^2)을 사용하여 추정할 수 있다. 따라서 $\hat{k}=\dfrac{\overline{x}^2}{s^2-\overline{x}}$이다. 일단 통계량 $\overline{x}$와 $\hat{k}$가 구해지면 표본단위 하나에 x개체의 곤충이 발견될 확률은 다음과 같이 구할 수 있다.

$$P_{(0)}=\left(\frac{\hat{k}}{\overline{x}+\hat{k}}\right)^{\hat{k}}$$

$$P_{(x)}=P_{(0)}\frac{\hat{k}(k+1)\ldots(k+n-1)}{x!}\left(\frac{\overline{x}}{\overline{x}+\hat{k}}\right)^{x},x>0$$

k와 음이항분포의 통계학적 특성에 대해서는 아직도 논의가 많이 되고 있으며 집중분포를 보이는 곤충 개체군의 모든 표본자료에 음이항분포가 맞는 것은 아니다. 따라서 이 통계적 모델로부터 생물학적 의미를 찾고자 할 때에는 항상 조심해야 한다. k의 계산에는 분산이 사용되기 때문에 k값은 표본단위의 크기와 표본수의 영향을 받는다. 여러 개의 표본자료를 음이항분포에 적용시킨 후 "common k"를 계산하는 방법은 사우스우드(Southwood, 1978)가 제시했다.

3) 테일러의 지수법칙(Taylor's power law)

테일러(Taylor, 1961)는 분산과 평균 간의 전반적인 관계를 이론적인 확률분포에 적용하지 않고 설명하는 유용한 지수함수를 제안했는데 이것이 테일러의 지수법칙이다. 이것은 표본추출계획 개발의 중요한 구성요인으로 매우 광범위하게 사용되고 있는데 다음 식에 의해 정의된다.

$$s^2 = a\overline{x}^b$$

여기서 모수 a와 b는 표본단위와 곤충의 종 특이적 계수로서 곤충의 공간분포 양식을 설명하는 지표가 된다. 만약 $a = b = 1.0$이면 포아송분포가 가장 적합하다. 또한 a와 b는 대수변환(logarithmic transformation)을 하여 직선회귀분석이나 비선형 회귀분석을 통하여 추정할 수 있다. 그러나 두 방법 모두 약간의 오류를 범할 소지가 있어 예비분석을 통하여 특정 자료에 대해 어떤 방법이 최선인지 결정해야 한다.

테일러는 a는 표본추출방법, 표본단위의 크기 및 곤충 서식처의 영향을 받으며, b는 특정 곤충 종에 대해 일정하기 때문에 공간분포를 설명하는 지수(index of aggregation)로서 b의 유용성을 강조했다(즉 b<1 규칙분포; b=1 임의분포; b>1 집중분포). 그러나 윌슨 등(Wilson et al., 1989)은 a와 b 모두 곤충의 연령 특이적 분산(age specific dispersal), 사망률, 표본단위 크기에 따라 변할 수 있다고 했다. 또한 공간분포 양식에도 a와 b가 상호작용한다. 즉 높은 b값(b>1)이 반드시 모든 밀도에서 집중분포를 뜻하는 것은 아니다. 왜냐하면 그것의 분산에 대한 효과가 낮은 a의 값(a<1)에 의해 상쇄될 수도 있기 때문이다. 비슷한 이유로 낮은 b값이 꼭 규칙분포를 뜻하는 것은 아니다.

테일러의 계수 a와 b의 크기는 특정 곤충 개체군의 집중도를 반영하며, 표본조사 단위 수에도 지대한 영향을 미친다. 또한 음이항분포 k는 테일러의 지수법칙과 다음과 같은 관계가 있다.

$$\hat{k} = \frac{\overline{x}}{a\overline{x}^{b-1} - 1}$$

계수 b는 분산을 안정화시키기 위한 자료변환에 쓰이는데 그 공식은 $x^{1-b/2}$이다. 여기서 x는 관측변량(observed variate)이다.

4) 서식비율-평균관계(proportion infested-mean relationship)

분산과 평균과의 관계처럼, 해충이 서식하고 있는 표본단위의 비율(발생률, P)과 표본단위당 평균밀도와의 관계도 똑같이 유용하다. 일반적으로 해충의 밀도가 증가하면 해충의 발생률[해충을 포함하는 표본단위(infested sample unit)의 비율]도 증가하기 마련이다. 해충이 임의분포를 할 때 p는 다음 식에 의해 추정할 수 있다.

$$p = 1 - e^{\bar{x}}$$

여기서 p는 특정 해충을 가지는 표본단위의 비율이다. 그런데 동일한 밀도에서, 임의분포를 보이는 해충에 대한 p의 값은 집중분포를 보이는 해충에 대한 p의 값보다 클 것이고, 규칙분포를 보이는 해충에 대한 p의 값보다는 작을 것이다.

그런데 대부분의 해충은 임의분포하지 않고, 집중분포하는 경향이 있기 때문에, 이를 감안한 이항분포(binomial distribution)모델을 적용한 다음 식을 윌슨과 룸(Wilson and Room, 1983)은 제안했다.

$$p = 1 - e^{-\bar{x}\ln(s^2/\bar{x})(s^2/\bar{x}-1)^{-1}}$$

$$p = 1 - e^{-\bar{x}\ln(a\bar{x}^{b-1})(a\bar{x}^{b-1}-1)^{-1}}$$

또한 분산과 평균과의 관계처럼 p와 평균과의 관계도 공간분포 양식의 구분에 유용하게 쓰일 수 있다(표 2).

표 2. 분산/평균 비와 발생률(P)/평균 비의 공간분포 양식과의 관계

공간분포	분산/평균	$-\ln(1-P)$평균
집중분포	> 1.0	< 1.0
임의분포	= 1.0	= 1.0
규칙분포	< 1.0	> 1.0

5) 지리통계학적인 공간분포의 이해

위에서 언급한 지수들은 대부분 평균과 분산과의 관계를 이용하여 공간분포를 정하는 방법으로 1990년대 이후로 많은 비판을 받게 되었다. 비판을 받는 이유로 첫째, 표본을 추출할 때 표본의 위치(예를 들면 좌표 또는 격자의 위치)를 계산에 반영하지 않은 점이다. 둘째, 표본추출 단위의 크기(예를 들면 격자의 크기)와 공간분포 패턴과의 관계를 고려하지 않은 점이다(그림 2). 따라서 위의 지수를 사용할 때는 반드시 표본추출 단위의 크기 또는 표본 간의 거리를 부차적으로 반드시 설명해야 한다. 셋째 이유는 위의 지수들을 이용할 경우 세 가지 정해진 공간분포 양상 이외의 분포 패턴은 정할 수가 없다. 예를 들어 곤충의 분포가 일정 부분은 집중분포를 보이고 다른 부분은 임의분포를 보이는 경우 위에서 언급한 지수를 사용하면 겹쳐진 분포 양상을 설명할 수 없게 된다. 따라서 이러한 결점을 보완하기 위해 1990년 이후에는 곤충의 공간분포를 설명하는 데 지리통계학(geostatistics)을 이용하기 시작했다. 지리통계학은 통계학적인 가정부터 분포지수들을 계산하는 데 사용하는 기존의 일반통계학과는 다르다. 일반통계학을 이용한 공간분포지수들은 표본의 독립성(independence)이 중요한 가정이지만, 지리통계학에서는 반대로 표본 사이의 의존성 또는 연관성(dependency)이 중요한 가정이다. 즉, 공간분포지수를 계산할 때는 각각의 표본들을 거리를 두어 추출하며 표본들 사이에 서로 영향을 미치지 않는 독립성이 필요하지만, 지리통계에서는 반대로 두 표본값이 서로 의존성 또는 연관성이 있어서 거리에 따른 의존성을 계산한다.

표본 간의 공간의존성(spatial dependence 또는 spatial correlation)의 기본 개념은 두 표본 간의 거리가 가까울수록 표본값의 차이가 줄어들고, 표본 간의 거리가 멀수록 두 표본값은 상관성을 잃게 되어 독립적으로 된다는 데 근간을 둔다. 그리고 공간

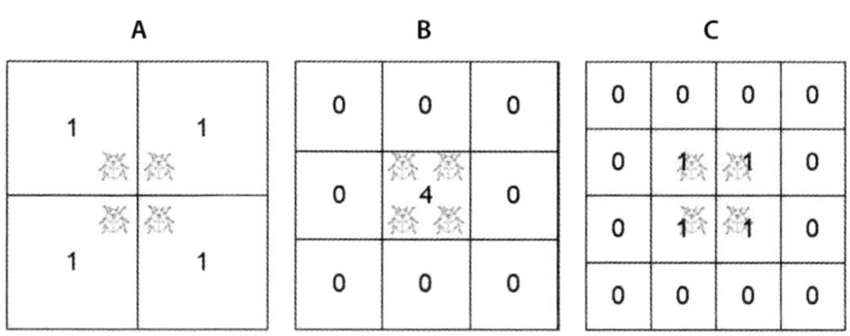

그림 2. 표본추출 단위의 크기와 공간분포와의 관계

기존의 공간분포지수를 구할 때 같은 곤충의 분포지만 표본추출 단위의 크기(여기서는 격자의 크기)에 따라 지수값이 달라지는 경우가 있을 수 있다. 숫자는 각 격자 안의 곤충 개체수를 의미한다. A: 균일분포, B: 집중분포, C: 임의분포

상 표본 간의 의존성 또는 연관성을 표본 간의 거리와 표본값들 간의 분산을 도표로 나타낸 것을 분산도(variogram)라고 한다. 분산도의 수치를 반으로 나눈 것을 반분산도(semivariogram)라고 하며 다음과 같은 식으로 계산할 수 있다.

$$\gamma(h) = \frac{1}{2n(h)} \sum [Z(x_i) - Z(x_{i+h})]^2$$

여기서 h는 두 표본 간의 거리, $Z(x_i)$는 표본 위치 x_i에서 측정된 표본값, $Z(x_{i+h})$는 표본 위치 x_{i+h}에서 측정된 표본값, $n(h)$는 지연거리(lag distance) h에서 총 표본 쌍(sample pair)의 수를 나타낸다.

전형적인 반분산도는 〈그림 3〉에서 보는 바와 같이 5개의 회귀모델로 나타낼 수 있는데 결과적으로 3차원의 표본값과 표본의 위치(예를 들면 x, y 좌표)를 2차원의 그래프로 나타내어 공간분포를 해석하는 데 사용한다.

반분산도의 비선형 모델들은 표본값이 얼마나 공간분포에서 서로 연관되어 있는지와 분포 패턴을 설명하는 데 도움을 준다. 예를 들어 임의분포나 규칙분포의 경우 반분산도에서 기울기가 0인 직선모형으로 나타나며(그림 3E) 공간의존성을 띠지 않는다고 할 수 있다. 그리고 공간분포가 일정 방향으로 변동추세를 보이면(즉 spatial trend 또는 spatial drift) 기울기를 가진 직선으로 나타난다(그림 3D). 그 외 공간의존성이 있는 데이터는 spherical, Gaussian, exponential 모델이 적합하다(그림 3A-

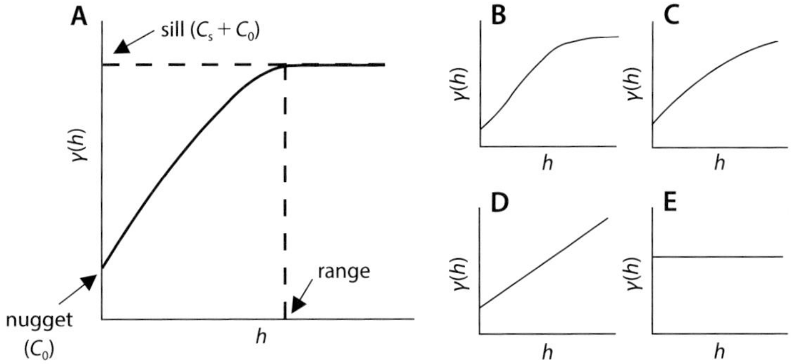

그림 3. 전형적인 반분산도 회귀모델

A: spherical model, B: Gaussian model, C: exponential model, D: linear model, E: nugget model

C). 반분산도를 이용하여 공간분포를 해석할 때 위의 회귀모델과 range, nugget, sill 등 세 가지 모수를 사용한다(그림 3A). Range는 반분산도의 비선형 모델에서 반분산(semivariance) 값이 최대치에 수렴할 때 표본 간의 거리(lag distance) 값을 의미하며, nugget은 회귀선의 *y*절편으로 표본측정 오차 및 미소 규모의 변이(microscale variation)를 의미한다. Sill은 회귀식에서 최대 반분산 값을 의미하며, 이 수치는 일반적으로 표본의 분산과 비슷한 값을 갖게 된다. 이 모수들은 곤충의 공간분포를 설명하거나 정량화하는 데 쓰일 수 있다. 예를 들어 두 표본 간의 거리가 range 값보다 작은 경우 두 표본값은 서로 연관성이 있으며, 두 표본 간의 거리가 range 값보다 큰 경우 두 표본값은 독립적이라고 할 수 있다. 따라서 range 값을 이용하여 독립적인 표본추출을 위한 최소 거리를 정할 수 있다. 가우스 모델(Gaussian model)과 같이 비선형 모델의 경우 range 값은 일반적으로 sill 값의 95%에 해당하는 수치를 사용한다. Nugget 값은 두 표본 간의 거리가 0일 때 반분산 값이다. 실제로 거리가 0인 두 표본은 같은 위치에서 표본을 두 번 추출하는 것과 같기 때문에 두 표본값의 분산은 이론상으로는 0이어야 한다. 하지만 실제로 nugget 값은 0이 아닌 경우가 대부분인데 이것은 표본추출 오류(sampling error)와 같다. 따라서 회귀식을 이용하여 구한 sill 값(즉 *y*절편)은 표본추출 오류와 미소 규모의 변이를 합친 것과 같다. 예를 들어 공간분포조사에서 가장 짧은 두 표본 간의 거리가 1m라면 표본조사를 통해 얻은 nugget 값은 표본추출 오류와 1m보다 작은 규모에서의 공간분포 변이를 합친 것이 된다. 이 두 수치를 이용하여 상대적인 nugget 효과(relative nugget effect)를 구할 수 있는데 다음과 같은 수식으로 표현된다.

$$\text{Relative nugget effect} = C_s \,/\, (C_s + C_o)$$

상대적인 nugget 효과 수치가 1이 되면 표본 간의 의존성이 높은 것이고, 0에 가까울수록 표본들은 독립성을 가지게 된다.

지리통계를 이용하여 곤충의 공간분포를 알아볼 때 의미 있는 반분산도를 얻기 위해서는 여러 가지 경험에 근거한 규칙이 있다(Journel and Huijbregts, 1978). 첫째, 반분산도에서 각 지연거리(h, lag distance)에 해당하는 표본 쌍의 수는 최소한 30

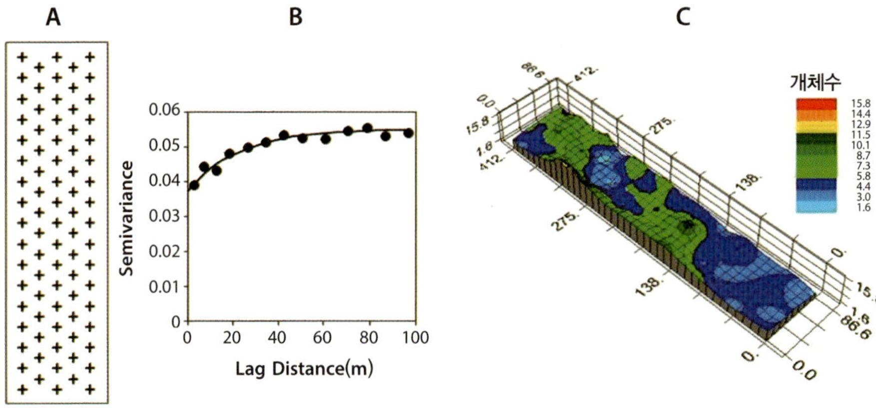

그림 4. Kriging을 통해 작성된 곤충분포 지도의 예
A: 공간표본조사 표본추출 위치, B: 반분산도, C: kriging을 이용하여 만든 곤충분포도

이 되어야 한다. 이 규칙을 만족하고 의미 있는 반분산도를 얻기 위해서는 표본수가 최소한 100개는 넘어야 하는 경우가 대부분이다. 둘째, 가장 첫 번째 지연거리에서 반분산 값은 실험적인 nugget 값으로(experimental nugget) 정의하며 일반적으로 공간분포에 포함되어 있는 변이의 최소치다. 반분산도의 장점 중 하나는 모델식을 이용하여 표본을 추출하지 않은 위치의 표본값을 예측할 수 있다. 이 과정을 kriging이라고 하는데 kriging을 통해 곤충의 공간분포 지도를 작성할 수 있다(그림 4).

Kriging을 이용하면 일반적인 곤충분포도와는 달리 표준편차 지도도 함께 만들어지고 또 서로 관련된 두 개의 공변수를 이용하는 cokriging을 이용하여 공간분포 지도 작성이 가능하다. 이 외에도 다변량변수를 이용한 반분산도나 시간을 변수로 추가한 시공간-반분산도 작성도 가능하다. Kriging, cokriging, 다변량 반분산도에 대한 자세한 내용은 크레시에(Cressie, 1993)를 참고하기 바란다. 반면 반분산도의 가장 큰 단점은 정상성(stationarity)의 가정을 충족해야 하는 것이다. 이 가정은 곤충 표본조사에서 구현하기 힘든 경우가 많다. 따라서 탐구공간데이터분석(exploratory spatial data analysis)을 통해 데이터를 이해하고 통계적인 변환을 한 후 분석을 하거나 공간분포에 방향성(anisotropy)이 있으면 특정 방향의 반분산도를 얻는 것이 일반적이다(그림 4).

반분산도는 표본들 간의 공간의존성을 계산해서 공간분포를 설명할 수 있지만 전통적인 규칙분포, 임의분포, 집중분포 등의 통계적 유의성을 직접적으로 측정하지는 못한다. 이러한 경우 거리지표 공간분석(spatial analysis by distance indices, SADIE)이 유용하게 쓰일 수 있다. SADIE는 공간의존성을 측정하지 않고 위치가 기록된 곤충 개체수 데이터의 집락(clustering) 정도를 transportation 알고리즘(Perry, 1995)을 통해 측정한다. 각 표본의 위치와 전체 데이터의 집락 정도를 측정하여 집락지수(clustering index)를 구하고 이것을 patch 집락과 gap 집락 등 두 가지로 나타낸다. Patch 집락은 표본이 추출된 일부분의 지역으로 다른 지역에 비해 상대적으로 높은 곤충 개체수가 기록된 곳이고, gap 집락은 상대적으로 낮은 곤충 개체수가 기록된 곳을 의미한다. 실제로 집락의 정도를 계산하기 위해 SADIE에서는 distance to regularity(D)를 계산하는데 이것은 표본들의 수치를 다른 표본의 위치로 이동시켜 규칙분포를 만드는 데 필요한 가장 짧은 이동거리를 의미한다. 즉 곤충의 분포가 규칙분포에 가까우면 표본들의 수치를 이동시켜 규칙분포를 만드는 데 적은 노력 또는 거리가 필요하게 되고, 집중분포를 보인다면 더 많은 거리를 이동시켜야 규칙분포가 된다. 표본조사를 통해 계산된 D를 모델에 의한 계산된 E(expected distance to regularity)와 비교함으로써 집중분포지표(aggregation index) I_a를 계산할 수 있다. D와 E에 대한 자세한 내용은 페리(Perry, 1995, 1998)를 참고하기 바란다. 전체적인 집중분포 지표는 $I_a = D/E$로 계산되며 $I_a = 1$이면 임의분포를, $I_a > 1$이면 집중분포를, $I_a < 1$이면 규칙분포를 의미하며 통계적인 유의수준을 구할 수 있다. SADIE의 집락지수를 이용하여 patch-gap 지도를 만들 수도 있고 시간이 다른 두 개의 표본조사를 공간연관도분석(spatial association analysis)을 통해 비교할 수도 있다. SADIE에서의 공간연관도분석 또한 지표(X)를 사용하는데 양성의 연관성($X<0.025$), 음성의 연관성($X>0.975$), 무연관성($0.025<X<0.975$) 결과를 통계적인 유의성과 함께 보여준다. SADIE의 가장 큰 장점은 통계적인 가정이 없다는 점이다. 지리통계학에서 필요로 하는 정상성은 분산의 일관성 등은 고려하지 않아도 되고 최소 표본의 수도 정해져 있지 않기 때문에 반분산도에 비해 적은 수의 표본으로도 분석이 가능하다.

4. 표본조사의 목적과 표본크기의 결정

1) 표본조사 목적 설정

해충관리에 있어서 표본조사의 목적은 올바른 방제 결정을 내리기 위해 충분한 양의 정보나 최소한의 정보를 수집하는 데 있다. 또한 표본조사 시에는 인적자원, 경제성 및 용이성과 함께 조사결과의 정확성, 정밀성 및 재현성과 같은 통계학적 기본을 고려해서 조사계획을 수립한다. 해충의 표본조사에는 근본적으로 다른 두 목적이 있다. 첫째, 해충 개체군 동태 연구에 필수적인 개체군 모수를 추정하는 것(population sampling)이다. 둘째, 해충 방제 의사결정을 위하여 해충밀도가 경제적 피해 허용수준을 넘는지를 조사하여 파악하는 의사결정표본조사(decision making sampling)다. 개체군 모수추정을 위한 표본조사는 모수추정값의 신뢰성, 즉 표본평균과 모집단평균과의 근사성이 중요시되는 반면, 방제 결정을 위한 표본조사는 경제적 피해 허용수준(또는 방제요구수준)과 관련된 해충밀도의 상태 파악이 중요시된다. 따라서 방제를 위한 의사결정표본조사의 경우, 해충밀도가 경제적 피해 허용수준(또는 방제 요구수준)보다 크게 낮거나 크게 높다면 밀도추정치의 신뢰성이 매우 높지 않아도 무방하다.

이와 같이 표본조사의 목적에 따라 조사 표본수, 표본단위 및 조사방법 등을 결정하게 되는데, 조사목적의 설정이 잘못되었거나, 조사방법과 관련한 제약들을 충분히 이해하지 못한다면 필요 이상의 조사비용, 시간 및 노력을 낭비하게 될 뿐만 아니라 조사된 자료의 신뢰성과 활용성이 떨어질 수 있고, 심지어는 거의 쓸모없는 자료를 얻게 될 수도 있다. 그러나 개체군 표본조사와 방제 결정을 위한 조사의 목적이 다를지라도 정확하고, 신뢰할 수 있으며 수행하기 쉬운 조사계획의 수립은 대상 해충의 개체군 동태 연구를 바탕으로 이루어진다는 점을 명심해야 한다.

2) 표본크기 결정

추정치의 신뢰성은 표본크기(sample size)가 증가함에 따라 증가한다. 표본의 크기는 조사하는 표본의 수에 의해 결정된다. 그러나 문제는 얼마나 많은 시간과 노력을 표본추출에 투입할지를 결정하는 일이다. 다시 말해 추정치의 신뢰성과 그것을 얻는 데 드는 비용 간의 적당한 균형을 찾는 것이 중요하다. 표본수의 결정은 주로 곤충 개체군의 공간분포 양식과 신뢰도의 설정수준에 달려 있다. 일반적으로 신뢰도는 평균에 대한 표준오차의 비율로 표현하거나 정규확률론을 이용한 신뢰구간으로 표현한다.

(1) 개체군 모수 추정을 위한 표본조사에서 표본크기

① 표준오차로 정의된 신뢰도를 토대로 한 표본크기

식 $s_x = s / \sqrt{n}$ 을 n에 대해서 풀면 $n = s^2 / s_{\bar{x}^2}$ 이 된다. 그런데 신뢰도를 표준오차로 표현할 때 표준오차를 어떤 고정값(g)으로 표시하면 ($S_{\bar{x}} = g$), $n = s^2 / g^2$이 된다. 만약 표준오차를 평균의 분수로 표현하면 ($S_{\bar{x}} = c\hat{x}$), $n = s^2 / (c^2 \bar{x}^2)$이 된다. 〈표 3〉은 이 두 식을 공간분포 양식과 결부시켰을 때의 공식들을 요약한 것이다.

② 확률론으로 정의된 신뢰도를 토대로 한 표본크기

신뢰도를 정규확률론의 견지에서 표현할 경우 표본수가 충분히 커서 정규분포를 가정할 수 있다면, 평균의 신뢰구간은 $\bar{x} \pm Z_{a/2}\sqrt{s^2 / n}$ 이다. 이것은 실제평균이 $\bar{x} - Z_{a/2}\sqrt{s^2 / n}$과 $\bar{x} + Z_{a/2}\sqrt{s^2 / n}$ 사이의 값을 취할 확률이 $(1-a)$임을 뜻한다. 만약 신뢰한계를 고정값(h)으로 설정하면 ($h = Z_{a/2}\sqrt{s^2 / n}$, $n = (Z_{a/2} / h)^2 s^2$이 된다. 만약 신뢰한계를 평균의 분수로 설정하면 $\bar{x} = Z_{a/2}\sqrt{s^2 / n}$, $n = (Z_{a/2} / d)^2 s^2 / \bar{x}^2$ 이 된다. 〈표 4〉는 이를 공간분포 양식과 결부시켰을 때 유도된 공식들을 요약한 것이다. 이 공식들이 나타내는 것은 집중분포현상이 클수록 더 많은 표본크기가 요구되고, 밀도가 증가할수록 요구되는 표본크기는 작아진다는 것이다. 그러나 이항 표본 추출의 경우 p와 그에 해당하는 밀도가 증가함에 따라 처음에는 표본크기가 줄다가 다시 증가한다.

표 3. 신뢰도를 표준오차로 정의할 때 표본크기(n) 결정식

공간분포	얻으려는 표준오차가 아래로 정의할 때	
	상수(g)	$\bar{x}$의 분수(c)
일반식	$n=\frac{s^2}{g^2}$	$n=\frac{s\bar{x}^2}{c^2\bar{x}^2}$
포아송분포	$n=\frac{\bar{x}}{g^2}$	$n=\frac{1}{c^2\bar{x}^2}$
음이항분포	$n=\frac{\bar{x}\hat{k}+\bar{x}^2}{kg^2}$	$n=\frac{\hat{k}+\bar{x}}{c^2\hat{k}\bar{x}}$
테일러의 지수법칙	$n=\frac{a\bar{x}^b}{g^2}$	$n=\frac{a\bar{x}^{b-2}}{c^2}$
이항분포		$n=\frac{q}{pc^2}$

표 4. 신뢰도를 정규확률론으로 정의할 때 표본크기(n) 결정식

공간분포	얻으려는 신뢰구간을 아래로 정의할 때	
	상수(h)	$\bar{x}$의 분수(d)
일반식	$n=\left(\frac{Z_{a/2}}{h}\right)^2 s^2$	$n=\left(\frac{Z_{a/2}}{d}\right)^2 \frac{s\bar{x}^2}{\bar{x}^2}$
포아송분포	$n=\left(\frac{Z_{a/2}}{h}\right)^2 \bar{x}$	$n=\left(\frac{Z_{a/2}}{d}\right)^2 \frac{1}{\bar{x}}$
부의이항분포	$n=\left(\frac{Z_{a/2}}{h}\right)^2 \left(\frac{\bar{x}\hat{k}+\bar{x}^2}{\hat{k}}\right)$	$n=\left(\frac{Z_{a/2}}{d}\right)^2 \left(\frac{\hat{k}+\bar{x}}{\hat{k}\bar{x}}\right)$
테일러의 지수법칙	$n=a\left(\frac{Z_{a/2}}{h}\right)^2 \bar{x}^b$	$n=a\left(\frac{Z_{a/2}}{h}\right)^2 \bar{x}^{b-2}$

(2) 방제 의사결정을 위한 표본조사에서 표본크기

① 오차 허용수준에 따른 표본크기

방제 의사결정을 내리기 위해 해충의 경제적 피해 허용밀도 수준을 결정하거나 천적의 밀도가 해충밀도를 경제적 피해 허용수준 이하로 억제할 수 있는 수준에 있는

지를 판단하기 위해 표본조사를 할 경우, 이론적으로 해충의 평균밀도 또는 발생률(proportion of infested units)이 방제 요구수준에서 멀수록 이들을 추정하기 위해 필요한 표본크기는 작아진다. 미리 설정된 신뢰성을 갖는 개체군 밀도 추정을 위한 표본단위의 수는 경제적 피해 허용수준과는 관련이 없지만, 방제 결정을 내리기 위해 요구되는 표본크기를 결정할 때는 경제적 피해 허용수준의 변화에 따라 변한다. 방제 의사결정에 있어서는 두 가지의 오류를 범할 가능성을 고려해야 한다. 첫째, 실제는 해충밀도가 경제적 피해 허용수준에 미치지 못하였는데, 그보다 높다고 과대 추정하는 경우(Type I error 또는 α error), 둘째, 해충밀도가 경제적 피해 허용수준보다 높은데도 불구하고 그렇지 않다고 과소 추정하는 경우(Type II error 또는 β error)다. 이론상으로는 Type I 오류에 대한 허용수준은 불필요한 방제와 관련된 비용과 조사비용을 최소화함으로써 결정되고, Type II 오류에 대한 허용수준은 조사비용과 필요한 방제를 하지 않음으로써 생기는 피해를 최소화함으로써 결정된다. 경제적으로 적합한 오차 허용수준(error rates)의 결정에는 천적의 해충 개체군 밀도조절능력 등의 요소가 고려될 수 있다. 예를 들어 Type I error의 경우, 불필요한 살충제의 살포로 인한 천적군의 파괴로 2차 해충의 발생 증가와 1차 해충의 격발현상이 야기될 수도 있다. 따라서 α와 β 오차 허용수준의 결정은 불필요한 방제의 수락(Type I error)과 필요한 방제의 기각(Type II error)에 따른 손익의 경중을 정확하게 판단하여 합리적으로 설정해야 할 것이다. 일반적으로 α와 β의 값으로 0.05~0.1을 사용한다. 윌슨(Wilson, 1985)은 중심극한정리(central limit theorem)에서 유도한 다음과 같은 표본크기 결정공식을 제시했다.

$$n = Z^2_{\alpha \text{ or } \beta} \,|\, \bar{x} - T \,|^{-2} \; a\bar{x}^b$$

$$n = Z^2_{\alpha \text{ or } \beta} \,|\, p - T \,|^{-2} \; a\bar{x}^b$$

여기서 T는 경제적 피해 허용수준으로서 표본단위당 평균밀도로 나타내거나 발생률로 나타낸다. a와 b는 테일러의 지수법칙 모수다.

② 축차표본조사(sequential sampling)에서 표본크기

신속하고도 신뢰성 있는 해충 밀도조사법의 필요성은 해충관리 의사결정 및 시행에 있어서 날로 명백해지고 있다. 앞에서 지적한 바와 같이 방제 의사결정 표본조사라는 목적에서는 짧은 시간에 가능한 한 적은 비용으로 해충밀도에 대한 신뢰성 높은 정보를 수집해야 한다. 축차표본조사는 이런 면에서 많은 장점이 있으며 특히 방제 결정이라는 목적에 유용하다. 축차표본조사의 장점은 해충밀도를 상하 또는 방제 및 무방제, 요구수준 같은 광범위한 항목으로 높은 신뢰수준에서 신속하게 구분할 수 있다는 점이다. 따라서 노동집약적인 표본조사(intensive sampling)를 배제할 수 있으며, 표본크기가 고정되어 있는 것이 아니라 해충밀도에 따라 유동적인 탄력성을 갖기 때문에 상당한 비용의 절감이 가능하다.

축차표본조사 계획을 개발하기 위해서는 다음 세 가지 기본정보가 필요하다. ① 해충의 공간분포 및 이를 설명하는 이론적 확률분포의 모수값, ② 경제적 피해허용수준, ③ 해충밀도 추정 시 감수할 수 있는 오차수준, α와 β값.

방제 결정을 위한 축차표본조사법을 간단히 설명하면 다음과 같다. 우선 표본조사(sampling)를 연속적으로 해나가면서 각 표본의 해충수를 누적합산한다. 대상해충의 밀도가 방제 요구수준(상한선, D_2)을 넘으면 해충조사 행위를 멈추고 방제결정을 내린다. 마찬가지로 하한선(D_1)을 통과할 경우 해충조사를 중단하고 무방제 결정을 내리며 일정 시일이 지난 후 다시 조사한다(그림 5).

• 포아송분포

해충 개체군이 임의분포를 보여 표본자료가 포아송분포에 맞을 때 다음의 식들이 쓰인다.

방제하한선: $D_1 = b \times n - h_1$

방제상한선: $D_2 = b \times n$

$$b = \frac{\lambda_2 - \lambda_1}{\ln \lambda_2 - \ln \lambda_1} \qquad h_1 = \frac{\ln \frac{1-\alpha}{\beta}}{\ln \lambda_2 - \ln \lambda_1} \qquad h_2 = \frac{\ln \frac{1-\beta}{\alpha}}{\ln \lambda_2 - \ln \lambda_1}$$

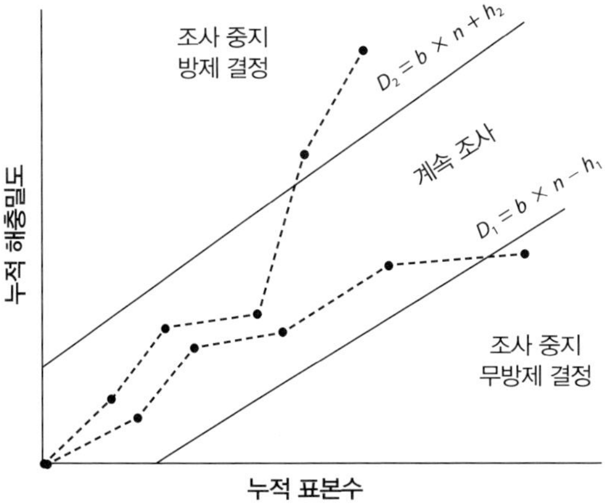

그림 5. 전형적인 해충방제 의사결정을 위한 축차표본조사법

여기서 α = 제1형 오류(Type I error)를 범할 확률

β = 제2형 오류(Type II error)를 범할 확률

λ_1 = 하한으로 사용될 해충 개체군 평균밀도($= \bar{x}_1$)

λ_2 = 상한으로 사용될 해충 개체군 평균밀도($= \bar{x}^2$)

• 음이항분포

해충 개체군이 집중분포를 보이고 표본자료가 음이항분포에 맞는다면 다음의 공식들이 쓰인다.

방제하한선: $D_1 = b \times n - h_1$

방제상한선: $D_2 = b \times n$

$$b = \hat{k}\frac{\ln\frac{q_2}{q_1}}{\ln\frac{p_2q_2}{p_1q_1}} \qquad h_1 = \frac{\ln\frac{\beta}{1-\alpha}}{\ln\frac{p_2q_1}{p_1q_2}} \qquad h_2 = \frac{\ln\frac{1-\beta}{\alpha}}{\ln\frac{p_2q_1}{p_1q_2}}$$

$$p_1 = \frac{\bar{x}_1}{\hat{k}},\ p_2 = \frac{\bar{x}_2}{k} \qquad q_1 = 1 + p_1\ q_2 = 1 + p_2$$

$\hat{k}$는 음이항분포에서 개체군의 분산지수로서, 계산은 앞에서 설명한 바와 같다.

5. 해충 표본조사 방법

해충 표본조사의 구체적인 방법은 조사목적, 해충의 종류 또는 해충의 발육단계는 물론 서식처 특성에 따라 달라진다. 그러나 해충 표본조사의 기본 목적인 해충의 밀도와 분포를 파악하기 위한 정량적·정성적 자료를 확보해야 하며, 이는 주어진 조건, 예산과 인력, 숙련도를 고려해서 수행할 수밖에 없다.

1) 현장 육안조사(in situ counts)

현장 육안조사는 루페나 포충망(sweeping net), 털어잡기(beating), 흡충기 또는 동력 흡충기 정도의 도구를 가지고 작물 현장에 직접 찾아가서 현장에서 밀도 조사를 추정하는 방법이다. 대개 크기가 큰 해충(성충이나 유충), 또는 피해가 분명히 나타나는 가해흔적(굴파리 굴, 복숭아순나방 피해신초 등)을 대상으로 한다. 현장 조사에서는 작물의 발육단계 및 해충의 발생 시기 등을 고려하여 수행한다. 육안조사는 식물이 매우 작고 어려서 조사 시 식물체에 손상을 입힐 우려가 있을 경우 특히 유용하게 사용할 수 있는 방법이다. 또한 유묘 상태부터 성숙기를 거쳐 수확기까지 충개체의 제거 없이 한 식물체의 곤충상을 조사할 수 있으며, 곤충의 식물체에서의 서식위치를 정확하게 조사할 수 있는 유일한 방법이다. 따라서 곤충들 간의 영양관계(trophic relationship)를 조사할 때도 유용하다. 또한 토양이나 식물체 깊은 곳에 부착하거나 월동하는 알, 유충, 번데기 등을 조사할 때도 현장에서 서식처가 될 만한 곳을 집중적으로 탐색하여 찾아내거나, 식물체를 물에 넣어 흔들거나 씻고, 또는 토양을 채취하여 채를 치거나 물에 띄우는(비중 차이를 이용) 방법을 병용하는 육안조사 방법도 있다. 그러나 이 방법은 조사자의 개인적 능력에 매우 크게 영향을 받으며, 해충 밀도가 높을 때에는 조사시간이 엄청나게 늘어나기 때문에 다른 방법들에 비해서 사용범위가 극히 제한되어 있다.

2) 포충망 조사(sweep netting)

표충망 조사는 일정한 크기의 포충망을 좌우로 훑어가면서 일정 면적 또는 시간 동안 잡힌 곤충을 조사하는 방법으로 응용곤충학의 가장 기본적인 방법이다. 조사방법의 표준화에 어려움이 있지만 작물에 대한 피해와 장비의 비용 부담이 적으면서도 단위사람시간(man hour)당 가장 많은 곤충을 쉽게 포장에서 포획할 수 있기 때문에 작물해충조사방법 중 가장 광범위하게 사용되고 있다. 포충망을 휘두르는 방법에는, 한 열의 작물만 훑어가거나, 또는 두 열을 8자 모양의 고리를 만들며 위아래로 훑어가거나, 한 열의 작물을 시계추 움직임처럼 훑는 방법 등 여러 가지가 있다. 각 방법마다 효율성이 다르기 때문에 조사 시 어떤 방법을 사용했는지 분명히 해야 한다. 포충망 조사는 가장 간편한 조사방법이지만 이 방법의 효율성은 온도, 습도, 풍속, 해의 위치, 햇빛의 강도, 식물체의 크기, 초관 밀도, 유충의 크기, 포충망을 휘두르는 방법 등 많은 요인의 영향을 받기 때문에 자료분석 시 신중을 기할 필요가 있다. 따라서 조사 시 이러한 요인들에 대한 정보를 가능한 상세히 기록해두면 자료분석에 많은 도움이 될 것이다.

3) 털어잡기(beating)

잎을 가해하는 곤충과 유충 등은 운동성이 높지 않은 곤충, 특히 잎벌레, 바구미 등 일부 곤충은 충격을 받거나 적이 나타났을 때 죽은 척하거나 스스로 떨어지는 행동을 하는데, 털어잡기는 이런 곤충의 조사에 유용하다. 지면에 일정한 크기의 천을 깔고 일정한 힘으로 식물체를 쳐서 떨어지는 곤충을 모아서 셈하는 방법이다. 소규모 식물에서도 사용 가능하고, 최근에는 크기가 큰 나무의 수관에 서식하는 곤충 조사에도 활용하기도 한다. 이 경우 바닥에 천을 깔아놓고, 트랙터나 기계의 힘을 빌려 나무를 뒤흔든다. 이 방법은 포충망조사법보다 조사자의 숙련성의 영향을 비교적 덜 받아 조사자들 간에 일관성 있는 결과를 얻을 수 있는 장점이 있다.

4) 말레이즈트랩(Malaise trap)

많은 곤충은 비행 중 벽을 만나면 위로 올라가는 습성이 있다. 이를 이용하여 얇은 천이나 망으로 된 벽과 지붕으로 구성되는 트랩이 말레이즈트랩이다(그림 6). 지붕 한쪽 꼭대기로 올라가게 한 후 꼭대기에 설치한 알콜병으로 떨어지게 해서 채집한다. 보통 작은 모기장만하게 만들어 장기간 설치해놓고 서식처 적합성 등을 평가하는 데 활용하기도 한다. 크기가 크고 장기간 설치해놓고 일정한 간격으로 수거만

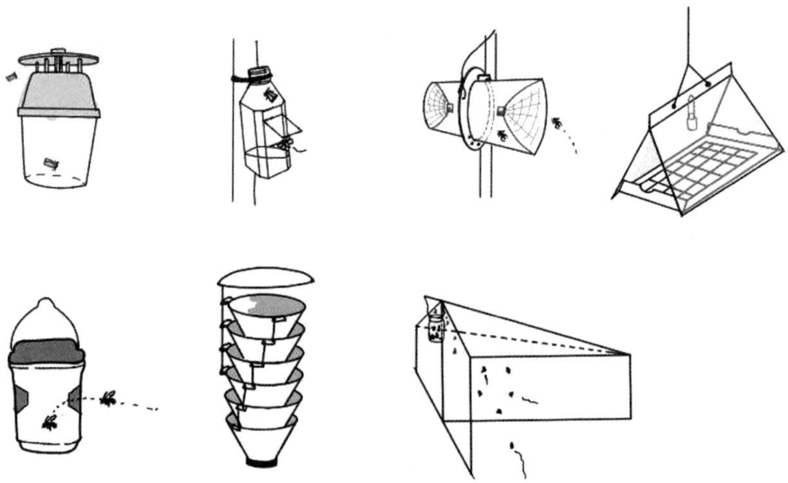

그림 6. 다양한 형태의 곤충 포획용 트렙. 유인물질이나 페로몬을 이용한 트렙과 말레이지트랩(아래 오른쪽)

하면 되기에 매우 간편하고 유용하다. 벌, 파리, 나비, 딱정벌레 등 비행성 곤충이 많이 채집된다.

5) 흡충기 활용(aspirator, suction machine)

총채벌레, 개미 등 소형 곤충의 계수를 위해서 흡충기를 활용할 수 있다. 그러나 곤충이 독성이 있거나 기피성 화학물질을 방어용으로 분비하는 경우 조심해야 한다. 직접 입으로 빨아들이는 것도 있고 동력으로 빨아들이는 휴대용 흡충기도 있다. 반면 넓은 범위의 해충 조사를 위해서 기계식 동력흡충기(예: D-Vac)를 이용할 수 있다. 동력흡충기는 주로 크기가 작은 멸구, 매미충, 노린재류나 잎벌레류의 포획에 유용하다. 최근 전기의 힘을 빌려 유아등에 동력흡충기를 장착한 모델들이 도심에서 모기 등을 수집하는 데 많이 활용되고 있다.

6) 유인트랩 활용

(1) 유아등(light trap)

야행성 곤충은 불빛에 유인되는데, 자외선 파장에 더 잘 유인되는 특성을 이용한 조사방법이다. 광원으로는 자외선 근처 파장(320~400nm)에 10~20W 형광 black light(BL)를 주로 사용한다. 유아등(誘蛾燈)의 아(蛾)는 나비, 나방을 뜻하는 한자어지만 나방류를 포함한 육상곤충뿐 아니라 물땡땡이 등 수서곤충도 많이 유인된다. 포획률은 달빛, 기압, 풍속, 습도, 온도 등의 기상조건과 빛의 도달 범위와 시간에 따라 달라진다. 중간에 장애물이나 그림자 없이 가능하면 넓은 면적에 빛이 도달할 수 있어야 곤충이 유인되기 쉽다. 빛에 대한 곤충 종들의 유인율이 다르기 때문에 종간 비교보다는 한 종의 개체군 변동의 비교 또는 성충 우화 시기의 추정 등에 매우 유용하다. 하얀 천을 이용한 트랩과 버킷트랩 형태가 주로 활용되며, 다수의 변형 트랩이 있다. 다만 유아등의 경우 다양한 야행성 곤충을 무작위로 포획하기 때문에 보호종이나 유용 곤충들도 대량 포획되어 제거될 수 있다는 점을 인지해야 한다.

(2) 페로몬트랩(pheromone trap)

많은 야행성 곤충, 특히 나방류는 성페로몬을 이용하여 짝찾기를 한다. 성충으로 우화 초기에 암컷이 성페로몬을 방출하면 수컷이 이에 유인된다. 최근 많은 곤충의 성페로몬 성분이 대량 합성되고 방출조건에 따른 유인력이 구명되어, 성페로몬트랩이 상용화되어, 수컷 포획용으로 활용되고 있다. 성페로몬뿐만 아니라 유인페로몬(예: 톱다리개미허리노린재, 말벌 등 주행성 곤충들은 먹이 등 조건에 대한 유인페로몬을 방출하고 거기에 유인됨) 역시 다양한 형태의 트랩으로 개발되고 있다. 페로몬트랩은 페로몬 성분 및 이를 안정적이면서 지속적으로 환경에 노출시키는 방출기, 그리고 곤충을 포획하는 트랩으로 구성되며, 최근 여기에 화상카메라 장치나 적외선감지기를 장착한 계수장치 등 무인자동화 트랩도 개발되고 있다. 트랩의 모양과 재질 등은 곤충의 행동 특성과 서식처를 감안해서 만들어야 한다. 또한 트랩 포획 효율은 온도, 풍속, 풍향 및 달빛 등과 같은 기상 조건과 수컷 성충의 교미 전 행동의 영향을 받는다. 특히 밤에 활동하는 나방의 경우, 달빛이 없는 날, 바람이 세지 않을 때에 포획수가 많다. 단, 성페로몬트랩의 경우 성충 초기 수컷들이 주로 유인된다는 점을 명심해야 한다.

(3) 함정트랩(pitfall trap)

지표 배회성 곤충이나 동물 사체를 청소하는 곤충을 유인하여 포획하는 방법으로 컵이나 버킷 같은 것을 지표면에 묻어놓는 방식이다(그림 7). 곤충을 유인하기 위하여 동물 사체 또는 유인성이 강한 막걸리나 포도주, 휘발성 냄새가 나는 것을 트랩에 넣어놓는다. 트랩을 수일 이상 장기간 노출시켜야 할 경우에는 포획된 곤충들끼리 피포식 활동이 일어나지 않게, 또는 사체가 부패하지 않게 보존재로 알콜이나 에틸렌글라이콜을 넣어주면 좋다. 계면활성제나 부동액을 추가해주어도 좋다. 트랩은 지표면과 같은 높이로 땅속에 묻어둔다. 또한 지상에서는 나무에 참나무 수액이나 당밀을 발라놓아 장수풍뎅이나 사슴벌레 등을 유인하는 것도 비슷한 맥락의 함정트랩이다.

그림 7. 곤충 채집용 함정트랩(왼쪽)과 레이더를 활용한 말벌의 추적 장치(오른쪽)

(4) 먹이트랩(bait trap)

함정트랩과 비슷한 개념이지만 함정트랩은 대개 지표면에 설치하여 배회성 곤충을 채집하는 데 용이한 반면, 먹이트랩은 비행성 곤충 채집에 사용된다. 과실파리의 경우 암컷 성충이 단백질 먹이섭취를 해야 알이 성숙되기 때문에 이를 활용한 단백질 먹이트랩을 설치한다. 말벌을 포획하기 위한 트랩 역시 먹이가 되는 당액과 참나무 수액을 혼합해서 유인액을 만든다. 복숭아순나방 등 사과해충 역시 페로몬트랩에 보조적으로 당분을 추가한 먹이트랩을 활용한다.

(5) 황색수반트랩(yellow pan trap)과 황색점착트랩(yellow sticky trap)

곤충이 특정 색채나 파장, 모양에 자극을 받아서 이끌리는 점을 이용한 트랩이다. 흡혈곤충인 소등에류는 번쩍거리는 검은 공에 이끌리고 몇몇 과실파리류는 빨간공에 이끌린다. *Bombus* 뒤영벌류는 자외선 파장에 반응하므로 자외선반사판을 사용하고, 많은 곤충들은 자외선과 노란색 계열에 반응이 뛰어나다. 황색수반트랩은 노란색 그릇에 물이나 당액을 담아 색깔과 맛에 유인된 곤충을 채집하는 방법으로 화분매개곤충상 조사, 진딧물 등 이동성 소형 곤충의 조사에도 유용하다. 계면활성제를 추가해주면 표면장력이 없어져서 곤충이 물에 뜨지 않고 쉽게 가라앉는다. 보통 지상 1m 높이에 설치하며, 상대적 비교를 위한 조사방법으로 유용하다. 가루이, 진딧물, 총채벌레 등 조사에는 노란끈끈이트랩이 전반적으로 활용되고 있다. 끈끈이트랩은 활용성이 매우 높지만 포획곤충을 온전히 확보하기 어렵다는 단점이 있다.

(6) 토양 깔대기법(Berlese Tullgren funnel, Baermann funnel)

토양 서식성 곤충과 미소절지동물은 Berlese Tullgren funnel을 이용하여 채집한다. 대부분 토양 서식성 절지동물은 빛과 열 또는 건조에 기피반응을 보인다. 깔대기 모양의 용기에 흙이나 낙엽 등 유기물을 넣고, 뚜껑을 닫고 그 안에 30W 불빛을 밝혀주면 토양생물들은 아래쪽으로 이동하다가 깔대기 아래로 떨어진다. 깔대기 아래쪽 칸막이를 통해서 토양이나 다른 물질이 쏟아지지 않게 해주면 운동성이 뛰어난 곤충들부터 아래로 떨어진다. 아래에 알콜 등을 통해 채집하게 된다. 반면 토양 선충은 Baermann funnel을 이용하여 채집하고 조사할 수 있다. 토양서식 선충류는 물속을 헤엄쳐서 아래로 이동하는 특성이 있다. 따라서 깔대기 아래쪽에 고무호스를 연결하고 끝을 막은 후 흙을 넣고 물을 채워주면 맨 아래로 내려가 모인다. 중간에 필터페이퍼로 흙 등 시료가 아래로 흘러가지 않게 해준다.

(7) 표식-방사-재포획법(mark-release-recapture method)

대부분의 곤충조사 방법은 곤충의 밀도나 분포를 추정하기 위한 방법이며 직간접적 지표를 통해 개체군 모수를 추정하기 위한 추정치로 활용된다. 넓은 공간에서 활동범위가 넓은 곤충의 밀도나 분포를 추정하기 위해서 사용하는 방법 중 하나가 표식-방사-재포획법이다. 집단 내에서 일정 수를 포획하여 표지한 후 방사한다. 일정 시간 후에 그 집단에서 또 일정 수를 포획한 후 표지가 있는 개체수 정보를 통해서 전체 집단의 크기를 추정할 수 있다.

$$N = MC/R$$

N: 개체군 크기 추정치, *M*: 표식 후 방사한 개체수, *C*: 2차 포획 개체수, *R*: 2차 포획 개체 중 표식된 개체수.

예를 들어 어느 호수에 100마리를 표식해서 방사한 후, 다시 100마리를 무작위로 채집했다. 그 안에 표식이 있는 개체가 10마리였다. 그 호수 안에는 1,000마리의 개체들이 서식하고 있을 것으로 추정한다(100 × 100/10 = 1,000).

물론 표지한 후 오랜 시간이 흐르면 그 사이 이입, 이출, 출생 및 사망이 발생할 수 있기 때문에 개체군 생태 측면에서 조정이 필요하다. 이 방법은 이동성 철새나 야생동물, 그리고 물장군 등 희귀곤충의 밀도 추정에도 활용되고, 꿀벌 개체수 추정이나 꿀벌의 연령별 노동분화 등을 연구할 때도 널리 활용된다. 이 방법에서 고려할 사항은 특정 발육단계, 연령, 또는 성이나 계급을 선정하여 표식하는 것이 좋다. 또한 그 표식은 개체의 행동이나 생존, 집단에 영향이 없어야 한다는 점이다. 대량으로 표식을 하면 좋다. 그러나 야외 개체군을 대상으로 대량 포획 및 표식에는 상처, 질병, 손상 등의 위험이 따른다. 실내 집단 사육 개체에 표식하여 방사할 수도 있다. 표식집단을 동일 연령으로 균질화할 수 있고 필요한 수량을 제때에 공급할 수 있는 장점이 있으나 이들의 생리 및 행동습성이 야생종과 상당한 차이를 보일 가능성이 있다는 단점이 있다. 실내 누대사육에서 얻은 성충의 활동성이 야외종에 비해 상당히 떨어지는 경우가 많다.

또한 표식방법이 생물의 수명이나 행동에 영향을 주어서는 안 된다. 표식방법에는 내부적(internal) 방법과 외부적(external) 방법이 있다.

내부적 표식방법은 물감(dye)이나 방사성 물질을 곤충의 체내에 주입시켜 조직에 표식하는 것이고, 외부적 표식방법은 물감을 곤충의 체외 부위에 표식하는 것이다. 표식할 때 성충의 활동성이 너무 강해서 다루기가 힘들 경우 저온(1~5℃ 정도)에 놓아서 움직임을 둔화시킨 후 다룬다. 또한 이산화탄소 같은 마취제를 사용할 수도 있는데, 이때는 이것이 성충의 행동에 영향을 줄지 확인한 후 사용하는 것이 바람직하다. 꿀벌을 대량 표식할 경우에는 꿀벌 번데기로 가득찬 벌집소비 한 장(벌집 한 장; 10,000여 마리의 성충이 우화함)을 35℃ 인큐베이터에서 유지하면서 성충으로 우화하면 바로 염색 분말을 뒤집어씌우거나, 이산화탄소 가스로 마취한 후 매직펜을 이용하여 특정한 숫자나 기호, 색깔로 표지한다.

(8) 표식-추적법(Mark and Tracking)

최근 사회성 곤충의 둥지를 찾거나 특정 생물의 서식처나 행동을 추적하기 위한 방법으로 사용되는 것이 표식-추적법이다. 말벌이나 꿀벌의 경우 먹이활동 이후 둥지로 돌아갈 때에는 둥지가 있는 방향으로 반듯하게 날아간다(bee-line). 꿀벌에게 먹이를 주고 그 꿀벌이 날아가는 방향을 추적하면 그 꿀벌의 둥지를 찾을 수 있다. 똑같은 방법으로 말벌집 추적도 가능하다. 말벌류는 둥지의 어린 유충을 위해 단백질성 먹이를 수집한다(예: 꿀벌, 메뚜기, 매미, 육포나 고기 등). 일본에서는 쌍살벌이나 땅벌의 집을 찾기 위해 숲속에 이들이 출몰하기 쉬운 곳에 생고기(쇠고기 선호)를 둔다. 이 벌들이 와서 먹이를 재단하여 가져가려 할 때 다리 끝에 가볍고 하얀 실을 묶어둔다. 그리고 그 실을 추적한다. 최근에는 radio-telemetry 기법이 동원된다. 소형의 무선전파발신기를 말벌의 몸에 부착해 안테나를 이용해서 그 전파를 추적하여 말벌의 집을 찾아낸다. 아직은 걸음마 수준이지만 이러한 기술이 점차 확대될 것이다.

(9) 기타 방법

이 밖에도 장대 끝에 포충망을 매달아 진딧물류나 멸구류와 같은 것을 공중에서 채집하는 공중포충망, 포장에서 막대기로 작물 사이를 지나가며 휘둘러쳐서 그때 흩어져 날아가는 나방을 세는 법(moth-flushing technique), 커다란 케이지를 포장에 이동시키면서 그 안에 있는 성충을 세는 법, 풀밭에 진드기 등을 채집하기 위한 흰색 매트법 등 다양한 방법이 있다.

6. 해충 조사방법의 효율성과 표본추출법

1) 해충 조사의 효율성

해충 표본조사 방법 중 훈증법이나 전체 식물체 조사법은 해충의 종류, 발육단계에 상관없이 표본 단위당 절대밀도를 제공할 수 있겠으나, 그 외의 방법들은 그 효율성이 각기 다르다. 예를 들어 작물해충 조사를 위한 포충망조사법의 경우 충의 종류나 충태 및 작물의 생육단계에 따라 그 효율성이 크게 달라진다. 따라서 조사자들은 각 해충조사 방법의 효율성을 제대로 이해하지 못하면 해충 개체군 밀도 변동에 대한 그릇된 분석을 내릴 위험성이 있음을 주의해야 한다. 또한 표본단위의 크기, 온도, 광조건, 작물의 생육단계, 해충의 포장 내 공간분포 및 작물체 내 분포들도 이들 조사방법의 효율성에 큰 영향을 준다. 따라서 조사목적(예를 들어 개체군 동태연구 또는 방제 결정을 위한 해충밀도조사), 조사대상 해충 및 작물에 따라 조사방법의 선택이 달라질 수 있으며, 또한 적합한 조사방법을 선택하기 위해서는 이들 방법 간의 효율성을 비교하여 결정해야 한다. 이들 방법 간의 효율성 비교는 절대밀도 조사방법의 결과와 회귀분석을 함으로써 이루어질 수 있는데 상대밀도 조사법끼리도 이 방법을 이용해서 직접 비교할 수 있다.

조사방법의 선택 시 고려해야 할 또 하나의 요인은 설정된 신뢰성을 갖는 추정치를 얻는 데 드는 비용이다. 모든 조사방법은 효율성은 물론 사용의 용이성 및 비용이 다르기 마련인데 조사비용을 비교결정하기 위해서는 다음의 네 가지 요인을 고려해야 한다. ① 상대 또는 절대 효율성 추정치, ② 분산-평균관계 또는 해충서식비율-평균관계, ③ 표본단위의 수집 및 조사에 드는 시간(비용), ④ 한 표본추출 장소(단위)에서 다른 표본추출 장소(단위)로 이동하는 데 드는 시간(비용).

조사방법 간의 비용 비교는 다음 식에 의해서 이루어질 수 있다.

$$C_1 / C_2 = n_1(\theta_1 + \phi_1) / [n_2(\theta_2 + \phi_2)]$$

$C_i = i$의 조사방법 사용 시 드는 총시간(비용)

$\theta_i = i$의 조사방법 사용 시 표본단위당 조사 시간(비용)

$\phi_i = i$의 조사방법 사용 시 한 표본단위 간 이동 시간(비용)

$n_i = i$의 조사방법 사용 시 요구되는 표본수

C_1 / C_2의 비율이 1보다 클 때, 방법 1이 방법 2보다 비용이 더 드는 것을 뜻한다.

조사방법 간의 효율성 비교나 결과 분석에서 또 하나 무시할 수 없는 요인은 조사자 간의 개인차다. 즉 여러 조사자가 포장에 나가 어떤 조사방법을 사용할 때 이것이 어느 정도 조사자의 기술적인 숙련을 필요로 한다면, 그 방법에 대한 이들의 숙련도에 따라 같은 조사조건에서라도 그 결과들이 달라질 가능성이 높다. 따라서 여러 조사자가 조사를 나갈 경우 사전에 이들 각자의 조사능력(효율성)을 평가하여 나름대로의 객관적인 숙련도 지수(index of skill)를 구하여 개인차에 따른 보정치를 구해야 할 것이다.

2) 해충조사 표본추출법

표본조사의 목적은 앞에서도 언급했지만 모집단에서 취한 표본 내 정보를 토대로 모집단에 관한 정보를 추정하는 것이다. 이때 두 가지 요인이 표본 내 정보의 양과 질에 영향을 줌으로써 추정치의 정밀성에 영향을 주는데, 하나는 표본크기(예: 반복수)이고 다른 하나는 자료 내 표본관측치의 변이크기다. 변이의 크기 결정에 대해서는 앞에서 설명했기 때문에 여기서는 표본추출방법에 대해서 간단히 설명하고자 한다.

표본추출방법에는 유의추출(purposive selection)과 임의표본추출(random sampling) 두 가지가 있다. 유의추출이란 조사자가 추출 대상인 모집단에 대하여 잘 알고 있어서 무작위(random)적이 아니라 의도를 가진 표본추출법이다. 임의표본추출이란 무작위성을 도입하여 대상 표본 중 일부를 임의로 추출하는 방법이다. 무작위성 때문에 오차 추정이 가능하고 또한 확률이론이 응용될 수 있다. 이 방법은 조사자의 주관이 개입되지 않고, 모집단 내 모든 개체가 표본으로 선발될 확률이 동일하다. 임의표본추출에는 여러 종류가 있으며 여기에서는 해충 조사에 가장 많이 활용되는 단순임의표본추출법, 계통추출법과 층화임의추출법을 소개한다. 통계량을 구하는 방법은 코크런(Cochran, 1977)의 설명을 참조하기 바란다.

(1) 단순임의표본추출법(simple random sampling)

이 방법은 모집단 내의 모든 표본단위가 표본으로 추출될 확률이 똑같도록 표본추출하는 법이다. 모집단 표본단위에 번호를 부여하고 임의로 난수표 등을 이용하여 표본을 선발한다. 그러나 모집단이 지나치게 큰 경우 확률이 동일한 표본추출이 어려울 수 있다.

(2) 계통추출법(systematic random sampling)

이 방법은 모집단이 큰 경우, 모집단을 표본크기로 나눈다. 나눈 그룹의 크기를 K라고 한다. 첫 그룹에서 임의추출을 한 후, K 간격으로 필요한 표본의 크기만큼 표본을 추출하는 방법이다. 예를 들면 논에서 각 세 번째 열을 조사하는 데 일정한 걸음을 걷고 조사하는 방법이다. 일정한 간격으로 표본을 추출하기 때문에 추출의 주기성을 띠게 될 수 있다.

(3) 층화임의추출법(stratified random sampling)

이 방법은 모집단을 차이가 존재하는 몇 개의 그룹(층)으로 나누고, 각 층으로부터 임의표본추출을 하는 것이다. 각 층에서의 표본추출 수는 층의 크기에 따라 다를 수 있다. 이 방법의 장점은 해충밀도 추정치를 각 서식처에 대해서 별도로 얻을 수 있으며, 합쳐서 전체 면적에 대한 추정치를 구할 수 있다는 점이다. 또한 다른 방법들보다 정확성을 높일 수 있고 비용을 절감할 수 있다.

본 원고의 일부는 송정 현재선 교수 정년퇴임기념 [응용곤충학논총]의 9장. 해충밀도조사법의 원리의 내용을 포함함(본문 내 인용생략).

Please cite this chapter as: Lee, J.-H., Park, Y.-L., Jung, C. 2021. Principles of spatial distribution and sampling of insect pests. In: Lee, J.-H., Kim., D.-S., Jung, C., Park, Y.-L. (eds.), Research Methodology in Insect Ecology, Seoul National University Press, Seoul, pp. 199-230.

참고문헌

Anscombe, F.J. 1950. Sampling theory of the negative binomial and logarithmic series distributions. Biometrika 37, 358-382.

Bliss, C.I., Owen, A.R.G. 1958. Negative binomial distributions with a common k. Biometrika 45, 37-58.

Blower, J.G., Cook, L.M., Bishop, J.A. 1981. Estimating the size of animal population. George Allen and Unwin Ltd., London.

Boivin, G., Vincent, C. 1983. Sequential sampling for pest control programs. Project No. 923. Research Branch Agriculture Canada.

Carde', R.T., Elkinton, J.S. 1984. Field trapping with attractants: methods and interpretation. pp. 111-129. In: Hummel, H.E., Miller, T.A.(eds.), Techniques in pheromone research. Springer-Verlag, New York.

Cochran, W.G. 1977. Sampling techniques. 3rd ed. John Wiley & Sons, New York.

Elliott, J.M. 1971. Some methods for the statistical analysis of samples of benthic invertebrates. Sci. Publ. Freshw. Biol. Assoc. 25. Freshwater Biol. Ass., Ambleside, Westmorland, U.K. 144 p.

Harcourt, D.G. 1962. Design of a sampling plan for studies on the population dynamics of the imported cabbageworm, Pieris rapae (L.) (Lepidoptera: Pieridae). Can. Entomol. 94, 849-859.

Horn, D.J. 1988. Ecological approach to pest management. The Guilford Press, New York.

Iwao, S., Kuno, E. 1971. An approach to the analysis of aggregation pattern in biological populations. In: Patil, G.P., Pielou, E.C. Waters, W.E. (eds.), Statistical Ecology Vol. 1: Spatial patterns and statistical distributions. Penn State University Press, Philadelphia.

Karandinos, M.G. 1976. Optimum sample size and comments on some published formulae. Bull. Entomol. Soc. Am. 22, 417-421.

Katti, S.K. 1966. Interrelations among generalized distributions and their components. Biometrics 22, 44-52.

Kogan, M., Herzog, D.C. 1980. Sampling methods in soybean entomology. Springer-Verlag, New York.

Pedigo, L.P., Hutchins, S.C., Higley, L.G. 1986. Economic injury levels in theory and practice, Annu. Rev. Entomol. 31, 341-368.

Pieters, E.P. 1978. Bibliography of sequential sampling plans for in sects. Bull. Entomol. Soc. Am. 24, 372-374.

Ruesink, W.G., Koran, M. 1982. The quantitative basis of pest management: sampling and measuring. pp.315-352. In Metcaff, R.L., Luckmann, W.H. (eds.), Introduction to insect pest management. John Wiley & Sons, New York.

Shepard, M., Carner, G.R. 1976. Distribution of insects in soybean fileds. Can. Ent. 108, 761-771.

Southwood, T.R.E. 1978. Ecological methods with particular reference to the study of insect population. Chapman and Hall, London.

Sterling, W.L. 1979. Economic threshoulds and sampling of Heliothis species on cotton, corn, soybeans and other host plants. Southern cooperative series Bulletin 231.

Taylor, L.R. 1961. Aggregation, variance and the mean. Nature 189, 732-735.

Taylor, L.R. 1971. Aggregation as a species characteristic. In: Patil, G.P., Pielou, E.C., Waters, W.E. (eds.), Statistical Ecology Vol. 1: Spatial patterns and statical distributions. Penn State University Press, Philadelphia.

Taylor, L.R. 1984. Assessing and interpreting the spatial distributions of insect populations. Annu. Rev. Entomol. 29, 321-257.

Wilson, L.T., Room, P.M. 1983. Clumping patterns of fruit and arthropods in cotton with implications for binomial sampling. Environ. Entomol. 12, 50-54.

Wilson, L.T., Sterling, W.L., Rummel, D.R., Devay, J.E. 1989. Quantitative sampling principles in cotton IPM. pp. 85-119. In: Frisbie, R.E., El-Zik, K.M., Wilson, L.T. (eds.), Integrated pest management systems and cotton production. Wiley-Interscience, New York.

제9장

MaxEnt 소프트웨어를 활용한 종 분포 예측

김민중, 이준호

1. 서언

생물종이 변화하는 환경에서 어떻게 반응할 것인가? 그에 따라 이들의 지리적인 분포는 어떻게 변할 것인가? 이러한 질문은 주변 환경과 생물종의 상호관계를 탐구하는 생태학 분야에서 중요한 연구 주제다. 이러한 질문을 해결하기 위해 생물종의 지리적 분포와 환경변수들과의 관계를 추정하고, 이를 함수화하는 과정을 상관적(correlative) 종분포모형화(species distribution modeling, SDM)라고 한다(Elith and Leathwick, 2009). 상관적 종분포모형을 통해 생물종의 환경에 대한 반응을 추론할 뿐만 아니라 지리적 공간에 모형으로 예측된 값을 투사(projection)함으로써 새로운 시간과 공간에서 종의 잠재적 분포를 예측할 수 있다. 이 연구 방법은 기후변화에 따른 종의 발생 분포 예측, 외래 해충의 정착 가능성 예측, 보호해야 할 종의 서식지 보전 계획 수립 등 다양한 목적을 위해 이용될 수 있다(표 1). 여기에서는 곤충의 분포를 예측하기 위한 상관적 종분포모형들의 기본 가정과 개념을 소개한다. 또한 모형 알고리즘 중 가장 널리 사용되고 있는 최대엔트로피 방법(maximum entropy method, MaxEnt)을 소개하고 실제 적용 사례를 살펴본다.

표 1. 한국 지역을 대상으로 한 상관적 곤충 종분포모형 연구

대상 곤충	모형	분포[1]	종 분포 자료[2]	분야	목적	저자
작은빨간집모기	최대 엔트로피	○	존재	해충 관리	• 현재 잠재서식지 예측 • 현재 발생 위험 지역 예측	Masuoka et al., 2010
하루살이목, 잠자리목, 강도래목, 날도래목	일반화 가법 모형	○	존재/부재	종 보전	• 미래[3] 종 풍부도 예측 • 미래 군집 구성 변화 예측	Li et al., 2013
갈색날개매미충	최대 엔트로피	△	존재	해충 관리	• 현재 잠재서식지 예측 • 현재 발생 위험 지역 예측	Kim et al., 2015
양봉꿀벌	최대 엔트로피	○	존재	종 보전	• 현재 적합서식지 예측 • 환경 요구 조건 추정	Kim et al., 2017
붉은불개미	랜덤 포레스트	×	존재/임의 부재	정착 위험 평가	• 현재/미래 잠재서식지 예측 • 현재 발생 위험 지역 예측	Sung et al., 2018
갈색날개매미충	최대 엔트로피	△	존재	해충 관리	• 현재/미래 잠재서식지 예측 • 예측변수 선택 방법	Baek et al., 2019
미국선녀벌레	랜덤 포레스트	△	존재/임의 부재	해충 관리	• 현재 잠재서식지 예측 • 발생 패턴 분석	Lee et al., 2019
미국선녀벌레	최대 엔트로피	△	존재	해충 관리	• 현재/미래 적합서식지 예측 • 침입 단계에 따른 확산 패턴	Kim et al., 2019
꽃매미	최대 엔트로피	△	존재	해충 관리	• 현재 적합서식지 예측 • 발생 패턴 분석	Namgung et al., 2020

[1] 토착종(○), 국내에 확산 중인 외래종(△), 국내 확산이 확인되지 않은 외래종(×)
[2] 존재: 종이 존재하는 지점의 정보, 부재: 종이 부재하는 지점의 정보, 임의 부재: 임의로 생성한 부재 지점의 정보.
[3] 표에 있는 모든 연구에서 미래 분포는 같은 공간에서 기후변화에 따른 생물종의 발생 가능성 변화를 의미함.

2. 상관적 종분포모형

1) 모형의 구동 원리

(1) 생물종의 지리적 분포와 환경적 공간

우리가 실제 관찰하거나 문헌 혹은 표본에 남겨진 생물종의 분포기록은 지리적 공간(geographical space)에서 이들이 존재하는 위치를 알려준다. 하지만 이 위치 정보는 생물종의 서식과 존속에 필요한 환경조건에 관한 정보를 제공하지는 않는다.[1] 지리적 위치에 해당하는 지점의 환경조건 정보를 구축하거나 환경변수에 대한 생물종의 반응을 연구한 이후에 왜 이 생물종이 특정 지점에 분포하는지를 추정할 수 있

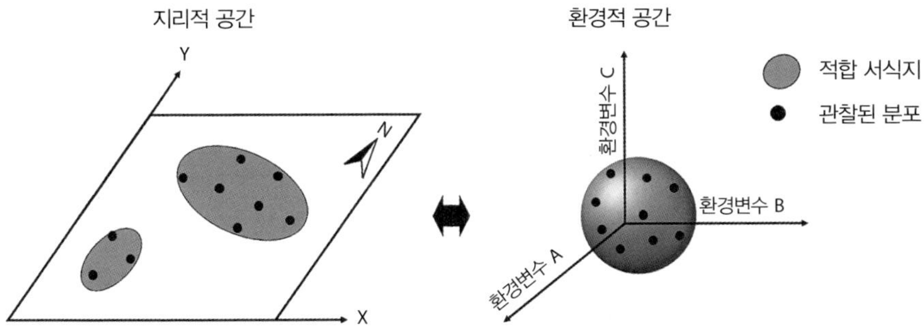

그림 1. 서로 다른 공간에 투사된 생물종의 적합서식지와 관찰된 분포

(왼쪽) 지리적 좌표(geographic coordinates)로 정의된 공간. 지리적 공간에 생물종의 분포를 투사함으로써 종의 서식 위치를 표현할 수 있다. 하지만 생물종의 생존과 관련된 환경조건에 대한 정보는 제공하지 않는다. (오른쪽) 환경변수 A, B, C로 정의된 공간. 환경적 공간에 생물종의 생존에 적합한 지점들을 투사함으로써 종의 서식에 필요한 환경조건을 표현할 수 있다. 하지만 실제로 생물종이 지리적으로 어떤 지점에 존재하는지는 보여주지 않는다.

을 것이다. 따라서 종분포모형에서는 생물종의 분포를 설명하기 위해 지리적 공간이 아닌 환경적 공간(environmental space)이라는 개념적 공간 안에서 생물종이 필요로 하는 환경조건을 추정한다(그림 1).

환경적 공간은 환경변수에 의해 정의된 공간으로, 이는 허친슨(Hutchinson, 1957)이 제안한 생물종의 생태적 지위(niche) 개념과 관련이 깊다(Pearson, 2010). 허친슨은 생태적 지위를 생물종이 존속하기 위한 환경조건들의 집합체, 즉 환경변수들의 n개의 변수(차원)로 구성된 초입체(hypervolume)로 정의했다. 다시 말해 생태적 지위는 생물종이 영속할 수 있는 조건들을 충족하는 환경 공간으로 정의할 수 있다. 종분포모형은 환경적 공간에서 생물종의 생태적 지위를 설명한다는 점에서 생태 지위 모형(ecological niche modeling, ENM)이라고도 한다(Elith and Leathwick, 2009).

1 종분포모형은 연구대상의 위치와 지점 간의 공간적 상호작용을 다루는 공간분포분석(spatial analysis)과는 다른 접근법을 취한다. 공간분포분석에서 종의 분포 위치와 이들 간의 거리는 공간적 패턴과 종의 확산 패턴 등을 파악하기 위한 직접적인 정보를 제공한다. 반면에 종분포모형에서 분포자료는 종의 생존에 적합한 환경 요인을 참조하기 위한 수단이며, 모형 구동에 분포 위치 정보(좌표 정보)가 직접적으로 사용되지 않는다. 이 모형은 생물종의 지리적 공간분포를 형성하도록 하는 동인을 환경변수들로 설명하고자 하는 것이 목적이다.

(2) 모형의 접근 방식

기계적(mechanistic) 종분포모형은 관심 생물종의 알려진 분포와 관계없이 특정 환경변수에 대한 종의 생리적 반응을 토대로 주어진 환경조건에서 종의 서식 가능성을 평가한다. 환경조건에 따른 종의 생리적 반응은 일반적으로 통제된 조건(예를 들어 실험실 조건)에서 추정되며, 결정적(determined) 매개변수를 모형에 적용함으로써 종의 서식 적합성을 예측한다. 따라서 기계적 종분포모형은 입력된(환경변수들에 대한 생물종의 반응이 알려진) 환경변수들로 예측된 기본 생태적 지위(fundamental niche)에 가깝다. 따라서 이러한 모형들은 종 분포 지점의 환경변수들을 추출하는 과정이 필요하지 않으며, 지리적 격리 혹은 국지적 절멸로 인해 종이 분포하지 않는 지점의 서식 적합성을 평가하는 데 유용하다.

반면, 상관적 종분포모형은 알려진 종의 분포와 관련된 환경변수들을 이용하여 함축적으로 종의 발생 가능성을 추론하는 방식을 취한다. 이 모형의 기본 가정은 알려진 생물종의 분포가 그 종이 필요로 하는 환경조건들을 반영한다는 것이다. 예를 들어 곤충 B가 A라는 환경조건을 가진 지역에서 주로 발견된다면, B는 A를 필요로 하며 A가 B의 분포를 결정할 수 있는 요인으로 생각할 수 있을 것이다. 또한 A와 유사한 조건을 충족하는 지역에서 B가 분포할 가능성이 크며 생존에 적합할 것으로 추정할 수 있다(Pearson, 2010). 그러므로 상관적 종분포모형은 생물종의 지리적 분포를 환경변수로 구축된 공간으로 옮겨와서 종의 발생과 환경변수들과의 관계를 추정하고, 이를 다시 지리적 공간으로 표현하는 과정이라 할 수 있다(그림 2). 이 모형의 결과는 연구대상 지역에서 생물종이 차지한 서식지(occupied habitat)를 주어진 환경변수들로 설명한 것으로, 실제 생태적 지위(realized niche)에 가까울 것이다. 우리가 알고 있는 종의 분포 정보는 기본 생태적 지위에서 실제로 차지한 일부만을 대변할 수 있기 때문이다.

2) 모형 구동에 필요한 전제 조건

상관적 종분포모형은 경험적(empirical) 자료, 즉 관측된 종 분포자료와 연구자가 선택한 환경변수들에 크게 의존적일 수밖에 없다. 따라서 주어진 자료가 모형의 기본 가정들과 조건을 충족하는지 판단해야 하며, 이는 예측력이 높은 모형을 만들기 위

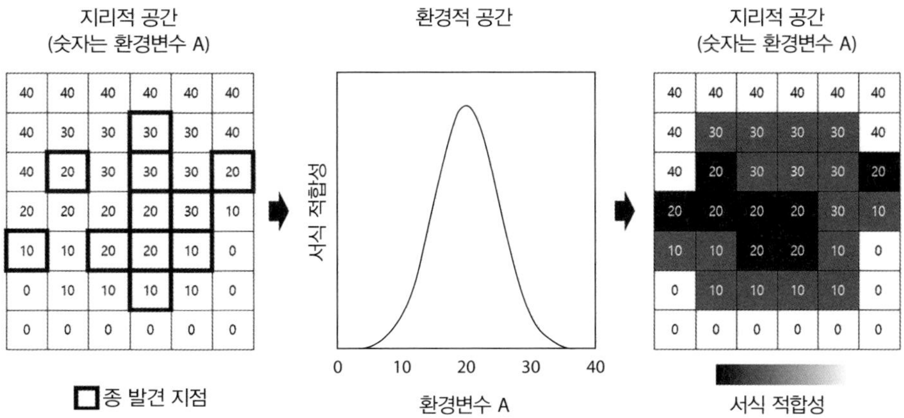

그림 2. 상관적 종분포모형의 접근 방식

(왼쪽) 지리적 공간에서 확인된 대상 생물종의 분포. 지리적 좌표(geographic coordinates)를 통해 현재 알려진 대상 생물종의 분포 범위를 확인할 수 있다. (가운데) 한 가지 환경변수 A로 정의된 개념적 환경 공간과 종의 발생 가능성. 변수 A와 생물종 발생 가능성과의 관계를 추론하는 과정이다. 종의 발생 가능성이 이들의 서식 적합성을 대변할 수 있다고 가정한다. (오른쪽) 지리적 공간에 표현된 생물종의 서식 적합성. 환경변수 A로 예측된 종의 발생 가능성 함수가 지리적 공간에 투사되었다.

한 전제 조건이다. 전술한 바와 같이 상관적 종분포모형의 가장 기본적인 전제는 알려진 생물종의 분포가 생물종이 필요로 하는 환경조건을 반영한다는 것이다. 이 전제와 관련하여 다음과 같은 사항을 반드시 고려해야 한다.

(1) 생물종의 평형(equilibrium)상태

생물종의 평형상태는 연구대상지 내 적합서식지 전체에 해당 종이 분포하고 있으며, 반대로 비적합서식지에는 종이 발견되지 않는 상태다. 이는 생물종이 관심 지역의 환경(생물적·비생물적 요소)과 충분한 상호작용을 거쳐 생존에 적합한 조건을 가진 지역을 점유하였고, 따라서 종의 분포자료가 이들이 필요로 하는 환경조건을 반영할 수 있다는 것을 의미한다. 오랜 시간 동안 원산지 지역에 존재해왔던 토착종은 일반적으로 이미 평형상태에 도달했다고 가정할 수 있는 반면, 새로운 지역에 침입 후 확산 중인 외래종은 평형상태를 가정하기 어렵다(그림 3). 생물종이 연구대상지에서 비평형상태라면, 우리가 알고 있는 종 분포 위치의 환경변수들은 생물

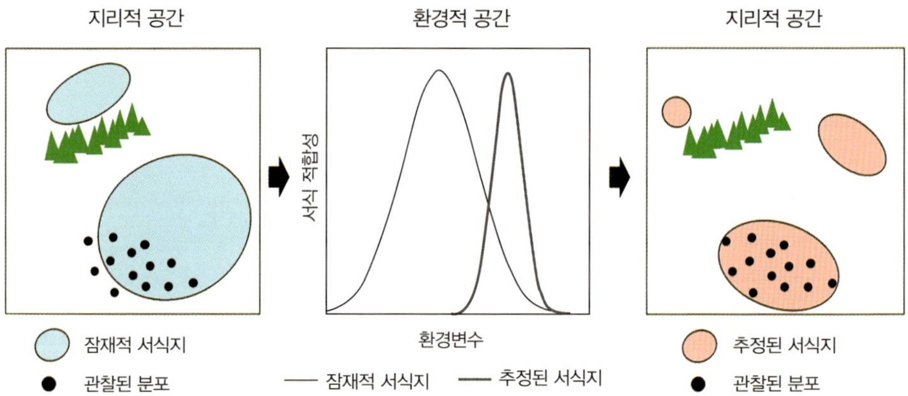

그림 3. 생물종의 평형상태가 종분포모형에 미치는 영향

(왼쪽) 지리적 공간에서 확인된 대상 생물종의 분포. 관심 지역에서 생물종이 평형상태에 도달하지 못하여 잠재서식지의 일부 지역과 비적합서식지에서 종의 분포가 관찰되었다, (가운데) 환경적 공간에서 추정된 서식 적합성. 종의 분포가 생물종의 환경 요구 조건을 잘 반영하지 못했다, (오른쪽) 지리적 공간에서 예측된 생물종의 분포. 생물종의 환경 요구 조건 범위가 실제보다 좁게 예측되었다. 또한 적합서식지 바깥에서 관찰된 분포기록 때문에 생물종의 생존에 적합하지 않은 지역도 적합서식지로 잘못 예측했다.

종의 존속을 위한 환경 요구 조건들을 대표할 수 없을 것이다.

(2) 분포자료의 편향성

지점별로 다른 강도로 생물종의 분포 조사를 수행했다면 분포자료에는 표본 조사 강도도 반영될 것이다. 또한 동일한 기준으로 분포조사를 했지만 조사가 연구대상지 내 특정 지역에서 집중적으로 이루어졌을 때도(즉 특성 지역에서만 조사가 수행될 가능성이 더 큰 경우) 분포자료가 편향될 가능성이 크다(Philips et al., 2009). 종분포모형에서 빈번하게 사용하는 기후변수들은 대부분 공간적 자기상관성(spatial autocorrelation)[2]을 띠기 때문이다. 따라서 지리적으로 편향되어 조사된 분포자료에는 특정 기상 조건을 갖는 지점의 분포 정보가 더 많이 포함될 수 있다. 이러한 분

---

2 공간자료(여기서는 환경변수)의 위치가 이들의 속성에 영향을 주는 성질을 칭한다. 공간적 자기상관성을 갖는 환경변수는 지리적 공간에서 가까운 위치에 있을수록 서로 유사한 속성을 가진다.

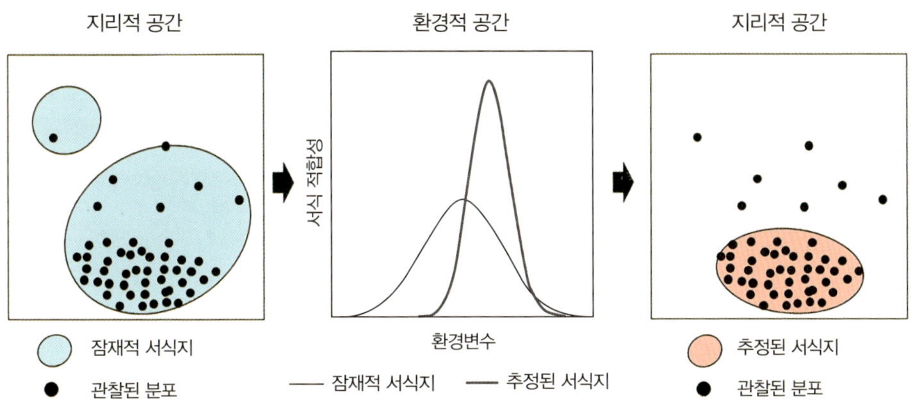

그림 4. 편향된 분포자료가 종분포모형에 미치는 영향

(왼쪽) 지리적 공간에서 확인된 대상 생물종의 편향된 분포자료. (가운데) 환경적 공간에서 추정된 서식 적합성. 분포자료가 편향되어 특정 환경조건을 갖는 지점의 서식 적합성이 실제보다 더 높게 추정되었다. (오른쪽) 지리적 공간에서 예측된 생물종의 분포. 적합서식지를 실제보다 좁게 예측했다.

포자료는 대상 생물종의 환경 요구 조건을 잘 반영할 수 없으므로, 종분포모형의 신뢰성을 감소시킬 것이다(그림 4).

(3) 생물종과 환경변수의 관련성

생물종 분포를 예측하기 위해 모형에 입력되는 환경변수들은 연구자의 판단으로 결정된다. 따라서 생물종의 서식 적합성과 관련이 없는 환경변수를 입력할 가능성이 있으며, 이는 부정확한 분포 예측을 초래할 것이다(그림 5). 예를 들어 높은 산에서 주로 발견되는 곤충종의 분포를 예측하기 위해 연구자는 고도변수를 종분포모형에 입력할 수 있다. 하지만 대상 곤충종의 분포가 고도에 의해 결정되는 것이 아니라 고도에 따른 온도 분포로 결정된 것이라면, 고도는 이 곤충의 분포와 상관은 있지만, 분포를 설명할 수 있는 변수가 될 수는 없을 것이다.

(4) 지리적/환경적 공간의 범위

연구자는 연구 목적에 맞게 대상 생물종의 분포를 설명하고자 하는 지리적/환경적 공간 범위를 사전에 결정해야 한다. 일반적으로 지리적 범위가 좁을수록 관련 환경

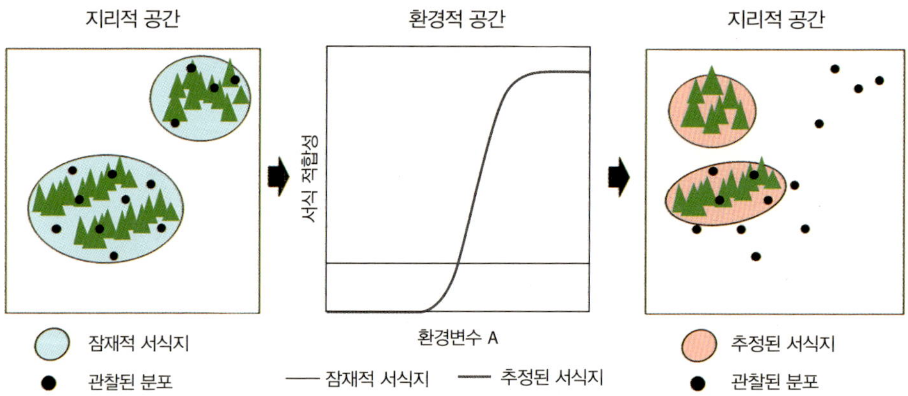

그림 5. 환경변수 선정이 종분포모형에 미치는 영향

(왼쪽) 지리적 공간에서 확인된 관심 생물종의 분포. 곤충종의 분포와 특정 식물의 분포가 우연히도 일치했다. (가운데) 환경적 공간에서 추정된 서식 적합성. 실제로 관찰된 식물종과 연구대상 곤충의 서식 적합성 간에는 연관성이 없다. (오른쪽) 지리적 공간에서 예측된 생물종의 분포. 식물종의 분포가 변함에 따라 곤충종의 적합서식지가 변할 것으로 잘못 예측했다.

변수 값들의 범위가 좁아서, 이 지역에서 만든 모형을 다른 지역에 적용하면 외삽(extrapolation)[3]된 결과를 얻을 가능성이 클 것이다(그림 6). 예를 들어 한국 지역 내에서 구축된 생물종 A의 분포 모형을 아시아 전체에 적용하는 것은 잘못된 분포 예측을 야기할 수 있다.

생물종이 연구대상지 전 지역에 분포하는 극단적인 상황에서는 종분포모형을 구동하는 것이 무의미해질 가능성이 크다. 이 경우 종분포모형의 예측 능력은 임의로 생물종이 존재한다고 가정하는 것과 차이가 없을 것이다. 또한 관심 지역에서 구축된 분포자료의 표본수가 매우 적다면 자료가 종이 생존 가능한 환경 범위를 충분히 반영하지 못하여 종분포모형의 수행력에 부정적인 영향을 줄 수 있다. 이러한 문제를 해결하기 위해 이 등(Lee et al., 2017)은 모형이 구동될 지리적 공간 범위

3 모형에 사용된 환경변수 값이 다른 지역이나 다른 시간에서의(미래 기후) 환경변수 값을 포함하지 못할 때 발생할 수 있다. 특히 원산지의 분포와 환경변수를 이용한 모형으로 새로운 지역에서 외래종의 서식 적합성을 예측할 때 주의가 필요하다. 이 경우 원산지와 새로운 지역의 환경변수의 유사성과 범위를 비교해볼 필요가 있다.

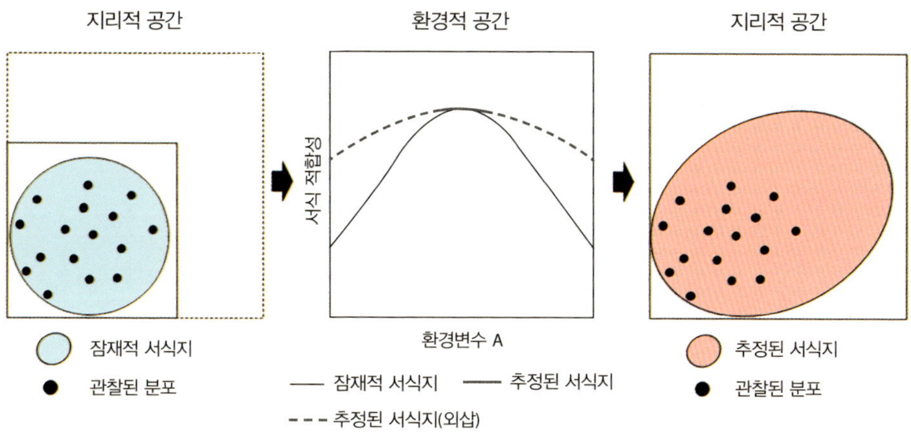

그림 6. 지리적/환경적 공간 범위가 종분포모형 결과에 미치는 영향

(왼쪽) 특정 지리적 공간에서 확인된 관심 생물종의 분포. 전체 관심 대상 지역에서 특정 지점에서의 분포자료만 구축되었다. 분포자료가 구축된 지점 밖의 환경변수는 모형 구동에 사용되지 않았다. (가운데) 환경적 공간에서 추정된 서식 적합성. 분포자료의 지리적 범위에 해당하는 환경변수의 범위가 좁아서 모형에 입력되지 않은 값에 대한 서식 적합성이 잘못 예측되었다(외삽). (오른쪽) 지리적 공간에서 예측된 생물종의 분포. 적합서식지를 실제보다 넓게 예측했다.

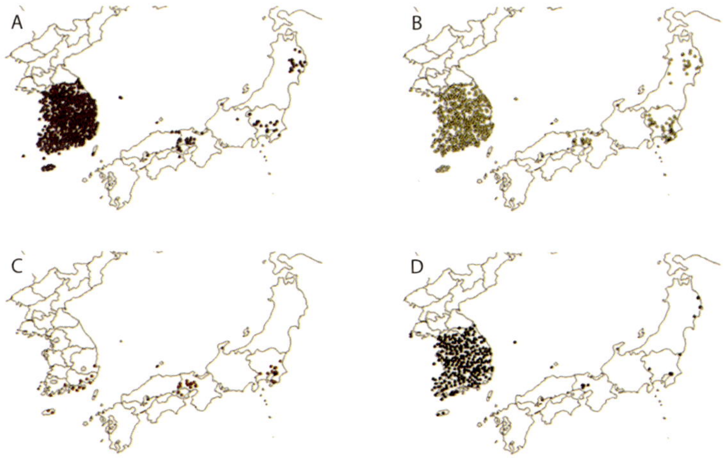

그림 7. MaxEnt 모형 구축에 사용된 노린재 4종의 분포자료

A: 톱다리개미허리노린재, B: 썩덩나무노린재, C: 호리허리노린재, D: 가시점둥글노린재. A, B, D는 국내 전역에 분포가 확인된 종이다. C는 국내 남부지방에만 분포하는 종이며 분포자료의 표본수가 부족했다. 모형을 구동할 공간 범위를 일본 지역까지 포함하도록 조절하여, 환경 공간과 분포를 참조한 환경변수의 범위를 확장했다.

를 조절(확장)하여 환경 공간의 범위와 모형에 사용될 표본수를 조절한 바 있다(그림 7).

3) 모형의 구동 절차

상관적 종분포모형을 구동하는 과정은 다음과 같다(그림 8). 연구자는 연구대상지에서 생물종의 생존에 적합한 환경변수들을 파악하기 위해 종의 지리적 분포자료를 구축해야 한다. 모형에 사용할 환경변수들은 공간 규모(extent)와 공간 해상도(resolution)[4]를 일치시킨 레이어 형태로 지리정보시스템(GIS) 소프트웨어에서 구축된다. 다음으로 분포자료가 참조된 환경변수 자료들을 종분포모형 알고리즘에 입력하여 초기 모형을 구동하게 되며, 적절한 검증 절차와 모형의 최적화 작업을 거치게 된다. 마지막으로 최종 모형을 목적에 맞게 지리적/환경적 공간에 투사함으로써 모형의 결과물을 출력한다.

(1) 분포자료 구축

생물종의 분포자료는 문헌, 표본 채집 정보, 웹 자료, 설문 조사, 분포 조사 등을 통해서 구축할 수 있다. 분포자료는 종의 발견 지점만을 포함하는 존재(presence only) 자료, 종이 발견된 지점과 발견되지 않은 지점을 모두 포함하는 존재/부재자료(presence/absence), 종의 상대적 밀도를 나타내는 수(count) 자료의 형태를 가진다. 문헌이나 표본자료는 대부분 생물종의 존재 기록과 일부 한정된 부재 기록만을 제공하는 경우가 많다. 또한 일부 지역에서 조사된 생물종의 밀도 자료는 존재, 존재/부재자료로 가공할 수 있으므로, 정보의 가용성 측면에서 종분포모형은 존재 혹은 존재/부재자료로 구동되는 경우가 많다(표 2).

분포 조사는 연구대상지의 공간적 범위를 결정하고 자료의 지리적 편향이 발

---

4 공간 해상도는 지리적 공간에 얼마나 환경변수값들을 자세하게 투사할 것인가에 대한 척도이며, 일반적으로 래스터(raster) 셀로 구현된다. 예를 들어 공간 해상도가 1km^{2}이면, 이 면적 안에 같은 환경변수값이 할당됨을 의미한다. 이 래스터 셀들이 모여 연구대상지 전역에 대한 환경변수 레이어가 구축되며, 레이어의 크기는 공간 규모를 반영한다.

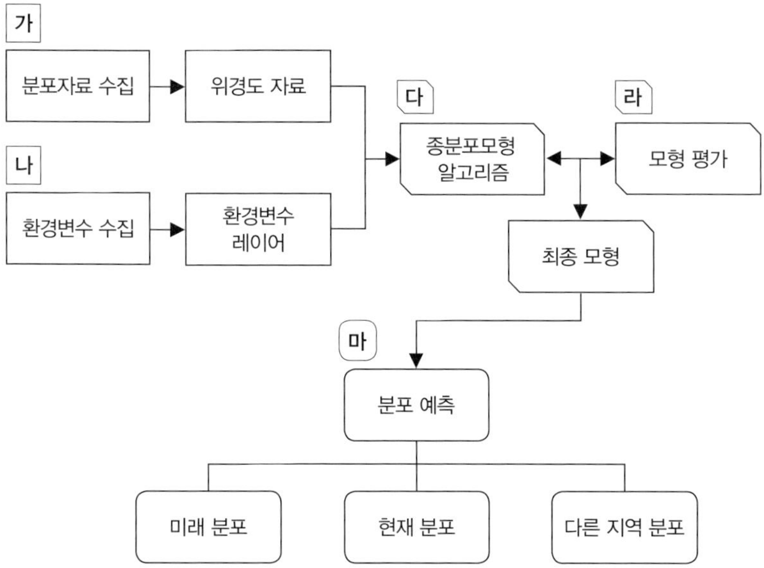

그림 8. 상관적 종분포모형 구동의 주요 절차와 분석 흐름도
가: 생물종 분포자료 구축, 나: 환경변수 자료 구축, 다: 모형 구동, 라: 모형 평가, 마: 모형을 이용한 결과 예측 및 투사

생하지 않도록 미리 설정한 지리적 격자(grid cell)에서 일관된 조사 방법으로 수행한다. 연구자는 생물종의 분포 조사 시 거짓 존재(false presence), 거짓 부재(false absence)가 발생하지 않도록 주의해야 한다(표 3). 특히 곤충의 분포 조사에서는 시기에 따른 밀도 변화(이주성 곤충, 계절 발생 등 여러 요인으로 인한) 때문에 곤충의 발견 가능성이 달라져 이러한 오류들이 발생할 수 있다. 따라서 곤충 분포 조사는 해당 곤충 발생에 관여하는 요인들을 고려하여 특정 조사 시기를 결정한 후 가능한

표 2. 종분포모형에 이용되는 분포자료의 종류

종류	주요 자료 출처	구축 방법
밀도	현장 조사	선정된 지점/구획 내 개체수
존재/부재	밀도자료 현장 조사	밀도자료의 변환 선정된 지점/구획 내 존재 여부
존재	밀도자료 존재/부재자료 종의 발견 기록	밀도자료 내 발생 지점 수집 존재/부재자료에서 존재 지점 수집 발견 지점의 지리적 좌표 수집

표 3. 종 분포자료 구축 시 발생할 수 있는 오류

가능한 오류	종류	주요 원인	모형 결과에 미치는 주요 영향
거짓 존재	비적합서식지에서의 존재자료	비평형상태	적합서식지의 과대평가
	부재 지점에서의 존재자료	종 동정 오류	
거짓 부재	적합서식지에서의 부재자료	비평형상태	적합서식지의 과소평가
	존재 지점에서의 부재자료	종 발견 가능성	

같은 시기에 분포 조사를 하는 것이 바람직하다. 수집된 분포자료는 지리적 점 좌표(point vector)와 해당 좌표에서 생물종의 존재 여부 혹은 밀도 정보가 포함된 표의 형태로 구축된다.

(2) 환경변수 자료 구축

온도 및 강수와 관련된 기후변수들과 토지피복, 임상, 고도 등 서식지의 특성을 반영하는 환경변수들이 종분포모형에서 자주 사용된다. 또한 특정 환경변수가 분포에 영향을 미치는지에 대한 가설을 검증하기 위해 연구자의 가설을 대표하는 변수가 사용되기도 한다. 곤충 종분포모형에서는 특히 기후 변수들이 입력되는 경우가 많으며, 좀 더 생물학적인 의미를 부여할 수 있는 생물기후변수(bioclimatic variables, 기후의 연간 경향성, 분기별 경향성, 계절성, 극한값 등)들이 사용되기도 한다(https://worldclim.org/)(표 6). 종분포모형에는 어떠한 환경변수도 입력될 수 있지만, 관련되지 않은 변수가 사용되면 모형의 해석을 어렵게 만들며 부정확한 예측을 초래할 수 있다. 따라서 연구자는 대상 종의 생물학적 특징을 검토한 후 분포를 설명하기 위한 환경변수들을 선정해야 할 것이다.

모형에 사용할 변수들이 결정되면 연구대상지의 환경변수들을 수집하고 모형 구동에 적합한 형태로 가공해야 한다. 환경변수들은 종의 분포나 부재가 확인된 지점을 방문하여 변수 값들을 측정하거나, 원격 탐사로 수집될 수 있다. 혹은 이미 지도 형태로 구축된 연구대상지의 환경변수 자료들(메타자료)을 이용할 수 있다. 광범위한 지역을 대상으로 구축된 메타자료들은 연구대상지의 부분만 잘라내어 모형 구동에 이용된다. 가용한 환경변수 자료가 연구대상지 전체에 구축되지 않은 경우 보간(interpolation)을 통해 자료가 없는 지점의 값을 추정하기도 한다. 사용될 모든

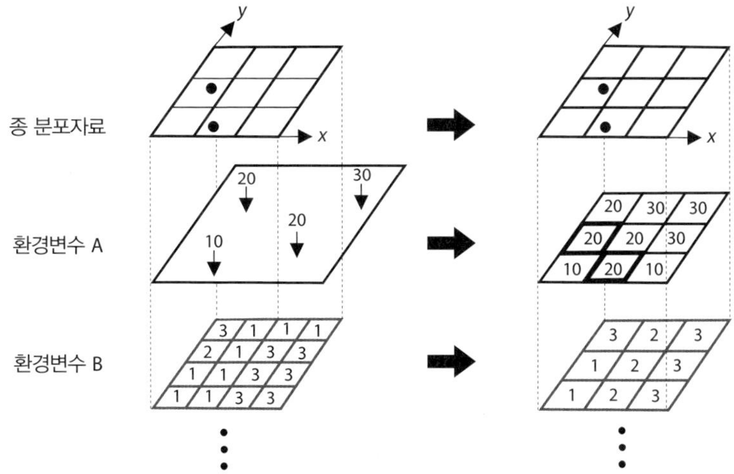

그림 9. 환경변수 레이어 구축
종 분포자료는 정해진 공간 해상도의 래스터에 존재, 혹은 존재/부재 정보를 할당한다. 환경변수 A는 관측 지점의 실측값 외 보간값들이 래스터에 할당된 후 연구대상지의 공간 규모로 잘라내어 구축되었다. 환경변수 B는 다른 공간 해상도로 이미 구축된 자료를 재표집을 통해 연구에 필요한 공간 해상도로 변환되었다.

변수는 같은 공간 규모와 해상도의 래스터 형태로 구축되어야 한다.[5] 따라서 공간 규모와 해상도를 일치시키기 위해 GIS 소프트웨어에서 원하는 영역을 추출하거나 재표집(resampling)과 같은 기법들이 활용될 수 있다(그림 9).

사용될 환경변수들 간에 높은 상관성이 있으면, 모형은 불안정한 결과를 도출할 가능성이 크다(다중공선성, multicollinearity).[6] 따라서 상관관계 분석 등을 통해 모형에 입력하는 변수 세트 내에서 서로 간의 상관성이 사라질 때까지 변수를 제거하는 것을 추천한다(표 7).

5 환경변수 레이어들을 지리적 공간에 투사했을 때 래스터들의 크기와 위치, 개수가 모두 같아야 한다는 것을 의미한다. 즉 모든 환경변수는 같은 지리적 공간에 중첩되어야 한다.

6 다중공선성은 모형에 입력하는 환경변수들 간에 높은 상관관계가 있을 때 발생할 수 있다. 상관된 변수들이 함께 사용되면 모형에서 각 변수가 기여하는 정도 혹은 모형의 파라미터 값을 신뢰하기 어렵게 만들 수 있다.

(3) 모형 구동

모형에 입력하는 자료는 환경변수 레이어들로 구성된 예측변수(predictor variable)[7]들과 생물종 분포의 표본인(분포자료) 설명변수(explanatory variable)로 구분된다. 설명변수는 종의 밀도, 존재/부재에 할당되는 값(예를 들어 1/0), 존재하는 지점들에서 추출된 환경변수 값들의 빈도 등으로 구현되며 지리적 위치 정보는 사용되지 않는다. 상관적 종분포모형 알고리즘으로 일반화 선형 모형(generalized linear models, GLMs), 일반화 가법 모형(generalized additive models, GAMs)과 같은 회귀(regression) 기반 통계모형과 모형의 예측 능력에 초점을 맞춘 기계학습(machine learning) 기반의 랜덤 포레스트(random forest, RF), 유전 알고리즘(genetic algorithm, GA), 서포트 벡터 머신(support vector machine, SVM), 최대 엔트로피(maximum entropy, MaxEnt)와 같은 다양한 방법이 개발되어 있다(Elith and Leathwick, 2009).

모형 알고리즘은 가용 자료의 성격에 의해 주로 결정된다(Pearson, 2010). 생물종의 밀도자료나 존재/부재자료가 가용하면 대부분의 회귀모형과 분류(classifier) 모형들을 적용할 수 있다(GLM, GAMs, 의사결정나무, RF, SVM 등). 반면에 존재자료만을 이용하는 알고리즘은 상대적으로 한정적이다(gower matric 등). 대안으로 존재자료 외에 임의 부재자료를 생성하여 존재/부재자료를 필요로 하는 모형 알고리즘에 적용하기도 한다. 존재/(임의) 부재자료를 이용한 모형 외에 존재/배경자료를 이용하는 알고리즘도 있다(maximum entropy, ecological niche factor analysis 등). 배경자료는 임의 부재와는 다르게 연구대상지 내에서 임의 추출된 환경변수들이다. 따라서 배경에는 생물종 존재 지점에서의 환경변수 값들도 포함될 수 있다.

(4) 모형 평가

모형의 수행력을 평가하는 것은 모형의 신뢰성과 적용 가능성을 판단하고, 모형을 최적화하기 위한 중요한 과정이다(Pearson, 2010). 종분포모형의 수행력은 1) 모형이 얼마나 정확하게 생물종의 분포를 예측할 수 있는지(예측력), 2) 모형이 생물종의

---

7 기계학습 분야에서는 예측변수라는 용어 대신 피처(feature)라는 용어를 주로 사용한다.

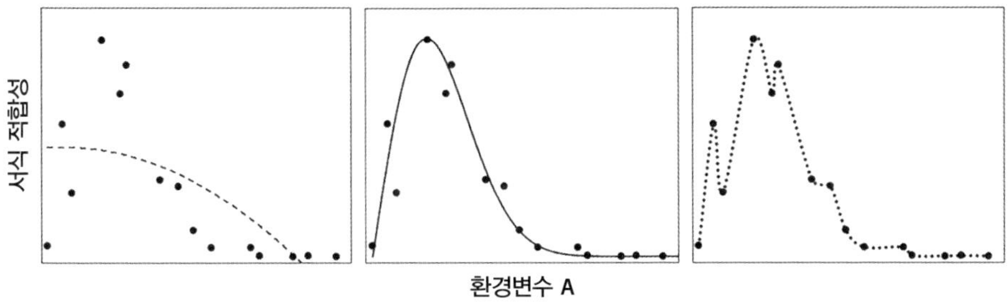

그림 10. 서로 다른 모형으로 추정한 서식 적합성

(왼쪽) 과소적합. (가운데) 적정접합. (오른쪽) 과적합

환경변수에 대한 반응을 일반적인 해석이 가능하도록 설명할 수 있는지(설명력), 3) 우리가 알고 있는 어떤 생물종에 대한 정보가 모형으로 설명될 수 있는지(타당성)가 중요하다. 모형의 예측력을 평가하기 위해서는 모형의 구축을 위해 입력된 훈련자료(training data)와 별도로 검증자료(test data)가 필요하다. 훈련자료로 모형을 평가할 경우 예측 능력을 객관적으로 판단할 수 없다. 특히 구동한 모형이 과적합되었을 경우, 훈련자료는 잘 설명할 수 있지만 다른 분포자료는 잘 설명할 수 없을 것이다(그림 10).

검증자료는 훈련자료와 별개로 구축하는 것이 이상적이지만 자료의 부족으로 구축하기 어려운 경우가 많다. 따라서 많은 경우 가용한 자료를 분할하여 모형의 훈련과 평가에 이용한다(그림 11). 가장 기본적인 분할 방법은 원 분포자료를 일정 비율로 훈련/검증자료로 분할하는 것이다. 분할 시 발생할 수 있는 훈련/검증자료의 편향을 막기 위해 자료 속성(존재/부재)에 따른 계층적(stratified) 임의 분할이 추천된다.[8] 널리 사용되는 자료 분할 방법 중 하나인 N-겹 교차검증(N-folds cross validation)은 원자료를 N개로 분할한 후, 모든 자료를 한 번씩 검증자료로 사용하며

8 자료 분할 시 훈련/검증자료에 생물종의 존재 지점(혹은 비존재 지점) 자료만 할당되는 경우도 발생할 수 있다. 계층적 분할은 원자료의 존재/비존재 비율을 유지하면서 훈련/검증자료로 분할하는 것을 말한다.

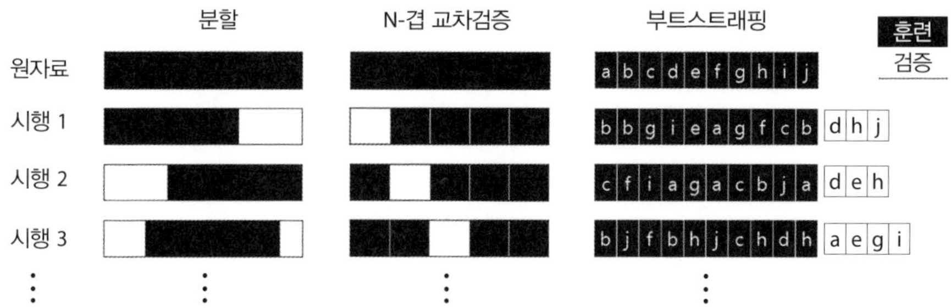

그림 11. 원자료에서 훈련 및 검증자료 구축 방법 예시

자료 분할은 원자료에서 일정 비율로 훈련자료와 검증자료를 임의로 나누는 것을 의미한다. N–겹 교차검증은 자료를 N개의 세트로 분할한 후 모든 자료 세트를 1번씩 검증자료로 사용한다. 검증자료를 제외한 나머지 세트로 N개의 모형이 구동되고, 평균적인 예측력을 계산하여 모형의 타당성을 판단한다. N = n(분포자료의 개수)인 경우는 LOOCV(leave-one-out cross validation)라고 한다. N이 커질수록 훈련자료 세트가 원자료와 비슷해지므로 분포자료의 개수가 매우 작을 때 LOOCV가 추천된다. 부트스트래핑은 원자료의 원소를 복원 추출하여 부표본을 만들고 이를 훈련 및 검증자료로 사용한다.

검증자료 외에 N-1개의 자료를 모형 훈련에 사용한다. 부트스트래핑(bootstrapping)은 원자료에서 부 표본(subsample)을 복원추출(sampling with replacement)하여 모형을 평가하는 방법이다. 즉, 원래 표본을 복제하여 원자료보다 많은 수의 자료 세트(훈련/검증)로 구동한 모형들의 평균적인 예측력을 평가할 수 있다.

모형의 예측 능력은 검증자료의 전체 표본 대비 모형이 정확하게 예측한 표본의 수로 계산할 수 있다. 혼동행렬(confusion matrix)은 모형이 예측에 성공/실패한 표본수를 동시에 보여줄 수 있다. 혼동행렬은 참 양성(true positive; 예측된 적합서식지에 종이 실제로 존재함), 거짓 양성(false positive; 예측된 적합서식지에 종이 실제로는 존재하지 않음), 참 음성(true negative; 예측된 비적합서식지에 종이 실제로 존재하지 않음), 거짓 음성(false negative; 예측된 비적합서식지에 종이 실제로는 존재함)으로 구성된다(그림 12). 모형의 민감도(true positive rate; sensitivity)는 전체 존재 표본수 대비 모형이 정확히 예측한 비율(참 양성)이며, 특이도(specificity)는 전체 부재 표본수 대비 정확히 예측한 비율(참 음성)이다. 모형의 정확도(accuracy)는 전체 표본 개수 대비 정확히 예측한 비율(참 양성+참 음성)로 평가된다. 검증자료가 종의 존재 기록만 포함하고 있을 경우 민감도와 누락률(omission rate)만 계산할 수 있을 것이다(그림 12). 이 경우 민감도와 누락률의 합은 1이 된다.

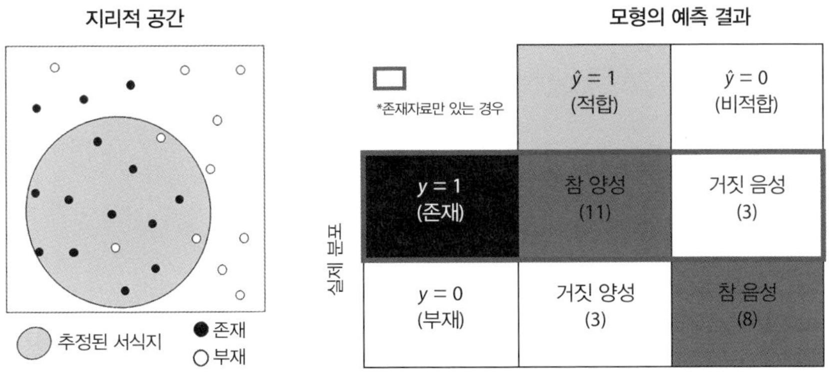

그림 12. 모형의 예측 결과와 혼동행렬

존재/부재자료로 추정된 모형의 정확도는 (11+8)/(11+3+3+8), 민감도는 11/(11+3), 특이도는 8/(3+8)이다. 누락률은 3/(11+3)이다.

종의 존재 기록만 가지고 모형을 평가할 경우, 민감도와 누락률을 과대평가할 가능성이 있다. 예를 들어 모형이 예측한 적합서식지가 연구대상지 전체 크기에 가까워질수록 검증자료로 계산된 민감도는 1에 가까워질 수밖에 없다. 이러한 문제 때문에 남궁 등(Namgung et al., 2020)은 꽃매미(*Lycorma delicatula*)의 누적온일도(degree-days)로 예측된 적합서식지의 면적을 고려하여 분포자료로 계산된 민감도가 통계적으로 유의한지 검증한 바 있다(그림 13).

연속적인 값으로 예측된 서식 적합성으로 혼동행렬을 작성하기 위해서는 반드시 생물종의 적합/비적합 서식지의 이진(binary) 분류를 위한 임계점(threshold)이 필요하다. 특정한 기준값이나(그림 12) 50% 발생 가능 지점 등이 임계값으로 적용될 수 있지만, 대부분은 적절한 임계점을 결정하기는 매우 어렵다. 임계값에 따라 혼동행렬로부터 계산되는 모형의 정확도, 민감도, 특이도는 변할 수밖에 없기 때문이다. 따라서 연속적인 값으로 예측된 서식 적합성의 평가는 혼동행렬에서 파생된 값인 AUC(area under receiver operating curve)를 이용하는 경우가 많다. 이 방법은 모든 임계값을 이용하기 때문에 임계점에 비의존적(threshold-independent)이다. 또한 순위 기반(rank-based)으로 계산된 값이기 때문에 척도(scale)에 관계없이 각 모형의 예측력을 평가할 수 있는 장점이 있다. AUC는 ROC(receiver operating characteristic) 곡

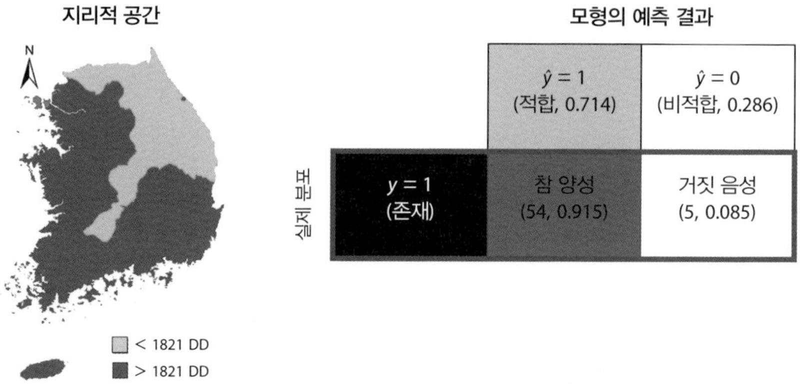

그림 13. 누적온열량(DD)으로 예측된 꽃매미의 존속 가능한 지역과 혼동행렬

꽃매미의 알부터 성충 발육까지 필요한 누적온열량의 지도는 한국 전 지역의 약 71.4%를 존속 가능한 지역으로 예측했다. 이항검정 결과 구축된 분포자료는 적합서식지 면적에 의한 우연한 결과가 아닌 것으로 판단되어(P < 0.001), 누적온열량 자료가 꽃매미 분포 예측을 위한 한 가지 변수로 선정되었다.

선의 아래 면적으로 계산된다. ROC 곡선은 임계값이 바뀜에 따라 변하는 민감도와 특이도 사이의 균형관계(trade-off)에 의해서 작성된다(그림 14). AUC가 1에 가까울수록 최고의 예측력을 갖는 모형임을 의미하며, AUC = 0.5는 모형의 예측이 임의로 종의 분포를 예측하는 것과 다를 바 없다는 것을 암시한다. 따라서 AUC는 종분포모형이 존재/부재자료를 얼마나 정확하게 구별해낼 수 있는지에 대한 측도가 될 수 있다.[9] 모형의 절대적인 예측력을 평가함으로써 모형이 새로운 환경에서 어느 정도 예측 수행력을 보여줄 수 있는지 판단하고, 후보 모형 중 더욱 정확한 예측을 하는 모형을 선정할 수 있을 것이다.

생물종의 분포를 설명하기 위한 최적의 모형을 개발하기 위해, 하이퍼파라미터,[10] 입력 환경변수 등을 조절하여 다수의 후보 모형을 구동/평가하는 경우도 종종

9 일반적으로 AUC = 0.7일 때 존재/부재자료의 70%를 구별해낼 수 있는 것을 의미하며, 적정 수준 이상의 예측력을 가진 것으로 평가한다.

10 하이퍼파라미터는 훈련자료로 추정된 종분포모형의 파라미터들이 아닌, 모형 알고리즘에 내재된 파라미터를 의미한다. MaxEnt에서의 정규화(regurgitation) 파라미터, 결정 트리 알고리즘의 가지치기 파

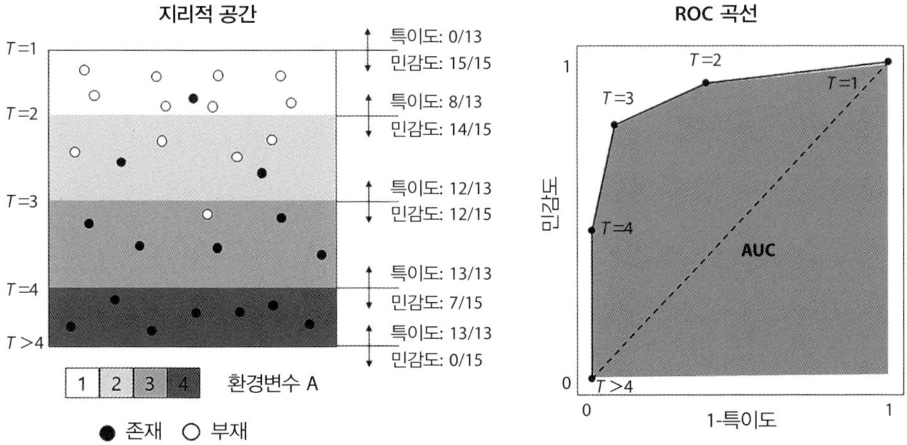

그림 14. 임계값(T) 변화에 따른 특이도 및 민감도 변화와 ROC 곡선

ROC 곡선은 *x*축의 특이도에 대한 *y*축의 민감도를 나타낸다. AUC는 ROC 곡선의 아래 면적으로 계산된다.

있다. 다수의 모형 중 최적의 모형을 선택하기 위한 근거로, AUC와 같이 절대적인 모형의 예측 능력을 평가하는 통계량 외에 AIC(아카이케 정보 기준, akaike information criterion)가 유용하게 사용될 수 있다. AIC는 실제 현상(생물종 분포)을 후보 모형으로 설명하고자 할 때 손실된 상대적인 정보량을 표현할 수 있다.

$$AIC = -2\ln(L) + 2k \tag{1}$$

식 1에서 좌항의 로그 우도 값은 모형의 적합성(goodness of fit)을 의미하며, 우항은 파라미터 개수(k)에 대한 페널티를 부과한다. 따라서 AIC는 모형의 복잡성(complexity)과 단순성(simplicity) 간의 균형관계에서 모형이 너무 과적합되지 않으면

라미터, 인공신경망의 은닉층 개수 등이 이에 해당된다. 하이퍼파라미터는 모형의 적합을 통해 추정될 수 없으므로, 연구자들은 여러 가지의 하이퍼파라미터를 적용한 후보 모형들을 만들고 최적의 모형을 선정하는 경우가 많다.

서 적절히 주어진 자료를 잘 설명할 수 있는 정도를 나타낸다. 모형이 복잡해질수록(파라미터 개수가 많아질수록) 과적합의 위험이 커지며, 따라서 모형의 적합성은 증가하기 때문이다. 모형들 간 AIC 값의 차이는 참모형과 비교하여 후보 모형들의 상대적인 정보량의 손실 정도를 보여주는 측도로 모형을 선택할 수 있는 근거를 제공한다.

$$\Delta AIC = AIC_i - AIC_{\min} \tag{2}$$

AIC_i는 i번째 모형의 AIC 값을 의미하며, $AIC_{\min}$는 후보 모형들 중 최소의 AIC 값이다. $\Delta AIC > 10$일 경우 i번째 모형이 AIC가 가장 작은 모형에 비해 참 모형일 가능성이 매우 낮은 것으로 평가된다(Burnham and Anderson, 2003). 하지만 AIC는 모형의 절대적인 성능의 지표가 아니기 때문에, 후보 모형들 모두 생물종 분포의 설명에 적합하지 않을 가능성이 있다. 따라서 구동된 모형들의 절대적인 예측 능력과 사용된 생물변수의 타당성을 함께 확인해봐야 한다.

마지막으로, 모형 구동 결과에서 환경변수와 생물종의 발생 가능성의 관계를 확인해야 한다. 모형이 생물종 분포를 정확하게 예측한다고 할지라도, 이미 알려진 생물종의 생태학적 정보를 반영하지 못한다면 모형의 신뢰성을 담보할 수 없기 때문이다(Austin, 2007). 이는 모형의 예측 능력에만 너무 초점을 맞출 때 간과하는 부분 중 하나이기도 하다. 예를 들어 환경 기울기(구배)에 대해 생물종의 서식 적합성의 패턴이 알려진 생물종과 생물학적 특성과 전혀 다르다면 모형을 신뢰하기 어려울 것이다. 또한 특정 환경변수에 대한 서식 적합성의 변화가 다봉형(multi-modal) 곡선일 경우 모형을 해석하고 생물종의 환경에 대한 반응을 설명하기 어려울 것이다.

(5) 분포 예측 결과 투사

마지막 단계는 구축한 최종 모형을 이용하여 연구 목적에 부합하는 결과를 도출하고 지리적 공간에 투사하는 것이다. 종 분포 예측은 모형에 입력된 환경변수 범위 내에서 새로운 지리적 공간에서의 예측, 연구대상지 내 조사되지 않은 지점에서의 예측(내삽), 다른 시간에서의 서식 적합성 예측(미래 기후 예측 모형 기반)으로 구분할 수 있다(Elith and Leathwick, 2009). 예측된 서식 적합성은 지도(지리적 공간)에 투사될 수 있다. 연속적인 서식 적합성 예측값은 연구자가 결정한 여러 가지 임계값으로 투사할 수 있으며, 의사결정을 위해서 이진 분류값(적합/비적합)으로의 투사가 선호되기도 한다. 이진 분류를 위한 임계값으로는 임의의 존재 확률값(e.g. 50%)이나 사전에 결정된 민감도를 산출하는 임계값(e.g. 민감도 = 0.95인 임계점), 민감도와 특이도를 같게 만드는 임계값 등 다양한 기준을 적용할 수 있다. 민감도+특이도를 최대로 만드는 임계값은 보편적으로 많이 사용하는 임계값 중 하나다.

3. MaxEnt를 활용한 종 분포 예측[11]

MaxEnt는 최대 엔트로피 방법을 사용하는 기계학습(machine learning) 기반의 알고리즘 중 하나로, 종분포모형의 목적으로는 필립스 등(Philips et al., 2006)이 최초로 소개했다. 이 알고리즘을 이용하는 종분포모형 소프트웨어가 웹에 공개되어 있으며,[12] 기계학습에 익숙하지 않은 사용자에게도 친화적인 인터페이스를 제공하고 있다. 또한 알고리즘 특성상 종의 부재자료 없이 모형 구동이 가능하여 많은 연구자들이 MaxEnt 소프트웨어를 종 분포 예측에 사용하고 있다. 여기에서는 환경변수 공간에서 어떻게 MaxEnt가 종 발생 가능성을 예측하는지, 모형 구동 시 고려해야 할 사항에 대해 엘리스 등(Elith et al., 2011)과 메로우 등(Merow et al., 2013)의 논문을 바탕으로 기술한다. 단, 본 장의 목표는 기계학습 알고리즘을 이해하는 것이 아니므로, 기계학습에 사용되는 여러 가지 통계적 이론은 연구자가 모형 구동 시 고려해야 할 사항에 초점을 맞추어 간략하게 기술할 것이다. 또한 MaxEnt 구동에 필요한 자료 구축 방법과 구동과정을 사례를 들어 기술할 것이다.

---

11 이 장에서 MaxEnt는 엄밀하게 최대 엔트로피(maximum entropy) 방법을 칭하는 것이 아니라, 필립스 등(Philips et al., 2006)이 제안한 최대 엔트로피 방법을 적용한 종분포모형화 과정과 이를 구현한 MaxEnt 소프트웨어를 의미한다.

12 https://biodiversityinformatics.amnh.org/open_source/maxent

1) MaxEnt 모형의 구동 원리

우리가 종분포모형을 통해 알고 싶은 것은 환경변수들로 이루어진 벡터(z)가 주어졌을 때의 종의 발생($y = 1$) 확률, 즉 조건부확률 $Pr(y = 1 \mid z)$이다. 이는 베이즈 정리(Bayes's rule)에 의해 다음과 같이 표현할 수 있다.

$$Pr(y=1 \mid z) = \frac{Pr(z \mid y=1)}{Pr(z)} \times Pr(y=1) \tag{3}$$

여기서, $Pr(z \mid y = 1)$는 생물종이 존재할 때 환경변수들의 확률 밀도, $Pr(z)$는 연구대상지 내 환경변수들의 주변 확률 밀도, $Pr(y = 1)$는 평균적인 환경조건에서 생물종의 발생률(prevalence)이다. 이를 확률밀도함수로 확장하면, 식 4와 같다.

$$P_{Y|Z}(y=1 \mid z) = \frac{P_{Z|Y}(z \mid y=1)}{P_Z(z)} \times P_Y(y=1) \tag{4}$$

MaxEnt는 입력자료를 기반으로 식 4의 우항에서 $P_Y(y = 1)$를 제외한 생물종의 상대적 발생률(relative occurrence rate), $P_{Z|Y}(z \mid y = 1)$ / $P_Z(z)$를 추정한다. 이 값이 MaxEnt의 가장 기본적인 결과값이며('raw' 출력값), 대상 생물종의 상대적 발생 가능성(서식 적합성)을 의미한다. 먼저, $P_Z(z)$는 연구대상지 전체 환경변수 레이어에서 임의의 지점에서 추출된 배경(background)자료로부터 추정된다.[13] 배경자료에는 종 발생 지점의 환경변수 값들도 포함되어 있을 수 있으며, 연구대상지의 환경변수 값들로 구성된 확률 밀도를 보여줄 뿐, 종의 발생 가능성에 관련한 어떠한 정보도 제공하지 않는다. 종 발생 지점의 환경변수 값들로 구성된 확률밀도 $P_{Z|Y}(z \mid y = 1)$는 입력한 종 분포자료로부터 참조된 지점들의 환경변수 자료들로 추정되며, 생물종 존재 지점의 정보를 반영할 수 있도록 분포에 제한조건(constraint)이 부여된다.

---

13 MaxEnt 소프트웨어는 입력한 환경변수에서 기본 설정으로 10,000개의 지점에서 환경변수 값들을 추출하여 배경을 만든다. 사용자가 설정값 조정을 통해 배경 환경변수 값들을 추출할 지점의 개수와 범위를 조정할 수 있다.

$P_{Z|Y}(z \mid y = 1)$는 제한조건을 만족하는 어떤 분포든 가질 수 있지만, MaxEnt에서는 $P_{Z|Y}(z \mid y = 1)$를 $P_Z(z)$와 가장 유사한 분포로 추정한다. 분포 정보가 없다면, 생물종이 특정 환경을 더 선호할 것으로 예측할 근거가 없기 때문이다. 예를 들어 관측 지점의 환경변수 A의 평균값이 25라면, 존재 지점에서 환경변수 A의 분포는 평균이 25이면서 배경의 분포와 가장 유사한 분포를 갖도록 추정된다. 즉, 관찰된 분포자료의 제약조건을 만족하고, $P_Z(z)$와 가장 유사한 분포 $P_{Z|Y}(z \mid y = 1)$를 찾는 것이 MaxEnt 모형의 핵심이라고 할 수 있다.

MaxEnt에서는 입력한 환경변수들을 피처(feature)라는 함수로 확장하여 다양한 제약조건을 부여함으로써 더욱 복잡한 모형을 구현할 수 있도록 한다. 피처는 환경변수들을 변환(transformation)한 자료 세트로 MaxEnt에서는 6가지 피처를 제공한다. Linear 피처는 $P_{Z|Y}(z \mid y = 1)$에 존재 지점 환경변수의 평균값, Quadratic 피처는 분산값, Product 피처는 가능한 모든 환경변수 쌍의 곱(product)으로 구성된 공변량을 제한한다. Threshold 피처는 $P_{Z|Y}(z \mid y = 1)$ 값의 특정 임계점 이상의 값들의 비율을 제한한다. 즉 환경변수와 생물종의 서식 적합성 간의 계단식 반응을 표현하게 된다. Hinge 피처는 Threshold 피처와 유사하게 임계점을 경계로 값들을 제한하지만, 임계점의 경계를 선형함수로 부드럽게 연결하는 역할을 한다. 마지막으로 Category 피처는 범주형 변수 n개의 클래스 비율을 제한하는 역할을 한다.

MaxEnt는 존재 지점의 환경변수 값의 확률 밀도를 배경과 가장 유사한 분포로 추정하기 위해 정보 엔트로피(information entropy)를 이용한다.[14] 확률변수 X에 대한 엔트로피의 식은 다음과 같다.

$$H(X) = -\sum_i P_X(x_i)\log P_X(x_i) \tag{5}$$

14 정보 엔트로피는 평균 정보량을 보여주는 측도로, 엔트로피가 높을수록 불확실한 정보가 많고 평균 정보량이 크다는 것을 의미한다. 따라서 확률분포에서 사건이 발생할 확률이 동일한 균일 분포일 때 엔트로피값이 가장 크다.

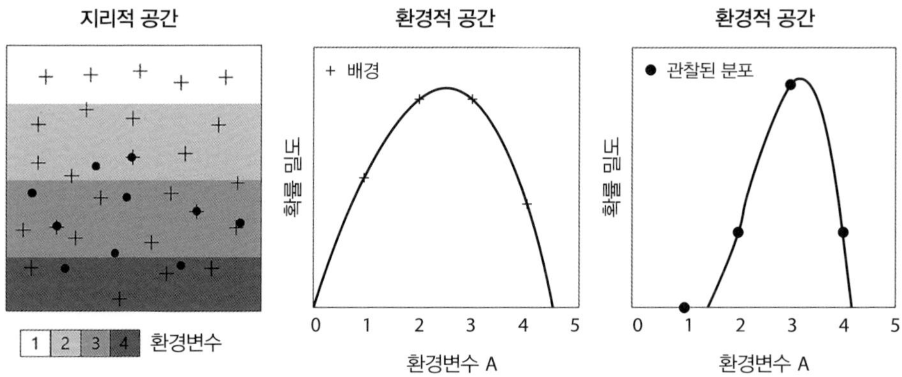

그림 15. 환경변수 A에 대한 확률 밀도 추정

배경 지점의 확률 밀도는 전체 연구대상지에서 임의로 추출된 변수값들을 이용하여 추정된다. 배경에는 존재 지점의 변수값도 임의로 추출될 수 있다. 존재 지점의 확률 밀도는 입력한 종 분포 지점에 해당하는 환경변수 값들로 추정된다.

여기서 $H(X)$는 엔트로피, $P_X(x_i)$는 x_i의 확률로, 따라서 엔트로피는 음의 로그 확률의 기댓값 $E[-\log P_X(x_i)]$으로 생각할 수 있다. 두 분포 간의 유사도는 상대 엔트로피(relative entropy)를 이용하여 평가하며, 이는 쿨백-라이블러 발산(kullback－leibler divergence, KLD)으로 표현한다. 쿨백-라이블러 발산값이 0에 가까울수록 두 분포 간의 차이가 작다는 것을 의미한다.

$$D_{KL}(Y \| X) = -\sum_i P_Y(y_i) \log \frac{P_X(x_i)}{P_Y(y_i)} \tag{6}$$

여기서 $D_{KL}(Y \| X)$는 확률변수 Y에 대한 X의 상대 엔트로피를 의미하며, 이 값은 깁스 부등식에 의해 항상 0 이상의 값을 갖는다. X와 Y의 확률분포가 동일할 때 상대 엔트로피값은 0이다. 상대 엔트로피를 최소화하는 것은 깁스 분포를 따르며, 추정하고자 하는 생물종의 상대적 발생비율에 적용하면 다음과 같이 표현할 수 있다.

$$P_{Z|Y}(z \mid y=1) = P_Z(z) e^{(\alpha + \beta \times h(z))} \tag{7}$$

여기서 α는 정규화 파라미터, β는 가중치 파라미터이며, $h(z)$는 피처들의 벡터다.

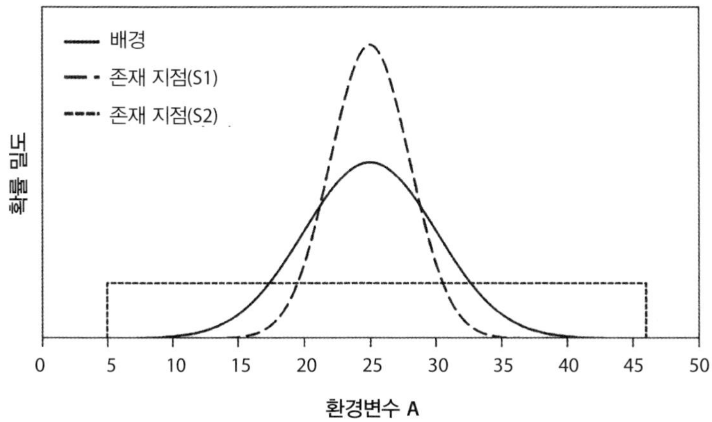

그림 16. 생물종 발견 지점에서 환경변수 A에 대한 확률 밀도 추정

생물종 발견 지점에서 추출된 환경변수 A값들의 평균은 25였다. S1과 S2는 모두 평균 = 25를 만족하는 확률분포를 보여준다. 하지만 S1이 배경으로부터 추정된 확률분포와 더 유사함을 직관적으로 알 수 있다. 즉 S1의 배경 분포에 대한 상대 엔트로피가 S2보다 작을 것이다.

MaxEnt는 주어진 제한조건들을 만족하는 파라미터를 찾되 모형이 과적합되지 않도록 페널티를 부과한다.

MaxEnt는 로그 우도 함수(log-likelihood function)를 파라미터 추정을 위한 비용함수로 사용한다. MaxEnt는 비용함수에 벌점 항을 부여하여 벌점화된(panelized) 로그 우도 함수를 구성하며(식 8), 이 함수를 최대로 만드는 파라미터 α, β를 추정한다.

$$\frac{1}{m}\sum_{i=1}^{m}\log[P_Z(z_i)e^{(\alpha_j+\beta_j\times h(z_i))}]-\sum_{j=1}^{n}\lambda_j\,|\,\beta_j\,| \qquad (8)$$

식 8에서 z_i는 m개의 생물종 발생 지점에서 i번째 지점에서의 피처 벡터이며, j는 사용된 피처의 종류를 의미한다. 좌항은 추정하고자 하는 $P_{Z|Y}(z\,|\,y=1)$의 로그 우도 값이며, 우도 값이 클수록 모형이 자료에 더 잘 적합되었음을 의미한다.[15] 우항

15 상대 엔트로피는 두 확률분포의 교차 엔트로피(cross entropy)에서 비교 대상이 되는 확률분포의 엔트

의 벌점항은 우도값에 벌점을 부과함으로써 모형이 과적합되는 것을 방지하여 일반적인 해석이 가능하게 만들어주는 역할을 한다(L1 정규화, Lasso). MaxEnt에서는 각 피처 클래스마다 정규화 파라미터 λ_j를 내재된 알고리즘과 자료 세트를 이용하여 제공하고 있으며 연구자가 조정 가능하다.[16] λ_j가 커질수록 모형에 사용되는 파라미터 개수가 줄어들고 환경변수 값에 대한 생물종의 존재 가능성의 변화를 좀 더 부드럽게(smoothing) 예측하는 모형을 생산하게 된다. 추정된 파라미터를 통해 MaxEnt는 $P_{Z|Y}(z \mid y=1)$ / $P_Z(z)$인 'raw' 출력값을 계산하며, 이는 연구대상 지역에서 생물종의 상대적 발생률을 의미한다.

주어진 환경조건에서 생물종이 존재할 확률 $P_{Y|Z}(y=1 \mid z)$은 'raw' 출력값을 로지스틱 모형으로 변환하여 계산한다. MaxEnt에서는 생물종의 존재 확률을 계산하기 위해 전형적인 환경조건에서의 종의 존재 확률을 $\tau = 0.5$로 가정한다. 만일 평균적인 환경 조건에서 생물종에 대한 발생률 정보가 있다면, 연구자가 τ를 조절할 수 있다.

$$P_{Y|Z}(y=1 \mid z) = \frac{\tau e^{\alpha+\beta\times h(z)-r}}{1-\tau+\tau e^{\alpha+\beta\times h(z)-r}} \tag{9}$$

식 9에서 r은 $P_{Z|Y}(z \mid y=1)$의 $P_Z(z)$에 대한 상대 엔트로피다. $\alpha + \beta \times h(z) = r$일 때 해당 지점이 생물종이 존재할 수 있는 전형적인 환경조건임을 의미하며 $P_{Y|Z}(y = 1 \mid z) = \tau$가 되어 생물종의 발생확률은 0.5가 된다. 식 9에서 계산된 생물종의 존재 확률을 MaxEnt의 'logistic' 출력값이라고 한다. MaxEnt가 'logistic' 출력값 계

로피를 뺀 값으로 나타낼 수 있다. 교차 엔트로피는 음의 로그 우도 함수와 수학적으로 동일하고 비교 대상의 확률분포(배경 지점)의 엔트로피는 관측치로부터 계산된 고정된 값이므로, 상대 엔트로피를 최소화하는 것은 로그 우도값을 최대화하는 것과 같다.

16 정규화는 모형의 파라미터를 찾기 위한 비용함수에 파라미터 개수만큼의 벌점 항을 추가하여 모형의 과적합을 방지하는 것을 말한다. MaxEnt에서는 맨하탄 거리를 적용한 L1 정규화(Lasso) 방식을 택한다. λ_j는 모형 훈련과 별개로 사전에 결정된 하이퍼파라미터로 λ_j가 커질수록 중요도 순으로 피처의 파라미터 β_j를 0으로 만들어 모형을 단순화한다.

산을 위해 사용하는 τ는 자료에서 추정되지 않는 하이퍼파라미터이며, 엄밀한 가정이 필요하므로($\tau = 0.5$) 특정 시점의 한정된 연구대상지 내 지점들 간의 서식 적합성을 비교하는 것이 연구 목표라면, 'raw' 출력값을 사용하는 것을 추천한다. 'logistic' 출력값은 'raw' 출력값의 사후 변환을 통해 계산되므로 지점별로 상대적인 서식 적합성의 순위는 변하지 않는다(따라서 'logistic'과 'raw' 출력값으로 계산한 AUC 값은 같다).

MaxEnt의 'cumulative' 출력값은 특정 지점의 'raw' 계산값 이하의 값을 갖는 지점들의 모든 'raw' 계산값의 누적값(%)이다. 'cumulative' 출력값은 혼동행렬의 누락률과 같다. 예를 들어 'raw' 값이 가장 큰 지점의 'cumulative' 값은 100%이므로, 이 'raw' 값을 적합/비적합 서식지의 임계값으로 적용하면 생물종의 분포 지점을 모두 비적합서식지로 예측하기 때문에 누락률은 100%가 될 것이다.

2) MaxEnt 모형의 구동

지금까지 우리는 상관적 종분포모형의 가정과 전제 조건, 그리고 MaxEnt가 생물종 분포를 예측하기 위해 사용하는 접근 방식에 대해서 알아보았다. 여기에서는 상관적 모형의 가정을 충족하면서 MaxEnt 모형 구동에서 고려해야 할 사항을 일반적인 기계학습 구동 흐름에 맞춰 알아본다(그림 17). 또한 MaxEnt의 구동 방식에서 기인한 몇 가지 선택사항과 모형 구동과정에 대해 논한다.

(1) 연구 범위 설정

연구자는 생물종의 평형상태를 고려하여 서식 적합성을 모형화하고자 하는 지리적 공간을 결정해야 한다. 만약 연구대상지에서 생물종의 평형상태를 가정할 수 있다면, 연구대상지 전체를 모형을 구동할 공간적 범위로 결정할 수 있을 것이다. 하지만 확산 중인 외래종, 지리적 격리로 고립된 토착종, 서식지가 축소된 보호종 등 평형상태를 가정할 수 없는 경우가 많다. 한 가지 대안은 모형을 구축할 지리적 공간을 조절하는 것이다. 예를 들어 외래종은 원산지 지역을, 서식지가 축소된 보호종은 과거 시점의 분포기록과 환경변수들을 이용함으로써 평형상태에 좀 더 근접하게 만들 수 있을 것이다. MaxEnt 모형에서 연구대상지의 공간적 범위를 조절하

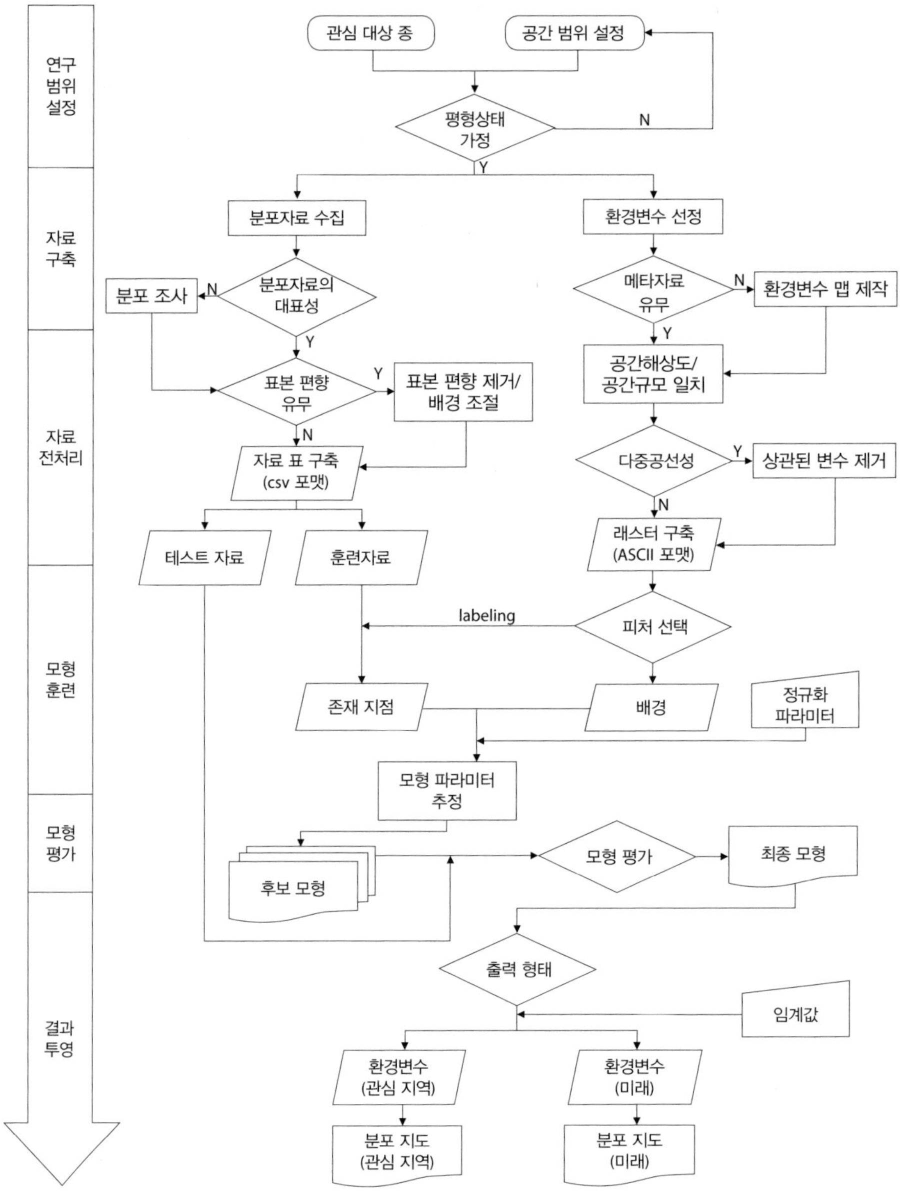

그림 17. MaxEnt를 이용한 종분포모형 개발 흐름도

는 것은 배경으로 추출될 환경변수들을 한정하는 것을 의미한다. MaxEnt는 새롭게 평형상태로 가정된 공간에서 적합서식지와 비적합서식지의 환경변수들을 배경 분포로써 임의 추출하여 모형을 추정하기 위한 사전 분포로 사용하게 된다. 따라서 모형의 공간적 범위는 지리 좌표가 참조된 환경변수 레이어 형태로 구현되며, MaxEnt에서 배경으로 추출되어 환경적 공간으로 전환된다. 한편 연구자는 지리적 공간을 제한하는 것이 최종 연구대상지에 대한 외삽된 서식 적합성을 예측할 수 있다는 점을 주의해야 한다. 모형을 구축한 공간적 범위의 환경변수 값들이 최종적으로 적용하고자 하는 연구대상지에서의 환경변수 값을 포함하지 않을 가능성이 있기 때문이다.

(2) 자료 구축

이 단계에서 연구자는 설정한 공간 범위 내의 생물종 분포자료를 수집하고 필요하다면 추가 분포 조사를 통해 생물종 존재자료를 구축한다. MaxEnt는 비교적 작은 표본수에서도 다른 모형 알고리즘들에 비해 안정적인 성능을 보여준다고 알려져 있지만, 일반적으로 모형의 수행력에 부정적인 영향을 미칠 가능성이 크다. 특히 연구대상지 내에서 흔하게 발견되는 생물종일 경우 작은 표본이 이들의 적합서식지의 일부 조건만을 대변할 가능성이 크므로 예측이 부정확할 가능성이 커질 것이다(Yackulic et al., 2013). 따라서 수집한 분포자료가 공간 범위 전체를 대표할 수 있는지 판단한 후 추가적인 분포 조사를 할 수도 있다. 만약 공간 범위 전체를 대상으로 체계적인 분포 조사가 필요하다면, 조사를 통해 존재/부재자료를 구축하고 부재자료도 이용하는 모형 알고리즘을 선택하는 것을 추천한다.[17]

모형의 예측변수로 활용될 환경변수들은 사전에 구축된 메타자료를 사용하는 것을 추천한다(표 4). 지도 형태로 구축된 메타자료가 없다면 한정된 지점들의 환경변수자료를 설정한 공간 범위를 망라하도록 보간해야 한다. 환경변수 레이어들은

17 존재/부재자료가 존재자료보다 적용 가능한 알고리즘이 다양하고 상대적으로 표본 편향의 영향을 덜 받는다.

표 4. 웹에서 다운 가능한 대표적인 환경변수들(메타자료)

환경변수	유형	지역	제공기관	URL
생물기후변수	연속형	전 세계	WorldClim	https://www.worldclim.org
기온(월)				
강수량(월)				
기온	연속형	국내	기상청	http://www.climate.go.kr
강수량				
상대습도				
풍속				
토지피복	범주형	국내	환경부	http://egis.me.go.kr
임상도	범주형	국내	산림청	https://www.forest.go.kr
표고	연속형	국내	국토교통부	http://www.nsdi.go.kr

분포자료들과 반드시 동일 좌표계를 사용하는 동일한 공간 해상도와 공간 규모도 구축해야 한다.

(3) 자료 전처리

이 단계에서는 생물종의 분포자료와 환경변수 자료들이 MaxEnt 모형 구동에 필요한 전제 조건을 충족하는지 탐색하고, 입력 가능한 형태로 자료들을 가공하는 과정을 거친다. 연구자는 우선 설정한 공간 해상도에서 분포기록이 중복되는 지점(duplication)을 제거해야 한다. 분포기록의 중복은 환경변수 레이어들의 1개의 래스터 셀 안에 2개 이상의 존재 지점이 포함된 것을 말한다(그림 18). MaxEnt에서 자동으로 중복 지점을 제거하는 옵션을 제공하고 있지만, 표본 편향 조정을 위해서 사전에 연구자가 직접 제거하는 것이 좋다.

공간 규모는 환경변수가 투사된 지리적 공간의 범위로 구현된다. 공간 해상도는 환경변수 레이어 내의 래스터 셀의 크기로 구현된다. 〈그림 18〉과 같이 한 개의 셀 안에 종의 분포 지점이 2개 이상 포함되면 한 셀 안에 1개의 자료만 남도록 중복된 지점들을 제거하여야 한다. MaxEnt 소프트웨어 구동 시 중복된 지점에 대한 경고 문구를 보여주기 때문에 시험 구동을 통해 중복 지점을 쉽게 확인할 수 있다.

중복되는 지점을 제거한 후에 연구자는 입력할 생물종 분포가 편향된 표본인

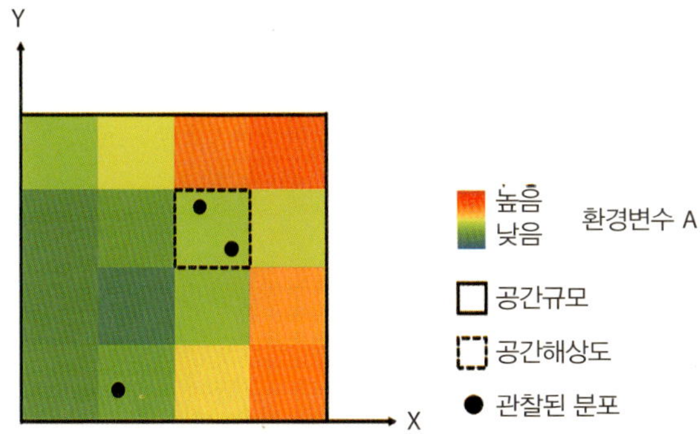

그림 18. 지리적 공간에 투사된 환경변수 A

지 검토해야 한다. MaxEnt는 입력한 분포 지점이 설정한 공간 범위에서 동일한 확률로 조사된 결과인 것으로 간주하기 때문에 편향된 분포자료는 표본 추출 노력이 반영된 모형을 생산하게 될 것이다. 생물종 존재자료에서 특정 지점에 생물종이 존재하는 것으로 기록될 확률은 그 지점을 조사할 확률과 생물종이 발견될 확률의 곱으로 표현할 수 있다(Yackulic et al., 2013). 지점이 조사될 확률, 즉 표본이 선택될 가능성의 효과가 배제되었을 때 비로소 생물종 분포자료는 그 생물의 서식 적합성에 비례한 상대적 발생률로 변환이 가능할 것이다. 분포자료의 편향은 MaxEnt가 편향된 배경을 추출하도록 표본이 선택될 가능성을 수치화한 사전 정보를 입력하여 처리할 수 있다. 만약 관련된 표본 추출 정보가 있다면 래스터 형태의 동일한 공간 해상도로 이를 수치화하여 MaxEnt에 입력할 수 있다(Philips et al., 2009). 또 다른 방법은 조사가 집중된 지점의 분포 표본들을 제거하여 분포자료를 공간적으로 독립된 표본들로 조정하는 것이다. 이는 표본 추출 계획에 대한 정보가 있고, 분포자료의 군집성이 서식 적합성에 의한 것이 아니라는 엄밀한 가정하에 수행되어야 한다. 표본 추출 방법에 대한 근거 자료가 없거나 분포자료의 출처가 다양하다면, 연구자는 표본이 편향되지 않은 독립적인 분포자료를 구성하여(분포 조사 등을 통해서) 훈련자료와 비교하거나 편향이 의심되는 훈련자료로 예비 모형을 구동하여 그 정확성을 평가해볼 필요가 있다. 만일 두 자료의 존재 지점 패턴이 유사하거나, 예측이 정확하다면 훈련자료의 표본 편향을 무시할 수 있을 것이다. 이러한 과정으로도 표본 편향을 해결할 수 없다면, 연구자는 MaxEnt 모형을 서식 적합성 예측이 아닌 주로 영향을 주는 환경변수 도출 등 탐색적 목적으로만 이용하여야 한다.

생물종 분포자료는 표의 형태로 MaxEnt에 입력 가능한 cvs 포맷으로 저장해야 한다. 자료는 생물종, 경도, 위도의 순서로 구축해야 한다. MaxEnt는 분포자료의 첫 번째 행을 각 열의 제목으로 인식하므로 〈그림 19〉의 형태로 자료를 구축하는 것이 바람직하다.

훈련자료와 독립적인 분포자료를 구축할 수 없다면, 분포자료를 훈련 세트와 검증 세트로 나눠야 한다. 연구자가 자료를 직접 분할하여 각각의 자료를 MaxEnt에 입력할 수도 있지만, MaxEnt에서는 입력자료로부터 임의의 검증자료를 분할할 수 있는 옵션을 제공한다(그림 20). 이 옵션은 MaxEnt 구동 전에 사용자가 조정할 수 있다.

연구자는 구축된 환경변수들 간에 강한 상관관계가 있는지 파악하고 상관된 변수를 모형 구동 전에 제거하는 것이 좋다. 상관변수의 제거는 Pearson's R 상관분석, 주성분분석(principal components analysis, PCA)이나 다른 차원의 축소 알고리즘을 통해 구현할 수 있다. 이러한 분석은 대부분의 GIS 플랫폼과 R 소프트웨어의 'raster' 패키지에서 수행할 수 있다. 상관된 변수가 제거된 래스터 형태의 환경변수 자료들은 MaxEnt에 입력 가능한 ASCII 포맷으로 저장해야 한다. QGIS, ArcGIS, R과 같은 소프트웨어에서 ASCII 포맷으로의 변환이 가능하다.

	A	B	C
1	species	Longitude	Latitude
2	Metcalfa_pruinosa	127.370514	35.100613
3	Metcalfa_pruinosa	128.251087	36.274006
4	Metcalfa_pruinosa	128.19057	36.153095
5	Metcalfa_pruinosa	128.316519	35.868759
6	Metcalfa_pruinosa	128.402304	35.764934

그림 19. MaxEnt에 입력할 분포자료의 형태

분포자료는 cvs 파일 포맷으로 종명, 경도, 위도 순으로 입력해야 한다.

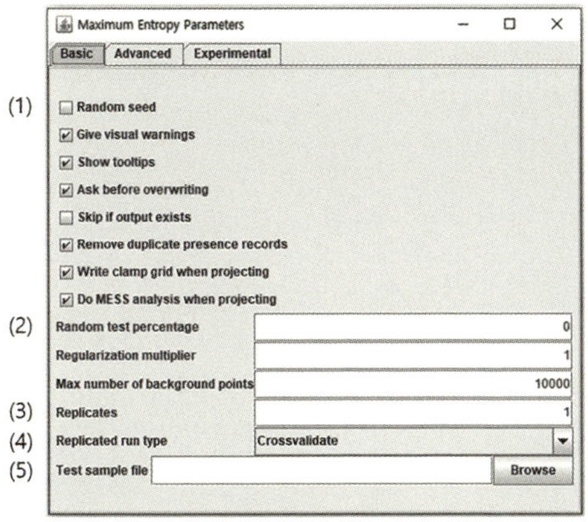

그림 20. MaxEnt 프로그램 setting 화면

(1) 분포자료에서 임의의 지점을 검증자료로 사용, (2) 검증자료를 분포자료에서 추출할 비율, (3) 자료 분할 방식에 따른 반복 수, 예를 들어 (4)에서 corss validation을 선택 후 반복 수를 5로 설정하면 5겹 교차검증을 수행, (4) 자료 분할 방식; crossvalidation, bootstrap, subsample 방식을 제공, (5) 독립적인 검증자료가 가용하면 입력(cvs 포맷)

그림 21. MaxEnt의 입력할 환경변수 자료의 형태

(왼쪽) ASCII 포맷의 환경변수 자료, (오른쪽) ArcGIS 프로그램에서 지리적 공간으로 투사된 환경변수 레이어

(4) 모형 훈련

MaxEnt에서는 모형을 훈련하기 위해 사용될 피처 조합들을 분포자료(훈련)의 존재 지점 개수에 따라 기본 세팅 값을 다르게 제공하고 있다. 하지만 사용될 피처의 조합은 연구자가 수동으로 설정할 수 있다(그림 22). 일반적으로 생물종의 환경에 대한 반응은 단봉형 패턴을 보이기 때문에 Linear와 Quadratic 피처가 빈번하게 사용된다. 치사상한 온도 등의 알려진 생물학적 정보가 있을 경우 Threshold 피처

가 생물종의 발생 가능성을 예측하는 데 유용할 수 있다. Product 피처를 통해 환경 변수 간의 상호작용을 반영할 수 있으며, Hinge 피처는 GAM 모형과 같이 각각의 임계점 사이를 부드럽게 연결해 좀 더 일반화된 모형을 생성한다.

MaxEnt 소프트웨어에서 정규화 파라미터의 기본 세팅 값은 1로 설정되어 있다. 정규화 파라미터가 커질수록 사용되는 파라미터 값이 0인 피처들이 증가하여 사용되는 피처를 줄이게 된다. 피처 선택과 정규화 파라미터를 결정할 수 있는 표준 방법이 존재하지 않으며, MaxEnt에서 제공하는 기본 세팅이 항상 최적의 모형을 생산하지는 않는다(Morales-Castilla et al., 2017). 따라서 연구자들은 피처 조합과 정규화 파라미터를 조정한 예비 모형들을 생성하고, 그중에서 최적의 조합을 모형의 성능 평가를 통해 결정하기도 한다. 남궁 등(Namgung et al., 2020)은 네 가지의 피처 조합과 여섯 종류의 정규화 파라미터로 24개의 예비 모형을 생성해 최적의 조합을 선정한 바 있다.

(5) 모형 평가

MaxEnt 소프트웨어는 모형 구동 후 사용자가 사전에 입력했거나 데이터 분할을 통해 생성된 검증 데이터를 이용하여 구동한 모형의 성능을 결과 파일에 자동으로 작성한다(그림 22). 결과 파일에는 훈련자료와 검증자료로 계산된 AUC,[18] 임계값에 따라 전체 연구대상지에서 생물종이 존재할 것으로 예측되는 지점들의 비율 및 누락률 값이 계산되어 출력된다. N-겹 교차검증을 시행했을 경우 생성된 N개의 모형에 관한 결과 파일과 평균 AUC 값이 계산된 파일이 출력된다. 전술한 바와 같이 모형 예측력은 검증자료로부터 계산된 측도로 평가하는 것이 바람직하지만, 과적합된 모형을 회피하려는 방안으로 훈련 및 검증 데이터로 계산된 AUC의 차이를 이용하기도 한다(Warren and Seifert, 2011). 적합/비적합 서식지를 구분하는 적절한 임계값을 정할 수 있는 경우, 혼동행렬의 누락률로 모형을 평가할 수도 있다. 하지

18 MaxEnt는 생물종의 부재자료 대신 생성된 배경자료를 이용해서 AUC를 계산한다. 이는 배경으로부터 존재자료를 얼마나 잘 구분해낼 수 있는지를 의미하며, 존재/부재자료로 계산된 AUC와 마찬가지로 모형의 예측력을 나타내는 측도로 사용될 수 있다.

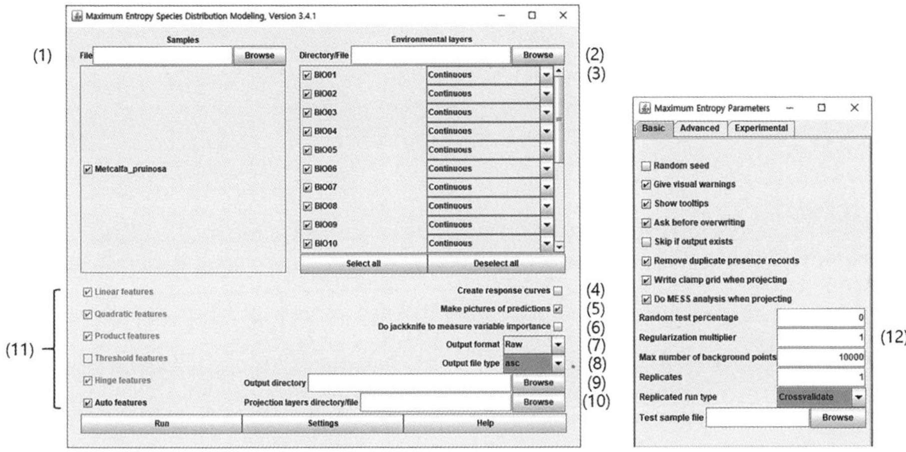

그림 22. MaxEnt 프로그램 메인 화면과 setting

(1) 분포자료(훈련) 입력 경로 설정, (2) 환경변수 자료 입력 경로 설정, (3) 환경변수 자료 유형 설정; continuous/categorical, (4) 응답 곡선(각 환경변수 값의 변화에 따른 생물종의 상대적 발생 가능성) 생성 여부, (5) 결과 파일에 예측 지도 출력 여부, (6) 모형 구동 시 변수값들의 jackknife 검증 여부, (7) 출력값 형태, (8) 출력값의 파일 포맷, (9) 결과 파일 저장 경로 설정, (10) 모형을 투사하고자 하는 공간의 환경변수 입력 경로 설정, (11) 피처 클래스 선택; MaxEnt의 기본 설정은 auto features, (12) 정규화 파라미터 값; MaxEnt의 기본 설정값은 1

만 모형 예측값의 크기와 실제 생물종의 서식 적합성과의 관계를 정의하기는 매우 어렵다.

다수의 후보 모형을 평가하고 선택해야 할 경우 AIC나 표본수를 반영하여 보정된 AICc를 사용하는 것이 유용하다.[19] AIC 계산을 위해서 MaxEnt 모형의 출력 형태는 모든 셀값의 합이 1이 되도록 'raw' 출력값(생물종의 예측된 상대적 발생률)으로 설정해야 한다(Warren et al., 2010). 'raw' 출력값과 훈련자료, 추정된 파라미터의 개수를 이용해서 AIC 값을 계산하게 되며 가장 작은 AIC를 가지는 모형이 선택된다. AIC는 ENMTools 소프트웨어나 R 소프트웨어의 'ENMeval'과 'dismo' 패키지에 내재된 함수들로 계산할 수 있다.

모형 평가 시 생물종의 존재 가능성을 나타내는 반응곡선(response curve)과 사용

19 표본수가 적은 경우에는 AICc가 AIC보다 정확하다고 알려져 있다.

된 환경변수가 모형에 기여한 정도도 반드시 검토해야 한다. 모형의 예측력이 우수해도 알려진 종의 생물학적 특성과 상반된 결과를 나타낸다면, 그 원인과 변수 선정에 관해서 재검토할 필요가 있다.

(6) 결과 투사

모형의 결과는 적합서식지를 예상하고자 하는 공간(연구대상지, 다른 시간의 연구대상지, 연구대상지 외의 지역)에 투사하여 지리적 분포로 표현될 수 있다. 이는 모형 구동을 위해 입력한 환경변수들과 마찬가지로 지리적 위치가 참조된 환경변수 레이어를 MaxEnt에 입력하여 구현된다(그림 22). 즉, 이 과정은 추정된 모형의 파라미터와 피처 조합들을 다른 공간의 환경변수들에 적용하여, 그 예측값들을 지리적 좌표에 투사하는 것이다. 분포 변화 및 면적을 예측하기 위해서는 모형의 예측값을 적합/비적합 서식지로 구분하는 임계값이 필요할 것이다.[20] 혼동행렬에서 민감도+특이도를 최대로 만드는 임계값이 주로 사용되며, 서로 다른 시간에서(미래 기후 시나리오) 분포 변화를 시각화하는 데 유용하다.

3) 연구 사례: 국내 미국선녀벌레의 현재/미래 분포 예측

이 연구(Kim et al., 2019)의 목적은 한국에 침입한 외래 해충인 미국선녀벌레의 종분포모형을 개발하고, 현재 기후변화 패턴으로 예측한 미래 기후 상황에서 적합서식지 변화를 예측하는 것이다. 또한 미국선녀벌레는 국내에서 처음 보고된 이후 몇 년 만에 전국적으로 빠르게 확산했기 때문에, 외래종의 초기 빠른 확산을 야기할 수 있는 교통량 변수가 미국선녀벌레의 분포에 미치는 영향을 종분포모형을 통해 평가하고자 했다.

이 연구에서는 세 종류의 미국선녀벌레 분포(존재)자료를 활용했다. 1) 김과 길(Kim and Kil, 2014)이 보고한 2013년의 30개 지점 전국 분포자료, 2) 2017년 전국

20 MaxEnt에는 종의 부재자료를 입력하지 않으므로 여기서 언급한 특이도는 배경자료로부터 계산된 값을 의미한다.

분포 조사자료, 3) 보고된 문헌자료, 표본자료, 2017년 분포 조사를 바탕으로 한 연도별 누적 분포자료. 2013년 분포자료는 미국선녀벌레의 침입 후 초기 확산 시기, 2017년 자료는 확산 후 현재 침입 단계에서의 미국선녀벌레 분포 모형을 구동하기 위해 구축되었다. 2017년 전국 분포 조사는 국내 전역을 30km×30km의 격자로 분할한 후 각 격자 내에서 최소 1개 지점에서 수행되었다. 분포 조사는 미국선녀벌레의 약충 발생 관찰이 쉬운 6월부터 8월 초까지 수행되었다. 각 조사지점에서 5개 나무의 2개 신초에 미국선녀벌레 약충의 유무를 조사했다. 2017년 전국 분포 조사를 통해 총 399개의 미국선녀벌레 분포자료를 구축했다. 분포자료의 편향에 의한 서식 적합성의 과대평가를 방지하기 위해, 점 분포 패턴 분석(point pattern analysis)을 실시했다. 점 분포 패턴은 ArcGIS 10.1 프로그램에서 평균 이웃 거리(average nearest neighbor)로 판단되었다. 분석 결과 2013년 분포자료는 공간적으로 임의 분포하는 표본인 반면에(P= 0.909), 2017년 자료는 특정 지점에 편향되어 있었다(P< 0.001). 2017년 분포자료를 임의 분포하게 만들기 위해, 주어진 표본수와 공간 범위로 산출된 이웃 거리의 기댓값(0.079683 decimal degrees)을 이용하여 분포자료를 보정하였고, 최종 128개의 분포 지점이 미국선녀벌레의 현재 분포 모형 개발에 활용되었다(그림 23).

연도별 누적 분포자료가 2013년과 2017년 분포자료를 포함하여 미국선녀벌레의 확산 패턴과 2017년의 분포 패턴이 종분포모형 구동에 적합한지 판단하기 위해 구축되었다. 대부분의 문헌자료가 지리적 좌표 정보는 없이 발견된 시군만 보고하기 때문에, 각 시군의 중심 좌표를 발견 지점으로 가정하였고, 각 지역별 최초 발견 연도를 정리했다(표 5).

미국선녀벌레의 확산 패턴은 미국선녀벌레가 최초 침입 지점으로부터 인접한 지역으로 연속적으로 확산했다는 가정하에, 연도별 누적 발생 지점들 간의 거리를 이용하여 판단했다. 연속적인 확산 패턴일 경우 예상되는 분포 지점들 간의 거리는 도서 지역(제주도, 울릉도)을 제외한 각 159개 시군의 중심에서 바로 인접한 시군까지의 평균 거리를 이용하여 계산했다(28.2±0.32km(평균±표준오차)). 159개 시군들은 평균적으로 5.04개의 다른 시군과 인접해 있으므로, 연도별 누적 발생 지점(시군 중심)들의 평균 거리는 각 시군에서 가장 가까운 5개 발생 지점까지의 평균 거리로

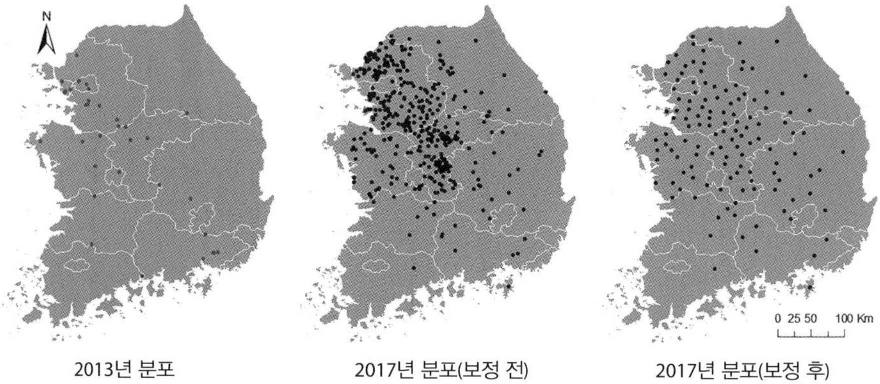

그림 23. 모형 구동에 사용된 분포자료

산출되었다. 그 결과 침입 초기의 연도별 누적 이웃 거리는 기대 거리보다 훨씬 크게 산출되어, 미국선녀벌레가 침입 지점으로부터 점진적으로 확산한 것이 아니라 장거리 분산 현상이 있었음을 확인할 수 있었다(그림 24). 반면 2017년도의 이웃 거리는 29.5±0.46km(평균±표준오차)로 기대 거리에 근사하여 미국선녀벌레가 국내에서 어느 정도 평형상태에 도달했음을 간접적으로 보여주었다. 따라서 현재 분포(2017년) 모형으로 미래 기후변화에 따른 분포를 예측하는 것이 가능할 것으로 판단했다.

2001년부터 2010년까지의 77개 기상 관측소 자료(월별 기온, 강수 자료)를 이용하여 국내 전역의 생물환경변수 레이어들을 제작했다(표 6). 기상변수들은 Worldclim.org에서 제공하는 19가지 생물기후변수(bioclimatic variables)의 형태로 가공한 후, 역거리가중법으로 ArcGIS 10.1에서 보간했다. 미국선녀벌레의 빠른 확산에 교통량이 영향을 주었을 것이라는 가설을 확인하기 위해 일일 평균 교통량 레이어를 제작했다. 교통량 변수가 직접적으로 미국선녀벌레의 번식이나 생존에 영향을 준다고 보기는 어려우므로 이 변수가 서식 적합성을 설명할 수는 없지만, 지리적 장벽을 완화하여 새로운 지역에 개체군을 공급할 수 있는 한 가지 요인으로 평가되었다. 교통량 모니터링 시스템에서 제공하는 3,000개 이상 지점의 교통량 자료를 크리깅 방법으로 ArcGIS 10.1에서 보간했다. 기후변화에 따른 미국선녀벌레

표 5. 2017년까지 미국선녀벌레 분포 지역과 최초 발견 연도

지역	발견 연도	지역	발견 연도	지역	발견 연도	지역	발견 연도
김해시	2009	당진시	2014	안산시	2017	하동군	-
서울특별시	2009	정읍시	2014	동두천시	2017	합천군	-
수원시	2009	구미시	2014	하남시	2017	안양시	-
인천광역시	2010	문경시	2014	춘천시	2017	전주시	-
용인시	2010	양산시	2014	삼척시	2017	포항시	-
청주시	2010	함안군	2014	홍천군	2017	의정부시	-
창원시	2010	세종특별자치시	2015	영월군	2017	광명시	-
과천시	2010	고양시	2015	평창군	2017	구리시	-
파주시	2010	부천시	2015	정선군	2017	군포시	-
이천시	2010	평택시	2015	철원군	2017	강릉시	-
안성시	2010	오산시	2015	화천군	2017	동해시	-
충주시	2010	시흥시	2015	인제군	2017	태백시	-
진천군	2010	김포시	2015	보령시	2017	속초시	-
음성군	2010	양주시	2015	논산시	2017	고성군	-
단양군	2010	양평군	2015	청양군	2017	양양군	-
공주시	2010	제천시	2015	홍성군	2017	계룡시	-
태안군	2010	옥천군	2015	무주군	2017	남원시	-
진주시	2010	군산시	2015	임실군	2017	목포시	-
밀양시	2010	완주군	2015	순천시	2017	여수시	-
의왕시	2011	진안군	2015	안동시	2017	나주시	-
괴산군	2011	창녕군	2015	영주시	2017	담양군	-
금산군	2011	산청군	2015	경산시	2017	곡성군	-
예산군	2011	남양주시	2016	군위군	2017	구례군	-
익산시	2011	포천시	2016	청도군	2017	고흥군	-
순창군	2011	가평군	2016	고령군	2017	보성군	-
부산광역시	2012	보은군	2016	예천군	2017	강진군	-
천안시	2012	부여군	2016	거창군	2017	무안군	-
여주시	2012	서천군	2016	광주시	2017	함평군	-
원주시	2012	장수군	2016	양구군	-	영광군	-
서산시	2012	상주시	2016	김제시	-	완도군	-
대전광역시	2013	의성군	2016	고창군	-	신안군	-
화성시	2013	영양군	2016	부안군	-	경주시	-
연천군	2013	성주군	2016	화순군	-	영천시	-
횡성군	2013	울진군	2016	장흥군	-	청송군	-
증평군	2013	사천시	2016	해남군	-	영덕군	-
아산시	2013	함양군	2016	영암군	-	봉화군	-
광양시	2013	대구광역시	2017	장성군	-	통영시	-
김천시	2013	광주광역시	2017	진도군	-	거제시	-
칠곡군	2013	울산광역시	2017	의령군	-	고성군	-
영동군	2014	성남시	2017	남해군	-		

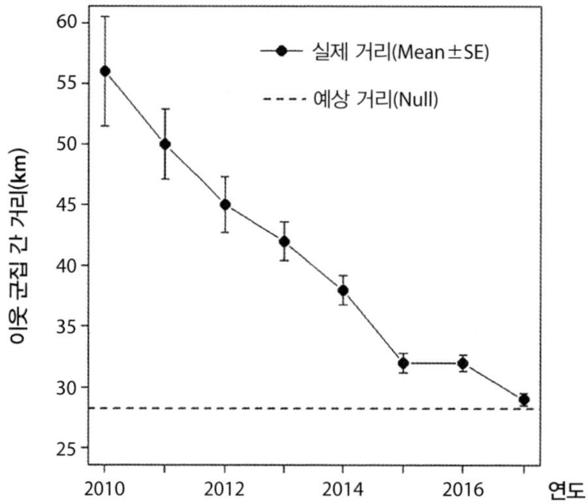

그림 24. 미국선녀벌레 발생 지점(시군 규모)들 간의 평균 이웃 거리

의 국내 서식 적합도는 RCP 8.5 기후변화 시나리오 자료로 제작한 생물기후변수들을 이용하여 평가되었다. 모든 환경변수는 래스터 형태(1km×1km 공간 해상도)의 ASCII 파일 포맷으로 제작되었다.

총 20가지 환경변수 간의 Pearson's R 상관계수를 계산하여 상관관계가 높은 변수들을 확인했다(표 7). 상관계수가 0.85 이상인 변수 쌍 중에서 한 가지 변수만 분석을 위해 선정하였고, 최종적으로 7개의 생물기후변수(Bio3, Bio4, Bio10, Bio11, Bio12, Bio13, Bio14)와 교통량 변수(Traffic_av)가 종분포모형 개발을 위한 예비 분석에 사용되었다.

보정된 2017년 분포자료, 분포 좌표가 포함된 2013년 전국 분포자료는 각각 선정된 8개의 환경변수를 이용하여 초기 파라미터 설정으로 MaxEnt 3.4.0 프로그램에서 예비로 구동했다. 2013년과 2017년 예비 모형에서 응답 곡선(변수에 대한 미국선녀벌레 존재 확률)의 패턴이 반대로 나타나는 변수는 최종 모형 구동에서 제외했다. 또한 응답 곡선이 양 극단에서 최고점을 보일 경우에도 보편적인 환경변수에 대한 생물종의 반응을 설명하기 위해 해당 변수를 제외했다. 이러한 과정을 통해서 최종적으로 4개의 환경변수(Bio10, Bio11, Bio12, Traffic_av)가 최종 모형 구동을 위해

표 6. 분포 모형 구동에 활용된 환경변수

원자료	환경변수	설명
기온 (최고, 최저, 평균)	Bio1	연중 평균기온
	Bio2	기온의 평균 일교차(최고온도 – 최저온도)의 월평균
	Bio3	기온의 균등도((Bio2/Bio7) × 100)
	Bio4	기온의 계절성(기온의 표준편차 × 100)
	Bio5	가장 따듯한 달의 최고기온
	Bio6	가장 추운 달의 최저기온
	Bio7	기온의 연간 범위(Bio5 – Bio6)
	Bio8	가장 습한 분기의 평균기온
	Bio9	가장 건조한 분기의 평균기온
	Bio10	가장 따듯한 분기의 평균기온
	Bio11	가장 추운 분기의 평균기온
강수량 (최고, 최저, 평균)	Bio12	연중 강수량
	Bio13	가장 습한 달의 강수량
	Bio14	가장 건조한 달의 강수량
	Bio15	강수량의 계절성(표준편차/평균)
	Bio16	가장 습한 분기의 강수량
	Bio17	가장 건조한 분기의 강수량
	Bio18	가장 따듯한 분기의 강수량
	Bio19	가장 추운 분기의 강수량
교통량, 관측 횟수	Traffic_av	평균 일일 교통량

선정되었다.

2013년(초기 침입/확산 단계)과 2017년 분포(현재 침입 단계)는 각각 교통량 변수를 포함하거나 포함하지 않는 두 가지 종류의 모형으로 적합되었다. 따라서 네 가지 모형; 생물기후 변수로만 설명된 2013년 모형(2013 Climate only), 교통량 변수를 포함하여 설명된 2013년 모형(2013 Climate+Traffic), 생물기후 변수로만 설명된 2017년 모형(2017 Climate only), 교통량 변수를 포함하여 설명된 2017년 모형(2017 Climate+Traffic)이 구동되었다. 연도별 분포 모형에 대한 독립적인 검증자료가 가용하지 않았기 때문에, 개발된 모형들은 10겹 교차검증을 통해 계산된 평균 AUC 값으로 예측력이 평가되었다. 각 모형의 변수 중요도는 잭나이프 방법으로 평가

표 7. 사용된 환경변수(Bio B, Traffic_av: TF)들 간의 상관관계

Ev	B1	B2	B3	B4	B5	B6	B7	B8	B9	B10	B11	B12	B13	B14	B15	B16	B17	B18	B19	TF
B1	1.00	-0.43	-0.19	-0.50	0.88	0.91	-0.56	0.94	0.88	0.93	0.95	0.01	-0.29	0.32	-0.41	-0.33	0.23	-0.25	0.36	0.24
B2		1.00	0.86	0.64	-0.04	-0.67	0.82	-0.21	-0.42	-0.21	-0.56	-0.29	0.24	-0.49	0.62	0.14	-0.60	0.27	-0.54	-0.29
B3			1.00	0.19	0.04	-0.32	0.42	-0.10	-0.04	-0.12	-0.21	-0.28	-0.11	-0.26	0.21	-0.13	-0.39	0.02	-0.24	-0.39
B4				1.00	-0.05	-0.79	0.95	-0.19	-0.71	-0.16	-0.75	-0.18	0.63	-0.55	0.92	0.45	-0.59	0.50	-0.69	0.07
B5					1.00	0.61	-0.10	0.98	0.67	0.98	0.69	-0.13	-0.05	0.08	0.00	-0.20	-0.07	-0.04	0.05	0.24
B6						1.00	-0.85	0.73	0.92	0.71	0.98	0.10	-0.49	0.54	-0.72	-0.43	0.50	-0.40	0.61	0.17
B7							1.00	-0.26	-0.71	-0.24	-0.77	-0.21	0.58	-0.63	0.90	0.41	-0.67	0.48	-0.74	-0.05
B8								1.00	0.74	0.99	0.79	-0.07	-0.11	0.20	-0.13	-0.23	0.07	-0.09	0.18	0.28
B9									1.00	0.72	0.94	0.04	-0.49	0.52	-0.65	-0.46	0.41	-0.36	0.59	0.06
B10										1.00	0.78	-0.06	-0.08	0.17	-0.11	-0.20	0.04	-0.08	0.15	0.28
B11											1.00	0.08	-0.46	0.47	-0.66	-0.42	0.41	-0.37	0.55	0.15
B12												1.00	0.53	0.33	-0.14	0.75	0.41	0.69	0.47	0.01
B13													1.00	-0.35	0.73	0.91	-0.32	0.93	-0.34	0.24
B14														1.00	-0.69	-0.18	0.93	-0.14	0.93	-0.20
B15															1.00	0.53	-0.73	0.59	-0.78	0.22
B16																1.00	-0.09	0.94	-0.11	0.12
B17																	1.00	-0.14	0.94	-0.18
B18																		1.00	-0.11	0.12
B19																			1.00	-0.19
TF																				1.00

되었다. 연도별 분포 모형에 교통량 변수가 포함되는 것이 더 나은지 판단하기 위해 AICc 값을 계산한 후 비교했다(Climate only vs. Climate+Traffic). AICc는 2013년과 2017년 분포자료를 모두 모형에 이용한 후 추정된 'raw' 출력값을 이용하여 ENMTools 소프트웨어에서 계산되었고, 연도별로 더 작은 AICc 값을 가지는 모형이 최종적으로 선정되었다(표 8). 2013년의 미국선녀벌레 분포는 교통량 변수가 포함되었을 때 더 잘 설명되었고 매우 높은 기여도를 보여주었다(표 9). 따라서 침입 초기에 교통과 관련된 요인에 의해 미국선녀벌레가 확산되어나갔음을 추정할 수 있었다. 그 근거로 1) 국내 확산 속도(5.19 km/year)가 자연적 확산 속도(0.2~0.5 km/year)보다 빨랐던 점, 2) 군집 간 거리가 기대 거리보다 멀어서 장거리 확산이 명백히 있었던 점, 3) 2013년 이후에 미국선녀벌레가 보고된 지점들의 교통량이 2013년까지의 분포 지점들에 비해 높았던 점($t = 5.24$, $P < 0.001$)을 들 수 있다. 하지

표 8. 개발된 네 가지 모형의 구동 결과와 모형 선택 결과

연도	모형	설명		예측력	모형 비교		최종 선택
		사용된 변수	파라미터 개수	평균 AUC (평균±표준편차)	AICc	Δ AICc	
2013	Climate only	Bio10, Bio11, Bio12	9	0.756±0.118	764.5	12.9	
	Climate+Traffic	Bio10, Bio11, Bio12, Traffic_av	14	**0.831±0.085**	751.6	**0**	○
2017	**Climate only**	Bio10, Bio11, Bio12	18	**0.778±0.050**	2837.1	**0**	○
	Climate+Traffic	Bio10, Bio11, Bio12, Traffic_av	23	0.771±0.050	2847.2	10.1	

표 9. 최종 분포모형에서 변수들의 기여도(%)

환경변수	침입 초기/확산 단계(2013년)	현재 침입 단계(2017년)
Bio10	8.5	53.4
Bio11	2	45
Bio12	3.8	1.6
Traffic_av	85.8	-

만 2013년에는 미국선녀벌레가 국내에서 평형상태에 도달하지 않았고(적합서식지에서의 부재), 교통량에 의한 발생 가능성이 아닌 서식 적합성을 설명할 수 없으므로 2013년 모형으로 미래분포를 예측하는 것은 적절하지 않았다. 2017년의 미국선녀벌레 분포모형들은 평균 AUC 값이 0.75보다 커서 모두 적절한 예측 성능을 보여주었으나 교통량 변수를 제외한 모형이 더 우수했다. AICc 값은 교통량을 포함했을 때 10 이상 증가하여 생물기후변수로만 설명한 모형을 지지했다. 따라서 미국선녀벌레의 분포는 더는 교통량 변수로 설명되기 어려운 것으로 판단되었다. 현재 분포를 설명하는 최종 모형에서 미국선녀벌레의 주요 발육 시기인 여름철 평균기온과 월동기인 겨울철 평균기온이 모형에서 가장 중요하게 기여했다.

연도 간 비교를 위해 최종 모형들은 미국선녀벌레의 상대적 발생 가능성('raw' 출력값)이 아닌 존재 확률('logistic' 출력값)로 출력했다. 최종 결과는 검증을 위한 자료 분할 없이 모든 자료를 이용하여 출력했다. 출력 결과는 각 래스터에 할당된 확

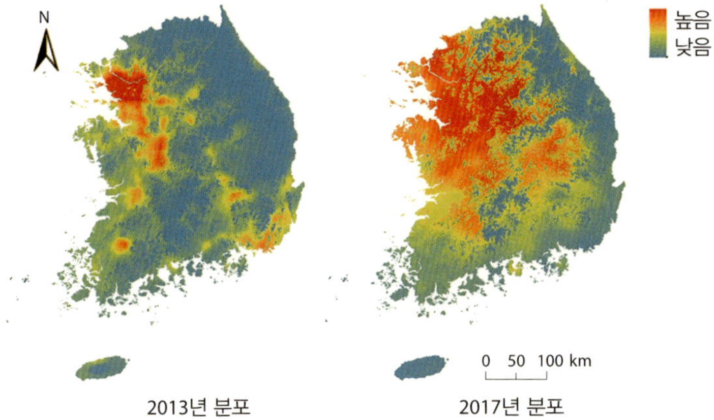

그림 25. 지리적 공간에 투사된 미국선녀벌레의 분포 모형

(왼쪽) 2013년: Climate+Traffic 모형, 기후변수들과 교통량 변수가 적용됨, (오른쪽) 2017년: Climate only, 기후변수들만 적용됨.

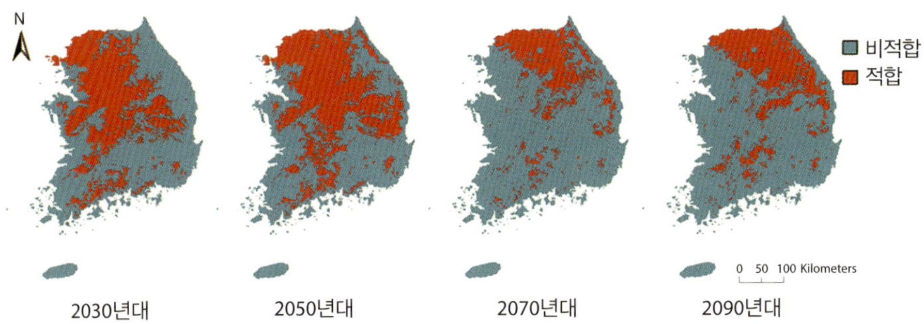

그림 26. RCP 8.5 시나리오에서 예측된 미국선녀벌레의 서식 적합성

률값의 크기를 이용하여 ArcGIS 10.1 프로그램에서 시각화되었다(그림 25). 미래 기후에서 미국선녀벌레의 서식 적합성은 2017년 최종 모형을 RCP 시나리오에서 예측된 Bio10, Bio11, Bio12 환경변수 레이어에 적용하여 예측되었다. 미래 기후에서 서식 적합과 부적합의 이진 분류(binary classification)를 위한 임계값으로는 최대 훈련 민감도 + 특이도를 사용하였다(그림 26). 예측 결과 2050년대까지 미국선녀벌레는 국내에서 지속해서 발생할 가능성이 클 것으로 추정되었다. 반면에 2070년대 이후에는 기후변화에 의한 기온 상승으로 인해 서식 적합 지역이 감소하고 분포가 산악지역으로 이동할 것으로 예측되었다. 실제로 2018년 평년에 비해 높은 여름철 기온이 관측된 이후 2019년에 미국선녀벌레의 밀도가 국내에서 급격히 감소한 것이 관찰되어 개발된 모형의 타당성과 예측 결과의 신뢰성을 지지했다(http://www.rda.go.kr).

본 원고의 MaxEnt 모형의 연구 사례는 Journal of Asia-Pacific Entomology 22권 3호에 게재된 논문(Kim et al., 2019)을 참조하여 작성하였음.

Please cite this article as: Kim, M.-J., Lee, J.-H., 2021. Predicting insect species distribution using MaxEnt software. In: Lee, J.-H., Kim., D.-S., Jung, C., Park, Y.-L. (eds.), Research Methodology in Insect Ecology, Seoul National University Press, Seoul, pp. 231-277.

For theoretical approach to correlative species distribution model, please cite this article as: Pearson, R.G., 2010. Species' distribution modeling for conservation educators and practitioners. In: Sterling, E., Bynam, N. (eds.), Lessons in Conservation. American Museum of Natural History, New York, pp. 54-89.

For using MaxEnt software, please cite this article as: Phillips, S.J., Anderson, R.P., Schapire, R.E., 2006. Maximum entropy modeling of species geographic distributions. Ecol. Model. 190, 231-259.

For theoretical approach to MaxEnt modeling, please cite this article as: Elith, J., Phillips, S.J., Hastie, T., Dudík, M., Chee, Y.E., Yates, C.J., 2011. A statistical explanation of MaxEnt for ecologists. Divers. Distrib. 17, 43-57.

참고문헌

Austin, M. 2007. Species distribution models and ecological theory: a critical assessment and some possible new approaches. Ecol. Model. 200, 1-19.

Baek, S., Kim, M.-J., Lee, J.-H. 2019. Current and future distribution of *Ricania shantungensis* (Hemiptera: Ricaniidae) in Korea: application of spatial analysis to select relevant environmental variables for MaxEnt and CLIMEX modeling. Forests 10, 490.

Burnham, K.P., Anderson, D.R. 2004. Multimodel inference understanding AIC and BIC in model selection. Sociol. Methods. Res. 33, 261-304.

Elith, J., Leathwick, J.R. 2009. Species distribution models: ecological explanation and prediction across space and time. Annu. Rev. Ecol. Evol. Syst. 40, 677-697.

Elith, J., Phillips, S.J., Hastie, T., Dudík, M., Chee, Y.E., Yates, C.J. 2011. A statistical explanation of MaxEnt for ecologists. Divers. Distrib. 17, 43-57.

Hutchinson, G.E. 1957. Concluding remarks. Cold Spring Harbor Symposium on Quantitative Biology 22, 415-457.

Kim, D.-E., Kil, J. 2014. Occurrence and host plant of *Metcalfa pruinosa* (Say) (Hemiptera: Flatidae) in Korea. J. Environ. Sci. Int. 23, 1385-1394.

Kim, D.-E., Lee, H., Kim, M.J., Lee, D-H. 2015. Predicting the potential habitat, host plants, and geographical distribution of *Pochazia shantungensis* (Hemiptera: Ricaniidae) in Korea. Korean J. Appl. Entomol. 54, 179-189.

Kim, M.-J., Baek, S., Lee, S.-B., Park, B., Lee, S.-K., Lee, Y.S., Ahn, K.-S., Choi, Y.-S., Seo, H.-Y., Lee, J.-H. 2019. Current and future distribution of *Metcalfa pruinosa* (Say) (Hemiptera: Flatidae) in Korea: reasoning of fast spreading. J. Asia-Pac. Entomol. 22, 933-940.

Kim, W.-M., Song, W.-K., Kim, S.-Y., Hyung, E.-J., Lee, S.-H. 2017. Habitat analysis study of honeybees (*Apis mellifera*) in urban area using species distribution modeling. J. Korean Environ. Res. Tech. 20, 55-64.

Lee, D.-S., Bae, Y.-S., Byun, B.-K., Lee, S., Park, J., Park, Y.-S. 2019. Occurrence prediction of the citrus flatid planthopper (*Metcalfa pruinosa* (Say; 1830)) in South Korea using a random forest model. Forests 10, 583.

Lee, J.-H., Baek, S., Im, J.-S., Lee, S.-K., Lee, H., Nam, H., Kim, H., Park, Y., Park, Y.-G. 2017. Prediction of occurrence and distribution of crop diseases, insect pests and weeds under climate change and their impact assessment. Research Report of National Institute of Agricultural Science and Technology, Rural Development Administration, Jeonju, pp. 80-82.

Li, F., Kwon, Y.-S., Bae, M.-J., Chung, N., Kwon, T.-S., Park, Y.-S. 2013. Potential impacts of global warming on the diversity and distribution of stream insects in South Korea. Conserv. Biol. 28, 498-508.

Masuoka, P., Klein, T.A., Kim, H.-C., Claborn, D.M., Achee, N., Andre, R., Chamberlin, J., Small, J., Anyamba, A., Lee, D.-K., Yi, S.H., Sardelis, M., Ju, Y.-R., Grieco, J. 2010. Modeling the distribution of *Culex tritaeniorhynchus* to predict Japanese encephalitis distribution in the Republic of Korea. Geospat. Health. 5, 45-57.

Merow, C., Smith, M.J., Silander, J.A. 2013. A practical guide to MaxEnt for modeling species' distributions: what it does, and why inputs and settings matter. Ecography 36, 1058-1069.

Morales-Castilla, I., Davies, T.J., Pearse, W.D., Peres-Neto, P. 2017. Combining phylogeny and co-occurrence to improve single species distribution models. Glob. Ecol. Biogeogr. 26, 740-752.

Namgung, H., Kim, M.-J., Baek, S., Lee, J.-H., Kim, H. 2020. Predicting potential current distribution of *Lycorma delicatula* (Hemiptera: Fulgoridae) using MaxEnt model in South Korea. J. Asia-Pac. Entomol. 23, 291-297.

Pearson, R.G. 2010. Species' distribution modeling for conservation educators and practitioners. In: Sterling, E., Bynam, N. (eds.), Lessons in Conservation. American Museum of Natural History, New York, pp. 54-89.

Phillips, S.J., Anderson, R.P., Schapire, R.E. 2006. Maximum entropy modeling of species geographic distributions. Ecol. Model. 190, 231-259.

Philips, S.J., Dudík, M., Elith, J., Graham, C.H., Lehmann, A., Leathwick, J., Ferrier, S. 2009. Sample selection bias and presence-only distribution models: implication for background and pseudo-absence data. Ecol. Appl. 19, 181-197.

Sung, S., Kwon, Y.-S., Lee, D.K., Cho, Y. 2018. Predicting the potential distribution of an invasive species, *Solenopsis invicta* Buren (Hymenoptera: Formicidae), under climate change using species distribution models. Entomol. Res. 48, 505-513.

Warren, D.L., Glor, R.E., Turelli, M. 2010. ENMTools: a toolbox for comparative studies of environmental niche models. Ecography 33, 607-611.

Warren, D.L., Seifert, S.N. 2011. Ecological niche modeling in Maxent: the importance of model complexity and the performance of model selection criteria. Ecol. Appl. 21, 335-342.

Yackulic, C.B., Chandler, R., Zipkin, E.F., Royle, A., Nichols, J.D., Campbell Grant, E.H., Veran, S. 2013. Presence-only modelling using MAXENT: when can we trust the inferences? Methods Ecol. Evol. 4, 236-243.

제10장

CLIMEX 소프트웨어를 활용한 종 분포 예측

백성훈

1. 종분포모형

종분포모형(species distribution model, SDM)은 특정 범위 내에서 대상 종의 분포를 특정하거나 분포에 관련된 인자들(factors)을 찾아내기 위해 사용한다. 이러한 일련의 과정에서 확인된 특정 종의 분포에 영향을 주는 인자들을 사용해서 기후변화 시나리오에 따라 미래분포 또한 예측할 수 있어서 외국에서 유입된 침입해충(invasive species)의 경우 거의 모든 종에서 관련 연구 결과를 쉽게 찾을 수 있다. 그러나 침입해충을 대상으로 종분포모형을 사용할 경우 대상 해충이 특정 지역에 충분히 퍼져있어 더는 확산이 되지 않는 상태(equilibrium)에 도달하지 않았을 확률이 크기 때문에 엄밀하게는 종분포모형을 사용할 수 없는 경우가 대부분이다. 만약 확산 중인 침입해충을 대상으로 종분포모형을 개발 및 적용할 경우 통계적으로 이는 시간적 혹은 공간적으로 대상 종의 분포를 외삽(extrapolate)하는 것과 마찬가지이기 때문이다(Elith and Leathwick, 2009).

앞서 언급한 것처럼 종분포모형은 많은 연구자들이 사용하고 있지만, 바르게 사용하는 경우는 드물다. 종분포모형과 관련된 논문이나 책은 쉽게 찾을 수 있고 이용 가능하지만, 안타깝게도 종분포모형을 바르게 사용할 수 있는 방법을 국문으로 기술하고 있는 정보는 제한적이다. 이에, 여기서는 결정적 종분포모형을 올바르게 사용하기 위해 반드시 알아야 할 사항들을 기술하고자 한다.

관심이 있는 종의 분포는 크게 상관적(correlative) 혹은 결정적(deterministic) 방법을 사용하여 나타낼 수 있다. 상관적 방법은 특정 범위 내에서 관심이 있는 종의 분포를 충분히 조사한 후, 이 종의 분포에 영향을 미칠 것으로 판단되는 인자들과 상관관계(correlation)를 분석하여 상관된 인자들만을 사용하여 종의 분포를 예측한다. 이러한 방법을 사용한 종분포모형을 상관적 모형(correlative model)이라고 한다. 반면 결정적 방법은 연구대상지에서의 종의 분포 정보는 불필요하지만, 이 종의 생태에 영향을 주는 모든 인자와 그 영향력에 대한 정보가 필요하며, 이 정보들을 바탕으로 생물종의 분포를 예측한다. 결정적 방법을 사용한 종분포모형은 기계적 모형(mechanistic model) 혹은 결정론적 모형(determistic model)이라고 한다. 결정적 방법을 사용하는 다양한 모형이 있지만, 여기서는 결정적 방법 중 가장 널리 사용되는 모형인 CLIMEX를 소개하고자 한다.

2. CLIMEX의 특징

CLIMEX는 대상 종의 연구대상지에서의 상대 풍부도, 계절적인 밀도 변화, 지리적 분포 등을 기후 요소들이 이 종의 개체군 동태에 미치는 효과를 사용해서 예측할 수 있는 하나의 단순화된 동태 모형이다(Sutherst et al., 2007). 이는 외부 온도변화에 따라 체온이 변하는 변온동물의 경우 대부분 종들의 분포가 기후에 의해 결정된다는 이론(Andrewartha and Birch, 1954; Krebs, 1978)에 근거한다.

CLIMEX의 사용과 해석을 바르게 하기 위해서는 이 프로그램에 적용되고 있는 가정(assumption)을 항상 고려해야 한다. 첫 번째 가정은 하나의 침입해충이 원래 이 종이 분포하던 지역에서 겪고 있던 생물학적 저항을 새로운 환경에서도 비슷하게 유지한다는 것이다(Sutherst et al., 2007). 이 가정에 의거해서, 하나의 침입해충이 원래 있던 지역에서의 분포와 이 해충과 기후 요소들과의 관계를 바탕으로 해서 이 종이 침입하지 않은 지역이나 새로운 환경에 갓 도착한 시점에서 새로운 환경에서의 분포 가능성을 예측한다. 또 다른 중요한 가정은 대부분의 동식물은 개체군 성장에 유리한 환경과 불리한 환경을 모두 경험한다는 것이다(Sutherst et al., 2007). 따라서 이러한 가정들이 만족할 경우에만 CLIMEX에서 제공하는 결과들이 의미가 있게 되며, 하나의 제한된 환경만을 대상 해충이 경험했을 가능성이 있다면 CLIMEX 결과의 해석에 주의할 필요가 있다.

CLIMEX는 단순히 기후만을 비교해 대상 종의 분포를 예측하는 Climate Matching과 대상 종이 분포하던 지역에서 보여주었던 생물학적 특징과 환경에 대한 반응을 기반으로 하여 관심이 있는 지역에서 대상 종의 분포를 예측하는 CLIMEX Model로 나눌 수 있다.

3. CLIMEX Model

CLIMEX Model은 두 개의 큰 그룹으로 묶을 수 있는 지수들을 사용해서 대상 종에 대한 모형을 만든다. 하나는 성장 관련 지수(growth related indices)이고 다른 하나는 지역적인 분포를 제한하는 스트레스 관련 지수(stress related indices)다. 모든 지수는 주간 단위로 계산한 후, 총 지수로 표현하거나 연간 지수로 계산하여 사용할 수 있다. CLIMEX Model은 성장 관련 지수들과 스트레스 관련 지수들을 종합하여 하나의 종이 하나의 지역에서 기후 적합도(climatic suitability)를 1에서 100까지로 표현할 수 있는 생태기후지수(ecoclimatic index)를 도출한다. 따라서 각 지수들의 정확한 이해와 바른 값들을 바탕으로 모형을 만들었을 때 모형의 예측력은 높아진다. 이에 각 지수를 좀 더 자세히 살펴보고자 한다. CLIMEX의 이론적인 내용은 모두 CLIMEX의 가이드북(Sutherst et al., 2007)의 내용에 근거해서 작성했다.

1) 성장 관련 지수(growth related indices)

(1) 온도지수(temperature index, TI)

온도지수는 0에서 1 사이의 값을 가진다. 여기서 0은 개체군 성장이 0이 됨을 의미하며, 1은 개체군 성장이 최대치에 이르게 됨을 의미한다. 온도지수를 결정할 때는 4개의 매개변수를 이용한다. 4개의 매개변수와 최소세대발육기간(PDD)은 다음과 같다.

DV0: 발육영점온도(lower temperature threshold)
DV1: 하위 발육최적온도(lower optimum temperature)
DV2: 상위 발육최적온도(upper optimum temperature)
DV3: 발육상한온도(upper temperature threshold)
PDD: 한 세대 발육을 완성하는 데 필요한 누적온일도(누적총열량)

발육영점온도(DV0)보다 낮을 때, 온도지수는 0이 되고 개체군은 전혀 성장하지 못한다. 이 온도를 넘어 하위 발육최적온도(DV1)에 가까워질수록 온도지수는 계속 증가한다. 하위 발육최적온도에서 상위 발육최적온도(DV2)에 이를 때까지 온도지수는 1로 유지되고, 이 온도를 넘어 발육상한온도(DV3)에 도달할 때까지 온도지수는 0에 가까워진다. 발육상한온도(DV3)를 넘어가면 다시 온도지수는 0이 되어 개체군 성장이 멈춘다(그림 1).

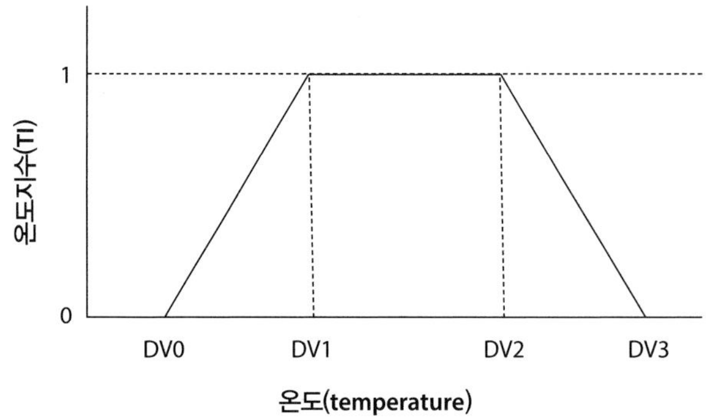

그림 1. 온도에 따른 온도지수의 변화

1년을 기준으로 한 지역에서 대상 종의 누적온일도(accumulated degree-days)가 PDD에 미치지 못하면 이 종은 이 지역에서 생존하지 못하게 되고, PDD에 2배 이상이 되며 2세대가 출현할 수 있다는 것을 의미한다. CLIMEX는 온도지수를 계산하기 위해서 온일도(degree-day) 개념을 사용한다.

(2) 수분지수(moisture index, MI)

수분지수는 토양 수분이 식생(vegetation)의 수분 함량을 결정하는 중요한 요소이기 때문에 미기후 환경(microclimatic conditions)을 결정한다는 가정에 근거한다. 토양 수분(soil moisture, SM) 0은 토양 수분이 없는 상태를, 0.5는 토양 수용량(capacity)의 50% 수준을 가리키며, 1은 토양 수용량의 100% 수준을 의미하며, 1 이상이 되면 범람(run-off)의 상태를 뜻한다. 수분지수는 이러한 토양 수분에 대한 대상 종의 반응을 설명하는 지수다.

수분지수 역시 온도지수와 마찬가지로 0에서 1 사이의 값을 가진다. 여기서 0은 개체군 성장이 없음을 의미하며, 1은 개체군 성장이 최대치에 이르게 됨을 의미한다. 수분지수를 결정할 때는 4개의 매개변수를 이용한다. 4개의 매개변수는 다음과 같다.

SM0: 발육영점토양수분(lower soil moisture threshold)
SM1: 하위 발육최적토양수분(lower optimum soil moisture)
SM2: 상위 발육최적토양수분(upper optimum soil moisture)
SM3: 발육상한토양수분(upper soil moisture threshold)

발육영점토양수분(SM0)보다 낮을 때, 수분지수는 0이 되고 개체군은 전혀 성장하지 못한다. 이 수분을 넘어 하위 발육최적토양수분(SM1)에 가까워질수록 수분지수는 계속 증가한다. 하위 발육최적토양수분에서 상위 발육최적토양수분(SM2)에 이를 때까지 수분지수는 1로 유지되고, 이 수분을 넘어 발육상한토양수분(SM3)에 도달할 때까지 수분지수는 점점 0에 가까워진다. 발육상한토양수분을 넘어가면 다시 수분지수는 0이 되어 개체군 성장이 멈춘다(그림 2).

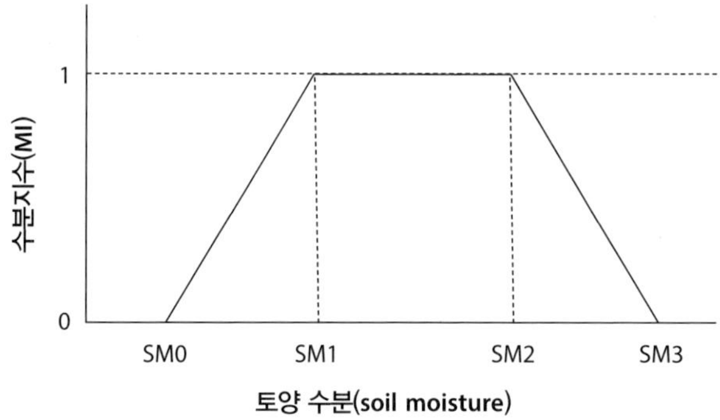

그림 2. 토양 수분에 따른 수분지수의 변화

(3) 방사지수(radiation index, RI)

방사지수는 식물의 성장을 결정하는 중요한 요소 중 하나이기 때문에 중요하다. 방사지수는 태양 일조량에 대한 대상 종의 반응을 설명한다.

방사지수 역시 온도지수와 마찬가지로 0에서 1 사이의 값을 가진다. 여기서 0은 개체군 성장이 없음을 의미하며, 1은 개체군 성장이 최대치에 이르게 됨을 의미한다. 방사지수를 결정할 때는 4개의 매개변수를 이용한다. 4개의 매개변수는 다음과 같다.

RV0: 발육영점방사량(lower radiation threshold)
RV1: 하위 발육최적방사량(lower optimum radiation)
RV2: 상위 발육최적방사량(upper optimum radiation)
RV3: 발육상한방사량(upper radiation threshold)

발육영점방사량(RV0)보다 낮을 때, 방사지수는 0이 되고 개체군은 전혀 성장하지 못한다. 이 방사량 넘어 하위 발육최적방사량(RV1)에 가까워질수록 방사지수는 계속 증가한다. 하위 발육최적방사량에서 상위 발육최적방사량(RV2)에 이를 때까지 방사지수는 1로 유지되고, 이 방사량을 넘어 발육상한방사량(RV3)에 도달할 때까지 방사지수는 점점 0에 가까워진다. 발육상한방사량을 넘어가면 다시 방사지수

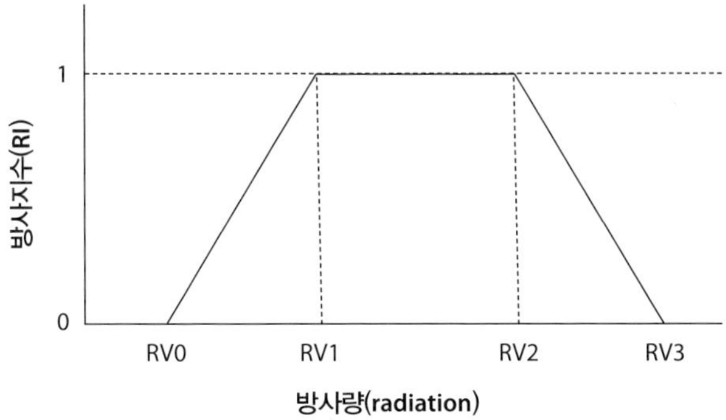

그림 3. 방사량에 따른 방사지수의 변화

는 0이 되어 개체군 성장이 멈춘다(그림 3).

(4) 기질지수(substrate index, SVI)

기질지수는 비기후변수(non-climatic variable)이기는 하지만 개체군 성장에 영향을 줄 수 있다. 기질지수는 토양의 종류(soil type), 토양 염분도(soil salinity), 지형(topography), 기주 이용성(host availability), 기생 생물의 토양 적합도(soil suitability for a parasitic organisms) 등을 포함한다.

기질지수 역시 다른 지수와 마찬가지로 0에서 1 사이의 값을 가진다. 여기서 0은 기질이 완벽히 개체군 성장을 제한하여 개체군 성장이 없음을 의미하며, 1은 기질이 개체군 성장에 관여하지 않아 개체군 성장이 최대치에 이르게 됨을 의미한다. 기질지수를 결정할 때는 4개의 매개변수를 이용한다. 4개의 매개변수는 다음과 같다.

SV0: 발육영점기질변수값(lower substrate variable threshold)
SV1: 하위 발육최적기질변수값(lower optimum substrate variable value)
SV2: 상위 발육최적기질변수값(upper optimum substrate variable value)
SV3: 발육상한기질변수값(upper substrate variable threshold)

발육영점기질변수값(SV0)보다 작을 때, 기질지수는 0이 되고 개체군은 전혀 성장하지 못한다. 이 기질변수값을 넘어 하위 발육최적기질변수값(SV1)에 가까워

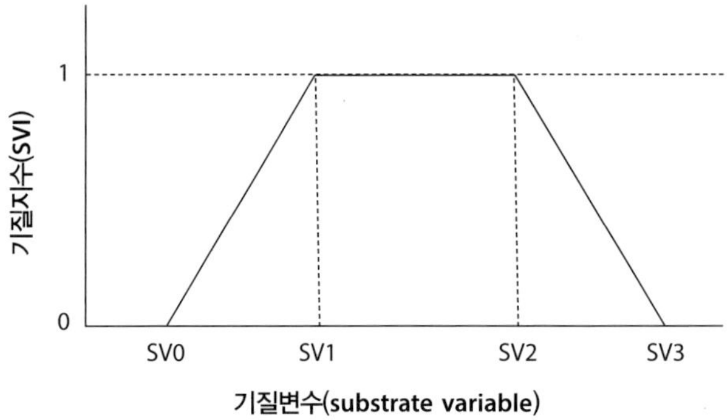

그림 4. 기질변수값에 따른 기질지수의 변화

질수록 기질지수는 계속 증가한다. 하위 발육최적기질변수값에서 상위 발육최적기질변수값(SV2)에 이를 때까지 기질지수는 1로 유지되고, 이 기질지수변수값을 넘어 발육상한기질변수값(SV3)에 도달할 때까지 방사지수는 점점 0에 가까워진다. 발육상한기질변수값을 넘어가면 다시 기질지수는 0이 되어 개체군 성장이 멈춘다(그림 4).

(5) 휴면지수(diapause index, DI)

휴면(diapause)은 한 종이 불리한(unfavorable) 기후 조건에서 생존 가능하게 하는 적응(adaptation)의 한 형태다. 휴면은 특정 환경조건에 의해 야기되며 대부분 일정 기간이 지나야만 휴면 상태를 완료하게 된다. CLIMEX에서는 휴면 기간 동안 대상 종의 개체군 성장을 0으로 계산한다.

CLIMEX에서는 겨울 휴면(winter diapause)의 경우 짧은 일장(short day length)과 저온(low temperature), 여름 휴면(summer diapause)의 경우 긴 일장(long day length)과 고온(high temperature)에 의해 유도될 수 있다. 5개의 매개변수가 휴면 계산을 위해 사용된다.

- 휴면 유도 일장(diapause induction daylength, DPD0): 휴면이 유도되는 시기의 주간 평균 일장
- 휴면 유도 온도(diapause induction temperature, DPT0): 겨울 휴면이 유도되는 시기의 주간 평균 최저온도 혹은 여름 휴면이 유도되는 시기의 주간 평균 최고

온도
- 휴면 종료 온도(diapause termination temperature, DPT1): 겨울 휴면이 종료되는 시기의 주간 평균 최저온도 혹은 여름 휴면이 종료되는 시기의 주간 평균 최고온도
- 휴면 발육일(diapause development days, DPD): 휴면이 종료되는 데 필요한 최소한의 일 수
- 여름/겨울 휴면 지표(diapause summer or winter indicator, DPSW): 겨울과 여름 휴면을 나타내는 지표, 여름 휴면은 1이고 겨울 휴면은 0으로 나타냄.

겨울 휴면(DPSW = 0)의 경우, CLIMEX에서 휴면지수는 일장이 휴면 유도 일장(DPD0)보다 짧고, 일 최저온도가 휴면 유도 온도(DPT0)보다 낮으며, 일장이 지속해서 감소하고 있을 때만 작동한다. 반면, 일 최저온도가 휴면 종료 온도(DPT1)보다 높고, 일장이 증가하고 있으며 휴면 시작 후 휴면 발육일(DPD)이 지난 후에는 자동으로 휴면이 종료된 것으로 계산된다.

여름 휴면(DPSW = 1)의 경우, CLIMEX에서 휴면지수는 일장이 휴면 유도 일장(DPD0)보다 길고, 일 최고온도가 휴면 유도 온도(DPT0)보다 높으며, 일장이 지속해서 증가하고 있을 때만 작동한다. 반면, 일 최고온도가 휴면 종료 온도(DPT1)보다 낮고, 일장이 감소하고 있으며 휴면 시작 후 휴면 발육일(DPD)이 지난 후에는 자동으로 휴면이 종료된 것으로 계산된다.

(6) 빛지수(light index, LI)

빛지수는 광합성에 영향을 주기 때문에 식물의 성장과 발육을 가능하게 하는 중요한 요소다. 빛지수 역시 다른 지수들과 마찬가지로 0에서 1까지의 값을 가진다. 빛지수 0은 일장이 너무 짧아서 식물의 성장을 완벽히 제한하고 있는 상태를 의미하며, 1의 경우 충분한 빛을 받고 있기 때문에 식물이 최대한 성장할 수 있는 환경을 의미한다.

빛지수는 2개의 매개변수에 의해 결정된다. 하나는 성장이 최대가 될 수 있는 최소한의 일장을 나타내는 LT0이고, 다른 하나는 성장이 불가능한 최대한의 일장

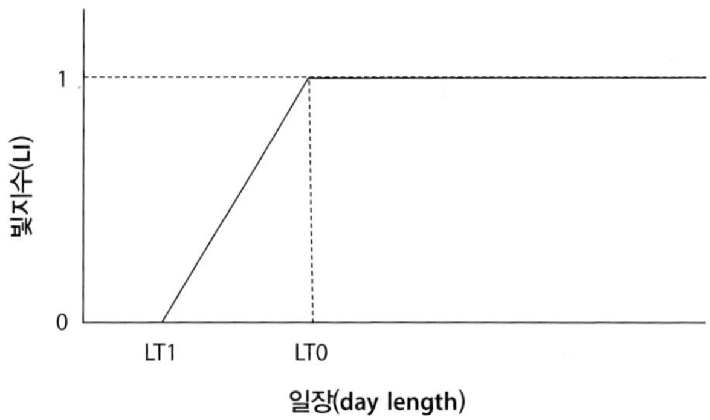

그림 5. 일장에 따른 빛지수의 변화

을 나타내는 LT1이다. 두 매개변수 모두 단위는 시간을 사용하며, 다음과 같다(그림 5).

- 일장이 LT0보다 클 경우: 빛지수는 1
- 일장이 LT1보다 작을 경우: 빛지수는 0
- LT1 ≦ 일장 ≦ LT0일 경우: 빛지수는 1 – (일장-LT1)/(LT0 – LT1)

(7) 생물지수(biotic index, BI)

상호작용을 하는 두 생물이 동시에 모형에 사용될 때에만 필요한 지수다. 하나의 종이 다른 종의 개체군 성장에 긍정적 혹은 부정적으로 영향을 미치는지를 반영할 수 있다.

2) 스트레스 관련 지수(stress related indices)

CLIMEX에서 스트레스 지수들은 가혹한 환경조건에서 종의 생존 가능성을 제한함으로써 대상 종의 지리학적 분포를 결정한다. 일 년 동안 스트레스의 누적값이 100에 도달하면 그 종은 생존할 수 없으며, 따라서 주어진 지역에서 이 종은 배제된다.

CLIMEX에서 4개의 주요 스트레스 지수들이 있는데, 이들은 각각 더위 스트레스(heat stress), 추위 스트레스(cold stress), 다습 스트레스(wet stress), 건조 스트레스(dry stress)다. 이들 4개의 주요 스트레스 인자들은 상호작용을 하는데, 이에 더위-건조 스트레스(heat-dry stress), 더위-다습 스트레스(heat-wet stress), 추위-건조 스트레스(cold-dry stress), 추위-다습 스트레스(cold-wet stress)가 있다.

(1) 추위 스트레스(cold stress, CS)

추위 스트레스는 세 가지 방법으로 정의할 수 있다. 첫째, 동물은 일 누적온일도(누적온열량, accumulated degree-days)가 대사(metabolism)를 유지할 수 없을 정도로 낮으면 죽게 될 것이다. 이에 다음 방법을 이용하여 추위 스트레스를 계산할 수 있다.

만약, $DD < DTCS$이면, $CS = (DTCS - DD) \times DHCS$

만약, $DD \geq DTCS$이면, $CS = 0$

여기서 DD는 온일도(degree-days), DTCS는 추위 스트레스 영점 온일도(cold stress degree-day threshold), CS는 추위 스트레스(cold stress), DHCS는 추위 스트레스 온일도 누적속도(cold stress degree-day rate)를 각각 나타낸다.

주간 누적온일도(accumulated degree-days, ADD)의 합이 추위 스트레스 영점 온일도(DTCS)보다 낮으면, 추위 스트레스(CS)는 위의 식과 같이 추위 스트레스 영점 온일도와 누적온일도의 차이에 추위 스트레스 온일도 누적속도(DHCS)를 곱한 만큼 발생한다. 그러나 누적온일도가 추위 스트레스 영점 온일도보다 높으면 추위 스트레스는 발생하지 않는다(CS =0).

둘째, 한 종은 지나치게 낮은 온도에 노출되면 아마도 생존할 수 없을 것이다. 이에 다음 방법을 이용하여 추위 스트레스를 계산할 수 있다.

만약, $T_{min} < TTCS$이면, $CS = (TTCS - T_{min}) \times THCS$

만약, $T_{min} \geq TTCS$이면, $CS = 0$

여기서 T_{min}는 주간 평균 최저온도(average weekly minimum temperature), TTCS는 추

위 스트레스 영점 온도(cold stress temperature threshold), CS는 추위 스트레스(cold stress), THCS는 추위 스트레스 온도 누적속도(cold stress temperature rate)를 각각 나타낸다. 계산 방법은 온일도(DD)를 사용한 방법과 동일하며, 온일도가 주간 평균 최저온도(T_{min})로 바뀌었다고 생각하면 이해하기 쉬울 것이다.

셋째, 한 종은 낮은 평균 온도에 지속해서 노출되면 아마도 생존할 수 없을 것이다. 이에 다음 방법을 이용하여 추위 스트레스를 계산할 수 있다.

만약, T_{av} < TTCSA이면, CS = (TTCSA − T_{av}) × THCSA

만약, T_{av} ≥ TTCSA이면, CS = 0

여기서 T_{av}는 주간 평균 온도(weekly average temperature), TTCSA는 추위 스트레스 평균 영점 온도(cold stress average temperature threshold), CS는 추위 스트레스(cold stress), THCSA는 추위 스트레스 평균 온도 누적속도(cold stress average temperature rate)를 각각 나타낸다. 계산 방법은 온일도(DD)를 사용한 방법과 동일하며, 온일도가 주간 평균 온도(T_{av})로 바뀌었다고 생각하면 이해하기 쉬울 것이다.

세 가지 방법 중 어느 것을 사용해도 추위 스트레스를 계산할 수 있지만, 중요한 것은 온일도(DD), 주간 평균 최저온도(T_{min}), 주간 평균 온도(T_{av})를 선택하면 이에 맞추어 다른 기준(threshold)과 스트레스가 누적될 속도(rate)를 사용해야 한다. 마지막으로, 연간 누적 추위 스트레스(annual cumulative cold stress)는 추위 스트레스를 경험하게 되는 주(week)의 합에 의해 결정된다.

(2) 더위 스트레스(heat stress, HS)

더위 스트레스는 두 가지 방법으로 정의할 수 있다. 첫째, 동물은 일 누적온일도(누적온열량, accumulated degree-days)가 필수적인 생리적 과정(physiological processes)을 유지할 수 없을 정도로 높으면 죽게 될 것이다. 이에 다음 방법을 이용하여 더위 스트레스를 계산할 수 있다.

만약, DD_{DV3} > DTHS이면, HS = (DD_{DV3} − DTHS) × DHHS

$$\text{만약, } DD_{DV3} \leq DTHS\text{이면, } HS = 0$$

여기서 DD_{DV3}는 발육상한온도(DV3) 이상의 온일도(degree-days), DTHS는 더위 스트레스 영점 온일도(heat stress degree-day threshold), HS는 더위 스트레스(heat stress), DHHS는 더위 스트레스 온일도 누적속도(heat stress degree-day rate)를 각각 나타낸다.

주간 누적온일도(accumulated degree-days, ADD)의 합이 더위 스트레스 영점 온일도(DTHS)보다 높으면, 더위 스트레스(HS)는 위의 식과 같이 누적온일도와 더위 스트레스 영점 온일도의 차이에 더위 스트레스 온일도 누적속도(DHHS)를 곱한 만큼 발생한다. 그러나 누적온일도가 더위 스트레스 영점 온일도보다 낮으면 더위 스트레스는 발생하지 않는다(HS = 0).

둘째, 한 종은 지나치게 높은 온도에 노출되면 생존할 수 없을 것이다. 이에 다음 방법을 이용하여 더위 스트레스를 계산할 수 있다.

$$\text{만약, } T_{max} > TTHS\text{이면, } HS = (T_{max} - TTHS) \times THHS$$

$$\text{만약, } T_{max} \leq TTHS\text{이면, } HS = 0$$

여기서 T_{max}는 주간 평균 최고온도(average weekly maximum temperature), TTHS는 더위 스트레스 영점 온도(heat stress temperature threshold), HS는 더위 스트레스(heat stress), THHS는 더위 스트레스 온도 누적속도(heat stress temperature rate)를 각각 나타낸다. 계산 방법은 온일도(DD)를 사용한 방법과 동일하며, 온일도가 주간 평균 최고온도(T_{max})로 바뀌었다고 생각하면 이해하기 쉬울 것이다.

두 가지 방법 중 어느 것을 사용해도 더위 스트레스를 계산할 수 있지만, 중요한 것은 온일도(DD)와 주간 평균 최고온도(T_{max}) 중 어느 하나를 선택하면 이에 맞추어 다른 기준(threshold)과 스트레스가 누적될 속도(rate)를 사용해야 한다는 것이다. 마지막으로, 연간 누적 더위 스트레스(annual cumulative heat stress)는 더위 스트레스를 경험하게 되는 주(week)의 합에 의해 결정된다.

(3) 건조 스트레스(dry stress, DS)

건조 스트레스는 토양 수분 함량이 일정 수준(dry stress threshold) 이하로 내려가면 누적된다. 이에 다음 방법을 이용하여 건조 스트레스를 계산할 수 있다.

만약, SM < SMDS이면, DS = (SMDS − SM) × HDS

만약, SM ≥ SMDS이면, DS = 0

여기서 SM은 토양 수분량(soil moisture level), SMDS는 건조 스트레스 영점(dry stress threshold), DS는 건조 스트레스(dry stress), HDS는 건조 스트레스 누적속도(dry stress rate)를 각각 나타낸다.

주간 토양 수분량이 건조 스트레스 영점(SMDS)보다 낮으면, 건조 스트레스(DS)는 위의 식과 같이 건조 스트레스 영점과 토양 수분량의 차이에 건조 스트레스 누적속도(HDS)를 곱한 만큼 발생한다. 그러나 토양 수분량이 건조 스트레스 영점보다 높으면 건조 스트레스는 발생하지 않는다(DS = 0).

(4) 다습 스트레스(wet stress, WS)

다습 스트레스는 토양 수분 함량이 일정 수준(wet stress threshold) 이상으로 올라가면 누적된다. 이에 다음 방법을 이용하여 다습 스트레스를 계산할 수 있다.

만약, SM > SMWS이면, WS = (SM − SMWS) × HWS

만약, SM ≤ SMWS이면, WS = 0

여기서 SM은 토양 수분량(soil moisture level), SMWS는 다습 스트레스 영점(wet stress threshold), WS는 다습 스트레스(wet stress), HWS는 다습 스트레스 누적속도(wet stress rate)를 각각 나타낸다.

주간 토양 수분량이 다습 스트레스 영점(SMWS)보다 높으면, 다습 스트레스(WS)는 위의 식과 같이 토양 수분량과 다습 스트레스 영점의 차이에 다습 스트레스 누적속도(HWS)를 곱한 만큼 발생한다. 그러나 토양 수분량이 다습 스트레스 영점보다 낮으면 다습 스트레스는 발생하지 않는다(WS = 0).

(5) 스트레스 상호작용 지수(interaction stress indices)

일반적으로 스트레스 요소들의 상호작용은 필요하지 않지만, 특정 스트레스 요소들만으로 대상 종의 발생을 예측하는 데 충분하지 않다면 고려할 필요가 있다. 모든 지수는 0에서 1까지의 값을 가지며, 0은 스트레스가 전혀 없는 수준을, 1은 치사에 이르는 스트레스를 의미한다.

추위-건조 스트레스(cold-dry stress, CDX)는 대상 종의 발육영점온도(DV0)를 기준으로 주간 누적온일도의 합이 추위-건조 영점 온일도(cold-dry degree-day threshold, DTCD)보다 낮고 토양 수분이 추위-건조 수분 영점(cold-dry moisture threshold, MTCD)보다 낮으면 누적되는데, 누적속도는 추위-건조 스트레스 누적속도(cold-dry stress accumulation rate, PCD)에 의해 결정된다.

더위-건조 스트레스(heat-dry stress, HDX)는 대상 종의 발육상한온도(DV3)를 기준으로 주간 누적온일도의 합이 더위-건조 영점 온일도(heat-dry degree-day threshold, DTHD)보다 높고 토양 수분이 더위-건조 수분 영점(heat-dry moisture threshold, MTHD)보다 낮으면 누적되는데, 누적속도는 더위-건조 스트레스 누적속도(heat-dry stress accumulation rate, PHD)에 의해 결정된다.

추위-다습 스트레스(cold-wet stress, CWX)는 대상 종의 발육영점온도(DV0)를 기준으로 주간 누적온일도의 합이 추위-다습 영점 온일도(cold-wet degree-day threshold, DTCW)보다 낮고 토양 수분이 추위-다습 수분 영점(cold-wet moisture threshold, MTCW)보다 높으면 누적되는데, 누적속도는 추위-다습 스트레스 누적속도(cold-wet stress accumulation rate, PCW)에 의해 결정된다.

더위-다습 스트레스(heat-wet stress, HWX)는 대상 종의 발육상한온도(DV3)를 기준으로 주간 누적온열량의 합이 더위-다습 영점 온일도(heat-wet degree-day threshold, DTHW)보다 높고 토양 수분이 더위-다습 수분 영점(heat-wet moisture threshold, MTHW)보다 높으면 누적되는데, 누적속도는 더위-다습 스트레스 누적속도(heat-wet stress accumulation rate, PHW)에 의해 결정된다.

3) 다른 제약 요소들

(1) 최소세대발육기간(length of growing season, PDD)

생물은 한 세대의 발육을 완료하기 위해서는 발육영점온도(DV0)보다 높은 일정 수준의 온일도(required degree-days)가 필요하다. CLIMEX에서는 이러한 한 세대 발육에 필요한 최소 온일도(PDD)를 설정할 수 있다.

(2) 휴면(obligate diapause or vernalization)

많은 수의 동물은 반드시 휴면에 들어가게 되고 이 휴면에서 벗어나 다시 생장을 이어가기 위해서는 일정 기간 특정 환경(일반적으로 짧은 일장과 저온)이 필요하다. 위와 같은 휴면은 절대휴면(obligate diapause)이라고 하며, 식물에서는 춘화현상(vernalization)이라고 불린다. CLIMEX에서는 이러한 휴면 관련 요소들을 설정할 수 있다. 휴면 기간 동안 주간 성장지수는 0이 되며, 만약 휴면 상황을 종료하기 위한 일정 기간의 가혹한 환경(짧은 일장과 저온)이 보장되지 않는 지역에서는 연간 성장지수가 0이 된다. 하나의 종이 휴지(diapause) 상태에 있을 때 주간 휴지지수(diapause index, DI_w)는 0이 되고, 휴지 상태가 아닐 때 주간 휴지지수는 1이 된다.

4) 생태기후지수(ecoclimatic index, EI)

생태기후지수는 개체군의 잠재적인 성장을 설명하는 연간 성장지수(annual growth index, GIA)와 불리한 환경조건에서 개체군의 성장을 제한하는 연간 스트레스 지수(annual stress index, SI) 등을 일반적으로 포함하며, 다른 제한 요소(예: 최소발육기간, 휴면) 등을 모두 포함할 수 있다. 따라서 생태기후지수는 하나의 주어진 장소에서 한 개체군의 지속적인 생존에 대한 전반적인 가능성을 제공한다. 이러한 생태기후지수는 0에서 100까지의 값을 가질 수 있다. 생태기후지수 0은 한 종의 장기적인 생존의 불가능에 가까운 것을 의미하며, 100은 대상 종의 생존에 이상적인 조건을 의미한다. 생태기후지수는 다음과 같이 계산된다.

$$\text{생태기후지수(EI)} = TGI_A \times SI \times SX$$

$$TGI_A(\text{연간 성장지수}) = 100\sum_{i=1}^{52} TGI_{w_i} / 52$$

TGI_w(주간 성장지수)

SI(연간 스트레스 지수) = (1 – CS/100)(1 – DS/100)(1 – HS/100)(1 – WS/100)

SX(연간 스트레스 작호작용 지수)=(1–CDX/100)(1–CWX/100)(1 – HDX/100)(1 – HWX/100)

CS(추위 스트레스 지수), DS(건조 스트레스 지수), HS(더위 스트레스 지수), WS(다습 스트레스 지수), CDX(추위-건조 스트레스 지수), CWX(추위-다습 스트레스 지수), HDX(더위-건조 스트레스 지수), HWX(더위-다습 스트레스 지수)

5) 변수값 조정(parameter fitting)

변수값을 조정하는 과정은 CLIMEX Model에서 가장 중요하고 기술을 요하는 작업이다. 변수를 구성하는 스트레스 관련 지수들과 성장 관련 지수들 각각의 구성 요소의 정확한 역할과 개념 이해가 성공적인 모형을 만드는 우선 요소다. 이 이해를 바탕으로 변수들의 값을 선정하는 과정은 변수값의 작은 조정과 이에 따른 모형 구동을 반복적으로 수행하여 제한된 지역에서의 분포를 가장 잘 표현하는 변수값을 찾아내는 과정이다. 따라서 CLIMEX의 신뢰성은 대상 종의 정확한 분포(accurate distribution), 풍부도(abundance), 계절적인 활성(seasonal activity) 등에 따라 담보될 수 있다. 단, CLIMEX는 기후자료에 따라 대상 종의 분포를 예측하는 것이기 때문에 다른 생태적인 요소를 고려해야 하며 결과의 적용에 있어서 방제 의사결정을 위한 보조 도구라는 것을 잊지 말아야 한다. CLIMEX는 대상 종의 잠재적인 지질학적 분포와 생물학적 특징을 찾아내는 데 가치 있는 결과를 제공할 수 있다. CLIMEX의 변수값 조정을 위한 단계는 다음과 같다.

첫째, 문헌(literature)에서 대상 종의 분포자료를 모은다. 주로 종분포모형이 새롭게 침입한 해충(invasive species)에 대해 수요가 많으므로, 이 분포자료는 새롭게 침입된 지역보다는 대상 종이 원래 분포하던 지역(origin)의 자료를 사용하게 된다.

둘째, 비슷한 분포를 가지는 다른 종 혹은 표본(templete) 파일에서 각각의 변수값들을 복사하여 하나의 새로운 종 파일을 만든다.

셋째, "Initialisation" 드롭다운 메뉴에서 "Model Parameters"을 선택하여 대

상종의 변수 파일의 “Comments”에 자료와 관련된 내용을 기록 및 저장해야 한다. 이 작업은 변수값들을 조정하기 위한 기록이 되기도 하고 다른 사용자가 같은 종을 분석하는 데 도움이 될 수 있다.

넷째, “Location” 메뉴를 통해 분포가 알려진 지역의 대륙(continent)을 선정하고, “Compare Locations” 옵션을 사용하여 대상 종에 대한 CLIMEX를 구동하면 된다.

다섯째, 대상 종의 분포가 알려진 지역에서 분포를 가장 잘 예측할 때까지 변수값의 조정과 그에 따른 모형 구동을 반복하면 된다. 만약 대상 종의 여러 변수 중 실험이나 이미 발표된 연구들에 의해 일부 변수값이 알려진 경우, 이 값들을 고정하고 알려지지 않은 변수값들만 조정하면 시간과 노력을 경감할 수 있다.

여섯째, 다른 대륙이나 나라에서의 대상 종의 분포가 알려져 있다면 선정된 변수값들을 검증(validation)하는 데 활용할 수 있다.

일곱째, 이렇게 선정된 변수값들을 사용해서 새로운 지역에서 대상 종의 분포를 예측하는 데 활용할 수 있다.

6) CLIMEX 모형의 예

미국선녀벌레의 세계적 분포를 예측한 논문(Byeon et al., 2018)을 인용하여 CLIMEX 모형 사용 예를 기술하고자 한다. 미국선녀벌레는 한국에서 다양한 밭작물과 과수원, 그리고 도심지에서 심각한 피해를 야기하고 있다. 이 해충은 미국에서 유래한 것으로 알려져 있으며, 현재 한국을 비롯한 아시아, 유럽 등에서 경제적 피해(economic damage)를 야기하고 있다. 연 1세대 발생하는 해충으로 반드시 목본식물에서 산란하지만 성장은 주로 초본식물에서 하는 것으로 알려져 있으며, 기주식물도 매우 다양하여 국내 거의 모든 지역에서 쉽게 발견되고 있는 침입해충이다.

이 연구(Byeon et al., 2018)에서 대상 종의 분포는 북미와 유럽에서 발표된 연구자료들을 기반으로 구축했다. 사용된 기후자료는 1961년부터 1990년까지 월별 평균 최고기온, 월별 평균 최소기온, 월별 평균 강수량, 오전 9시 상대습도, 오후 3시 상대습도 등 5가지 자료를 이용하여 구축했다.

표본 파일로는 호주에서 미국선녀벌레 분포를 예측하는 데 사용된 연구(Strauss,

표 1. CLIMEX를 이용한 미국선녀벌레 발생 예측 모형에 사용된 변수와 변수값

CLIMEX에서의 변수	국문 변수 이름	선정된 변수값
온도 변수		
DV0(lower temperature threshold)	발육 영점 온도	13℃
DV1(lower optimal temeprature)	낮은 발육 최적온도	22℃
DV2(upper optimal temeprature)	높은 발육 최적온도	28℃
DV3(upper temperature threshold)	발육 상한 온도	31℃
PDD(degree-days to complete one generation)	최소 발육기간	500
습도 변수		
SM0(lower soil moisture threshold)	발육 영점 토양 습도	0.25
SM1(lower optimal soil moisture)	낮은 발육 최적 토양 습도	0.5
SM2(upper optimal soil moisture)	높은 발육 최적 토양 습도	1.0
SM3(upper soil moisture threshold)	발육 상한 토양 습도	1.5
더위 스트레스		
TTHS(heat stress temperature threshold)	더위 스트레스 영점 온열량	31℃
THHS(heat stress temperature rate)	더위 스트레스 온열량 누적속도	0.002week^{-1}
추위 스트레스		
TTCS(cold stress temperature threshold)	추위 스트레스 영점 온열량	-1℃
THCS(cold stress temperature rate)	추위 스트레스 온열량 누적속도	-0.0001week^{-1}
건조 스트레스		
SMDS(dry stress threshold)	건조 스트레스 영점	0.25
HDS(dry stress rate)	건조 스트레스 누적속도	-0.005week^{-1}
다습 스트레스		
SMWS(wet stress threshold)	다습 스트레스 영점	1.5
HWS(wet stress rate)	다습 스트레스 누적속도	0.002week^{-1}
휴면 변수		
DPD0(diapause induction day length)	휴면 유도 일장	9h
DPT0(diapause induction temperature)	휴면 유도 온도	0℃
DPSW(diapause summer or winter indicator)	여름/겨울 휴면 지표	0

2010)의 변수값들이 사용되었고 유럽과 북미 지역의 알려진 분포를 이용하여 CLIMEX 모형을 위한 변수 선정을 완료했다(표 1). 변수 선정은 미국선녀벌레가 존재하지 않는 곳으로 알려진 지역이 가능한 한 생태기후지수(EI)가 0이 되도록 하고, 존재하는 지역은 생태기후지수가 0보다 크게 예측될 수 있도록 조정했다.

실제 분포자료를 이용하여 선정된 변수와 변수값을 이용하여 전 세계에 미국선녀벌레 침입 가능성 지도를 만들었다. 예측에 따르면 이미 분포하는 것으로 알려진 동북아메리카, 동유럽, 동북아시아뿐만 아니라 남아메리카의 해안선 지역, 아프리카의 남쪽 지역, 북유럽을 제외한 유럽 지역, 호주의 서쪽 해안 지역 등도 미국선녀벌레 발생 가능성이 큰 것으로 나타났다. 현재 분포를 예측하는 것과 마찬가지 방식으로 기후변화 시나리오에 따른 미래 기후 요소를 사용하여 미래분포를 예측하는 것도 가능하며, 미국선녀벌레의 경우에는 유럽, 북아메리카, 동북아시아 지역을 대상으로 미래분포 예측이 적용되었다.

4. Climate Matching

Climate Matching은 CLIMEX 모델과는 다르게 하나의 침입해충이 분포하고 있던 지역(home)과 새롭게 침입한 지역(away)의 기후(climate)를 비교하여 새롭게 침입한 지역 혹은 침입이 예상되는 지역에서의 대상 해충의 정착 가능성을 '종합적인 기후 일치 지수(composite match index, CMI)'로 나타낸다. 기후 비교에 사용되는 기후 요소(index)들은 최고기온(maximum temperature, I_{tmax}), 최저기온(minimum temperature, I_{tmin}), 평균기온(average temperature, I_{tav}), 총강우량(total rainfall, I_{rtot}), 강우 패턴(rainfall pattern, I_{rpat}), 상대습도(relative humidity, I_{hum}), 토양 수분(soil moisture, I_{sm})이다. 각각의 요소들은 개별적인 가중치를 가진다. 각각의 가중치는 최저기온은 W_1, 최고기온 W_2, 평균기온 W_3, 총강우량 W_4, 강우 패턴 W_5, 상대습도 W_6, 토양 수분은 W_7으로 표현되어 있다.

1) 온도 관련 지수(temperature related indices)

3개의 온도지수들, 최고기온(I_{tmax}), 최저기온(I_{tmin}), 평균기온(I_{tav})은 모두 같은 지수함수 형태로 각각의 지수 값을 계산할 수 있다.

$$I_{tmax} = \exp\ (-k_T \times T_{dmax})$$

$$I_{tmin} = \exp(-k_T \times T_{dmin})$$
$$I_{tav} = \exp(-k_T \times T_{dav})$$

여기서 k_T는 계산을 위한 온도 상수이고, T_{dmax}, T_{dmin}, T_{dav}는 각각 비교하는 2개 지역(home & away)의 최고기온, 최저기온, 평균기온의 '평균 주간 온도 차이 절대값(means of the weekly absoulte difference)'을 나타낸다.

따라서 상수가 0.1로 고정되어 있어서 만약 온도 차가 평균 주간 온도 차가 1도라면 지수는 대략 0.9가 되어 유사도가 매우 높게 되고, 평균 주간 온도 차가 7도라면 지수는 대략 0.5가 되며, 평균 주간 온도 차가 23도가 되면 지수는 대략 0.1이 되어 온도와 관련된 기후 유사도는 매우 낮아진다.

2) 총강우량 지수(total rainfall index, I_{rtot})

총강우량 지수 역시 온도 관련 지수와 마찬가지로 지수함수 형태로 지수 값을 계산할 수 있다.

$$I_{rtot} = \exp(-k_R \times R_d)$$
$$RD = |(RH - RA)| / [1 + a \times (R_H + R_A)]$$

여기서 k_R는 계산을 위한 총강우량 상수이고 CLIMEX에는 0.004로 설정되어 있으며, R_d는 비교하는 2개 지역(home & away)의 조정된 강우량 차이를 나타낸다. R_d는 home 지역의 연간 강우량(R_H)과 away 지역의 연간 강우량(R_A), 계산을 위한 상수($a = 0.001$)를 사용해서 위에 기술된 식과 같이 계산한다.

따라서 만약 home 지역의 연간 강우량이 240mm이고 away 지역의 연간 강우량이 200mm라면 지수는 대략 0.9가 되어 유사도가 매우 높게 되고, home 지역의 연간 강우량이 500mm이고 away 지역의 연간 강우량이 200mm라면 지수는 대략 0.5가 되며, home 지역의 연간 강우량이 2,100mm이고 away 지역의 연간 강우량이 200mm라면 되면 지수는 대략 0.1이 되어 총강우량의 기후 유사도는 매우 낮아진다.

3) 강우 패턴 지수(rainfall pattern index, I_{rpat})

강우 패턴 지수도 지수 함수 형태로 지수 값을 계산할 수 있다.

$$I_{rpat} = \exp\ (-k_P \times R_D)$$

여기서 k_P는 계산을 위한 강우 패턴 상수이고 CLIMEX에는 0.005로 설정되어 있으며, R_D는 비교하는 2개 지역(home & away)의 평균 주간 강우량 차이를 나타낸다. 따라서 만약 강우량 차이가 평균 20mm라면 지수는 대략 0.9가 되어 유사도가 매우 높게 되고, 평균 주간 강우량 차가 140mm라면 지수는 대략 0.5가 되며, 평균 주간 강우량 차이가 460mm가 되면 지수는 대략 0.1이 되어 강우 패턴과 관련된 기후 유사도는 매우 낮아진다.

4) 습도지수(humidity index, I_{hum})

습도지수도 지수 함수 형태로 지수 값을 계산할 수 있다.

$$I_{hum} = \exp\ (-k_H \times H_d)$$

여기서 k_H는 계산을 위한 습도 상수이고 CLIMEX에는 0.024로 설정되어 있으며, H_d는 비교하는 2개 지역(home & away)의 평균 주간 습도 차이의 절대값을 나타낸다. 따라서 만약 주간 상대 습도 차이가 평균 4%라면 지수는 대략 0.9가 되어 유사도가 매우 높게 되고, 평균 차가 29%라면 지수는 대략 0.5가 되며, 평균 주간 상대 습도 차이가 95%가 되면 지수는 대략 0.1이 되어 상대 습도 기후 유사도는 매우 낮아진다.

5) 토양 수분지수(soil moisture index, I_{SM})

토양 수분지수도 지수 함수 형태로 지수 값을 계산할 수 있다.

$$I_{SM} = \exp\ (-k_{SM} \times S_d)$$

여기서 k_{SM}는 계산을 위한 토양 수분 상수이고 CLIMEX에는 1.2로 설정되어 있으며, S_d는 비교하는 2개 지역(home & away)의 평균 주간 토양 수분 차이의 절대값을 나타낸다. 따라서 만약 주간 토양 수분 차이가 평균 0.1이라면 지수는 대략 0.9가 되어 유사도가 매우 높게 되고, 평균 차가 0.5라면 지수는 대략 0.5가 되며, 평균 주간 토양 수분 차이가 1.9가 되면 지수는 대략 0.1이 되어 토양 수분 기후 유사도는 매우 낮아진다.

6) 종합적인 기후 일치 지수(CMI)의 계산

온도와 관련된 지수(I_t), 수분과 관련된 지수(I_m), 강우 패턴 지수(I_{rp}), 토양 수분지수(I_{sm})는 다음과 가중치를 고려하여 종합할 수 있다.

$$I_t = (I_{min} \times W_1 + I_{max} \times W_2 + I_{av} \times W_3) \ / \ (W_1 + W_2 + W_3)$$

$$I_m = (I_{rtot} \times W_4 + I_{hum} \times W_6) \ / \ (W_4 + W_6)$$

$$I_{rp} = I_{rpat} \times W_5$$

$$I_{sm} = I_{SM} \times W_7$$

이 값들을 이용하여 종합적인 기후 일치 지수(CMI)는 다음과 같이 계산된다.

$$CMI = (I_t^{wt} \times I_m^{wm} \times I_{rp}^{w_5} \times I_{sm}^{w_7})^{\frac{1}{(wt+wm+w_5+w_7)}} \times 100$$

여기서 wt는 W_1, W_2, W_3 중 최고값을 나타내며, wm은 W_4, W_6 중 최고값을 나타낸다.

7) Climate Matching의 예

갈색날개매미충의 한국 내 분포를 예측한 논문(Baek et al., 2019)을 사용해서 Climate Matching 사용 예를 기술하고자 한다. 갈색날개매미충 역시 미국선녀벌레와 마찬가지로 한국에서 다양한 밭작물과 과수원, 그리고 도심지에서 위생 해충으로 현재 심각한 피해를 야기하고 있다. 이 해충은 중국에서 유입된 것으로 알려져

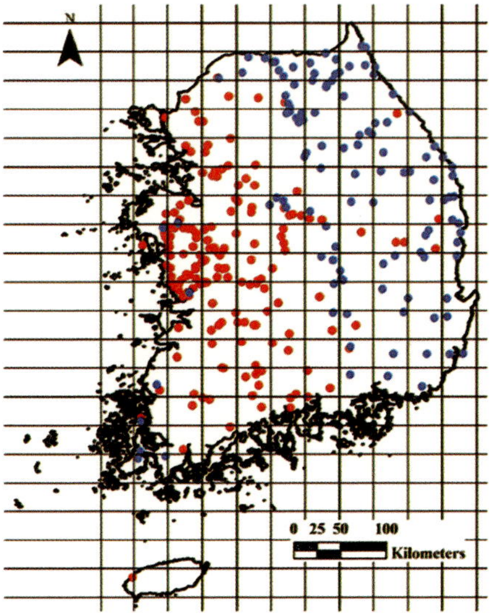

그림 6. 가상의 격자(30km×30km)와 갈색날개매미충의 조사지점(●: 발생, ●: 미발생)

있으며, 2010년 충남 공주와 예산 지역에서 최초 발견된 이후 한국의 서쪽 지역으로 빠른 속도로 확산하며 경제적 피해를 일으키고 있다. 연 1세대 발생하는 해충으로 산란은 목본식물에서 하지만 성장은 목본과 초본 식물 모두에서 가능한 것으로 알려져 있으며, 기주식물도 매우 다양하여 국내 거의 모든 지역에서 확산이 우려되는 침입해충이다.

이 연구(Baek et al., 2019)에서 대상 종의 분포는 30km × 30km 격자를 한국 지도에 그린 후 각 격자에 갈색날개매미충 발생 여부를 최소 한 지점 이상 조사했다. 분포 조사는 경기도와 충청남도농업기술원과 이미 발표된 논문자료(Kim et al., 2015)를 활용하여 갈색날개매미충이 발생된 지점 좌표를 확보한 후 격자 내에 분포 여부가 확인되지 않는 지역은 직접 육안조사했다(그림 6).

Climate Matching을 사용하기 위해서는 갈색날개매미충의 원래 분포 지역(Climate Matching에서의 Home, 중국 저장성)과 갈색날개매미충의 분포 적합도를 평가하고자 하는 지역(Climate Matching에서의 Away, 한국 전 지역) 두 곳의 기상자료가 필요하다. 중국 저장성의 기후자료는 CLIMEX 프로그램에서 제공하는 metadata를 이용했다. 한국 지역에 대한 기후자료는 1981년부터 2010년까지 월별 평균 최고기온, 월별 평균 최소기온, 월별 평균기온, 월별 평균 강수량 등을 이용하여 2개의

표 2. CLIMEX Matching의 사용될 변수의 가중치를 결정하기 위해 사용된 19개의 환경변수

환경변수	단위	범위
Bio1: 연중 평균기온(annual mean temperature)	℃	2.6~16.9
Bio2: 기온의 평균일교차(mean diurnal range) (월간 평균의 최고기온 - 최저기온)	℃	5.0~12.9
Bio3: 기온의 균등도(Isothermality) (bio2/Bio7×100)	-	19.6~32.9
Bio4: 기온의 계절성(temperature seasonality) (표준편차×100)	-	707.6~1072.1
Bio5: 가장 따뜻한 달의 최고기온(max temperature of warmest month)	℃	17.7~30.7
Bio6: 가장 추운 달의 최저기온(min temperature of coldest month)	℃	18.8~4.1
Bio7: 기온의 연간 범위(temperature annual range) (Bio5–Bio6)	℃	25.2~40.4
Bio8: 가장 습한 분기의 평균기온(mean temperature of wettest quarter)	℃	13.0~25.4
Bio9: 가장 건조한 분기의 평균기온(mean temperature of driest quarter)	℃	11.2~10.5
Bio10: 가장 더운 분기의 평균기온(mean temperature of warmest quarter)	℃	13.0~25.9
Bio11: 가장 추운 분기의 평균기온(mean temperature of coldest quarter)	℃	11.2~8.3
Bio12: 연중 강수량(annual precipitation)	℃	995~1918
Bio13: 가장 습한 달의 강수량(precipitation of wettest month)	mm	208~403
Bio14: 가장 건조한 달의 강수량(precipitation of driest month)	mm	15~47
Bio15: 강수량의 계절성(precipitation seasonality) (coefficient of variation)	-	59.5~108.0
Bio16: 가장 습한 분기의 강수량(precipitation of wettest quarter)	mm	557~1023
Bio17: 가장 건조한 분기의 강수량(precipitation of driest quarter)	mm	54~178
Bio18: 가장 따뜻한 분기의 강수량(precipitation of warmest quarter)	mm	530~910
Bio19: 가장 추운 분기의 강수량(precipitation of coldest quarter)	mm	54~182

양식, Climate Matching에 사용될 양식과 WorldClim(http://www.worldclim.org)에서 사용하는 양식(표 2)으로 만들었다. Climate Matching만을 위해서는 한국의 기후자료를 WorldClim 양식으로 제작할 필요는 없지만, 백 등(Baek et al., 2019)의 연구에서는 이 기상자료를 갈색날개매미충의 한국 내 분포와 공간적 상호관계(spatial association)를 분석하는 데 활용했다.

7개의 기후 변수 중 상대적으로 갈색날개매미충의 발생과 상관도가 낮은 상대습도(I_{hum}), 토양 수분(I_{sm})은 제외하였고, 데이터가 상관관계(correlation)에 있는 평균기온(I_{tav})과 최저기온(I_{tmin})은 갈색날개매미충의 발생과 더 상관관계가 낮은 최저기온을 제외했다. 그래서 나머지 4개의 변수, 최고기온(I_{tmax}), 평균기온(I_{tav}), 총 강우량(I_{rtot}), 강우패턴(I_{rpat})을 가지고 갈색날개매미충의 개체군 정착을 위한 한국 내 기후

표 3. 한국에서 갈색날개매미충의 분포와 19개의 환경변수들 간의 공간적 상관관계

환경변수	*X*	*P*	환경변수	*X*	*P*
Bio1	0.2466	0.0006	Bio11	0.2293	0.0151
Bio2	-0.0984	0.8373	Bio12	0.3011	0.0011
Bio3	-0.1692	0.9442	Bio13	0.2142	0.0207
Bio4	0.0413	0.3443	Bio14	0.4088	<0.0001
Bio5	0.3881	<0.0001	Bio15	-0.016	0.5625
Bio6	0.2491	0.0046	Bio16	0.2688	0.0035
Bio7	0.0498	0.3169	Bio17	0.2937	0.0027
Bio8	0.3461	<0.0001	Bio18	0.3835	<0.0001
Bio9	0.1235	0.1078	Bio19	0.2715	0.0052
Bio10	0.3812	<0.0001			

상관지수(index of association, *X*)와 *P*값, 양측검증이기 때문에 95% 신뢰수준에서 $P < 0.025$는 양의 상관관계를, $P > 0.975$는 음의 상관관계를 나타냄.

적합도를 분석했다.

CLIMEX Model에서 모형의 신뢰성을 확보하기 위해 가장 중요한 단계 중 하나였던 변수값 조정처럼, Climate Matching에서 기후 변수들의 가중치를 결정하는 것이 매우 중요한 단계다. 하지만 Climate Matching의 경우 이를 이용한 논문을 찾기도 어렵고 CLIMEX 가이드북(Sutherst et al., 2007)에서도 설명이 제한적이다. 이에 백 등(Baek et al., 2019)은 Climate Matching에서 선정된 4개 기후변수들의 가중치를 결정하기 위해 한국에서의 갈색날개매미충의 분포와 19개 환경변수(표 2)의 공간적 상호관계(spatial association)를 SADIE(spatial anaylsis by distance indices)라는 프로그램을 이용하여 분석했다(표 3). SADIE는 대상 종의 분포를 상대적으로 밀도가 높고 낮은 정도로 표현할 수 있다. SADIE는 높고 낮은 정도를 평균 밀도를 기준(0)으로 양의 값(donor)과 음의 값(receiver)의 지수로 표현한다. 평균 밀도보다 높으면 높을수록 더 큰 양의 값을 갖게 되며, 낮으면 낮을수록 더 작은 음의 값을 갖는다. 이러한 SADIE의 지수들은 지도로 표현이 가능하다. 백 등(Baek et al., 2019)은 갈색날개매미충의 한국 내 분포 지도와 환경변수 각각의 지도를 만들어서 갈색날개매미충의 분포와 환경변수와의 상관관계를 분석했다. 이러한 일련의 SADIE 분석 결과 중 갈색날개매미충의 분포와 환경변수와의 상관 정도를 나타내는 상관

$$\text{Weight of } I_{tav} = [X_{Bio1}/(X_{Bio1} + X_{Bio5})] \bullet [\{(X_{Bio1} + X_{Bio5})/2\}/\{(X_{Bio12} + X_{Bio13} + X_{Bio14} + X_{Bio16} + X_{Bio17} + X_{Bio18} + X_{Bio19})/7\}]$$

$$\text{Weight of } I_{tmax} = [X_{Bio5}/(X_{Bio1} + X_{Bio5})] \bullet [\{(X_{Bio1} + X_{Bio5})/2\}/\{(X_{Bio12} + X_{Bio13} + X_{Bio14} + X_{Bio16} + X_{Bio17} + X_{Bio18} + X_{Bio19})/7\}]$$

$$\text{Weight of } I_{rain} = [X_{Bio12}/\{X_{Bio12} + (X_{Bio13} + X_{Bio14} + X_{Bio16} + X_{Bio17} + X_{Bio18} + X_{Bio19})/6\}] \bullet [\{(X_{Bio12} + X_{Bio13} + X_{Bio14} + X_{Bio16} + X_{Bio17} + X_{Bio18} + X_{Bio19})/7\}/\{(X_{Bio1} + X_{Bio5})/2\}]$$

$$\text{Weight of } I_{rpat} = [\{X_{Bio12} + (X_{Bio13} + X_{Bio14} + X_{Bio16} + X_{Bio17} + X_{Bio18} + X_{Bio19})/6\}/X_{Bio12}] \bullet [\{(X_{Bio12} + X_{Bio13} + X_{Bio14} + X_{Bio16} + X_{Bio17} + X_{Bio18} + X_{Bio19})/7\}/\{(X_{Bio1} + X_{Bio5})/2\}]$$

그림 7. 갈색날개매미충의 한국 내 서식지 적합도를 분석하기 위한 CLIMEX Matching의 가중치(weight) 계산의 SADIE의 공간적 상관관계 분석 결과를 활용한 예

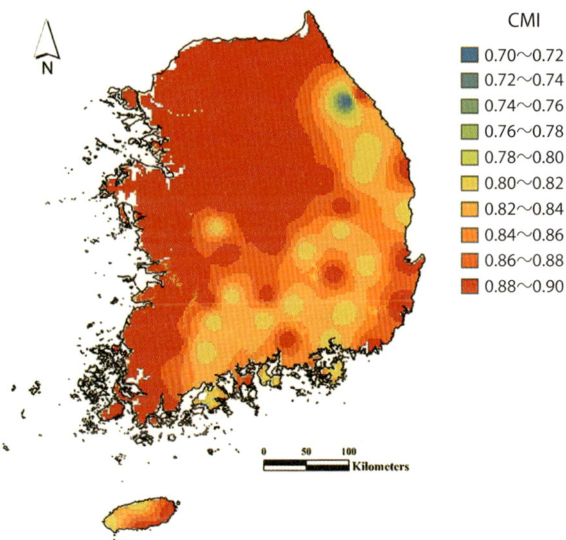

그림 8. 갈색날개매미충의 기후 유사도

갈색날개매미충의 가장 최적의 서식지 중 하나로 알려진 중국 저장성과 한국 지역들과의 CLIMEX의 종합적 기후 일치 지수(climate matching index, CMI)로 표현한 기후 유사도(climate similarity). CMI가 0.5 이상인 지역은 갈색날개매미충의 서식지로 적합한 지역을 의미한다.

지수(index of association, X) 값을 활용해서 Climate Matching을 위한 기후변수들의 가중치를 결정했다(그림 7).

분석 결과를 살펴보면, 중국 저장성 지역과 한국 전역은 기후 유사도(climate

similarity)를 나타내는 종합적인 기후 일치 지수(CMI)가 한국 전역에서 최소 0.7 이상을 보였다. 이는 한국 전역이 갈색날개매미충의 서식 적합도가 높다고 볼 수 있다. 그러나 상대적으로 한국의 서쪽 지역이 동쪽 지역보다 종합적인 기후 일치 지수가 더 높았다. 이는 갈색날개매미충이 한국의 서쪽 지역에 먼저 발생하여 점차 동쪽으로 확산되어가는 현재 상황을 잘 설명하고 있다(그림 8).

본 원고는 CLIMEX의 이론적인 부분은 Sutherst et al.(2007), CLIMEX model의 예는 Byeon et al.(2018), Climate matching의 예는 Baek et al.(2019)을 인용하여 대학교재 이용을 목적으로 작성하였음.

Please cite this article as: Baek, S., 2021. Predicting insect species distribution using CLIMEX software. In: Lee, J.-H., Kim., D.-S., Jung, C., Park, Y.-L. (eds.), Research Methodology in Insect Ecology, Seoul National University Press, Seoul, pp. 279-307.

For theoretical approach to CLIMEX, please cite this article as: Sutherst, R.W., Maywald, G.F., Kriticos, D.J. 2007. CLIMEX Version 3 User's Guide. Hearne Scientific Software Pty Ltd., Melbourne, Australia.

For the example of CLIMEX model, please cite this article as: Byeon, D.-H., Jung, J.-M., Jung, S., Lee, W.-H. 2018. Prediction of global geographic distribution of Metcalfa pruinosa using CLIMEX. Entomol. Res. 48, 99-107.

For the example of Climate matching, please cite this article as: Baek, S., Kim, M.-J., Lee, J.-H. 2019. Current and future distribution of Ricania shantungensis (Hemiptera: Ricaniidae) in Korea: Application of spatial analysis to select relevant environmental variables for MaxEnt and CLIMEX modeling. Forests. 10, 490.

참고문헌

Andrewartha, H.G., Birch, I.C. 1954. The distribution and abundance of animals. University of Chicago Press, Chicago.

Baek, S., Kim, M.-J., Lee, J.-H. 2019. Current and future distribution of *Ricania shantungensis* (Hemiptera: Ricaniidae) in Korea: application of spatial analysis to select relevant environmental variables for MaxEnt and CLIMEX modeling. Forests 10, 490.

Byeon, D.-H., Jung, J.-M., Jung, S., Lee, W.-H. 2018. Prediction of global geographic distribution of *Metcalfa pruinosa* using CLIMEX. Entomol. Res. 48, 99-107.

Elith, J., Leathwick, J.R. 2009. Species distribution models: ecological explanation and prediction across space and time. Annu. Rev. Ecol. Evol. Syst. 40, 677-697.

Kim, D.E., Lee, H., Kim, M.J., Lee, D-H. 2015. Predicting the potential habitat, host plants, and geographical distribution of *Pochazia shantungensis* (Hemiptera: Ricaniidae) in Korea. Korean J. Appl. Entomol. 54, 179-189.

Krebs, C.J. 1978. Ecology: the experimental analysis of distribution and abundance. Harper and Row, New York.

Strauss, G., 2010. Pest risk analysis of *Metcalfa pruinosa* in Austria. J. Pest. Sci. 83, 381-390.

Sutherst, R.W., Maywald, G.F., Kriticos, D.J. 2007. CLIMEX Version 3 User's Guide. Hearne Scientific Software Pty Ltd., Melbourne, Australia.

제4편

생태계 군집분석의 이론과 실제

제11장

곤충 군집구조의 분석

정철의, 이준호, 정종국

1. 생물 군집의 특성

생물 군집은 같은 공간을 점유하는 생물종들의 집합체로서, 자원과 환경에 대하여 종간 상호작용을 통해서 구성원과 구성원의 비중이 달라지는 특징을 보인다. 군집의 구조는 어떤 종류의 생물들이 얼마나 많이 어떤 관계를 가지고 존재하는가에 따라 결정된다. 또한 생물종 집단은 일정한 조직체계를 가지게 되며, 가장 중심적인 역할을 하는 생물종에 의해서 그 군집의 특징이 결정되기도 한다. 이를 우점종 또는 핵심종이라고 부르기도 한다. 그러나 생물 군집은 정적으로 구조화되어 있는 것이 아니라 주변 환경, 다른 생물종과 상호작용을 하면서 끊임없이 변화한다. 경쟁, 포식, 초식, 기생 및 협동 등이 그 종간 상호작용 유형이 될 것이며, 시간의 흐름에 따라 군집의 구조와 기능이 변화하는 '생태 천이', 또는 특정 종의 유전적 구성이 바뀐다든가 새로운 생물종이 생겨나는 종분화 또는 멸종 등의 진화적 변화도 겪게 된다. 이러한 상호작용은 종의 분포와 다양성 및 군집구조의 안정성과 기능에 영향을 미치게 된다. 따라서 군집에 대한 관심은 종종 생물종 다양성에 대한 관심으로 귀결되곤 한다. 생물다양성협약 제2조에 따르면 생물다양성(biological diversity;

biodiversity)이란 "육상·해상 및 그 밖의 수중생태계와 이들 생태계가 부분을 이루는 복합생태계 등 모든 분야의 생물체 간의 변이성을 말하며, 이는 종내의 다양성, 종간의 다양성 및 생태계의 다양성을 포함"한다고 정의한다. 다시 말하면 생물다양성이란 생물이 지닌 유전자(gene)의 다양성, 생물종(species)의 다양성, 생물이 서식하는 생태계(ecosystem)의 다양성을 총체적으로 지칭하는 말이다. 유전자 다양성은 개체군 내 구성원의 유전자풀의 크기를 말하며, 생물은 다양한 환경에 적응하면서 다양한 유전자를 가지게 되므로, 이는 환경 변이에 대한 적응성의 개념으로 이해할 수도 있다. 종다양성은 일정 지역 내 서식하는 종의 수를 말하며, 이는 서식처 내 자원의 양과 질, 환경의 변이 정도, 종의 특수성 및 생태적 지위의 분화 등에 의해 결정된다. 생태계 다양성은 일정 지역 내 생물 서식 공간의 다양성을 의미하며 공간적 규모와 환경변수의 경사도에 의해 결정된다. 생태계 다양성이 높다는 것은 환경 이질성이 높다는 것으로 이해할 수도 있다.

군집 연구에 있어 시간적·공간적 규모를 결정하는 것은 매우 중요하다. 실제로 생물 군집은 경계를 정하기 어려운 경우도 있고, 명확하게 구분하여 분석하는 경우도 있다. 소나무가 우점하는 소나무숲이 전형적인 식물 중심의 군집이 될 수 있고, 특정 논에 서식하는 곤충 군집 또는 사과 과수원 토양에 서식하는 토양미소동물 군집처럼 경계를 한정하는 경우도 있다. 그러나 엄밀하게 경계를 나누는 것은 쉽지 않다. 생물 군집의 경계에 관한 논쟁은 생태학 발달의 초기로 거슬러올라간다. 다양한 생물이 특정 지역으로 조직화되는 군집 형성에는 다음 두 견해가 지배적이다. 첫째, 군집을 형성하는 데 있어, 생물 간 종들이 상호작용하는 과정을 거치면서 각각의 생태적·기능적 역할이 부여되며 상호의존성이 증가하면서 일정한 경계를 가지며 마치 초개체생물(superorganism)처럼 조직화된다는 관점이 클레멘츠(F. Clements, 1874~1945) 학파의 주장이다. 이들은 생물 개체의 기능에 관한 학문을 생리학이라 한다면, 클레멘츠 학파는 생물 집단(군집)의 구조와 기능에 관한 학문을 생태학일 것이라고 제안했다. 반면 글리슨(H.A. Gleason, 1882~1975) 그룹은 군집(생물종 집단)이라는 것은 개체 종이 유리한 환경 요인에 적응하면서 분포하다 보니 특정 서식환경에 적합한 생물들이 자발적으로 모이게 되었고, 그 구성원들의 개별 특성이 합해져서 군집의 구조와 기능을 이룬다는 이론이다.

군집은 일정 지역에 서식하고 있는 생물종 개체군의 집합체로서 일정한 구조를 형성하고 군집생산성과 안정성이라는 기능을 도모한다. 군집의 구조는 우점종/핵심종을 중심으로 한 군집다양성으로 표현되고, 기능은 천이를 통한 생물종의 이출입과 성장, 그리고 핵심종/우점종을 중심으로 생산이 이루어진다. 기본적으로 다양성과 안정성은 높은 연관을 가진다. 군집의 안정성은 종수의 안정성 또는 군집구조의 안정성과 연관된다. 이는 교란이 있더라도 종수를 유지하는 힘인 저항력(resistance)과 회복탄력성(resilience (on elasticity and amplitude))을 유지하고 있기에 가능하다.

대체로 큰 교란이 오면 군집구조는 와해되지만, 중간 크기의 교란(intermediate disturbance hypothesis, IDH)이 주기적으로 가해지면 생태계의 생물다양성이 더 높을 수 있음이 제시되었고(Connell, 1978; Huston, 1979) 다양한 방법으로 증명되고 있다.

이 장에서는 군집의 구성원리 중 가장 기본이 되는 종다양성을 평가하는 방법과 그 활용, 그리고 군집 전체를 대상으로 한 특성 분석 방법 및 의의에 대하여 논의하겠다.

2. 생물다양성의 구성

군집생태학에 있어 생물다양성의 주요 구성 요소인 종수(species richness), 개체수(abundance), 분포(distribution)에 대한 경향성을 묘사하고, 왜 이런 경향성이 나타나는지를 연구하는 것은 매우 중요하다. 특히 군집생태학에서 다루는 생물다양성은 생물학적 특성, 개체수, 그리고 기능의 종간 차이 등을 규명하거나, 종수 및 종 구성의 경향을 규명하거나, 또는 군집 내 또는 군집 간의 구조를 규명하는 것으로 나눌 수 있다. 국내에서는 몇몇 다양성 지수로 군집을 설명하는 경향이 있었으나 최근에는 국제적 경향에 부합하는 군집생태학 연구가 수행되고 있다.

국내 많은 연구자들은 species richness를 문자 그대로 종풍부도라 사용하지만 좀 더 직관적으로는 종수(number of species)를 의미하며, 이는 국제적으로도 생물다양성을 측정하기 위한 하나의 지수로 통용되고 있다. 군집생태학에서 생물다양성을 다루기 위해 조사하는 대상 그룹은 정의하기에 따라서 여러 종류가 있는데, 대표적인 것이 집합, 섭식기능군, 길드, 그리고 군집이다. 집합(assemblage)은 분류학적으로 가까운 종의 집단으로 지표성 딱정벌레류(딱정벌레과, Carabidae), 개미류(개미과, Formicidae) 등과 같이 보통 과 또는 목 수준으로 다뤄진다. 섭식기능군(functional feeding groups)은 각 종의 섭식 행동을 고려한 집단으로, 분해자, 포식자, 기생자, 초식자 등으로 구분된다. 길드(guilds)는 동일한 영양단계 내에 존재하는 종의 집단으로, 예를 들어 특정 기주식물에 존재하는 모든 초식성 곤충이 하나의 길드를 구성한다. 군집(community)은 동일한 서식처를 공유하고, 서로 간에 다양한 경로로 상호작용하는 여러 종의 개체군이 모인 집단이라 할 수 있다. 예를 들면 소나무림 내 토양에 존재하는 토양 응애류, 개미류, 딱정벌레류, 톡토기류 등의 집단이 있다. 통상적으로 군집생태학에서 다루는 집단의 크기는 집합 수준에서 시작되는데, 대상의 크기가 커질수록 조사자의 채집을 위한 노력이 배가되고, 종 분류 및 동정의 어려움이 증가하기 때문이다. 그러나 집합을 다루더라도 해당 그룹의 생물다양성 전체를 확보하기에는 한계가 있기 때문에 생물다양성의 추정(estimate)을 통해 군집을 이해하는 것이 일반적이다.

3. 군집의 생물다양성 조사방법론

1) 군집자료 준비

분류군별로 생물다양성을 확보하기 위해서는 적절한 조사법을 이용하여야 한다. 예를 들면 딱정벌레과나 개미과 곤충을 조사하는 데 가장 적합한 조사법은 함정트랩을 이용하는 것이다. 그러나 분류군에 따라 사용해야 하는 조사법은 매우 다양하므로 여기에서는 다루지 않기로 한다.

군집 구조 및 다양성 연구에 있어 기초적인 작업은 군집 행렬을 작성하는 것이다. 이 행렬은 종과 샘플링 대상 지점을 종과 횡으로 배치하여 하나의 표로 작성하는 것으로 각 지점별 개별 종에 대한 개체수 기반 행렬(abundance matrix)이라 한다(표 1). 군집 행렬 작성 시 가장 중요한 원칙은 이 표를 작성하는 데 있어 종에 대한 동정이 명확하고 일관성이 있어야 한다는 점이다. 따라서 연구하고자 하는 분류군에 대한 분류키를 정확히 모르는 경우라면 분류학자의 도움을 받는 것을 권장한다. 경우에 따라서는 0과 1로 이루어진 종의 출현정보 기반 행렬(occurrence matrix)을 작성할 수도 있는데, 가급적이면 종별 개체수를 정확히 기입하는 것을 권장한다. 그러나 개미류나 벌류처럼 사회성 곤충을 대상으로 연구하는 경우라면 종의 출현 유무만 확인하는 것이 더 나을 수 있다. 그 이유는 한 개체가 포획되었다면 이 개체는 그 개체가 속한 군체로부터 독립적이지 않기 때문이다. 예를 들어 함정트랩에 1종의 개미 1,000개체가 포획된 경우가 있다면, 포획된 1,000개체는 하나의 군체에서 유래했을 수도 있고, 다른 군체에서 유래했을 수도 있기 때문에 다른 비사회성 곤충 1종의 1,000개체와 동일하게 취급될 수 없다. 또한 이런 사회성 곤충의 포획 개체수는 트랩과 그들의 집의 거리와도 연관이 있기 때문에 사회성 곤충의 개체수 비교에는 개체수 기반 행렬이 적합하지 않다.

군집 행렬 중 개체수를 기입한 행렬이라면 각 종별 합계와 각 지점별 합계, 그리고 연구 대상지에서 확보한 전체 개체수를 표현할 수 있다. 이 경우, 연구 대상지역의 종수, 개체수, 다양성 경향을 파악하고, 연구 대상지역 내 종의 분포 정보를 확인하는 데 유용하게 사용할 수 있다. 종의 출현 유무만 기입한 행렬이라면, 종의 분포와 종수 정보만 확인할 수 있다. 또한 곤충 군집의 경향성에 대한 설명을 위해서 또는 연구 대상지역 내 환경 변이를 조절하고자 할 때 환경변수(environmental variables)를 설정할 수 있는데, 선정한 환경변수는 군집 행렬의 연구 대상 지점별로 작성하여 종-환경 간의 관계 분석에 활용할 수 있다. 환경변수 행렬의 경우에는 군집 행렬과 달리 0의 값을 갖는 경우가 거의 없고 종(조사지점)과 행(환경변수)의 합은 의미가 없는 경우가 일반적이다. 그 이유는 환경변수의 측정을 위한 샘플링 단위는 곤충 채집을 위한 샘플링 단위와 다르고 반복적인 측정이 이뤄지지 않는 경우가 많기 때문이다. 다만 곤충 군집과 식물 군집을 연계하여 설명하고자 할 경우에는 식물 군집의 행렬 역시 곤충 군집과 동일하게 작성되므로 종과 행의 합계가 유의미할 수 있다.

표 1. 군집 행렬 중 개체수 기반 행렬 예시(Jung et al., 2018b)의 일부 자료 발췌)

학명	활엽수림						소나무림						잣나무림						합계
	1	2	3	4	5	6	1	2	3	4	5	6	1	2	3	4	5	6	
Amara sp.1																			1
Amara sp.2						1													1
Anisodactylus punctatipennis	1				1	1					1								4
Anisodactylus tricuspidatus					1			1											2
Aulonocarabus koreanus																			104
Aulonocarabus seishinensis																			61
Aulonocarabus semiopacus								4											119
Brachinus scotomedes													1			1			3
Calosoma maximowiczi		1																	1
Chlaenius costiger					13	2											1	1	17
Chlaenius micans							2	1				1					1		5
Chlaenius naeviger	6	11		135		4	26	4	3	34	28	14	12	33		25	13	77	461
Chlaenius nigricans										1									1
Chlaenius ocreatus							1					1	1						6
Chlaenius pictus							1		1			13	2	2		1	2	2	26
Colpodes xestus																			1
Coptolabrus jankowskii	31			80				2					1		2				543
Coptolabrus smaragdinus		1						15	2	5	28				1				68
합계	38	13	0	215	15	8	30	27	6	40	57	29	17	35	3	27	17	80	1,424
환경변수	활엽수림						소나무림						잣나무림						-
	1	2	3	4	5	6	1	2	3	4	5	6	1	2	3	4	5	6	
낙엽층 두께(cm)	2.5	2.1	3.3	2.5	1.7	1.9	1.1	3.5	2.5	0.8	2.2	0.9	1.6	0.9	2.2	1.9	1.0	3.2	-
유기물 함량(N, %)	0.2	0.1	0.3	0.2	0.1	0.2	0.1	0.2	0.1	0.0	0.2	0.1	0.1	0.0	0.1	0.1	0.1	0.2	-
토양 산성도	193.8	231.4	320.3	276.5	247.7	191.7	116.8	406.3	409.5	101.7	204.2	161.8	285.8	147.5	373.9	403.3	200.6	440.6	-
토양 수분함량(%)	9.7	9.0	12.0	9.6	8.8	7.8	3.6	18.0	11.2	4.8	7.1	5.2	11.7	5.6	10.5	12.3	7.1	14.7	-

2) 환경변수와의 행렬 배치

군집생태 연구는 야외 환경에서 진행되기 때문에 어떠한 환경조건에 대한 군집의 반응을 이해하기 위해서는 조사지점의 수가 많을 필요가 있다. 따라서 동일한 환경 특성을 갖고 있으면서 공간적으로 독립된 경우에 조사지점을 반복으로 설정하여 연구를 수행할 수 있다. 이렇게 얻은 군집 행렬자료를 이용하면, 처리 구간 또는 조사지점 간 종 구성의 유사도를 계산할 수 있으며, 여기에는 브래이-커티스 비유사도(Bray-Curtis dissimilarity)나 유클리디언 거리(Euclidean distance) 등이 있다. 조사지점 간의 비유사도 또는 거리를 계산하면 이는 곧 다변량분석(multivariate analysis)의 기초가 되며, 환경에 대한 군집의 반응을 이해하는 데 큰 도움이 될 수 있다. 그 이유는 다변량분석을 이용하면 군집구조와 관계되는 서식환경을 비교하거나 어떤 종이 어떤 환경변수와 관계를 맺는지 그리고 다양한 서식환경 내에서 어떤 변이가 있는지를 이해할 수 있다. 다변량분석에는 집락 분석(cluster analysis), 배열 분석(ordination analysis) 등이 있으며 이는 이 장의 후반부에서 다루기로 한다.

3) 샘플링의 적절성 추정

생물다양성을 이용한 군집생태 연구에 있어 연구자들의 가장 근본적인 의문 중 하나는 "본인이 수행한 샘플링을 통해 연구 대상 지역 내 연구 대상 곤충 분류군의 종 다양성을 충분히 확보했는가?"일 것이다. 이러한 의문의 근간에는 특정 지역 내 생물다양성 보전을 위한 평가, 조사 지역 간 종수 및 종 구성의 비교 또는 생물다양성 보전을 위한 평가 등을 위해서는 충분한 샘플링이 필요하기 때문이다. 여기에는 두 가지 측면을 고려해야 하는데, 표본조사방법이 우점종만을 대상으로 하지 않고 희소종들도 포함될 수 있어야 한다. 즉 적절한 표본 단위의 설정(표본추출 공간 및 방법, 도구 등)과 충분한 표본수(조사 반복수)의 확보다. 첫째, 희소종(rare species)의 채집을 위해서는 시공간적인 샘플링의 증가가 필요하다. 왜냐하면 희소종은 특별한 서식처에서만 출현하는 경우가 많기 때문이며, 어느 정도의 샘플링을 수행해야 희소종이 채집되는지를 알아야 하므로 경험이 많은 연구자이거나 생물학적으로 많이 알려진 분류군이라면 가능하다. 둘째, 선택한 분류군에 대한 적절한 샘플링 규모를 정해야 하는데, 샘플링 규모를 정하기 위해서는 각 분류군의 특성을 고려하여 결정하여야 한다(또는 분류군별 생물학적 특성 및 생활사를 고려). 최근에는 샘플링의 적절성을 평가하기 위해 다양한 종수 추정 기법들이 개발되어 생태학 연구에 활용되고 있는데, 대표적으로 종수 누적곡선(accumulation curve)과 희박화 곡선(rarefaction curve)이 있다(그림 1). 참고로 두 곡선 모두 조사자가 확보한 종수를 초과하여 종수가 계산되지는 않는다.

종수 누적곡선은 조사자가 채집한 단위 표본(또는 단위 개체수)당 얻은 종수를 누적시킨 곡선으로, 곡선의 모양은 표본 간 발생하는 자연적인 변이에 따라 변화한다. 이러한 문제점을 해결하기 위해서 표본 기반 종수 자료를 통합한 후 무작위적으로 표본을 재추출하여 누적곡선을 부드럽게 만드는 방법이다. 이를 희박화 곡선이라 한다. 즉, 희박화 곡선은 종수 누적곡선이 보여줄 수 있는 모든 형태의 평균을 반영한다고 할 수 있다. 또한 희박화 곡선은 최소 100번의 반복 계산을 통해 각 샘플(또는 개체수)에서의 평균값과 표준편차값을 제공한다. 희박화 곡선의 특징은 초기에 곡선의 기울기가 크고 점점 기울기가 완만해진다는 것인데, 그 이유는 희소종일수록 나중에 추가 곡선에 반영되기 때문이다. 종수 누적곡선과 희박화 곡선의 가장 큰 차이점은 종수의 증가 방향이라 할 수 있다. 종수 누적곡선은 종수가 0에서 시작하여(x축의 왼쪽) 점차 증가하는 방향(x축의 오른쪽)으로 누적된다. 따라서 외삽법을 통해 조사 대상 군집의 전체 종수를 추정하는 것도 가능하다(Magurran, 2004). 반면 희박화 곡선은 종수의 최대치(x축의 오른쪽)에서 시작하여 점차 감소하는 방향(x축의 왼쪽)으로 계산되며, 이를 희박화(rarefied)라고 표현한다. 따라서 어떤 군집의 조사를 위해 투입되는 표본추출 노력이 특정한 양만큼 감소하게 되면 해당 군집의 종수가 얼마가 되는지를 추론할 수 있다. 참고로 희박화 곡선 역시 종수 누적곡선으로부터 통계적으로 기대되는 결과에 기반하므로 본질적으로는 서로 밀접하게 연관되어 있다.

종수 누적곡선과 희박화 곡선은 표현 방식에 따라 추가적으로 개체수 기반 곡선과 표본 기반 곡선으로 구분한다. 개체수 기반 곡선은 한 번에 1개체의 곤충을 채집하는 경우에 사용될 수 있다. 예를 들어 포충망을 이용하여 나비 1개체를 잡는 것 등이다. 다만 이 경우에도 표본추출의 기준에 따라서 표본 기반 곡선으로 만들 수도 있는데, 예를 들면 50m 구간을 쓸어잡기하여 자료를 처리한 경우다. 이와는

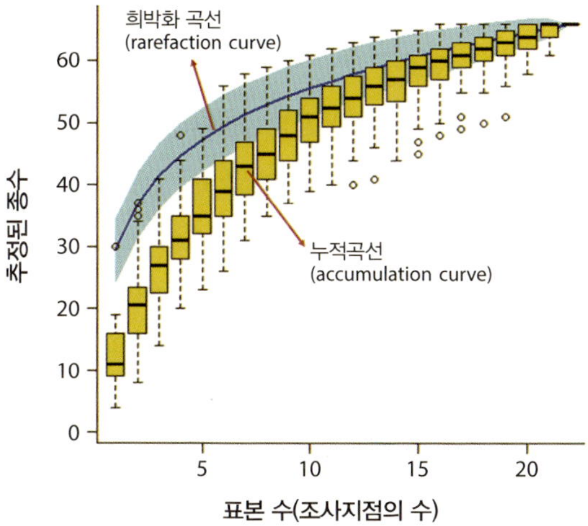

그림 1. 표본 기반 종수 누적곡선과 희박화 곡선 예(Jung and Lee (2020) 자료 이용)

달리 표본 기반 곡선은 한 번에 다수의 개체를 채집하는 경우에 주로 사용되는데, 함정트랩, 말레이즈트랩 등과 같이 특정 기간 동안 설치하여 다수의 곤충을 채집하는 것이 해당된다. 그러나 개체수 기반 곡선과 표본 기반 곡선은 자료의 처리 방법에 따라 교차하여 분석할 수도 있다.

희박화 곡선에서는 곡선 형태가 오른쪽으로 갈수록 수평선에 점근하는지 여부에 따라 표본추출이 충분했는지를 판단할 수 있다. 조사자의 표본추출 노력(시공간적으로)이 충분하다면 곡선은 점근하게 되어 더 많은 표본추출을 하더라도 추정되는 종수는 더는 증가하지 않을 것이라고 예상할 수 있다. 따라서 본 결과를 기반으로 해당 지역에 대한 조사 대상 분류군의 군집자료를 활용하기에 적절하다는 결론을 얻을 수 있기 때문에 매우 유용한 분석법이다. 단, 각각의 희박화 곡선은 동일한 환경에서 표본추출한 군집자료를 통해 만들어야 한다는 것을 주의해야 한다. 이질적인 환경에서 만들어진 군집자료를 혼합하여 희박화 곡선을 만들게 되면 결과 해석에 오류를 범할 수 있기 때문이다. 희박화 곡선을 수행하는 이유로 조사 대상 지역 간(또는 환경 간) 종수를 비교하기 위한 목적이 있는데, 이는 '4. 군집구조의 분석'에서 자세히 다루도록 한다.

4. 군집구조의 분석

1) 종다양성

생물다양성의 경향성은 다양한 방법으로 설명된다. 지구적 생물다양성 경향성은 공간이질성가설, 경쟁가설, 포식자가설, 화분매개자가설 등 생물적 설명과 함께 시간이론, 면적이론, 생산성이론, 진화속도이론 등 비생물적 설명을 포괄한다. 예를 들어 서식처 면적과 생물종수의 관계를 보면, 서식처 면적이 커질수록 종수는 증가하는 경향이 나타난다. 종다양성은 서식처 크기에 따른 이입과 이출, 환경 이질성, 상호작용 네트워크의 복잡성 등이 다양하게 얽혀 있지만, 기본적으로 log-log 관계($\log(S) = \log(cA^z) = \log(c) + z\log(A)$ 또는 semilog 관계($S = \log(cA^z) = \log(c) + z\log(A)$)로 설명되고 있다. 또한 다양한 형태의 지수(다양도, 균등도, 우점도 등)로 표현된다. 다양성은 공간의 규모에 따라 알파, 베타, 감마, 델타, 입실론 다양성으로 구분되며, 각 다양성은 해당 공간 규모에서의 종 목록(inventory)을 나타내거나 차이(differentiation)를 나타낸다(표 2). 우리가 주로 연구하는 다양성은 알파다양성으로, 일정한 서식처 내의 생물의 종수와 개체수 정보를 나타낸다. 즉 특정 서식처(예: 안동시의 논 또는 학가산 등)에서 조사된/추정된 생물종의 수를 의미한다. 반면 감마다

표 2. 공간적 규모에 따른 다양성 구분(Whittaker and Ladle, 2011)

구분	공간적 규모	설명	다양성의 본질
-	점	지역 군집 내 정밀한 지점에서 발견되는 종	종 목록
알파(α)	소규모 지역	지역 군집 내 지점에서 발견되는 종	종 목록
베타(β)	경관	하나의 경관 내 군집 간 종의 변화	차이
감마(γ)	경관	경관 내 종수	종 목록
델타(δ)	지역	기후나 자연지리학적으로 중요한 구배에 따라 다른 경관 간 종의 변화	차이
입실론(ε)	지역	다양한 경관으로 구성된 넓은 지역 내 종 다양성	종 목록
	지역-지역	고등 분류군의 교체(예: 오스트레일리아 대륙의 유대류-다른 대륙의 포유류)	차이

※ 공간적 규모에 따른 표본 단위

점(point): 0.01~0.1 ha, 소규모 지역(local): 0.1~1,000 ha, 경관(landscape): 1,000~1백만 ha, 지역(regional): 1백만~1억 ha

표 3. 조사구당 날개응애 종수(S), 종당 평균 개체수(I/S), 서식처의 총 종수(St) 자료를 이용한 베타다양성 분석

구분	서식처	
	남산	광릉숲
S(평균±표준편차)	23.2±3.52	28.8±1.65
I/S	14.7	18.02
St	89	114
β	3.83	3.95

양성은 다양한 서식처를 포괄하는 특정 경관 전체에서 발견되는 전체 종수로 나타낸다(예: 백두대간의 태백산맥 내 종수).

특히 베타다양성은 공간 내 다양성의 경향성을 이해하는 데 있어 중요하기 때문에 군집생태학에서는 중요한 영역 중 하나다. 베타다양성에 대한 측정법도 알파다양성만큼 많이 개발되었는데, 가장 널리 사용되는 것은 지역 간 종수의 차이에 대한 것이며, 지역 간 종 구성의 변화를 측정하는 것이 추천되고 있다. 즉 베타다양성은 서식처 간 다양성으로, 경관구조의 변화에 따라 나타나는 종 구성의 변화율을 의미한다. 즉 베타다양성=감마다양성/알파다양성으로 표현할 수도 있겠다. 정과 이(Jung and Lee, 2001)가 남산과 광릉숲에서 토양서식성 날개응애류 군집을 비교한 결과, 두 지역에서 베타 값은 3.83~3.95 정도로 나타났으며, 이 두 값의 차이는 없는 것으로 나타났다. 베타 값이 4 이상이면 군집이 안정적이라는 평가도 있기 때문에 남산과 광릉숲의 날개응애 군집은 비교적 안정적이라고 판단된다. 이 두 값의 차이는 없는 것으로 나타났다(표 3).

일반적으로 베타다양성은 조사 지역 간 출현 및 미출현 종의 수를 이용하여 계산한다. 벤다이어그램을 생각하면 쉬운데, A라는 지역에서만 출현 종수가 a이고, B라는 지역에서만 출현 종수가 b일 때, A와 B 지역에서 동시에 출현한 종수는 c가 되는 식이다. 그러나 코레프 등(Koleff et al., 2003)은 레논 등(Lennon et al., 2001)이 제안한 βsim을 가장 추천하는데, 1) 두 지역 간 공유하는 종수의 비율이 높을 때, 2) 지역 간의 소실되었거나(lost), 얻은(gained) 종의 비율이 유사할 때 βsim의 값이 높아진다고 했으며, 이를 종 구성의 변화율(compositional turnover)이라고도 한다(식 1). βsim의 값은 0과 1 사이로 표현되는데, 0은 지역 간 공통 종이 없는 경우이고, 1은 각 지역별 출현한 모든 종이 공통 종인 경우다.

$$\text{Compositional turnover, } \beta_{sim} = \frac{1}{n}\sum_{i=1}^{n}(1-S_{2i}) \quad (1)$$

이때 S_{2i}는 c_i / (b_i + min(a_i,b_i))으로 계산되며, a, b, c는 두 지역에 대한 공통 종수(c)와 각 지역에서만 출현하는 종수(a, b)를 뜻한다. A와 B 지역의 종수 차이가 클수록 a_i와 b_i값 중 하나가 커지므로, 이들 중 더 작은 값을 선택하여 계산하면 지역 간 발생하는 종수의 구배가 유사성에 미치는 영향이 감소한다.

2) 종다양성 지수

생물 군집의 특징은 다양한 종 개체군이 상호관계를 형성하면서 특정 지역에 공존하는 것이다. 이들의 공존에는 포식, 경쟁, 협동 등 다양한 기작이 기저에 깔려 있으나 그 결과는 생태 군집으로 나타난다. 생물다양성 측정을 위해서는 종수, 개체수, 그리고 분포가 중요하지만, 생태학이나 보전생물학에서는 다양성(diversity)에 중점을 두고 연구되고 있다. 이에 생태 군집을 이해하기 위해 생물종의 수와 각 종의 풍부도(개체수)를 하나의 지수로 표현하는 방식이 다양하게 제안되고 있다. 균등도지수(evenness indices)는 군집 내 각 종이 차지하는 상대적 개체수를 측정하며, 우점도지수(dominance indices)는 군집 내 하나 또는 몇몇 종에 의해 우점되는 정도를 측정한다. 따라서 보통 우점도가 높아지면 균등도는 낮아진다.

다양성 지수로는 샤논지수(Shannon index, *H′*), 로그 시리즈 알파(Log series α), 심슨지수(Simpson index, *D*) 등이 있으며, 균등도지수로는 심슨 균등도지수(Simpson's evenness index), 피엘로 균등도지수(Pielou's evenness index) 등이 있고, 우점도지수로는 버거-파커지수(Berger-Parker index, *d*) 등이 있다. 이러한 다양성 관련 지수들은 생물다양성 관련 연구에 오랫동안 사용되고 있으며, 특히 피엘로(Pielou, 1975)가 제안한 샤논지수(*H′*)는 군집을 다루는 연구에서 가장 널리, 그리고 오랫동안 이용되고 있는 대표적인 지수다. 마구란(Magurran, 2004)은 다양성 지수를 사용한다면 심슨지수나 로그 시리즈 α의 사용을 권장하는데, 그 이유는 두 지수가 보여주는 결과값의 의미가 직관적이고 샘플의 크기에 덜 민감하여 오랫동안 많은 연구가 이뤄졌기 때문이라고 설명하고 있다. 우점도지수로도 많이 사용되고 있는 심슨지수는 개별 종의 개체수와 전체 종의 개체수 합을 이용한 식으로 구성되어 있는데(식 2), 심슨지수(D)의 값이 증가하면 다양성은 감소하기 때문에 다양성은 1-D 또는 1/D로 표현된다. 다양성 지수로 널리 사용되고 있는 샤논지수는 샘플의 크기에 매우 민감하고, 직관성이 떨어져 해석하기에 어려운 측면이 있다. 샤논지수는 지수의 값이 클수록 군집 또는 샘플의 다양성이 큰 것으로 표현된다(식 3).

$$\text{심슨지수, } D = \sum\left(\frac{n_i(n_i-1)}{N(N-1)}\right) \tag{2}$$

n_i는 i번째 종의 개체수이며, N은 전체 종의 개체수의 총합이다.

$$\text{샤논지수, } H' = \sum p_i \ln p_i \tag{3}$$

p_i는 전체 개체수 N에 대한 i번째 종이 갖는 개체수의 비율이다.

그러나 선택 가능한 다양성 지수가 많고 각 지수들의 의미와 적용은 미묘하게 다른 점, 그리고 다양성 지수가 직관적으로 해석하기에는 도움이 되지 않는 점 등은 다양성 지수의 사용에 어려움을 주고 있다. 이 때문에 국제적으로 수준 높은 학술 연구에서는 다양성 지수의 사용은 점점 줄어들고 있고, 그 대신 종수, 개체수 및 종 구성(species composition)을 이용하여 군집을 이해하는 연구가 증가하고 있다. 그럼에도 국내의 많은 군집생태 연구에서는 여전히 다양성 지수를 이용하여 서식처간 다양성을 비교하거나 서식환경에 대한 보전학적 가치 평가에 활용하고 있다. 물론 다양성 연구 중 종수와 개체수를 하나의 수치로 설명하기 위해서 다양성 지수를 사용할 수도 있고, 또는 특정 다양성 지수를 사용한 과거 자료와 비교 연구를 위해서 다양성 지수를 사용할 수도 있다. 따라서 중요한 것은 생물다양성 연구를 위해서 어떤 지수를 왜 사용해야 하는지에 대한 명확한 이해가 필요하며, 다양성 지수를 사용할 때에는 반드시 변이(신뢰한계, 표준편차 또는 표준오차)를 측정해야 한다.

대부분의 생물 군집은 소수의 우점종과 다수의 비우점종으로 구성된다. 우점종은 그 밀도 또는 생물량이 군집 구성에 큰 영향을 미치는 종을 칭한다. 우점종의 종류와 우점도는 그 군집의 역할 및 군집 특성을 반영하는 주요한 잣대가 된다. 토양동물 연구에서 우점종은 브로크만-제로치(Brockmann-Jeroch, 1907)의 제안에 따라

표 4. 대표적인 다양성 지수와 각 지수의 특성. 모수적 측정치로 Log series α와 비모수적 측정치인 다양성 지수들

지수	특성	비고
Log series α	지수를 계산하기 전에 대수분포에 적합한지를 확인해야 하지만, 종수(S)와 개체수(N)를 안다면 α는 Williams(1964)의 계산 도표나 Hayek and Buzas(1997)의 표를 통해 간편하게 도출 가능하다. 일반적으로 $x \geq 0.5$(또는 $N/S > 1.44$)인데, x는 대부분 0.9보다 크거나 같은 값을 갖고 있으므로 자연적인 군집에서는 $S > \alpha$의 값을 갖는다. 또한 α는 표본의 크기에 따른 변이에 영향을 덜 받는데, 만일 개체수(N)가 1,000을 초과한다면 표본의 크기에서 독립적이라고 알려져 있다.	
Shannon diversity index (H)	가장 널리 쓰이는 다양성 지수다. 그러나 추출된 표본에는 군집에 존재하는 모든 종이 포함되지 않기 때문에 표본에 포함된 종의 비율이 감소한다면 오차는 증가하여 실제 값과 차이가 커지게 된다. 실제 자연생태계에서 존재하는 모든 종을 알 수 없기 때문에 편중되지 않은 샤논지수값은 얻을 수 없다. 이 지수를 사용한다면, 가급적 지연로그(ln)를 이용한 수식을 이용하는 것이 좋다.	$H' = -\sum p_i \ln p_i$
Shannon evenness index (J)	샤논지수는 종 풍부도의 균일한 정도를 고려하는 지수지만, 별도의 균등도 산출이 가능한데, 실제 얻은 샤논지수를 얻을 수 있는 최대 다양도($H_{max} = \ln S$) 값으로 나누어 산출한다.	$J' = H'/H_{max} = H'/\ln S$
SHE analysis	샤논지수의 문제점 중 하나는 종수(species richness)와 균등도(evenness)가 혼동되어 해석을 어렵게 하는 것이다(지수가 크다면 종수가 크거나, 균등도가 크거나, 또는 두 경우 모두다). 그러나 Buzas와 Hayek은 이 특징이 장점이 될 수도 있음을 깨닫고, 샤논지수가 자연로그를 이용하면 더 간소화할 수 있음을 발견했다. 이를 통해 사용자는 다양성의 변화를 해석할 수 있다. 또한 종수(S), 다양도(H'), 균등도(E)의 관계를 분석할 수 있는데, 종수와 다양도가 증가한다면 균등도는 감소하는 경향을 보인다.	$H' = \ln S + \ln E$
심슨지수 (D)	Simpson에 의해 1949년 제안된 다양성 지수로 표본 내 가장 우점하는 종에 높은 가중치를 주고 있으며, 종수에 대해서는 덜 민감하다. 심슨지수는 가장 의미가 있고 정확한 측정을 제공하는 다양성 지수 중 하나다. Lande 등(2000)은 군집의 순위를 정하는 데 있어 종수 누적곡선보다 심슨지수가 더 효과적이라고 했으며, Lande(1996)는 다양성 지수로 사용하는 데 있어 $1/D$보다 $1-D$를 사용하는 것을 권장한다.	$D = \sum \left(\frac{n_i(n_i - 1)}{N(N-1)} \right)$
Simpson's evenness index ($E_{1/D}$)	심슨지수가 우점도를 강조하는 특징 때문에 균등도를 측정하는 지수는 아니지만, 심슨지수의 역수와 종수를 이용하여 균등도를 계산할 수 있다. 이 균등도는 0과 1 사이의 값을 가지며, 종수에 민감하지 않다. 일반적으로 다른 균등도 지수는 각 지수에 종수를 곱할 경우 이질성을 측정하는 데 활용되지만, Simpson's 균등도는 종수를 곱할 경우 심슨지수, 즉 $1/D$이 되므로 다른 균등도 지수와는 다른 특성을 갖는다. Smith & Wilson(1996)은 $E_{1/D}$는 지수 자체가 갖는 특징(다양성 지수와 명백한 관계를 갖는다는 점에서)으로 인해 균등도 지수로 사용하는 것을 권장한 바 있다(물론 Smith and Wilson's evenness index(E_{var})가 균등도 관련 기준을 모두 만족시킨다).	$E_{1/D} = \frac{(1/D)}{S}$ $(1/D) = E_{1/D} \times S$
Berger-Parker index (d)	Berger-Parker index는 직관적으로 우점도를 측정하는 지수 중 하나이며, 가장 우점하는 종의 개체수를 전체 개체수로 나누는 형태의 매우 단순한 수식을 통해 계산된다. 종수가 100종이 넘어가는 군집에서는 우점도 d는 종수에 독립적이지만, 100종보다 작은 군집에서는 종수가 증가함에 따라 우점도가 감소하는 경향이 있다.	$d = N_{max}/N$

다음의 범주로 구분한다. 전체 개체수 중 5% 이상의 풍부도를 점유할 경우 이를 우점종이라 하고, 2~5%를 차지하는 종을 중요종, 그 이하를 희귀종이라 한다.

이 장에서는 다양성 지수보다는 종수 그 자체에 대해 집중적으로 살펴보고자 하므로 각각의 다양성 지수의 특징에 대해서는 〈표 4〉에 간략하게 나타냈다. 다양성 지수에 대해서 좀 더 자세히 살펴보고자 한다면 마구란의 저서『생물 다양성 측정법(Measuring Biological Diversity)』을 참고바란다(Magurran, 2004).

3) 종수

생물다양성 연구에 있어 첫 번째 관심은 대상 지역의 출현 종수이며, 종 목록에 해당한다. 따라서 종수(species richness, S)는 가장 대표적인 지수가 될 수 있다. 그러나 종수는 조사의 노력, 조사 지역 내 환경 불균일성, 표본조사 방법 등에 따라 달라질 수 있다. 따라서 조사면적 또는 표본의 수와 출현 종수의 관계를 분석한 종수 추정 모형이 필요하다.

(1) 희박화 곡선을 이용한 종수 비교

특정 생태계 내의 특정 분류군의 다양성을 평가하고자 할 때, 해당 생태계 내 대상 분류군의 종을 모두 샘플링하여 종수가 더는 증가하지 않을 때까지 한다면, 해당 생태계 생물다양성을 가장 정확하게 평가할 수 있을지는 모르나, 현실적으로는 전체 종을 확보하는 일은 불가능하기 때문에 일정한 표본조사를 통해 확보한 자료를 바탕으로 종수를 추정하게 된다. 이를 통해 환경조건이 다른 생태계와 비교할 수도 있다.

종수를 비교하기 위해서 주로 개체수 기반 희박화 곡선이 사용되며, 이때 동일한 수의 개체수를 기준으로 비교한다. 정 등(Jung et al., 2018a)은 방풍림과 해안사구를 대상으로 딱정벌레과의 종수를 추정한 바 있는데, 방풍림에서는 1,860개체가 채집되어 14종이 확인되었고, 해안사구에서는 475개체가 채집되어 24종이 확인되었으며 이를 희박화 곡선으로 표현했다(그림 2). 희박화 곡선은 조사자가 확보한 종수 이상을 추정하지는 못하기 때문에 해안사구의 475개체를 기준으로 비교해야 한다. 그림에서 보는 것과 같이 *x*축의 475개체를 기준으로 종수를 비교하면 해안사구는 24종이지만, 방풍림은 9.4종으로 해안사구의 종수가 2배 이상 풍부한 것을 알 수 있다.

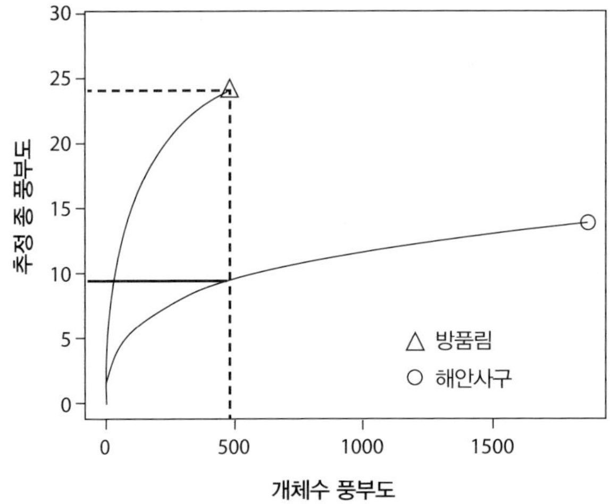

그림 2. 개체수 기반 희박화 곡선을 이용한 방풍림과 해안사구 내 딱정벌레과 종수 비교(Jung et al., 2018b)

(2) 비모수적 종수 추정법

조사를 통해 얻은 종수는 진정한 의미의 종수(조사 대상지에서 출현하는 전체 종수)는 아니며, 희박화 곡선이 점근하지 않는 경우에는 더욱 그렇다. 그 이유는 샘플링을 통해 얻은 종수는 일반적으로 시간적·공간적 한계가 있기 때문에, 전체 군집을 조사한다는 것은 불가능하기 때문이다. 즉, 희박화 곡선이 점근한다면 진정한 종수를 확보한 것으로 볼 수 있지만, 그렇지 않은 경우가 더 많기 때문에 다른 접근방식을 통한 종수 추정이 필요하다. 좋은 종수 추정법은 실제값에 근접해야 하고 변이가 적어야 하지만, 많은 요소(샘플 크기, 반복, 샘플링 강도, 샘플링이 커버하는 공간적 범위 등)가 종수 추정에 관여하기 때문에 대상 분류군 특성을 고려한 샘플링 디자인이 필요하다. 일반적으로 희소종이 많이 출현하는 곤충의 경우에는 비모수적인 추정법이 나은 결과를 제시하는 것으로 알려져 있다. 가장 많이 이용되는 종수 추정법은 ACE, ICE, Chao1, Chao2, Jackknife1, Jackknife2 등이 있으며, ACE와 Chao1처럼 개체수 기반자료(abundance data)를 이용하거나 ICE, Chao2, Jackknife1 및 Jackknife2처럼 종의 출현자료(incidence data)를 이용하여 분석할 수 있다. 다양한 추정법이 보여주는 결과는 분류군 및 샘플링 디자인에 따라 상이하기 때문에 여러 추정법을 이용하여 생물다양성을 연구하는 것이 중요하다. 각 추정법은

EstimateS나 R을 이용하여 분석할 수 있으며, 추정법별 자세한 수식 및 특징은 마구란(Magurran, 2004)을 참조하기 바란다.

5. 군집 유사도 및 집락 분석

최근 생물수학과 생물통계적 기법의 발전과 함께 엄청난 생태적 데이터베이스의 확보를 통해 많은 수리생태적 기법이 도입되고 있다. 유클리드, 유클리드 제곱을 이용한 비유사도(거리)를 측정하기도 하지만, 전통적으로 자카드, 소렌센 유사도 지수가 널리 이용된다. 유사도와 비유사도는 반대 개념이다.

자카드 유사도 지수(Jaccard similarity index),

$$C_J = \frac{j}{(a+b+j)} \tag{4}$$

소렌센 정성 유사도 지수(Sorenson qualitative similarity index),

$$C_S = \frac{2j}{a+b} \tag{5}$$

브레이-커티스 유사도 지수(소렌센 정량 유사도 지수)(Bray-Curtis index(Sorenson quantitative similarity index)),

$$C_N = \frac{2jN}{(aN+bN)} \tag{6}$$

모리스타-혼 장량 유사도 지수(Morisita-Horn quantitative similarity index),

$$CMH = 2\sum \frac{(ani \times bni)}{(da+db)(aN \times bN)} \tag{7}$$

$$da = \sum \frac{(ani)^2}{aN^2}$$

a는 A지역의 종의 수, b는 B지역의 종의 수, j는 A와 B 지역에서 공통적으로 출현하는 종의 수, aN은 A지역의 전체 개체수, bN은 B지역의 전체 개체수, jN

은 A와 B 지역에서 공통적으로 출현하는 종별 최저 밀도의 합, *ani*는 A지역의 *i*번째 종의 개체수.

생물 군집 또는 표본집단 간의 유사도는 종목록과 풍부도를 기반으로 측정한다. 또는 서식처 환경의 유사도를 같이 계산하기도 한다. 이렇게 추정된 유사도를 바탕으로 유사도행렬을 작성한다.

유사도행렬이 작성되면, 이를 이용하여 대상 표본집단들을 비슷한 성격을 가진 집단으로 묶는 작업을 수행한다. 이것이 집락분석(cluster analysis)이다. 이때 비슷한 집단을 묶는 다양한 방법은 〈표 5〉와 같다. 기본적으로 개체들 사이의 거리행렬(유사도행렬)을 바탕으로 가까운 거리에 있는 개체들을 통합하고 멀리 있는 것은 배척하는 방식으로 이루어진다. 최단연결법은 거리가 가장 가까운 두 집단을 먼저 선택한 후, 이와 가까운 다음 집단을 선택하는 방식이며, 최장연결법은 가장 먼 집단을

표 5. 집락분석 방법

종류	설명
최단연결법 (single linkage: nearest neighbor method)	두 집단 간의 거리는 서로 다른 집단에서 가장 가까운 두 객체 간의 거리(가장 가까운 이웃 간의 거리)로 결정되며, 집락분석의 결과는 긴 사슬의 형태를 나타내는 경향이 있음
최장연결법 (complete linkage: further neighbor method)	집단들 사이의 거리는 서로 다른 집단에 있는 두 객체 사이의 가장 먼 거리(가장 먼 이웃 간의 거리)에 의해 결정되며, 이 방법은 집락의 형태가 길게 신장되거나 사슬 형태를 보인다면 적합하지 않음
평균연결법 (average linkage)	두 집단 간의 거리는 서로 다른 집단에 있는 모든 객체 쌍 사이의 평균 거리로 계산되며, 이 방법은 집락의 형태가 길게 신장되거나 사슬 형태를 보일 때 매우 효율적으로 적용할 수 있음
중심연결법 (centroid method)	두 집단 간의 거리는 그들의 중심 또는 평균 간의 유클리디언 거리로 정의되며, 다른 계측 방법들보다 이상치에 대해 더 강력한 결과를 제공하지만 Ward의 최소분산 기법이나 평균 연결법만큼의 결과를 보이지 않을 수도 있음
Ward의 최소분산 기법 (Ward's minimum-variance clustering method)	이 방법은 분산분석 방식을 사용하여 집단 간의 거리를 평가하는 방법으로, 각 단계에서 생성될 수 있는 두 개의 집단의 제곱합을 최소화하려 시도하는 특징이 있음
최대우도계층집락 (maximum-likelihood hierarchical clustering)	Ward의 최소분산 기법과 유사하지만, 동일한 크기의 집단들에 대한 편향을 제거하는 특징이 있음
밀도연결법 (density linkage)	비모수 확률밀도 추정에 기반한 집락분석의 한 방법

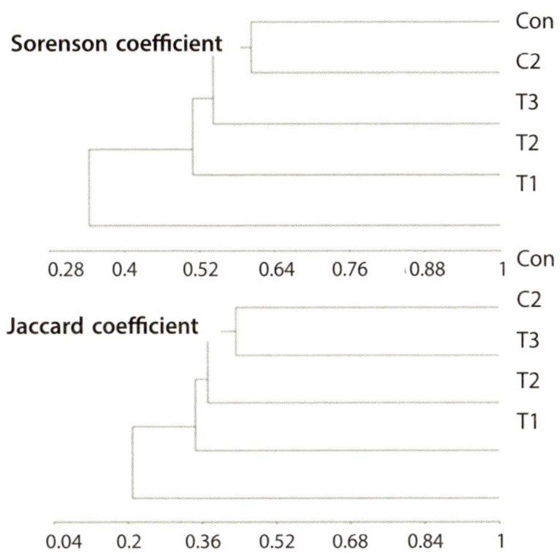

그림 3. 산불 지역 특정 응애류 군집의 유사도를 이용한 집락분석 예(Kim and Jung, 2013)

먼저 정해놓고, 각 극단과 가까운 집단을 찾아 붙이는 방식이다.

〈그림 3〉은 산불이 난 후 토양이 복원되는 과정에서, 산불의 심도(severity)에 따른 토양 서식 날개응애류 군집구조의 변화를 모니터링한 결과를 집락분석을 통해 나타냈다. 유사도의 계산은 소렌센 지수와 자카드 지수를 계산하여 유사도행렬을 만들었다. 이를 평균연결법을 통해 산불 지역 간 날개응애류 군집구조를 그림으로 나타냈다. 날개응애류 군집구조는 산불이 발생하지 않았던 대조구(Con)와 불길이 높이 올라 수관부만 태우고 지나간 수관화지역(C2)이 가장 유사하게 나타났으며, 지표면과 지상 부위를 모두 태운 T지역, 그중 산불의 강도가 가장 컸던 T1지역이 따로 분리됨을 알 수 있다. 두 가지 유사도 지수를 사용하여 분석했는데 그 결과는 일치했다. 이렇듯 집락분석을 통하면 다차원의 생물군집자료를 단순화하여 분류, 분리해 볼 수 있는 장점이 있다.

Please cite this chapter as: Jung, C., Lee, J.-H., Jung, J.-K. 2021. Analysis of insect community structure. In: Lee, J.-H., Kim., D.-S., Jung, C., Park, Y.-L. (eds.), Research Methodology in Insect Ecology, Seoul National University Press, Seoul, pp. 311-330.

참고문헌

Brockmann-Jeroch. 1907. Die pflanzengesellschaften der Schweizer Alpen. I. Die flora des Puschlav (Bernina, Fraubunden). Diss. Univ. Zurich Liepzing. 236pp.

Hayek, L.A.C., Buzas, M.A. 1997. Surveying natural populations. Columbia University Press, New York. Connell, J.H. 1978. Diversity in tropical rainforests and coral reefs. Science 199, 1302-1310.

Jung, C., Lee, J.-H. 2001. Stability Analysis of Soil Oribatid Mite Communities (Acari: Oribatida from Namsan and Kwangreung Deciduous Forests, Korea. Korean J. Ecol. 24, 239-243.

Jung, J.K., Hong, E., Kim, T.G., Jeong, J.C. 2018a. Ground beetle (Coleoptera: Carabidae) assemblage structure in Taeanhaean National park: A comparison between coastal dune and windbreak forest. Korean J. Environ. Ecol. 32(2), 147-153.

Jung, J.K., Lee, J.H. 2020. Trait-specific responses of carabid beetle diversity and composition in *Pinus densiflora* forests compared to broad-leaved deciduous forests in a temperate region. Diversity 12, 275-286.

Jung, J.K., Lee, S.K., Lee, S.I., Lee, J.H. 2018b. Trait-specific response of ground beetles (Coleoptera: Carabidae) to forest fragmentation in the temperate region in Korea. Biodivers. Conserv. 27, 53-68.

Kim, J.W., Jung, C. 2013. Ecological resilience of soil oribatid mite communities after the fire disturbance. J. Ecol. Environ. 36, 117-123.

Koleff, P., Gaston, K.J., Lennon, J.J. 2003. Measuring beta diversity for presence-absence data. J. Anim. Ecol. 72, 367-382.

Lande, R. 1996., Statistics and partitioning of species diversity, and similarity among multiple communities. Oikos 76: 5-13.

Lande, R., DeVries, P.J., Walla, T., 2000. When species accumulation curves intersects: implications for ranking diversity using small samples. Oikos 89: 601-605.

Lennon, J.J., Koleff, P., Greenwood, J.J.D., Gaston, K.J. 2001. The geographical structure of British bird distributions: diversity, turnover and scale. J. Anim. Ecol. 70, 966-979.

Magurran, A.E. 2004. Measuring Biological Diversity, 2nd edn. Blackwell Publishing, Oxford.

Pielou, E. 1975. Ecological diversity. John Wiley and Sons, New York.

Simpson, E.H. 1949., Measurement of diversity. Nature 163: 688.

Smith, B., Wilson, J.B., 1996. A consumer's guide to evenness measures. Oikos 76: 70-82.

Whittaker, R.J., Ladle, R.J. 2011. The roots of conservation biogeography. In: Conservation biogeography. Ladle, R.J., Whittaker, R.J. (eds.), Wiley-Blackwell, Chichester.

Williams, C.B. 1964. Patterns in the balance of nature and related problems in quantitative ecology. Academic Press, London.

제12장

군집과 환경요인의 관계 분석

정종국, 이준호, 정철의

1. 환경에 대한 곤충 군집 반응 분석

곤충을 비롯한 모든 생물은 서식처 조건에 제한을 받기 때문에 분포 범위가 정해지며, 특히 최적의 환경조건을 갖는 서식처를 중심으로 분포하게 된다. 즉, 시공간적으로 변화하는 환경의 변화도(gradient, 구배)에 따라 생물 군집 또한 변화한다. 따라서 시공간에 따른 환경변수의 변화도는 생물 군집의 분포 특성을 설명하기에 유용하다고 할 수 있다. 환경변수는 온도, 습도 등 비생물적 요소가 될 수도 있고, 먹이 자원과 같은 생물적 요소가 될 수도 있다. 변화도 분석은 환경변수의 정보 유무에 따라 직접 변화도 분석(direct gradient analysis)과 간접 변화도 분석(indirect gradient analysis)으로 구분한다. 직접 변화도 분석은 각 종의 개체수 또는 발생 확률을 측정한 환경변수를 이용하여 종과 환경의 관계를 분석하는 것이고, 간접 변화도 분석은 환경변수에 대한 정보 없이 시공간적 정보와 각 종의 개체수 또는 발생 확률을 이용하여 환경의 변화도 측면에서 종의 분포를 분석한다.

테르 브락과 프렌티스(ter Braak and Prentice, 1988)는 변화도 분석에 대한 문제 유형을 4개로 구분한다(표 1). 직접 변화도 분석의 경우, 반응변수(response variables)

인 종(개체수 또는 발생 확률)과 설명변수(explanatory variables)인 하나 이상의 환경변수 간의 관계를 이해하기 위한 회귀(regression)와 관련된 문제가 있으며, 종과 환경변수의 관계를 알고 있을 때 종 구성 정보로부터 환경적 가치를 추론하는 측정(calibration)과 관련된 문제가 있다. 간접 변화도 분석의 경우, 전체 군집자료에서 얻을 수 있는 변이의 축에 대한 배열(ordination)과 관련된 문제가 있는데, 배열의 축은 잠복 변수(latent variables, 또는 환경변수)로 고려되고 종의 개체수가 환경의 변화도에 따라 변화하는 것을 설명하기 위해 선형 또는 단봉형 통계 모델에 종 자료를 적합시킨다. 잠복 요소는 환경변수에 대한 정보가 없는 상태로 생성되지만, 실제 환경자료와 비교도 가능하다. 전술한 3개의 문제(회귀, 측정, 배열)에 더해 테르 브락과 프렌티스(ter Braak and Prentice, 1988)는 제한적 배열(constrained ordination)을 제시했는데, 이것 역시 전체 군집의 구성 내 변이를 설명하는 축을 생성하지만, 제공된 환경 정보에 최적화하여 적합하는 방식으로 이뤄진다. 따라서 제한된 배열은 회귀, 측정, 배열 문제의 측면을 결합한 변화도 분석의 다변량 일반화다. 제한적 배열의 경우, 군집자료가 갖고 있는 모든 경향성을 살펴보는 데 유용한 비제한적 배열(unconstrained ordination)과 달리 연구자가 검증하고자 하는 가설이나 비제한적 배열에서는 드러나지 않는 경향을 발견하는 데 도움이 된다.

표 1. 문제의 유형, 반응 모형 및 추정 방법에 따라 주로 사용되는 변화도 분석법 구분

문제 유형	선형 반응 모형 (linear response model)	단봉 반응 모형 (unimodal response model)
	최소 제곱 추정 (least-squares estimation)	가중 평균 추정 (weighted averaging estimation)
회귀 (regression)	다중 회귀 (multiple regression)	조사지점의 가중평균 (weighted averaging of site scores, WA)
측정 (callibration)	선형 측정 (linear callibration)	종의 가중평균 (weighted averaging of species' scores, WA)
배열 (ordination)	주성분분석 (PCA)	대응분석(CA), 탈경향 대응분석(DCA)
제한적 배열 (constrained ordination)	중복분석(RDA)	정준대응(상관)분석(CCA), 탈경향 정준대응(상관)분석(detrended CCA)

일부 발췌, ter Braak and Prentice, 1988.

곤충의 군집생태 연구에서 종과 환경변수의 관계를 이해하는 데 있어 직선 관계로 설명되는 경우는 매우 제한적이다. 물론 직선 회귀 모형은 개념적으로 매우 단순하고 생태적인 해석을 하는 데 유리한 장점이 있지만, 환경 정보에 대한 종의 반응은 매우 복잡하여 비선형 관계인 경우가 많다. 따라서 종과 환경의 관계를 분석하기 위해서 직선 회귀 모형 대신 단봉 반응 모형(unimodal response model)의 형태로 개발되어왔다. 군집생태학에서 주로 이용되는 군집분석법에는 주성분분석(principle component analysis, PCA), 대응분석(correspondence analysis, CA), 비계량형 다차원척도법(non-metric multidimensional scaling, NMDS), 탈경향 대응분석(detrended correspondence analysis, DCA), 중복분석(redundancy analysis, RDA), 정준대응분석(canonical correspondence analysis, CCA) 등이 있다. 환경변수에 대한 측정자료 없이 사용되는 간접 변화도 분석에는 주성분분석이나 비계량형 다차원척도법이 주로 사용되고, 측정한 환경변수와 군집자료를 분석하는 직접 변화도 분석에는 선형 반응 모형의 일종인 중복분석와 단봉 모형의 일종인 정준대응분석이 주로 사용된다.

여러 종류의 선형 또는 단봉형 배열법을 적용하는 분석법 중 자신의 군집자료에 적합한 분석법을 선정하기 위한 방법은 렙스와 슈밀라우어(Lepš and Šmilauer, 2003)가 제안한 기준을 참고하기 바란다.

르장드르와 르장드르(Legendre and Legendre, 2012)가 정리한 자료의 성격(변형 전과 후, 변화도의 길이 등)에 따라 사용할 수 있는 배열분석법을 참고하기 바란다. 참고로 변화도의 길이에 대한 구분은 렙스와 슈밀라우어(Lepš and Šmilauer, 2003)가 제시한 탈경향 대응분석에 의한 축1의 길이에 따른다.

배열법을 이용한 도식화 외에도 군집자료를 분석하는 방법에는 조사지점 간 종 구성의 비유사도를 계산하여 환경변수와의 관계를 분석하는 다변량 회귀나무(multivariate regression tree, MRT)와 환경에 대한 지표종을 선발할 수 있는 지표값 분석(indicator value analysis, IndVal) 등이 있다. 다음은 각 분석법에서 도출된 결과에 대한 해석 방법과 예시다.

렙스와 슈밀라우어(Lepš and Šmilauer, 2003)가 제안한 분석법 선정 기준

(1) 연구자료에 대해서 탈경향 대응분석(DCA)을 수행하여 첫 번째 축(X, DCA axis 1)의 길이, 즉 표준편차(SD)의 크기를 확인한 후, 선형 또는 단봉형 배열법을 선택한다.

(2) > 4 SD: 축 1의 길이가 4 SD보다 길다면 연구자료에 이질성이 있는 것이므로 정준대응분석(CCA)과 같은 단봉형 배열법을 적용해야 한다.

- 연구자료에 이질성이 있다고 하더라도 주성분분석이나 중복분석과 같은 선형 배열법을 적용하고 싶다면, 헬링거 거리(Hellinger distances)에 기반한 배열 분석을 해야 하고, 이를 위해서 종 구성자료는 헬링거 변환(Hellinger transformation)을 수행한다.
- 연구자료에 이질성이 있다면 선형 배열법은 사용하지 않을 것을 권한다.

(3) < 3 SD: 축 1의 길이가 3 SD보다 짧다면 연구자료의 동질성이 있는 것이므로 주성분분석(PCA)이나 중복분석(RDA) 같은 선형 배열법을 적용할 수 있다.

- 동질성이 있는 연구자료라면, 선형 배열법이 더 강력한 결과를 제공하지만, 단봉형 배열법을 사용할 수는 있다.

(4) 3 SD~4 SD: 만일 축 1의 길이가 3~4 SD의 범위에 있다면 두 가지 배열법 모두 적용이 가능하다.

예시) 정 등(Jung et al., 2018)은 한국의 중부지역에서 산림의 면적과 숲의 유형에 따른 딱정벌레과 군집 특성을 분석하기 위해서 정준대응분석을 이용했다(그림 5). 정준대응분석을 수행하기 전 탈경향 대응분석을 수행했으며(R의 vegan 패키지 내 decorana 함수 이용), 아래 결과표와 같이 탈경향 대응분석1의 길이가 2.6696으로 3 SD 미만으로 확인되어 중복분석을 사용하는 것이 가능했다. 그러나 동일한 조건에서 정준대응분석법 역시 사용 가능하므로 정준대응분석을 이용하여 분석했다(Legendre and Legendre, 2012).

	DCA1	DCA2	DCA3	DCA4
고윳값(Eigenvalues)	0.5339	0.2659	0.2068	0.15933
데코라나값(Decorana values)	0.5820	0.3377	0.1513	0.07629
축의 길이(Axis lengths)	**2.6696**	1.9113	1.6912	1.42274

르장드르와 르장드르(Legendre and Legendre, 2012)가 제시한 배열분석법 선택 기준

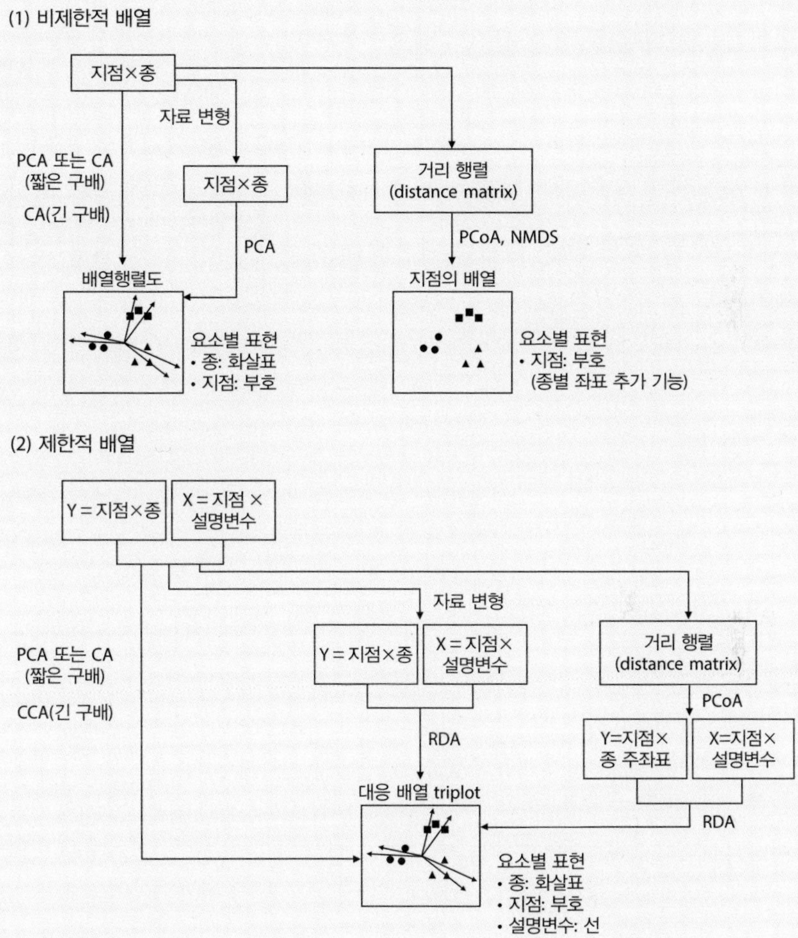

2. 대표적인 다변량 군집분석법의 특징

1) 주성분분석(PCA)

주성분분석은 배열의 축(ordination axes)에 의해 정의된 공간 내에서 각 종의 개체수에 기반하여 도표화된다. 종은 원점(0, 0)으로부터 점(x, y) 좌표에 대한 화살표로 표현되며, 조사지점은 점으로 표현되므로 행렬도(biplot)의 형태를 갖는다. 화살표 끝의 방향은 종별 개체수의 변이가 가장 큰 방향을 가리키며, 화살표의 길이는 최대 변이율에 비례하여 표현된다. 따라서 원점에서 멀어질수록 조사지점의 차이를 설명하는 데 중요한 종이 되며, 원점에 가까운 종은 조사지점의 차이를 설명하기 어려운 종이 된다.

정 등(Jung et al., 2011)은 방태산에서 채집한 딱정벌레과의 군집자료에 대해 주성분분석을 시도했으며(그림 1), 그 결과 수도길쭉먼지벌레(*Pterostichus audax*)와 민

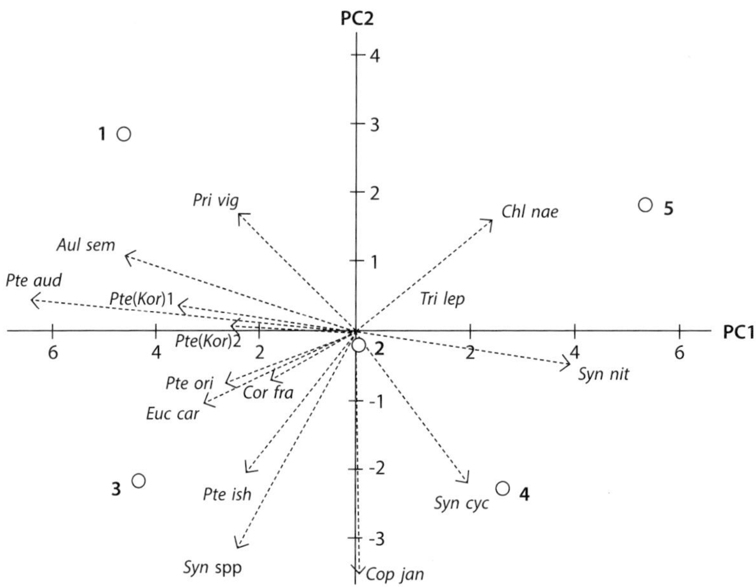

그림 1. 방태산 일대에서 채집한 딱정벌레과에 대한 주성분분석(PCA) 결과(Jung et al., 2011)

조사지점(○): 1. 활엽수림, 2. 침엽수림, 3. 활엽수림, 4. 침엽수림의 경계, 5. 잡목림의 경계. 종(···›): 속명(3) + 종명(3), 주성분의 설명력: PC1, 59.8%(고윳값 17.5), PC2, 18.2%(고윳값 5.3)

표 2. 방태산에서 채집한 딱정벌레과 종류 중 조사지점의 환경을 잘 반영하는 5종의 조사지점별 개체수 정보 (Jung et al., 2011)

학명	종명	조사지점별 개체수				
		1	2	3	4	5
Aulonocarabus semiopacus	민줄딱정벌레	169	30	13	6	0
Pterostichus audax	수도길쭉먼지벌레	76	11	114	0	0
Synuchus cycloders	붉은칠납작먼지벌레	0	8	3	19	5
Synuchus nitidus	윤납작먼지벌레	0	37	1	13	40
Chlaenius naeviger	쌍무늬먼지벌레	0	0	0	0	19

줄딱정벌레(*Aulonocarabus semiopacus*) 등이 활엽수림에서 높은 밀도를 보임에 따라 활엽수림인 조사지점 1과 3 방향으로 화살표가 길게 표현되고 있다(그림 1, 표 2). 반대로 침엽수림이나 잡목림에서 밀도가 높았던 윤납작먼지벌레(*Synuchus nitidus*), 붉은칠납작먼지벌레(*Synuchus cycloders*), 잡목림에서만 밀도가 높았던 쌍무늬먼지벌레(*Chlaenius naeviger*) 등은 밭이나 초지와 인접한 조사지점 4와 5 방향으로 화살표가 길게 표현된다(그림 1, 표 2). 따라서 환경변수에 대한 측정자료가 없음에도 조사지점의 개황에 대해서 주성분분석 결과를 이용하여 해석하는 것이 가능하다.

2) 대응분석(CA) 또는 탈경향 대응분석(DCA)

대응분석이나 탈경향 대응분석에서는 종과 조사지점 모두 점으로 표현되며, 각 조사지점의 위치는 조사지점별로 채집되는 각 종의 무게중심에 위치한다. 따라서 인접하고 있는 종의 점들을 통해 특정 조사지점에서의 종 구성을 유추할 수 있다. 주성분분석과는 다르게 대응분석이나 탈경향 대응분석 결과에서 가장자리에 위치한 종의 점은 희소종인 경우가 종종 있다. 이는 희소종이 극한의 환경조건을 선호하기 때문일 수도 있지만, 대부분은 일부 개체가 우연히 극한의 환경에서 출현하기 때문이다. 그러나 희소종에 대한 추가 정보가 없다면 어떤 원인에 의해 희소종으로 출현했는지를 확인하기는 어려우나 분석 결과에 큰 영향을 주지는 않는다. 분석 결과에서 중심에 위치한 종은 이동성이 강하거나, 배열 축에 대해 상관성이 없거나, 단봉이 아닌 쌍봉(bimodal) 분포를 갖거나, 단봉 반응 모형에 적합하지 않거나, 또는

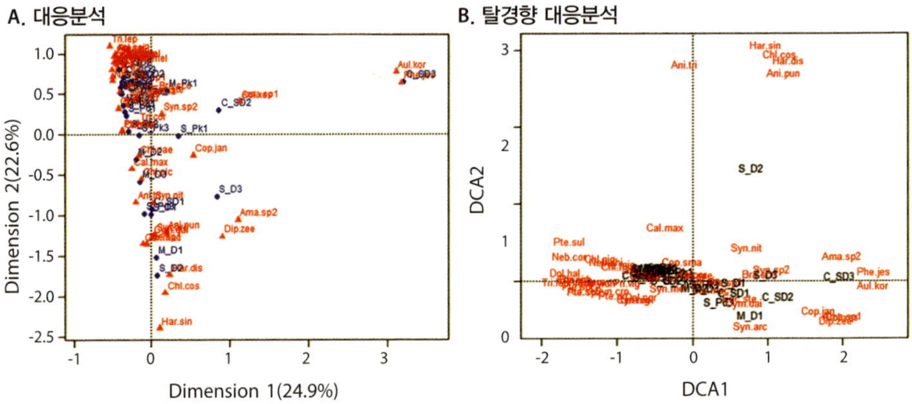

그림 2. 대응분석(A)과 탈경향 대응분석(B) 결과 비교

동일한 딱정벌레과 군집자료(Jung et al., 2018)를 이용하여 분석 후 도식화

조사지점의 환경 변화도의 중심이 가장 최적의 환경조건을 갖는 등 다양한 경우의 수가 있다. 대응분석에서는 말발굽효과(horseshoe effect)로 인해 조사지점과 종의 분포가 말발굽 모양으로 휘어져서 표현된다(그림 2A). 반면 탈경향 대응분석에서는 말발굽 모양으로 나타나는 경향을 제거함으로써(detrended) 축1에 의해 축1에 의한 설명력이 높아지는 특징이 있다(그림 2B).

3) 비계량형 다차원척도법(NMDS)

비계량형 다차원척도법은 자료의 정규성 검정을 하지 않아도 생태자료의 해석이 가능하여 군집 생태 연구에서 매우 많이 사용되는 분석법 중 하나다. 비계량형 다차원척도법을 수행하면 그래프 내 실제 점 좌표들의 위치에 대한 왜곡을 나타내는 스트레스 값이 도출되는데, 스트레스 값이 낮을수록 결과 그래프가 종 구성에 대한 비유사도를 정확하게 표현하고 있음을 의미한다. 비계량형 다차원척도법을 위해서는 조사지점들 간의 비유사도 또는 유사도를 계산해야 하는데, 이를 위해서는 '11장 3. 군집의 생물다양성 조사방법론'에서 설명한 브래이-커티스 비유사도나 유클리디언 거리와 같은 사전 분석 절차가 필요하다. 조사지점들 간의 비유사도 또는 유사도 정보를 얻게 되면, 도식화를 할 수 있는데, 이때 조사지점과 종은 모

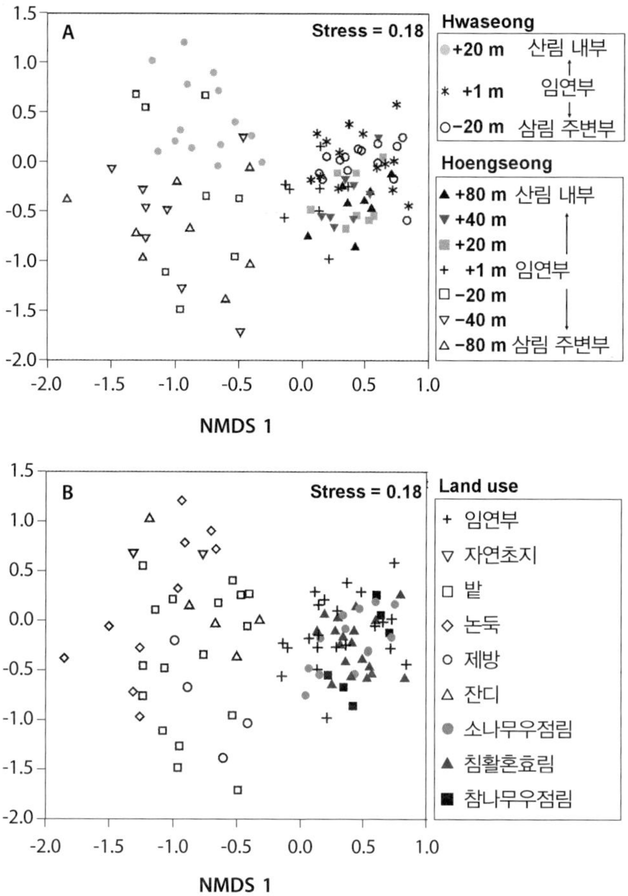

그림 3. 비계량형 다차원척도법 분석 결과

산림-농업 경관의 딱정벌레과 군집에 대한 함정트랩의 위치(A)와 함정트랩 주변 미소환경(B)의 영향(Jung and Lee, 2016)

두 점으로 표현된다. 또한 조사자가 정의한 그룹 간 차이는 유사도 분석(analysis of similarities, ANOSIM)으로 얻어지는 Global *R*값과 *P*값으로 확인할 수 있다.

정과 이(Jung and Lee, 2016)는 두 지역(경기 화성, 강원 횡성)의 산림-농업 경관을 선정하여 숲~경계~농경지에서 딱정벌레과를 조사하였고, 조사지점 간 브래이-커티스 비유사도를 계산한 후 비계량형 다차원척도법을 이용하여 종 구성을 분석했다(그림 3). 그 결과, 조사 대상 두 지역의 거리가 상당히 떨어져 있었기 때문에 지역

간 차이는 축2에 의해 나뉘긴 했는데, 이는 ANOSIM 결과를 통해서도 재확인된다(숲 내부, Global R=0.237, P=0.001; 경계, Global R=0.378, P=0.002; 그리고 숲 외부의 농경지, Global R=0.378, P=0.002)(그림 3A). 그러나 설명력이 더 큰 축1에 의해 조사지점의 미소서식환경, 즉 숲 내부로부터 숲 외부의 농경지에 이르기까지 환경의 변화도에 의한 차이가 더 큰 것으로 확인되었다. 특히 숲 경계의 딱정벌레과 종 구성은 농경지가 아닌 숲 내부의 종 구성과 유사성이 더 높음을 보고했다. 다만 조사 대상 지역의 숲은 역사가 짧은 특징이 있고, 농경지는 교란이 빈번하게 일어나기 때문에 숲의 종류에 의한 차이나 농경지의 종류에 의한 차이는 확인되지 않았다(그림 3B).

4) 중복분석(RDA)

중복분석에서 조사지점은 점으로, 종과 환경변수는 화살표로 표현된다. 화살표의 길이와 방향에 대한 해석은 주성분분석과 유사하다. 여러 조사지점에서 각 종의 개체수가 보여주는 경향성은 각각의 환경변수에 대한 변화의 방향성일 수 있기 때문에 종별 개체수와 환경변수 간의 상관관계를 유추할 수 있다. 즉, 종과 환경변수의 방향성이 동일하다면 높은 양의 상관관계가 있다는 것을 의미하며, 반대의 방향성을 보인다면 높은 음의 상관관계를 의미하고, 방향성이 직각에 가깝다면 상관관계가 거의 없다고 할 수 있다. 종과 환경변수의 화살표 길이가 길다면 상관관계가 매우 높아진다고 할 수 있다. 중복분석은 환경 변화도의 길이가 짧은 경우에 사용하므로 이를 이용하면 유용한 방식으로 정보를 요약할 수 있다.

정 등(Jung et al., 2020)은 한국 중부지역의 영월군 일대에서 숲의 유형(활엽수림, 소나무림)에 따른 딱정벌레과의 군집 특성을 중복분석을 이용하여 분석했다(그림 4). 배열 분석에 있어 말굽효과(horseshoe effect)가 존재할 가능성이 있기 때문에 중복분석 전에는 종별 개체수 값은 헬린저 변환(Hellinger transformation)을 이용하여 자료를 변형해야 한다. R의 vegan 패키지 내 ordistep 함수를 이용하여 딱정벌레과 군집을 잘 설명하는 4개의 환경변수를 선정했다(다음에 이어지는 정준대응분석 예와는 달리 미소서식처에 대한 환경변수를 취득하지 않았음). 4개의 환경변수를 이용하여 딱정벌레과의 군집을 분석한 결과, 첫 번째와 두 번째 축에 의해 36.55%가 설명되는 모델을 얻을 수 있었다(표 3). 첫 번째 축은 고도와 경도에 대해 강한 양의 상관관계를 보여

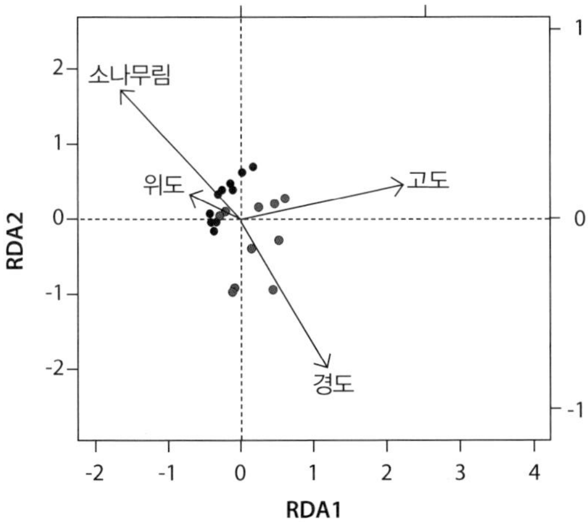

그림 4. 딱정벌레과 군집과 환경변수의 관계에 대한 중복분석 결과

중부지역(영월군)의 22개 지점을 대상으로 숲의 유형(검은색 원, 활엽수림; 회색 원, 소나무림)에 따라 채집한 딱정벌레과 군집자료 이용(Jung and Lee, 2020).

표 3. 환경변수와 종수 또는 환경변수와 중복분석 축에 대한 피어슨 상관 분석 결과(Jung and Lee, 2020)

	RDA 1	RDA 2	RDA 3	RDA 4
고윳값	0.0921	0.0471	0.0218	0.0114
변이 설명력(%)[†]	24.17	12.37	5.72	3.00
환경변수				
산림 유형	**-0.64	***0.54	-0.02	-0.23
고도	***0.87	0.14	0.05	-0.32
위도	-0.29	0.12	***0.76	0.23
경도	*0.45	**-0.62	-0.20	-0.25
종수				
전체	***0.85	-0.18	0.06	-0.16
한국 고유종	***0.86	-0.07	0.08	-0.14
광범위 분포종	***0.80	-0.23	0.06	-0.17
단시형 종	***0.79	-0.06	0.09	-0.20
장시형 종	*0.43	-0.32	-0.02	-0.05
산림전문가 종	***0.83	-0.01	0.02	-0.18
초지선호성 종	0.24	*-0.43	0.08	-0.04
육식성 종	***0.76	-0.11	0.04	-0.20
초식성 종	**0.55	*-0.48	0.07	0.00

종수는 딱정벌레과 전체, 분포 범위, 뒷날개의 이형성, 서식환경에 대한 선호성 및 섭식기능군을 그룹화하여 분석한 결과

[†] 변이 설명력(%) = 100 × (축에 대한 변이 설명력)/(전체 환경변수에 대한 설명력).

상관성에 대한 통계적 유의성: * $p < 0.05$, ** $p < 0.01$, *** $p < 0.001$.

주고 있으며, 반면 숲의 유형은 음의 상관관계를 보여준다(그림 4, 표 3). 또한 활엽수림의 딱정벌레과 종 구성은 침엽수림에 비교하여 뚜렷하게 다른 특징을 보여주며(그림 4), 대부분의 생태적 그룹의 종수는 첫 번째 중복분석 축과 양의 상관관계를 보이지만, 초지선호성 종의 종수만 약한 양의 상관관계를 보였다(표 3). 즉, 본 연구에서는 동일한 지역이라도 활엽수림과 소나무림의 종 구성은 크게 다름을 알 수 있으며, 우리나라 소나무림의 짧은 역사(산림이 파괴된 후 조림, 자연갱신 등을 통해 회복되는 중인)를 고려할 때 소나무림은 아직 곤충(적어도 딱정벌레과에 한해서는)의 다양성을 지지할 정도로 회복되지 않았음을 알 수 있다.

5) 정준대응분석(CCA)

정준대응분석법에서 종은 여러 환경변수에 대한 선형 조합과 관련하여 단봉의 반응을 보이고, 2차원의 공간에서 점으로 표현된다. 환경변수는 방향과 변화율을 지시하는 화살표로 표현된다. 탈경향 대응분석법과 다소 유사한 형태로 도식화할 수 있지만 종과 환경변수의 관계를 분석하는 데는 정준대응분석이 좀 더 정확하다.

정 등(Jung et al., 2018)은 한국의 중부지역에서 산림의 면적과 숲의 유형에 따른 딱정벌레과의 군집 특성을 정준대응분석을 이용하여 분석했다(그림 5). 본 연구에서는 딱정벌레과의 분포와 관련성이 높을 것이라 생각되는 11개의 환경변수를 선정하여 조사했으며, R의 vegan 패키지 내 ordistep 함수를 이용하여 딱정벌레과 군집을 잘 설명하는 6개의 환경변수를 선정했다(표 4). 6개의 환경변수를 이용하여 정준대응분석을 수행한 결과, 딱정벌레과 군집에 대해 약 43.61%를 설명하는 모델을 얻을 수 있었으며, 이 중 축 1~4에 의해 딱정벌레과 군집의 36.6%가, 축1과 축2에 의해 각각 19.5%와 7.1%가 설명되는 것으로 분석되었다(표 4). 이 결과를 도식화한 결과, 토양의 수분 함유량, 고도, 산림면적, 유기물의 탄소 함유량 및 토양 산성도가 첫 번째 축인 정준대응분석1과 양의 상관관계를 갖는 것으로 분석되었고, 낙엽층의 두께는 두 번째 축인 정준대응분석2와 음의 상관관계를 갖는 것으로 분석되었다(그림 5A, 표 4). 이로 인해 산림 면적이 1,000ha가 넘는 조사지점이 정준대응분석1의 오른쪽에 분포하고, 중간 크기(10~100ha)와 작은 크기(10ha 미만)의 산림 면적을 갖는 조사지점이 정준대응분석1의 왼쪽으로 분포하는 것으로 도식화되었다

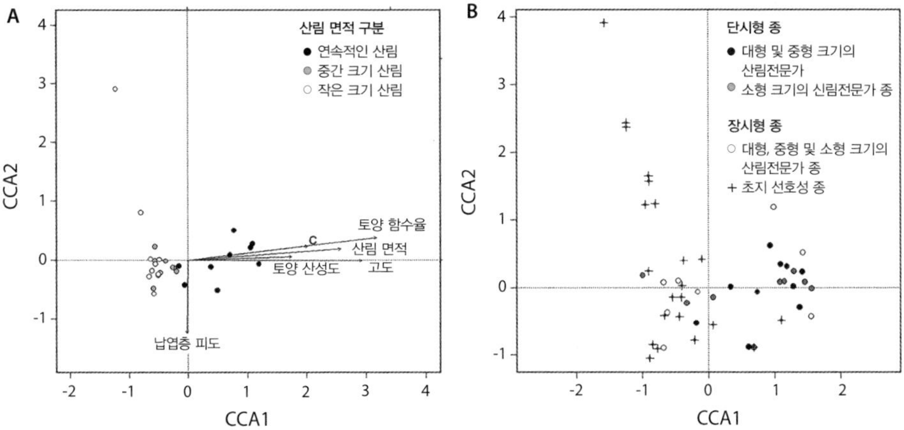

그림 5. 딱정벌레과 군집과 환경변수의 관계에 대한 정준대응분석 결과

중부지역의 산림 면적 및 숲의 유형(활엽수림, 소나무림, 잣나무림)에 따라 채집한 딱정벌레과 군집자료 이용 (Jung et al., 2018)

(그림 5A). 추가로 딱정벌레과의 종별 분포 특성을 도식화한 결과 뒷날개가 퇴화한 단시형인 종 대다수가 정준대응분석1의 오른쪽에 분포하고, 숲의 면적이 작아질수록 뒷날개가 퇴화하지 않은 장시형인 종 대다수가 정준대응분석1의 왼쪽에 분포하는 특징을 보여주었다(그림 5B). 이로 인해 대부분의 그룹별 종수는 축1과 높은 양의 상관관계에 있으나, 장시형 및 초지 선호성 그룹의 종수는 낙엽층의 두께에 대해 음의 상관관계를 보인다(표 4). 즉, 산림을 선호하는 종은 산림 환경의 안정성이 증가할 때 종의 서식이 가능하다는 것을 알 수 있으며, 반대로 산림 내 환경의 특성 때문에 이를 선호하지 않는 종의 산림 내 유입은 산림 면적이 감소함에 따른 산림 내 환경이 변화할 때 가능한 것이란 결과를 얻을 수 있다.

결론적으로 산림의 면적이 작아지면서 떨어지는 종 다양성의 문제는 숲의 유형(침엽수림과 활엽수림)을 가리지 않고 일어나며, 산림의 면적이 큰 경우에는 토양 습도나 유기물과 같은 환경적 요소나 고도와 같은 지리적 요소가 중요하게 작용한다는 점 등은 산림 경관이 풍부한 한반도에서 곤충, 한정적으로는 딱정벌레과의 분포 특성을 보여준다고 할 수 있다.

표 4. 환경변수와 종수 또는 환경변수와 정준대응분석 축에 대한 피어슨 상관 분석 결과(Jung et al., 2018)

	CCA 1	CCA 2	CCA 3	CCA 4
고윳값	0.4424	0.1607	0.1348	0.0927
변이 설명력(%)[†]	19.50	7.09	5.94	4.09
환경변수				
산림면적	0.78***	0.01	0.18	-0.12
고도	0.83***	-0.13	-0.15	0.09
낙엽층 피도	0.08	-0.62***	0.37	0.18
유기물(탄소)	0.56**	-0.09	0.12	-0.69***
토양 함수율	0.87***	0.03	0.07	-0.03
토양 산도	0.48*	-0.09	0.57**	0.47*
종수				
전체	0.78***	-0.01	0.19	0.13
산림전문가 종	0.89***	-0.14	0.13	0.02
초지선호성 종	-0.33	0.25	0.08	0.20
단시형 종	0.92***	-0.11	0.07	-0.02
장시형 종	-0.44*	0.20	0.17	0.26
대형 종	0.67***	-0.19	-0.11	-0.15
중형 종	0.61***	-0.01	0.24	0.19
소형 종	0.47*	0.14	0.24	0.20

[†] 변이 설명력(%) = 100 × (축에 대한 변이 설명력)/(전체 환경변수에 대한 설명력).
상관성에 대한 통계적 유의성: * $P < 0.05$, ** $P < 0.01$, *** $P < 0.001$.
종수는 딱정벌레과 전체, 서식환경에 대한 선호성, 뒷날개의 이형성, 몸의 크기를 그룹화하여 분석하였음.

6) 회귀나무(regression tree)

군집자료와 환경변수와의 관계를 분석하는 방법 중에는 주요 환경변수에 의한 분기점을 만들면서 조사지점들을 그룹화하는 회귀나무가 있는데, 여러 회귀나무 분석법 중 다변량 회귀나무(multivariate regression tree, MRT)는 종과 환경변수 간의 관계를 분석하는 데 있어 필요한 가정이 없어 유용한 분석 방법이다(De'ath, 2002). 다변량 회귀나무는 환경변수로 정의된 조사지점들의 그룹을 구분하고 비선형성 자료에 대한 설명이 가능하다. 일반적으로 조사지점들의 그룹은 분기점을 기준으로 나뉘는 나무 형태로 표현되는데(그림 6), 각각의 분기점은 조사지점들의 비유사도가 최소인 상태로 정해진다. 회귀나무의 크기는 CV error의 값이 가장 작은 값을 기

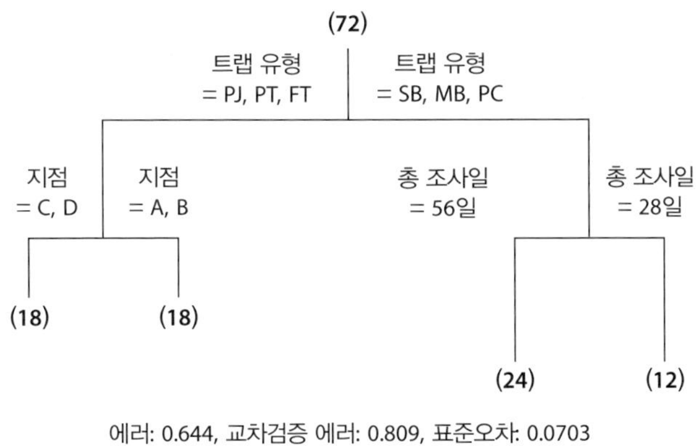

그림 6. 딱정벌레과 군집과 환경변수의 관계에 대한 다변량 회귀나무 분석 결과

내장산국립공원에서 트랩의 형태별, 노출기간별 채집한 딱정벌레과 군집자료를 이용하였음(Jung et al. 2019). 에러는 회귀나무로 설명되지 않는 잔차의 오차값을 의미하고, 교차검증 에러는 모든 예측변수에 대한 상대적인 오차값으로 0에 가까울수록 예측 정확도가 높아지고 1에 가까우면 예측 정확도는 낮아짐.

준으로 선정하는데, CV error가 0에 가까우면 군집구조를 가장 잘 설명하지만, 1에 가까워지면 군집에 대한 설명력이 떨어진다.

정 등(Jung et al., 2019)은 한국의 남부지역 온대림에서 함정트랩의 종류(크기와 모양)와 설치 기간을 달리하여 2개월 동안 딱정벌레과의 종 구성을 조사했다(표 5). 그 결과, 〈그림 6〉에서 보는 것과 같이 함정트랩의 종류가 가장 중요한 설명변수로 확인되었다. 다음으로 트랩의 크기가 큰 경우에는 조사지점에 따라 종 구성이 달라지고, 트랩의 크기가 작은 경우에는 조사 기간에 따라 종 구성이 달라지는 것이 확인되었다. 비록 조사지점에 대한 미소서식환경 정보가 없고, 조사기간이 짧은 이유 등으로 군집에 대한 모형의 설명력은 다소 낮은 결과를 얻었지만, 한국의 산림에 분포하는 딱정벌레과 군집의 다양성을 확보하는 데 유용한 결과라 할 수 있다. 다만 R을 이용하여 다변량 회귀나무를 분석할 경우에는 R의 버전에 따라 분석 가능 여부가 달라지므로 사전에 확인이 필요하다. R의 패키지에는 다변량 회귀나무 외에도 범주·회귀나무(classification and regression tree, CART)와 같은 다른 분석 패키지도 있으므로 상황에 맞는 분석법을 선택하여 사용할 수 있다.

표 5. 딱정벌레과 군집 조사를 위한 함정트랩에 대한 다양한 변수* 예시(Jung et al., 2019)

지점	산림 유형	우점종 학명	토양 특성
A	낙엽활엽수림	굴거리나무, 서어나무, 층층나무	돌이 많은 토양
B	낙엽활엽수림	느티나무, 상수리나무	돌이 많은 토양
C	혼효림	신갈나무, 상수리나무, 소나무	유기질 토양
D	낙엽활엽수림	서어나무, 상수리나무, 대팻집나무	유기질 토양

약어	트랩 유형	트랩 입구의 지름(cm)	트랩 입구 덮개의 유무 b	트랩의 깊이(cm)	트랩의 부피(ml)	트랩 입구의 둘레길이(cm)
SB	소형 병	3.5	없음	8.0	100	10.99
MB	중형 병	4.5	없음	11.0	300	14.13
PC	플라스틱 컵	7.5	없음	12.0	400	23.55
PJ	플라스틱 대형 병	10.5	없음	8.0	500	32.97
PT	플라스틱 대형 병	2.5(x 구멍 6)	덮개(구멍 6개)	8.0	500	47.10(각 구멍 7.85 × 구멍 6개)
FT	플라스틱 대형 병	12.0(깔때기)	깔때기	13.0	500	39.25(깔때기 입구의 둘레길이)

총 조사일	약어	트랩수거 간격	조사기간(2013년)
28일	T1	불연속(2주 노출 + 2주 미노출, 반복)	7월 10일~7월 24일, 8월 7일~8월 21일
56일	T2	연속(2주 노출 후 수거, 반복)	7월 10일~9월 4일
56일	T3	연속(4주 노출 후 수거, 반복)	7월 10일~9월 4일

*내장산국립공원 내 조사지점별 딱정벌레과의 종수와 종 구성에 영향을 미치는 조사지점별 환경변수 및 함정트랩별 크기, 형태 및 트랩 설치기간에 대한 변수

7) 지표값 분석(indicator value analysis, IndVal)

군집 분석을 통해 얻는 결과 중 하나는 환경의 변화도에 따라 종의 분포 경향이 달라진다는 것인데, 듀프렌과 르장드르(Dufrêne and Legendre, 1997)가 고안한 지표값 분석을 이용하면 통계적으로 유의미한 지표값을 갖는 종을 선발할 수 있다. 지표값 분석은 다른 종의 상대 풍부도(개체수)에 독립적이며, 비슷한 분석법인 이원지표종분석(two-way indicator species analysis, TWINSPAN)과는 달리, 분석을 위해 가짜 종(pseudo-species)이 필요 없다. A라는 종의 모든 개체가 하나의 그룹(동일한 환경으로 정의된)에 속하는 조사지점에서만 출현하거나 해당 그룹의 모든 조사지점에서 종이 출현할 때, 지표값 분석의 값은 최대치(100%)를 보인다. 따라서 종의 개체수와 출현 유무에 대한 안정성 지수가 분석되어 결과로 표현된다. 또한 몬테카를로 순열

표 6. 숲 유형(활엽수림, 소나무림, 잣나무림)에 대한 딱정벌레과의 지표값 분석 결과(Jung et al., 2018)

산림 유형	지표값	*P*값	개체수 (관측지점의 수/조사지점의 수)		
			활엽수림	소나무림	잣나무림
활엽수림					
우리딱정벌레	0.856	0.005	306 (11/15)	0 (0/6)	0 (0/6)
멋쟁이딱정벌레	0.847	0.003	538 (11/15)	2 (1/6)	3 (2/6)
검정칠납작먼지벌레	0.775	0.005	128 (9/15)	0 (0/6)	0 (0/6)
파편화된 소나무림					
홍단딱정벌레	0.759	0.030	17 (6/15)	50 (4/6)	1 (1/6)
끝무늬녹색먼지벌레	0.632	0.043	0 (0/15)	4 (3/6)	1 (1/6)
파편화된 소나무림과 잣나무림					
끝무늬먼지벌레	0.803	0.013	2 (2/15)	15 (3/6)	9 (5/6)

통계적 유의성이 있는 종만 표시하였으며($P < 0.05$), 지표값이 높더라도 통계적 유의성이 없으면 제외하였음. 종별 숲의 유형별로 출현한 개체수와 출현 빈도를 표시하였음.

검정을 이용하여 각 종의 지표값에 대한 통계적 유의성을 분석한다.

정 등(Jung et al., 2018)은 한국의 중부지역에서 산림의 면적과 숲의 유형에 따른 딱정벌레과의 군집 특성을 분석하면서 숲의 유형에 대한 지표값을 분석했는데(표 6), 3유형의 지표종이 선발된 것으로 보고했다. 1유형에는 산림 면적이 1,000ha가 넘는 활엽수림에 대해서 우리딱정벌레(*Eucarabus sternbergi sternbergi*), 멋쟁이딱정벌레(*Coptolabrus jankowskii jankowskii*) 및 검정칠납작먼지벌레(*Synuchus melantho*)가, 2유형에는 파편화된 소나무림에 대해서 진홍단딱정벌레(*Coptolabrus smaragdinus branickii*)와 끝무늬녹색먼지벌레(*Chlaenius micans*)가, 3유형에는 파편화된 소나무림과 잣나무림에 대해서 끝무늬먼지벌레(*Chlaenius virgulifer*)가 선발되었다. 조사를 통해 얻은 군집자료에서는 더 많은 지표종 후보가 있으나 통계적 유의성이 부족하여 제외된 경우가 많은 것을 감안하면, 향후 환경별 조사지점이 늘어나고 조사 강도가 강해지면 지표값 분석을 통해 환경별로 정확하고 많은 지표종을 선발할 수 있을 것이다.

지표값의 산출(Dufrêne and Legendre, 1997)

(1) 특이도(specificity): 선호하는 서식 환경에 대한 특이성으로 후보지표종이 얼마나 많은 특정 서식 환경에서 분포하는지를 의미한다.

(수식 1) $A_{ij} = N_{ij} / N_i$
(N_{ij}는 j로 묶인 조사지점들의 그룹에서 i종의 평균 개체수이며, N_i는 전체 그룹에서 i종의 평균 개체수의 합을 뜻함)

(2) 정밀도(fidelity): 후보지표종이 선호하는 서식환경을 갖는 조사지점 중 얼마나 많은 조사지점에서 관찰되는지를 의미한다.

(수식 2) $B_{ij} = N_{ij} / N_j$
(N_{ij}는 j로 묶인 그룹 내에서 i종이 출현한 조사지점의 수이며, N_j는 해당 그룹 내 전체 조사지점의 수를 뜻함)

(3) 지표값(IndVal): 높은 지표값을 가지면서, 95% 수준에서 통계적 유의성을 보인다면 연구자가 설정한 조사지점들의 그룹에 대한 지표종으로 고려해볼 수 있다.

(수식 3) $\%IndVal_{ij} = A_{ij} = B_{ij} \times 100$

(4) McGeoch et al.(2002)는 특이도와 정밀도를 기준으로 지표종 후보군을 구분했다. 지표값을 얻으면 종별 서식환경에 대해서 특이성과 정밀성과 관련된 정보를 얻게 되면, 각 종의 지표종 가능성에 대해서 구분할 수 있다. 높은 지표값과 함께 통계적 유의성을 보인다면, 지표종으로 활용이 가능한데 이들은 특성화종으로 구분된다. 그러나 특정 환경에 특성화를 보인다는 것은 곧 환경의 변화에 매우 취약하여 사라질 수 있다는 뜻이 되어 지속적인 모니터링의 대상이 되어야 하는 지표종 역할을 하기 어렵게 된다. 따라서 특성화종이 사라진 경우에는 서식환경에 대한 특이도는 중간 정도를 보이면서 정밀도의 범위는 넓은(낮음~높음) 종도 지표종의 역할을 할 수 있게 되며, 이들을 감시자종이라 한다. 따라서 특성화종과 감시자종 모두 잠재적인 지표종으로 다룰 수 있다. 다만 특성화종에 속하는 지표종은 환경 변화가 발생할 경우 너무 쉽

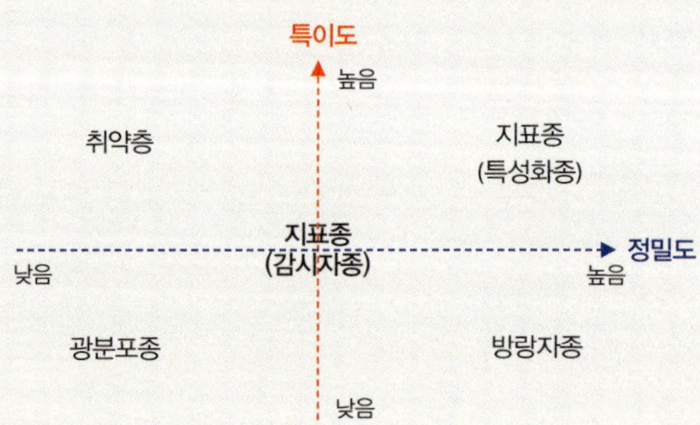

게 사라질 수 있기 때문에 환경 변화의 방향성을 예측하는 데 필요한 정보를 제공하기 어렵다. 반면에 감시자종에 속하는 지표종은 환경 변화에 대해 적절하게 반응하기 때문에 환경 변화가 생물 군집에 미치는 영향을 모니터링하기 위한 지표종으로 삼기에는 좀 더 적절하다.

3. 군집 안정성 분석

생물 군집 안정성은 군집구조가 얼마나 적은 변이를 가지는지를 평가한다. 이는 생태계 건강성을 평가하는 아주 중요한 생물지표가 될 수 있다. 이를 위해 도케시(Tokeshi, 1993)가 제안한 전이율 분석, 티슐러(Tischler, 1947)가 제안한 출현빈도 일관성 분석, 스탄튼(Stanton, 1979)의 베타다양성 분석, 라첼(Rachel, 1990)의 3단계 분석 등을 사용할 수 있다. 3단계 분석은 절대 풍부도, 풍부도 순위분포, 그리고 특정 종의 존재 여부를 시간의 흐름에 따라 분석하는 것이다. 여기에서는 전이율 분석과 출현빈도 일관성 분석을 예를 들어 설명한다.

1) 전이율 분석(turnover rate analysis)

이 분석법은 군집 연구에서 각 종의 비중이 시간의 흐름에 따라 어떻게 변해가는지를 파악하는 방법으로(Tokeshi, 1993), 전이율이 높을수록 군집 내 특정 종의 생태적 지위가 크게 변함을 시사하고, 따라서 안정성이 낮다고 평가할 수 있다. 그 추정은 다음과 같다.

$$S\tau = 0.5\sum_{i=1}^{s} | P_i(t) - P_i(t+1) | \qquad (4)$$

$P_i(t)$, $P_i(t+1)$: t와 $t+1$ 시간대의 표본(전체 개체수)에 대한 i번째 종이 갖는 개체수의 비율

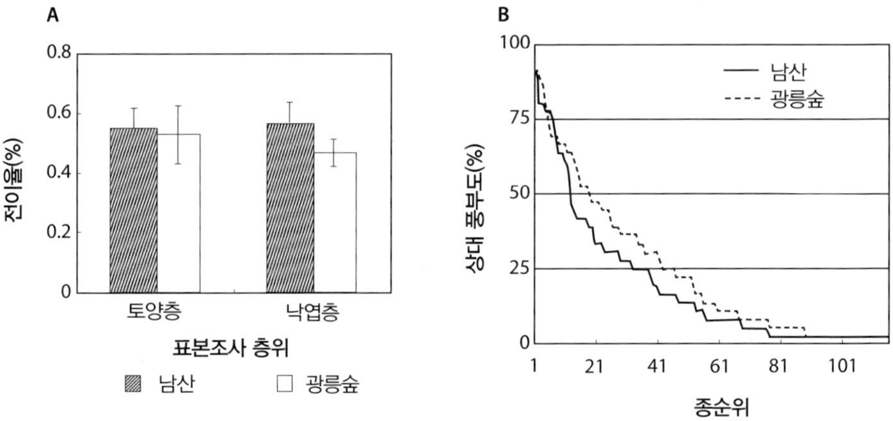

그림 7. 남산과 광릉숲 토양에 서식하는 날개응애류 군집 안정성 분석

전이율(A)과 출현빈도(B)

2) 출현빈도 일관성 분석(constancy analysis)

이 분석법은 특정 생물의 표본당 출현율을 분석하는 것으로, 시간의 흐름에 따른 분포 특성을 파악하기 위한 방법이다. 이는 티슐러(Tischler, 1949)에 따라 네 단계의 출현빈도로 표현된다. 타슐러(Tischler, 1947)와 월워크(Wallwork, 1973)는 절대 출현종과 항상 출현종은 군집 구성에 핵심 역할을 하기 때문에 이들의 출현율이 심하게 변하는 경우 그 군집은 안정되지 않다고 평가한다.

절대 출현종: Absolute species: constancy 76~100%
항상 출현종: Constant species: constancy 51~75%
간헐 출현종: Accessory species: constancy 26~50%
우연 출현종: Accidental species: constancy 1~25%

이러한 정보에 기반하여 정과 이(Jung and Lee, 2001)는 남산과 광릉 활엽수림 지역 토양서식성 날개응애류의 군집구조 연구 결과를 분석했다. 분석 결과 토양층에서는 남산과 광릉숲에 서식하는 날개응애류의 군집 전이율의 차이가 없었지만, 부엽층에서는 남산에서 0.57, 광릉숲에서는 0.47로 남산에서 유의하게 높게 나타났다.

따라서 전이율 분석 결과는 광릉숲 부엽층 서식 날개응애류 군집이 좀 더 안정적이라고 평가한다. 또한 출현율-종순위 분포 분석에서도 비슷한 결과를 나타냈다.

4. 군집 분석의 응용

1) 생물다양성 보전을 위한 지도화

생물다양성, 특히 보전생물학적 측면에서 개별 종의 분포나 군집의 종수를 이용한 지도화는 점점 그 중요성이 높아지고 있다. 그 이유는 특정 종의 현재와 과거 자료를 비교하는 데 지도를 매우 중요하게 활용할 수 있기 때문이다. 또한 종수나 멸종위기위험도가 높은 지역에 대한 정보를 얻는다던가, 시공간적 분포의 변화 추적, 종의 분포와 환경 요인의 관계 분석, 그리고 환경 변화에 따른 종의 분포 변화를 예측하는 것 등에도 활용할 수 있기 때문에 중요성이 높아지고 있다.

최근 들어 국내에서도 개별 종(특히 경제해충 또는 외래 침입해충 등)의 생물학적 정보를 분석하여 기주식물, 서식처, 토양, 기상 등 환경변수의 분포에 바탕을 둔 공간분포지도화 작업이 급진전되고 있다. 생물종의 공간분포지도화는 MaxEnt, CLIMEX 등 프로그램을 활용하고 지리정보시스템(GIS) 기술의 발달에 힘입어 빠르게 진화하고 있다. 그러나 군집의 지도화 정보는 상대적으로 제한되어 있는 실정이다. 생물다양성을 지도로 작성해 두면 멸종위기종과 같은 희소종의 분포 변화를 파악하거나 외래종의 유입과 같이 종의 공간적 분포 변화에 따른 생물다양성 변화를 예측할 수 있는 이점이 있다. 일반적으로 지도화 작업을 위해서 GIS를 이용하는데, 정보가 포함된 레이어(layer) 간의 관계를 분석한다. 레이어에는 공간 자료(장소의 모양과 위치)와 속성 자료(종수, 환경변수 등)가 포함된다. 즉, 생물다양성 관련 연구를 위해 필요한 지도를 제작하기 위해서는 GPS를 이용한 정확한 위경도 좌표 취득이 기본이라 할 수 있다. 곤충 다양성 지도화는 대체로 다음 순서로 진행한다.

① 적절한 샘플링 크기를 고려한 조사 대상 지역을 격자 형태로 구분한다.
② 각 격자에서 하나 이상의 지점을 선정하여 조사한다.

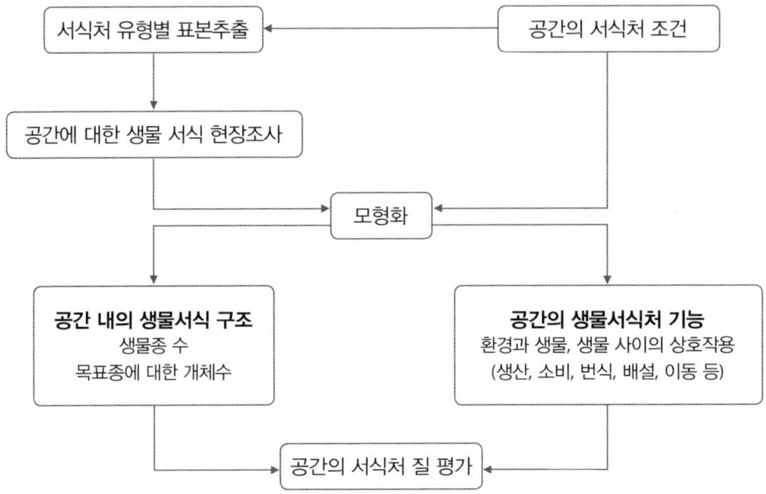

그림 8. 서식처 지도화를 위한 자료 구성 흐름도

③ 각 지점에서 대상 종의 출현, 개체수를 기록한다. 특히 미출현 지점에 대한 정보는 출현 지점에 대한 정보만큼이나 중요하다. 다만 미출현 지점 자료는 구하기 어렵고, 구할 수 있더라도 출현 지점 자료만큼의 신뢰도는 없는 것이 일반적이다.

④ 지점의 환경변수를 구체화한다. 환경변수와 조사자료의 관계를 구명한다.

⑤ 이를 바탕으로 지도화한다.

대부분 곤충 분포도감 등의 지도는 4번 과정을 생략하고 출현 여부 중심의 지도를 제시한다(예: 한국나비분포도감, 국립산림과학원). 출현 여부 조사에서 격자의 크기를 줄여 더 많은 조사지점을 선정할 수 있다면 종의 분포 정보는 좀 더 정확해질 것이다. 그러나 조사자의 수준(인력, 시간 등)을 넘어서게 되면 조금 더 나은 종의 분포 정보를 얻기 위해 투입되는 노력이 급격히 증가하게 되므로 유의해야 한다.

〈그림 9〉는 지점별 분포자료와 지점의 환경 특성을 연결한 분포지도화의 예다. 안동대 정철의교수팀은 성남시를 대상으로 한 곤충 비오톱 지도화를 위하여, 성남시를 9개 권역, 140개 조사지점을 선정한 후 2년 동안 주요 곤충의 분포를 조사했다. 포충망 채집을 기본으로 함정트랩과 수서곤충채집을 병행했다. 조사 곤충은 산

그림 9. 성남시 곤충 서식처 지도화의 예(성남시, 2004)
색이 진할수록 곤충서식밀도가 높음.

지, 초지, 습지, 도시성으로 서식 특성을 나누고, 각 조사지점에 대한 서식처 환경 특성을 부여했다. 이 중 산지성 딱정벌레목을 대상으로 서식처모형화를 실시했다. 각 지점별 서식처 환경(예: 식생활력도, 산림과의 거리, 토양 습도, 숲 바닥 일사량 등)과 딱정벌레 등의 종수와 개체수의 다변량 회귀분석을 통해 유효한 서식처 환경 특성과 종수 또는 개체수 모델을 개발했다. 예를 들어 특정 딱정벌레목 곤충의 개체수는 수관과 초지 식생활력도가 높고 인간의 영향이 적은(도심지에서 멀리 떨어진), 그러나 숲 바닥 일사량은 높고, 지점 주변 습도가 높은 곳에서 많이 나타났다($R^2 = 0.7$). 이러한 모형을 중첩하고 대상지 전 공간으로 확대 적용하여 관심 곤충의 서식밀도의 분포모형을 제시했다.

2) 환경 변화의 지표종

곤충을 이용한 군집생태학적 연구는 다양한 분야에서 활용되고 있다. 특히 곤충은 온도를 비롯하여 종별로 선호하는 환경 변화에 민감하게 반응하기 때문에 환경의 변화도에 따라 곤충 개별 종의 개체수 및 분포 변화, 그리고 이에 따른 종수(종다양도)와 종 구성의 변화가 발생한다. 이러한 곤충의 반응을 이용하여 최근 발생하는 다양한 환경 문제에 대한 영향을 파악하고 앞으로 곤충을 비롯한 생물 군집이 어떻게 변화해갈 것인지를 예측하는 것이 중요해지고 있다. 특히 환경 문제 대부분은 인간의 활동으로 인해 발생하는 교란인데, 살충제의 오남용에 의한 군집구조의 붕괴, 개발과 도시화 등으로 인한 서식처의 축소나 소멸, 세계화에 따른 교역 증가로 인한 외래종의 침입 문제, 전 지구적으로 문제가 되는 기후변화 등 다양한 유형의 교란이 발생하고 있다. 따라서 환경 변화에 대해서 빠르게 반응하는 곤충을 이용하여 (1) 환경 변화가 곤충의 생물다양성에 어떻게 영향을 주는지를 이해하고, (2) 곤충의 생물다양성 변화로 인해 생태계 전체가 어떻게 변화하는지를 연구할 수 있으며, (3) 나아가서 곤충이 환경 변화에 대해 어떻게 지표종으로서 역할을 할 수 있는지 그 가능성을 검증하는 것이 필요하다.

(1) 서식처의 소실, 파편화, 단절

인구밀도가 높아지고 도시화 등으로 생물의 서식처가 소실되는 경우가 증가하고 있고, 잔존하는 서식처(자연 및 반자연의)의 면적 감소와 서식처 간 단절이 증가함에 따라 종다양성이 감소한다. 또한 서식처의 면적 감소로 인해 일어나는 환경 변화(온도 증가, 습도 감소 등)에 대해 민감도가 낮은 종이나 외부 환경에 노출된 서식처를 선호하는 종만 남는 경우가 많기 때문에 종 구성은 단순화된다. 그리고 단절로 인해 서식처 간 연결성이 낮아지면, 비행력 정도에 따라 곤충 종의 이동이 제한될 수 있다.

(2) 교란에 의한 서식처의 질 하락 또는 주요 자원의 소실

서식처의 파편화로 인한 면적의 감소는 서식처 내부의 환경, 특히 온도와 습도에 많은 영향을 주기 때문에 질적 하락이 수반된다. 또한 산림과 같이 자연적으로 발생하는 고사목이나 썩어가는 나무와 같은 자원은 다양한 곤충의 먹이나 서식처로 활용되지만, 이를 제거할 경우에는 해당 자원에 특화된 종의 감소를 유발하게 된다. 산림에서는 벌채 후 목재를 수확하는 작업이나 간벌과 같은 대규모 임업활동이 이뤄지는데, 이런 활동이 생물 군집에 미치는 영향에 대해서도 많은 연구가 수행되고 있다. 자연재해, 특히 산불, 산사태 등의 교란이 발생한 이후의 생물 군집이 회복되는 과정 역시 군집생태학 연구의 한 분야다.

(3) 침입외래종

세계화에 따른 교역의 증가는 많은 생물 종의 이동을 수반하게 되는데, 이로 인해 전 지구적 차원에서 생물다양성에 변화가 일어나고 있다. 외래종에는 천적과 같이 농업에서 해충 피해를 막기 위해 도입한 종도 있지만, 많은 경우 화물, 차량 등에 붙어 들어오는 침입종이다. 예를 들어 소나무재선충과 같이 침입 역사가 오래되어 장기간 피해를 주는 종도 있지만, 최근 문제가 되고 있는 갈색날개매미충, 미국선녀벌레, 등검은말벌 등은 농림업과 자연생태계에 막대한 피해를 주고 있는 해충도 있다. 침입외래종 관련 연구 주제는 다음과 같은 것들이 있다. 1) 국경지대에 대한 모니터링 체계 연구, 2) 현재 분포와 확산 관련 연구, 3) 분포와 확산을 억제하는 요인 연구, 4) 자연생태계(생물 다양성 및 기능)에 미치는 영향 연구. 침입외래종의 경우, 국가에 따라 법적으로 제한된 경우도 있기 때문에 대규모의 야외 연구보다는 실험실 수준 또는 격리 포장 등에서 제한적으로 이루어지는 경우가 많다.

Please cite this chapter as: Jung, J.-K., Lee, J.-H., Jung, C., 2021. Analysis of the relationship between insect community and environmental variables. In: Lee, J.-H., Kim., D.-S., Jung, C., Park, Y.-L. (eds.), Research Methodology in Insect Ecology, Seoul National University Press, Seoul, pp. 331-357.

참고문헌

De'ath, G. 2002. Multivariate regression trees: a new technique for modeling species-environment relationships. Ecol. 83, 1105-1117.

Dufrêne, M., Legendre, P. 1997. Species assemblages and indiator speceis: the need for a flexible asymmetrical approach. Ecol. Monogr. 67, 345-366.

Jung, C., Kim, J.W., Keum, E.S. 2008. Abundance of soil microarthropods associated with forest fire severity Samcheok, Korea. J. Asia-Pac. Entomol. 11, 77-81.

Jung, C., Lee, J-H. 2001. Stability analysis of soil oribatid mite communities (Acari: Oribatida from Namsan and Kwangreung Deciduous Forests, Korea. Korean J. Ecol. 24, 2McGeoch39-243.

Jung, J.K., Jeong, J.C., Lee, J.H. 2019. Effects of pitfall trap size and sampling duration on collection of ground beetles (Coleoptera: Carabidae) in temperate forests. Entomol. Res. 49, 229-236.

Jung, J.K., Kim, S.T., Lee, S.Y., Yoo, J.S., Lee, J.H. 2011. Community structure and distribution of ground beetles (Coleoptera: Carabidae) of Mt. Bangtaesan in Gangwon-do, Korea. Korean J. Environ. Ecol. 25(3), 307-317.

Jung, J.K., Lee, J.H. 2016. Forest-farm edge effects on communities of ground beetles (Coleoptera: Carabidae) under different landscape structure. Ecol. Res. 31, 799-810.

Jung, J.K., Lee, J.H. 2020. Trait-specific responses of carabid beetle diversity and composition in *Pinus densiflora* forests compared to broad-leaved deciduous forests in a temperate region. Diversity 12, 275-286.

Jung, J.K., Lee, S.K., Lee, S.I., Lee, J.H. 2018. Trait-specific response of ground beetles (Coleoptera: Carabidae) to forest fragmentation in the temperate region in Korea. Biodivers. Conserv. 27, 53-68.

Legendre, P., Legendre, L. 2012. Numerical ecology, 3rd ed. Elsevier, Amsterdam.

Lepš, J., Šmilauer, P. 2003. Multivariate analysis of ecological data using CANOCO. Cambridge University Press, Cambridge. http://dx.doi.org/10.1017/CBO9780511615146.

McGeoch, M.A., Van Rensburg, B.J., Botes, A. 2002. The verification and application of bioindicators: a case study of dung beetles in a savanna ecosystem. J. Appl. Ecol. 39, 661-672.

Rahel, F.J. 1990. The hierachical nature of community persistence: a problem of scale. Amer. Nat. 136, 328-344.

Seongnam city. 2004. Research report: evaluation of biotope level and construction of GIS urban ecological status (성남시. 2004. 비오톱 등급평가 및 도시생태현황도 GIS 구축 연구보고서).

Stanton, N.L. 1979. Patterns of species diversity in temperate and tropical litter mites. Ecol. 60, 295-304.

ter Braak, C.J.F., Prentice, I.C. 1988. A theory of gradient analysis. Adv. Ecol. Res. 18, 271-317.

Tischler, W. 1949. Grundzüge der terrestrischen Tierökologie. Friedrich Vieweg und Sohn, Braunschweig, 219pp.
Tokeshi, M. 1993. Species abundance patterns and community structure. Adv. Ecol. Res. 24, 111-186. DOI 10.1016/S0065-2504(08)60042-2.
Wallwork, J.K. 1983. Oribatids in forest ecosystem. Annu. Rev. Entomol. 28, 109-130.

제5편

생태분석 기술의 활용

제13장

해충에 의한 작물 피해해석 방법

박용락, 이준호

1. 서언

해충에 의한 작물 피해해석은 특정 해충이 대상 작물에 생리적·생태적으로 어떤 영향을 주며, 특히 작물의 생산에 미치는 경제적인 피해를 알아보는 과정이라 할 수 있다. 일반적으로 위험도 분석(risk assessment)과는 구분되지만 위험도 분석이 해충에 의한 작물이나 일반 식물에 대한 피해를 포함할 경우 작물 피해해석은 위험도 분석의 일부분으로 사용되기도 한다. 특히 외래 침입해충의 경우 작물 피해해석은 해당 해충의 위험도 분석에 아주 중요한 부분을 차지하게 된다.

일반적으로 식물은 곤충의 가해 방식에 따라 다양하게 반응한다. 실제로 식물은 여러 가지 방어기작을 가지고 있는데 곤충에 대한 방어는 유전자 수준에서 작물수준으로까지 전개될 수 있다. 여기에 해충의 작물 피해가 직접적 또는 간접적으로 환경에 영향을 미칠 경우 군집, 생태계, 생물권(Biosphere) 등으로까지 피해해석이 가능하다고 볼 수 있다(그림 1). 예를 들면 해충의 작물 섭식은 분자 및 세포 수준에서 유전자, 효소 및 생리활성물질의 합성 경로에 영향을 미칠 수 있으며(Panda and Khush, 1995), 침입해충의 경우 생태계 전체를 교란시킬 수 있다. 이러한 곤충과

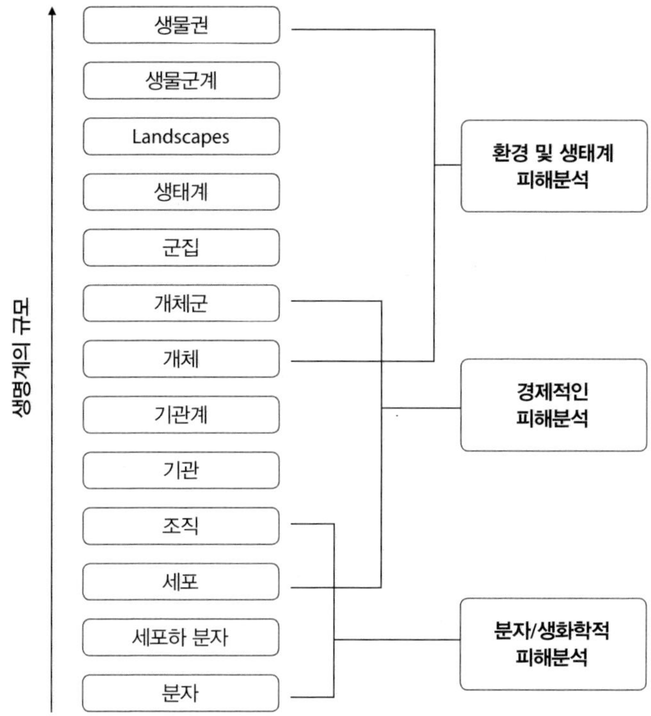

그림 1. 작물 피해해석 수준

해충에 의한 작물 피해해석은 목적과 방법에 따라 다른 수준에서 할 수 있으며 일반적으로 작물 피해해석은 세포 수준에서 개체군 수준까지 이루어진다.

식물의 상호관계는 진화적인 시간으로 보면 공진화의 산물이기 때문에 피해해석을 단순히 곤충의 섭식으로 인한 경제적 피해만의 관계로만 한정하면 정확한 피해해석을 할 수 없는 경우가 많다. 따라서 작물 피해해석은 〈그림 1〉에 열거한 여러 단계를 거치면서 종합적으로 이루어지는 것이 이상적이라 할 수 있다.

작물 피해해석은 작물보호 분야에서 경제적 피해수준의 설정 또는 해충 밀도와 경제적 피해와의 상관관계를 밝히는 데 주로 사용된다(Park, 1997; Lee, 2002; Kim, 2004). 하지만 경제적 피해수준의 계산 및 작물의 피해반응 등을 제외하고는 〈그림 1〉에 기술되어 있는 것처럼 전체적인 피해해석 방법론은 아직 정립되어 있지 않다. 따라서 이 장에서 다룬 내용이 앞으로 피해해석 방법론의 개발에 기초가 될 수 있기를 바란다.

2. 작물 피해해석을 위한 주요 개념

해충에 의한 작물 피해해석을 이해하고 실행하기 위해서는 몇 가지 기본 개념을 이해해야 한다. 다음은 피해해석에서 쓰이는 기본이 되는 네 가지 개념과 용어들이다.

1) 손상 및 피해

해충이 작물을 가해하면 일차적으로 작물은 손상(injury)을 입게 된다. 이 손상은 작물 생산량의 감소를 초래할 수 있고, 경우에 따라서는 그렇지 않을 수도 있다. 예를 들면 콩의 경우 콩잎의 20%를 제거한다고 해도 콩 수확에는 영향을 미치지 않는다(Ostlie and Pedigo, 1985). 만약 해충에 의한 작물의 손상으로 생산량이 감소하면 비로소 피해(damage)가 된다. 즉, 해충에 의한 작물의 손상은 물리적·생리적인 것이며 이러한 손상이 수확량의 감소 등 경제적인 감소로 연결될 때 피해가 되는 것이다(그림 2). 이러한 손상과 피해의 개념은 해충의 경제적 피해수준을 설정하는 데 근간이 되는 개념이다.

2) 직접해충 및 간접해충

해충에 의한 피해가 작물의 생산성에 어떻게 영향을 주는지에 따라 직접해충(direct pest)과 간접해충(indirect pest)으로 나눌 수 있다. 직접해충은 작물의 조직 중 실제로

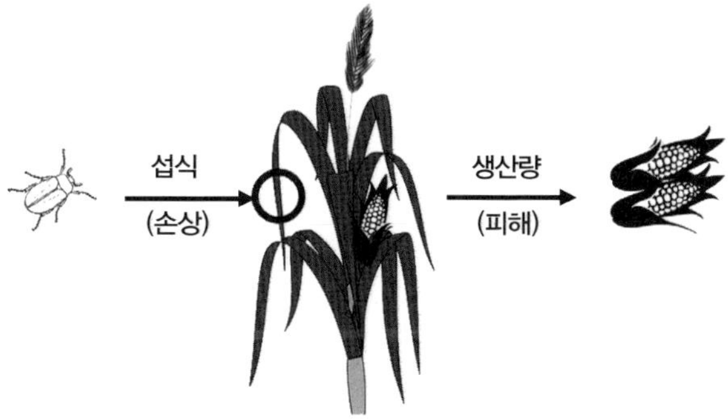

그림 2. 해충에 의한 작물의 손상(injury) 및 피해(damage)와의 관계
해충의 섭식에 의한 손상은 항상 피해를 야기하는 것은 아니다.

그림 3. 직접해충과 간접해충의 예

옥수수 열매를 가해하는 직접해충과 옥수수의 잎을 가해하는 간접해충.

수확을 하는 부분을 가해하는 해충이다(그림 3). 예를 들면 녹차잎을 가해하는 잎벌레는 직접해충으로 간주되는데 그 이유는 농민들이 녹차잎을 수확하여 경제성을 창출하기 때문이다. 반면 호박잎을 가해하는 잎벌레는 간접해충인데 그 이유는 호박은 열매를 수확하여 경제성을 창출하는데 해충의 피해는 잎을 통해 간접적으로 받기 때문이다. 만약 호박을 재배하는 데 열매뿐만 아니라 호박잎도 같이 수확한다면 호박잎을 가해하는 잎벌레는 직접해충으로 간주된다. 따라서 직접해충, 간접해충의 구분은 작물의 피해범위에 따라 변할 수 있다. 직접해충과 간접해충의 구분이 중요한 이유는 해충의 종류에 따라 해충방제에 대한 의사결정이 달라지기 때문이다. 직접해충은 수확하는 작물의 전체 또는 일부분을 직접 가해하므로 간접해충보다 피해가 큰 경우가 많다.

반면 간접해충의 경우 손상과 피해를 정량화하기가 상대적으로 어렵다. 더욱이 일부 간접해충은 작물에 크게 손상이나 피해를 입히지 않지만 작물에 병을 옮기는 등 해충 자체의 손상만으로는 전체적인 피해를 가늠하기 어려운 경우도 있다.

3) 저작형 해충 및 흡즙형 해충

곤충은 입 모양에 따라 여러 가지로 구분할 수 있다. 입틀이 향하는 방향에 따라 전구식(prognathous), 하구식(hypoganthous), 후구식(opisthognathous)으로 나눌 수 있다.

많은 경우 전구식 곤충은 포식자이며 하구식 곤충에는 저작형 곤충이 많고 후구식 곤충은 주로 흡즙형 곤충이다. 저작형 및 흡즙형 곤충 모두 위에서 언급한 직접해충 또는 간접해충으로 재구분될 수 있다. 저작형 곤충은 식물의 조직을 외부에서부터 제거하는 방식으로 작물을 가해하며, 흡즙형 곤충은 식물의 물관이나 체관에 입틀을 박아서 물과 양분을 제거하는 방식으로 가해를 한다. 따라서 작물의 피해는 확연히 다르게 나타나는데 저작형 곤충의 피해 증상은 식흔으로 쉽게 알 수 있으며 상대적으로 정량화하기가 쉽다. 하지만 흡즙형 곤충의 경우 피해가 바로 나타나지 않거나 작물의 생리적 반응으로 나타나는 경우가 많아 정량화하기 힘든 경우가 많다(그림 4). 특히 흡즙형 간접해충의 손상과 피해를 정량화하거나 해충밀도와 손상과의 관계를 규명하기가 가장 어렵다.

일반적으로 저작형 입틀을 가진 곤충에 의한 작물 손상을 정량화하는 것은 흡즙형 곤충에 비해 상대적으로 수월하다. 그 이유는 섭식된 잎의 양만을 정량화하면 되기 때문이다. 정량화는 엽면적 측정을 통해 하는 것이 일반적이나 무게를 달아서 피해를 받지 않은 동일한 크기와 조건의 잎의 중량과 비교해 구할 수도 있다.

저작형 해충은 종에 따라 여러 가지 다른 식흔을 나타낸다. 저작형 해충의 식흔은 외부섭식(external feeding), 내부섭식(internal feeding), 굴을 파서 엽육을 섭식(leaf mining)하는 등 크게 세 가지 형태로 나눌 수 있다. 외부섭식은 잎의 외부를 섭

그림 4. 흡즙형(A) 및 저작형(B) 곤충의 식흔

식흔에 따라 해충에 의한 작물의 손상 정도를 정량화하는 방법이 달라질 수 있다.

그림 5. 저작형 해충의 외부섭식에 따른 식흔

그림 6. 잎 속에 굴을 파고 손상을 입히는 저작형 해충의 식흔

식하는 것으로 잎의 가장자리부터 섭식하는 자유섭식(free feeding), 잎의 안쪽에 구멍을 내면서 섭식하는 천공성섭식(hole feeding), 잎의 표면을 섭식하는 표면섭식(skeletonizing) 등 세 가지로 나눌 수 있다(그림 5).

잎에 굴을 파는 종류(leaf miner)의 경우 5가지 형태를 보인다(그림 6). 이러한 식흔은 영상분석을 통해 쉽게 정량화할 수 있다.

4) 작물 피해 반응곡선

해충의 섭식에 의한 작물의 손상 정도와 수확량과의 관계는 작물-해충 피해 반응곡선으로 표현할 수 있다(Pedigo, 2002). 작물-해충 피해관계는 작물의 피해 양식과 정도에 따라 여러 형태로 분류할 수 있다. 가장 일반적인 작물-해충 피해관계는 〈그림 7〉에서 해충의 밀도가 커질수록 생산량은 줄어드는 관계이며, 해충의 밀도가 매우 낮을 때와 높을 때에는 생산량의 감소가 거의 없으나 그 사이의 해충밀도에서

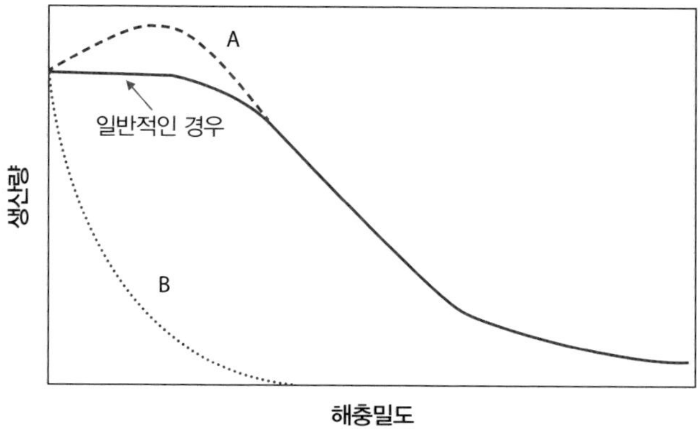

그림 7. 일반적인 작물-해충 피해 반응곡선

작물의 과잉보상반응(A: overcompensation)과 해충둔감현상(B: desensitization). 예를 들면 진딧물이 작물에 바이러스를 옮기는 경우는 해충둔감현상이며, 콩잎을 가해하는 외부섭식곤충에 의한 손상은 작물의 과잉보상반응에 해당한다.

는 직선관계를 보인다. 특히 해충밀도가 낮을 때 작물의 피해가 나타나지 않는 경우 그 작물은 기주식물저항성(host plant resistance)을 가지고 있다고 말하기도 한다. 기주식물저항성은 크게 비선호성 또는 항객성(non-preference 또는 anitixenosis), 항생성(antibiosis)과 내성(tolerance)으로 나누어지는데, 이 경우는 작물이 해충에 대한 내성을 가지고 있다고 할 수 있다.

작물과 해충에 따라 작물-해충 피해관계는 다양하게 나타나는데 페디고(Pedigo, 2002)는 일반적인 작물-해충 피해 반응곡선(그림 7)을 포함하여 8가지로 분류했다. 예를 들면 작물에 병을 옮기는 해충의 경우 작물의 피해가 해충의 밀도가 증가함에 따라 급격히 곡선을 그리며 떨어질 수 있으며(해충둔감현상, 그림 7B), 해충의 밀도가 아주 작을 때 주로 저작형의 구기를 가진 해충의 섭식이 작물 상부의 엽면적을 줄여 빛이 작물의 하단부까지 투과하며 광합성량이 증가해 작물 생산량이 오히려 올라갈 수 있다(과잉보상반응, 그림 7A).

3. 작물 피해해석 방법론

〈그림 1〉에서 볼 수 있듯이 해충에 의한 작물 피해해석은 분자, 세포 수준에서부터 개체군, 군집, 더 나아가서는 생태계 수준에서도 가능하다. 작물보호라는 측면에서 보면 주로 세포부터 개체군 수준에서의 피해해석이 유용하므로 이 절에서는 세포, 기관, 작물 개체 및 개체군 수준에서의 피해해석 방법을 소개하고자 한다. 특히 흡즙성 간접해충이 작물 피해해석에 가장 어려운 종류의 해충이므로 다음에 예시되는 해충은 모두 흡즙성 간접해충이다.

1) 세포 수준의 피해

세포 수준의 피해는 주로 흡즙성 곤충의 피해를 정량화하는 데 사용된다. 해충의 섭식에 의한 손상은 현미경으로 분석이 가능하다. 흡즙성 곤충의 피해를 받은 잎은 엽육세포층(mesophyll layer)이 붕괴되면서 두께가 얇아지고 세포 내 함유물이 줄어드는 것이 일반적이다. 특히 엽육세포층을 형성하는 해면조직(sponge layer)과 책상조직(palisade layer)이 직접적인 손상을 입게 된다. 특히 흡즙성 곤충은 침샘에서 침을 분비하여 식물 표피층을 일부 소화시켜 구기가 표피층을 뚫게 되는데 이 침에 첨가된 효소는 엽록체의 막을 파괴하는 것으로 알려져 있다(Mothes and Seitz, 1981).

이러한 세포 수준의 피해를 정량화하기 위해서는 화학적·광학적·조직학적 방법을 사용할 수 있다. 광학현미경을 이용하면 세포 잎 조직 내 세포의 수를 정량화할 수 있으며 잎의 두께 및 엽육 층의 공극 등도 정량화할 수 있다(그림 8A, B). 주사전자현미경(scanning electron microscope, SEM) 또는 투과전자현미경(transmission electron microscope, TEM)을 이용하면 세포 표면의 손상과 세포 내 엽록체 등을 정량화할 수 있다(그림 8C).

세포 수준의 피해를 연구할 때 한 가지 조심해야 할 것은 세포의 기계적인 피해는 바로 나타나지만 피해를 받은 곳 주위에 있는 세포들도 시간이 지남에 따라 식물의 방어기작에 따라 2차 피해를 받을 수 있다는 것이다(Park and Lee, 2002).

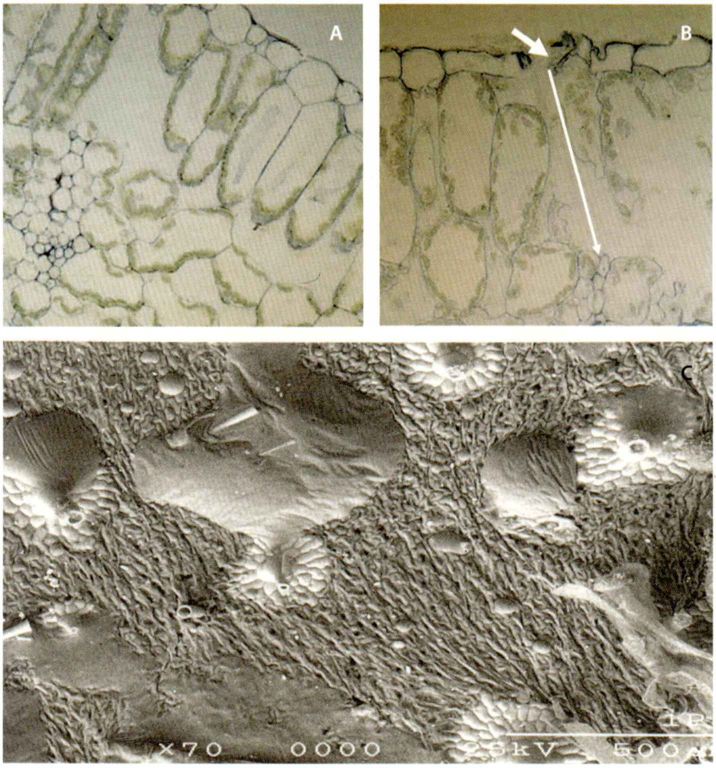

그림 8. 광학현미경(A와 B)과 전자현미경(C)을 이용한 세포 수준의 피해해석

A: 해충 피해를 입지 않은 오이잎 단면, B: 진딧물에 의해 손상을 입은 오이잎 단면, C: 진딧물 섭식 후 오이잎 표면의 식흔(Lee, 2002).

2) 작물 조직 수준의 피해

조직 수준의 피해는 세포 수준 피해의 연장선으로 생각할 수 있다. 흡즙성 해충의 섭식에 의해 엽록체가 파괴되고 결과적으로 엽록소의 양이 줄어들고, 작물의 광합성이 떨어지게 되며 잎 표면의 색깔도 변하게 된다. 엽록소량의 감소와 이로 인한 잎 표면의 식흔 또는 흡즙으로 인해 생기는 노란 반점 또는 색깔 변화는 일반적으로 쉽게 측정할 수 있다. 엽록소의 감소로 인한 잎 표면의 변화는 엽록소 측정기(Chlorophyll Meter)(SPAD-502, Minolta, Tokyo, Japan)를 사용하면 쉽게 측정할 수 있다. 이 기구는 잎의 아주 작은 부분의 분광반사율을 측정하므로 여러 번 반복해서 측정해야 한다.

엽록소의 양은 자외선분광기(UV-spectrometer)를 사용해 쉽게 측정할 수 있다. 일반적으로 잎조직을 적출하여 넓이나 무게를 잰 후 에탄올에 넣어서 추출한다. 대부분의 엽록소는 2일 내에 추출이 되지만 잎이 두껍거나 추출이 어려운 잎은 시간이 더 걸릴 수도 있다. 엽록소 추출이 다 되면 잎조직이 모두 하얗게 변하므로 쉽게 추출 여부를 알 수 있다. 일단 추출된 시료는 자외선분광기의 649nm(A649)와 665nm(A665)에 해당하는 파장에서 흡광 수치를 읽으면 된다. 엽록소 정량화 공식은 다음과 같다(Usisima, 1987).

Chlorophyll a (mg/l) $= 13.70 \times A_{649} - 5.76 \times A_{665}$

Chlorophyll b (mg/l) $= 25.87 \times A_{649} - 7.60 \times A_{665}$

Chlorophyll a + b (mg/l) $= 6.10 \times A_{649} - 20.04 \times A_{665}$

이 엽록소 수치를 이용하여 엽록소 a와 엽록소 b의 비율을 계산하여 또 다른 변수로 활용이 가능하다. 엽록소의 양 또한 시간과 환경에 따라 변동하므로(그림 9) 반드시 피해를 입지 않은 같은 나이 또는 같은 조건에 있는 잎을 대조구로 하여 상대적인 엽록소량을 계산하여 증가 또는 감소한 양을 계산한다.

에탄올을 사용하거나 엽록소 측정기를 사용하여 상대적인 엽록소량을 측정하는 것에 비해 광합성량의 측정은 다소 복잡할 수 있다. 광합성량은 작물의 기체교환(gas exchange)의 산물이므로 광합성량이 증가하거나 줄어드는 데는 단순히 이산화탄소량의 증감뿐만 아니라 더 많은 요인이 관여한다. 따라서 각각의 요인이 실제로 피해해석에 사용될 수 있다. 하지만 광합성량은 여러 가지 방법으로 나타낼 수 있는데 광합성률을 기준으로 할 때 Pn(순광합성률, net photosynthetic rate)과 Pg(총광합성률, gross photosynthetic rate)로 나눌 수 있어서 피해해석에 다소 복잡해지고 어려울 수 있다.

가장 간단하게 광합성량과 잎에서 일어나는 기체교환에 관련된 변수들을 측정하는 방법은 휴대용 광합성측정기를 이용하는 것이다. 일반적으로 Li-6400 Portable Photosynthesis System(LiCor, Lincoln, NE, USA)이 가장 많이 쓰인다. 이 광합성측정기는 〈그림 10〉과 같은 변수들을 측정할 수 있다.

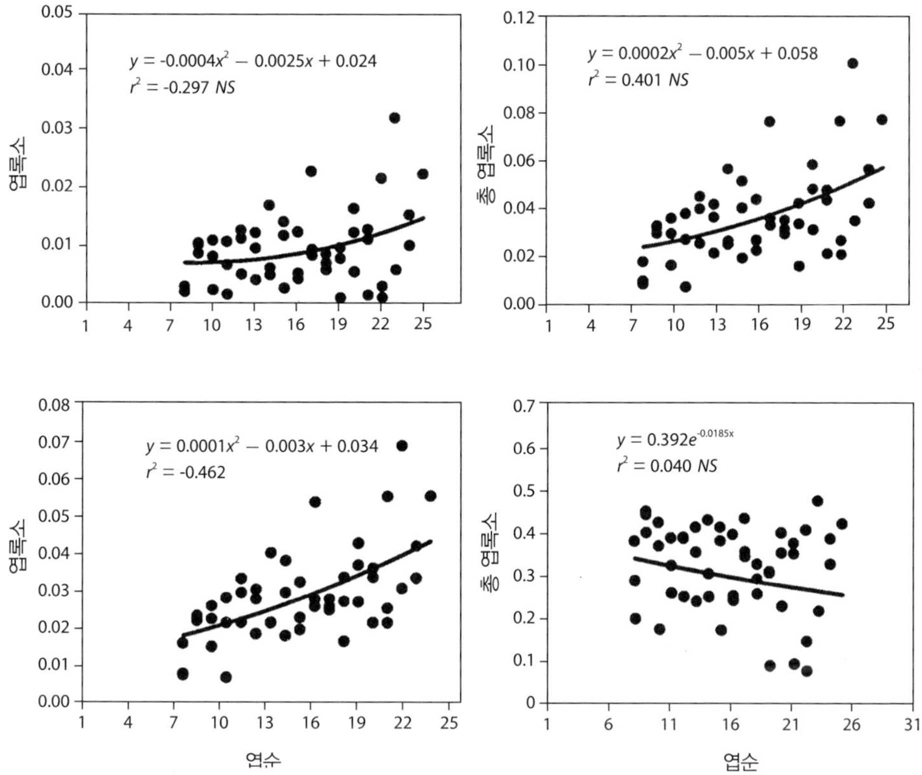

그림 9. 엽록소량과 잎의 나이/위치와의 관계(Park, 1997)

조직 수준의 피해해석을 위해서는 일반적으로 해충의 밀도를 달리하여 잎 조직의 손상 정도와의 관계를 정립한다. 여기에서 말하는 손상이란 광합성량 및 광합성과 관련된 기체교환을 의미한다. 잎의 나이와 위치에 따라 광합성량과 잎에서 일어나는 기체교환과 관련된 변수들이 달라지므로(그림 10), 어떤 잎을 선택하여 측정하는가에 따라 결과가 많이 달라질 수 있다.

3) 작물 개체 수준의 피해

광합성이 작물의 생산성에서 가장 중요한 것은 사실이지만 작물 개체 수준의 피해에는 많은 다른 요인이 포함된다. 예를 들면 해충의 피해가 열매의 기형을 야기하는 경우, 실제 세포나 조직 수준에서의 피해는 적지만 개체 수준에서는 상품성이

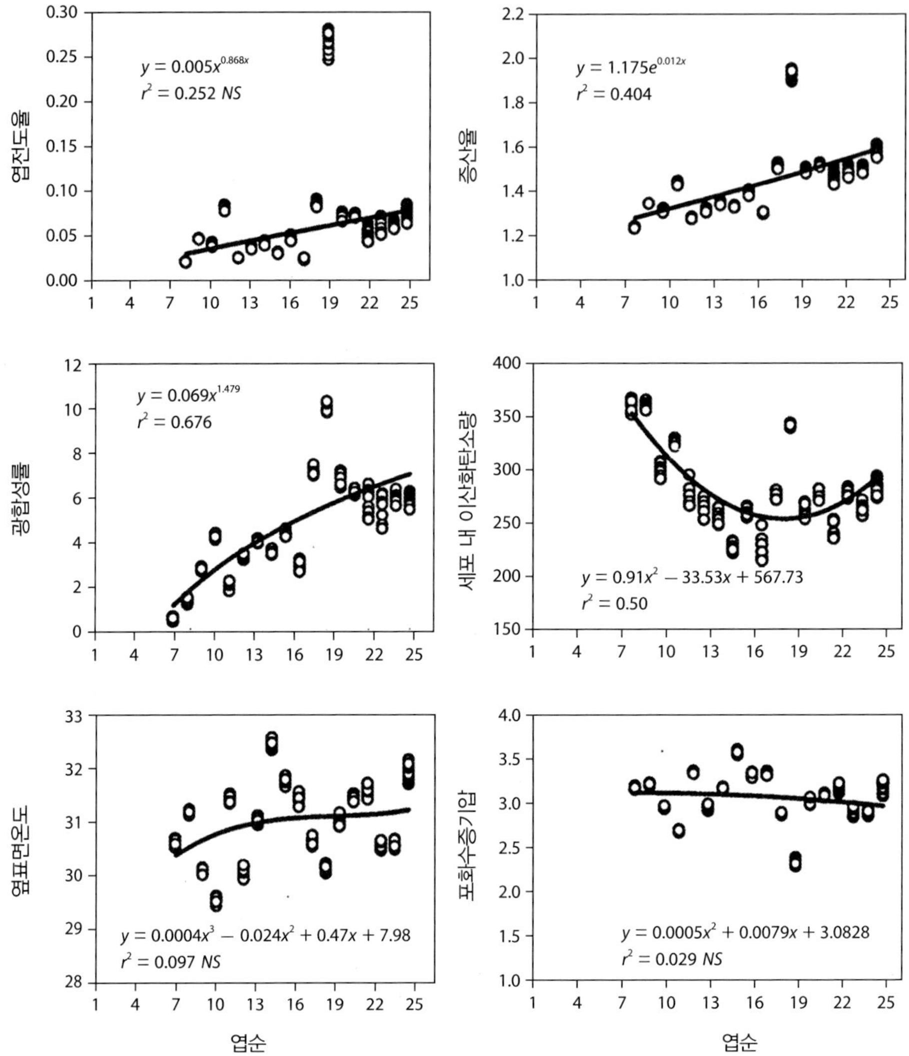

그림 10. 광합성량 및 잎의 기체교환 변수들과 잎의 나이/위치와의 관계(Park, 1997)

떨어져서 피해로 나타나는 경우가 있다. 또한 가뭄에 시달리는 작물이 해충의 피해에 더 민감해지는 것처럼, 비록 같은 양의 손상을 입었어도 환경조건의 변화에 따라 작물의 피해가 달라질 수 있다. 따라서 작물 개체 수준의 피해는 해충의 밀도와 작물 손상 정도 및 피해 정도의 관련성을 가능한 모든 변이를 가지고 분석하는 것이 이상적이라 할 수 있다.

작물 개체 수준의 피해를 평가하기 위해서는 일반적으로 실험설계와 분석을 이용한다. 예를 들면 완전난괴법(randomized complete blok design)을 사용하여 처리구(해충의 밀도 등)와 반복을 두어 실험할 수 있다. 만약 작물이 1년에 여러 번 경작되는 경우 계절에 따라 피해를 평가할 수 있다. 그 이유는 해충의 피해 정도와 작물의 방어기작이 달라질 수 있는 것뿐만 아니라 경작하는 데 들어가는 비용과 시장가격이 달라지기 때문이다(Park and Lee, 2005, 2007). 해충의 피해는 대부분 일시적이지 않고 일정 기간 지속되는 경우가 대부분이기 때문에 피해는 지속적으로 기록하여야 하며, 일정한 시간 간격을 두고 기록할 경우 통계적으로 반복측정변화분석(repeated measures analysis)을 사용할 수 있으므로 유리하다.

피해해석은 작물의 생육기간 동안 증가하는 해충의 밀도뿐만 아니라 해충이 가해한 기간 또한 고려되어야 한다. 예를 들어 한 시점에 해충 10마리가 작물에서 발견되었다고 해서 작물 피해가 10마리와 비례해서 나타나는 것은 아니다. 해충 10마리가 10일 동안 가해를 했다면 피해기간 또한 고려되어야 한다. 따라서 insect-day 개념이 사용되는데 insect-day는 몇 마리의 해충이 며칠 동안 작물을 가해했는지를 수치화하는 개념이다. t_1 시간부터 t_2 시간까지의 insect-day는 다음과 같은 수식으로 계산할 수 있다.

$$\text{insect-days} = \frac{|\text{No. of insects}(t_2) + \text{No. of insects}(t_1)|}{2} \times (t_2 - t_1)$$

일반적으로 잎을 가해하는 해충을 대상으로 한 피해해석에는 엽면적이 가장 중요한 요인 중 하나다. 엽면적은 작물의 생장을 대변하는 여러 가지 작물생장지수를 계산하는 데 사용되므로 가장 중요한 변수 중 하나다. 엽면적은 엽면적 측정기(digital planimeter 등)를 사용하거나 디지털사진기를 이용하여 잎을 촬영한 후 영상분석을 통해 알아낼 수 있다. 만약 엽면적을 측정하기 어렵거나 비파괴로 엽면적을 측정하려면 회귀분석을 통해 간접적으로 추정할 수 있다. 예를 들어 오이의 엽면적은 오이잎의 중심맥(midrib)의 길이를 알면 추정이 가능하다(그림 11).

이 외에도 작물 피해해석에는 해충의 밀도 또는 insect-day와 생산량과의 관

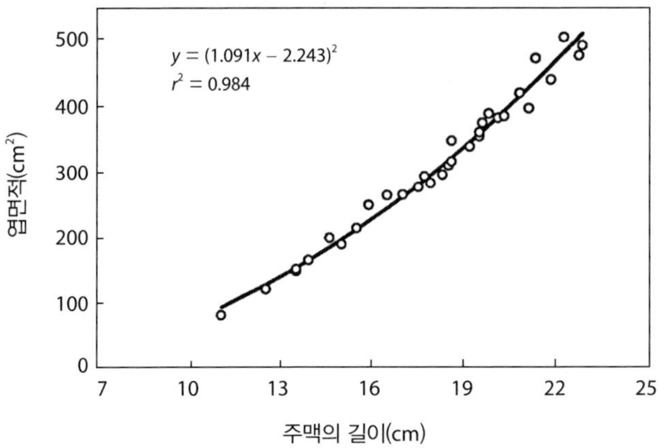

그림 11. 오이잎의 중심맥 길이와 엽면적과의 관계(Park, 1997)

계를 밝히는 것이 중요하다. 생산량(crop productivity)은 크게 수확량(yield)과 생체중(biomass)으로 구분할 수 있다. 생산량과 생체중은 다시 건조 생산량/생체중과 비건조 생산량/생체중으로 나눌 수 있다. 비건조 수확량/생체중이 중요한 이유는 여러 가지 작물발육지수를 계산할 때 필요한 변수이기 때문이다. 생산량과 생체중은 지상부와 지하부로 나누어 측정하는 것이 일반적이며, 지상부는 열매, 줄기, 잎을 말하며 지하부는 뿌리를 말한다. 작물의 지상부와 지하부는 그 역할이 다르며 source-sink 관계에서도 중요하다. 특히 해충의 피해는 광합성대사물의 작물 내 이동 장소와 할당량을 변화시키는 경우가 많으므로 지상부와 지하부를 따로 측정해서 source-sink와 관련된 몇 가지 작물생장지수를 구할 수 있다. 더 자세하게 분석하려면 지상부를 더 세분화해 줄기, 열매, 잎으로 나누어 측정할 수 있다. 특히 수확을 하는 작물 부위는 더 자세하게 측정할 필요가 있다.

4) 작물생장지수

작물생장지수는 해충에 의한 작물의 피해해석에 많은 실마리를 제공한다. 작물생장지수는 작물의 발육과 생장뿐만 아니라 광합성대사물의 이동, source-sink 관계 등을 간접적으로 설명하기 때문에 중요한 도구로 쓰일 수 있다. 지수들에 관한 더 자세한 내용은 클립슨(Clipson, 1994)의 연구를 참조하기 바란다.

(1) 수확지수(harvest index, HI)

수확지수는 작물의 생체중 중에서 수확한 부분의 생체중 비중을 나타낸다.

$$\mathrm{HI} = \frac{\text{Economic Yield}}{\text{Biological Yield}} \times 100$$

수확지수는 얼마나 많은 광합성대사물이 수확하는 작물 조직으로 이동되어 비축되는가를 보여주는 지수로 육종 등을 통해 작물을 개선하는 데 많이 쓰인다. 직접해충의 경우 수확지수가 확연히 떨어지며 간접해충의 경우 수확지수가 해충의 피해를 대변하지 못할 경우도 있다.

(2) 상대성장률지수(relative growth rate, RGR)

상대성장률은 작물생장분석에서 가장 중요한 지수다. 상대성장률은 t_1 시간과 t_2 시간 사이의 작물의 생장을 계산하는데, 그 기간 동안 작물의 총건조생체중(W)에 대한 작물의 건조 중 증가율로 산출된다.

$$\mathrm{RGR} = \frac{1}{t_2 - t_1}\int_{W_1}^{W_2} d(\ln W) = \frac{\ln W_2 - \ln W_1}{t_2 - t_1}$$

따라서 작물 상대성장률은 작물에서 광합성동화가 얼마나 작물 생체중 증가에 역할을 했는지를 나타낸다.

(3) 단위엽당 생체중증가율지수(unit leaf rate, ULR)

단위엽당 생체중증가율은 엽면적당 작물의 생체중증가율을 나타내며 총동화율(net assimilatory rate, NAR)로 불리기도 한다. t_1 시간과 t_2 시간 사이의 작물의 평균 단위엽당 생체중증가율은 건조생체중(W)과 엽면적(A)을 이용하여 다음과 같은 공식으로 계산할 수 있다.

$$\mathrm{ULR} = \frac{1}{t_2 - t_1}\int_{t_1}^{t_2} \frac{1}{A} \times \frac{dW}{dt}\, dt = \frac{(W_2 - W_1)(\ln A_2 - \ln A_1)}{(A_2 - A_1)(t_2 - t_1)}$$

단위엽당 생체중증가율은 실제로 광합성을 하는 엽면적 대비 생체중의 증가를 나타내기 때문에 작물의 전반적인 생장을 평가하는 데 중요한 지수다. 따라서 단위엽당 생체중증가율은 광합성 효율을 간접적으로 나타내는 지수로도 쓰인다.

(4) 유효엽면적비율지수(leaf area ratio, LAR)

유효엽면적비율은 광합성을 하는 엽면적과 생체중과의 비율을 나타내는 지수다. t_1 시간과 t_2 시간 사이의 작물의 평균 유효엽면적비율은 건조생체중(W)과 엽면적(A)을 이용하여 다음과 같은 공식으로 계산할 수 있다.

$$\mathrm{LAR} = \frac{(A_2 - A_1)(\ln W_2 - \ln W_1)}{(W_2 - W_1)(\ln A_2 - \ln A_1)}$$

(5) 엽중량비율지수(leaf weight ratio, LWR)

광합성대사물은 작물의 여러 기관으로 할당되어 이동한다. 엽중량비율지수는 작물 건조중량(W)이 잎으로 얼마나 할당되었는지를 알려주는 지수다. 잎의 중량을 W_L이라고 하면 엽중량비율지수는 다음과 같은 식으로 계산된다.

$$\mathrm{LWR} = \frac{W_L}{W}$$

일반적으로 엽중량비율지수는 잎이 발육할 때 높고 열매가 발육하기 시작하면서 떨어진다.

(6) 특정엽면적지수(specific leaf area, SLA)

특정엽면적지수는 작물건조중량에 대한 엽면적으로 잎이 나이가 들어가면서 감소하고 빛이 작물 사이 공간으로 많이 투과할수록 증가한다. 일반적으로 특정엽면적지수가 높을수록 상대생장률지수도 높아진다. 특정엽면적지수는 엽면적(A)과 엽중량(W_L)을 사용하여 다음과 같은 식으로 계산된다.

$$\mathrm{SLA} = \frac{A}{W_L}$$

위에 언급한 모든 작물생장지수는 작물 개체 수준에서 데이터를 수집해서 계산할 수 있는 작물 개체에 대한 지수인데, 다음에 설명할 엽면적지수와 작물생장률지수는 복수의 작물개체를 대상으로 해서 계산할 수 있는 지수들이다.

(7) 엽면적지수(leaf area index, LAI)

엽면적지수는 단위면적(P)당 엽면적(A)을 나타내는 지수이며 다음의 수식으로 계산할 수 있다.

$$\text{LAI} = \frac{A}{P}$$

엽면적과 단위면적 모두 면적을 단위로 하므로 엽면적지수는 단위가 없다. 엽면적지수는 작물군집생산과 작물이 빛을 얼마나 흡수할 수 있는지를 간접적으로 알려주는 지수다.

(8) 작물생장률지수(crop growth rate, CGR)

엽면적지수(LAI)와 단위엽당 생체중증가율지수(ULR)를 이용하면 단위시간(t_1과 t_2) 및 단위 면적당 생체중(W)의 증가를 다음과 같이 계산할 수 있다.

$$\text{CGR} = \text{ULR} \times \text{LAI} = \frac{W_2 - W_1}{t_2 - t_1}$$

작물생장률지수는 일반적으로 전체적인 작물생장을 설명할 때 널리 쓰이는 지수다.

(9) 엽면적지속률지수(leaf area duration, LAD)

엽면적지속률지수는 광합성을 하는 엽면적이 얼마나 지속되는가를 나타내는 지수이며 t_1 시간과 t_2 시간 사이의 작물의 엽면적지속률지수는 엽면적지수(LAI)를 이용하여 다음과 같은 공식으로 계산할 수 있다.

$$\text{LAD} = \frac{(LAI_1 + LAI_2)(t_2 - t_1)}{2}$$

(10) 생체중지속률지수(biomass duration, BMD)

생체중지속률지수는 작물이 생장하는 동안 생체중이 얼마나 지속되는지를 나타내는 지수다. t_1 시간과 t_2 시간 사이의 작물의 생체중지속률지수는 생체중(W)을 이용하여 다음과 같은 공식으로 계산할 수 있다.

$$\text{BMD} = \frac{(W_1 + W_2)(t_2 - t_1)}{2}$$

4. 작물 피해해석의 해충 방제 적용법

위에서 언급한 세포 수준에서부터 작물 수준까지의 피해해석은 궁극적으로 해충군 관리시스템에 직접적으로 적용이 가능하다. 특히 경제적 피해수준(economic injury level, EIL)은 해충군 관리에서 가장 핵심적인 개념이고 방제의사결정에 중요한 도구다.

경제적 피해수준은 해충에 의해 작물에 피해를 야기하는 해충의 최소밀도를 의미하며, 해충의 밀도가 경제적 피해수준 이상이 되면 경제적인 피해가 시작되고 해충의 밀도가 경제적 피해수준보다 낮으면 비록 해충에 의한 손상이 있더라도 경제적인 피해는 발생하지 않는다는 개념이다. 따라서 해충 개체군 관리시스템에서는 해충밀도를 경제적 피해수준 이하로 관리하는 것이 주 전략이다. 경제적 피해수준은 해충의 밀도와 생산량과의 관계만으로 계산되지 않고 농작물의 시장가격, 방제수단의 효율성 등도 포함된다. 일반적인 경제적 피해수준은 방제비용(C), 작물의 시장가격(V), 해충에 의한 작물의 손상(I), 손상에 의한 피해(D), 방제수단의 효율(K)을 변수로 하여 다음과 같이 계산한다.

$$\text{EIL} = C \ / \ (V \times I \times D \times K)$$

1) 방제비용(C)과 방제효율(K)

방제비용은 같은 해충을 방제한다고 해도 방제수단에 따라 달라진다. 특히 농약과 천적은 방제비용뿐만 아니라 방제효율(K)도 다르기 때문에 방제비용과 방제효율은 방제수단에 따라 달라진다. 방제효율은 방제가가 100%이면 1을, 90%이면 0.9를 넣어 계산한다.

2) 작물의 시장가격(V)

방제비용과 마찬가지로 작물의 시장가격 또한 매년 변동하여 예측하기 어렵기 때문에 대부분 과거의 데이터를 사용하는 경우가 많다. 예를 들어 온실에서 생산되는 오이의 경우 겨울 재배를 포함해 1년에 3~4회 출하되는데 그 가격 변동은 계절에 따라 적지 않다(그림 12).

정부에서는 작물의 시장가격을 매달 공시하고 있으며, 과거의 가격 정보도 확인할 수 있다(NACF, 2003). 어떤 해충은 수확량뿐만 아니라 작물의 품질에도 영향을 미치는 경우가 있는데, 이럴 경우 작물의 품질에 따라 등급이 정해지고 이에 따

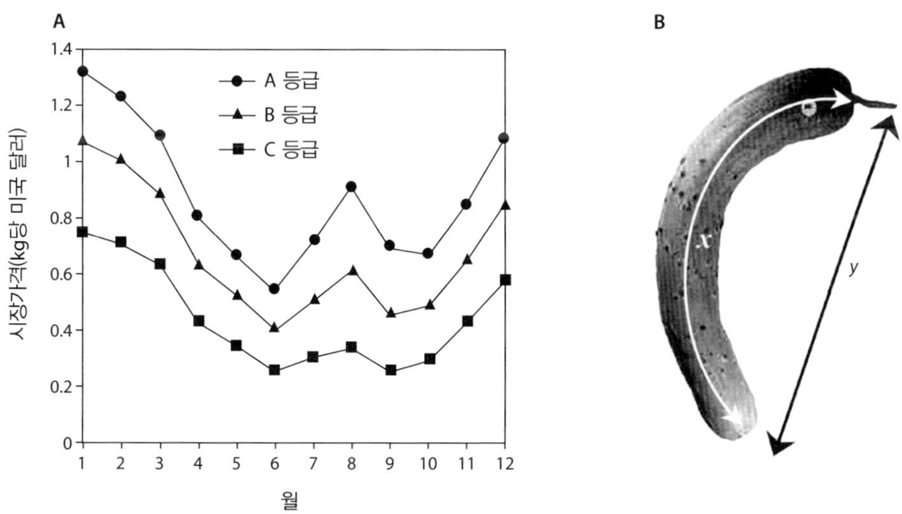

그림 12. 오이를 예로 든 작물의 시장가격 변동(A)과 질적 등급(B)

곡과율은 (1 − y / x)로 계산되며 곡과율이 < 5%이면 상급, 5~15%이면 중급, 15~25%이면 하급으로 분류된다 (NAQS, 2002).

라 시장가격 또한 정해지게 된다. 예를 들어 오이는 곡과율로 작물의 등급이 매겨지는데(그림 12B) 이러한 작물의 품질 등급을 시장가격에 포함하면 더 정확한 경제적 피해수준을 정할 수 있다(Park and Lee, 2007). 경제적 피해수준에 시장가격을 사용할 때 한 가지 주의해야 할 점은 시장가격이 도매, 소매 가격이며 생산지 가격이 아니라는 것이다. 따라서 생산지 가격을 시장가격에 반영할 필요가 있는데, 일부 품목의 경우 정부에서 생산지 가격 정보를 제공하고 있다(KAMIS, 2003). 오이의 경우 산지 가격이 소매 가격의 51% 정도다.

3) 작물의 손상(I)과 피해(D)

작물의 손상과 피해는 실험을 통해 그 값을 구하는데 실제로는 손상과 피해를 각각 다른 실험을 통해 구하기가 쉽지 않다. 왜냐하면 해충의 섭식으로 인해 손상을 정량화하는 것도 쉽지 않지만 일정량의 손상이 얼마나 생산량에 영향을 미치는지를 알아내는 것 또한 쉽지 않기 때문이다. 따라서 손상과 피해를 합친 I × D를 실험을 통해 구하는 것이 일반적이다(Pedigo, 2002). 실험은 일반적인 실험설계를 통해 구상하게 되는데(예를 들어 난괴법 등) 처리구 내에 다른 해충밀도(treatment)와 반복수를 두면 된다. 전반적인 피해를 알아보기 위해서는 실험이 진행되는 동안 해충의 수를 세어서 insect-day 개념을 사용하여 누적 해충밀도를 계산할 수 있다. 작물에 따라 다르지만 수확의 양적, 질적 평가를 하여 생산량과 해충에 의한 손상 및 피해(I × D)를 회귀식을 통해 구할 수 있다(그림 13).

이 회귀분석을 통해 오이의 정식 후에 유입된 점박이응애 한 마리가 3.44g의 오이 생산량을 줄이며 1 mite-day(즉 응애 1마리가 1일 동안 섭식)가 0.0072g의 오이 생산량을 저해시킨다고 할 수 있다.

4) 경제적 피해수준 계산

앞서 언급한 경제적 피해수준을 계산하는 데 필요한 모든 변수들을 쓰면, 〈표 1〉을 얻을 수 있다. 방제비용(C)과 방제효율(K)은 방제수단, 방제방법 등에 따라 달라지므로 변수로 처리했다.

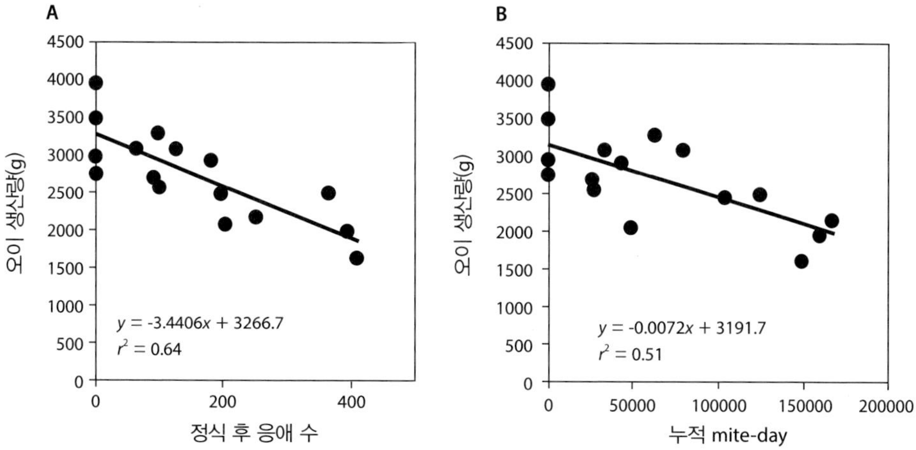

그림 13. 회귀분석을 통해 손상 및 피해(I × D)를 구하는 예

점박이응애의 초기 방사 밀도(A) 및 mite–day(B)로 계산된 누적 응애 밀도와 오이 생산량과의 관계. 회귀선의 기울기가 I × D의 값이 된다(Park and Lee, 2007).

표 1. 시설 오이에서의 점박이응애 경제적 피해수준(EIL)

경작 계절	점박이응애 밀도에 근거한 EIL	mite-day에 근거한 EIL
봄	EIL = *C* / (0.00325 × *K*)	EIL = *C* / (8.2102 × 106 × *K*)
여름	EIL = *C* / (0.00246 × *K*)	EIL = *C* / (5.6388 × 106 × *K*)
가을	EIL = *C* / (0.00112 × *K*)	EIL = *C* / (3.8009 × 106 × *K*)
겨울	EIL = *C* / (0.00334 × *K*)	EIL = *C* / (7.6232 × 106 × *K*)

C는 방제비용이고, K는 방제효율을 의미한다.

5. 결언

작물 피해해석은 해충이 어떻게 작물의 생산성과 수확량, 그리고 경제성을 떨어뜨리는지를 자세히 설명해준다. 특히 작물 피해해석은 근대 해충군관리시스템에서 가장 중요한 경제적 피해수준을 설정하는 데 근간이 되는 단계다. 피해해석은 해충의 종류와 작물의 종류에 따라 시간과 노력이 많이 드는 작업이기도 하다. 저작형 곤충에 비해 흡즙성, 간접해충의 경제적 피해수준의 설정은 쉽지 않다. 따라서 실제 농가에서는 경험에 의해 임의적-경제적 피해수준(nominal threshold)을 설정하여 사용하는 경우가 많다. 더 과학적이고 데이터에 근거한 정확한 경제적 피해수준을 설정하기 위해서는 작물의 피해해석이 큰 도움을 줄 수 있다.

본 원고는 김봉수(2004년), 이선화(2002년), 박용락(1997년)의 서울대학교 석사논문을 참고하여 작성하였음.

Please cite this article as: Park, Y.-L, Lee, J.-H. 2021. Assessment of crop damage by insect pests. In: Lee, J.-H., Kim., D.-S., Jung, C., Park, Y.-L. (eds.), Research Methodology in Insect Ecology, Seoul National University Press, Seoul, pp. 361-383.

참고문헌

Clipson, N.J.W. 1994. Crop productivity. Butterworth-Heinemann, Butterworth-Heineman Amsterdam, The Netherlands.

Kim, B.S. 2004. Economic injury level of the cotton aphid, *Aphis gossypii* Glover (Hemiptera: Aphididae), on cucumber, *Cucumis sativus* L., in greenhouses. MS Thesis, Seoul National University, Suwon, Korea.

Lee, S.H. 2002. Damage of cucumber, *Cucumis sativus* Linne caused by feeding of the cotton aphid, *Aphis gossypii* Glover. MS Thesis, Seoul National University, Suwon, Korea.

Ostlie, K.R., Pedigo, L.P. 1985. Soybean response to simulated green cloverworm (Lepidoptera: Noctuidae) defoliation progress toward determining comprehensive economic injury levels. J. Econ. Entomol. 78, 437-444.

Panda, N., Khush, G.S. 1995. Host plant resistance to insects.Wallingford: CAB International. Cambridge University Press, Cambridge.

Park, Y.-L. 1997. Assessment of damage caused by two spotted spider mite, *Tetranychus urticae* Koch feeding on cucumber, *Cucumis sativus* L. in the glasshouse. MS Thesis, Seoul National University, Suwon, Korea.

Park, Y.-L, Lee, J.-H. 2002. Leaf cell and tissue damage of cucumber caused by twospotted spider mite (Acari: Tetranychidae). J. Econ. Entomol. 95, 952-957.

Park, Y.-L, Lee, J,-H. 2005. Impact of twospotted spider mite (Acari: Tetranychidae) on growth and productivity of glasshouse cucumbers. J. Econ. Entomol. 98, 457-463.

Park, Y.-L, Lee, J.-H. 2007. Seasonal dynamics of economic injury levels for *Tetranychus urticae* Koch (Acari, Tetranychidae) on *Cucumis sativus* L. J. Appl. Entomol. 131, 588-592.

Pedigo, L.P. 2002. Entomology and pest management, 4th ed. Prentice-Hall, Englewood Cliffs, NJ.

Usisima, C. 1987. Measuring techniques of plant productivity. In: Kogawa, C., Komeyama, C. (eds.), Lecture on ecological research methods 7. Kyoritsu Shuppan, Tokyo, Japan (in Japanese). pp. 7-8.

[KAMIS] Korea Agricultural Marketing Information Service. 2003. Nation-wide survey for the distribution of agricultural products. http://www.kamis.co.kr/jsp/wms/wms.jsp?menuid=885.

[KCPA] Korea Crop Protection Association. 2003a. Agrochemicals Use Guide Book. Seoul.

[KCPA] Korea Crop Protection Association. 2003b. Agrochemical yearbook. Seoul.

[NACF] National Agriculture Cooperative Federation, 2003. Statistical yearbook. Seoul.

[NAQS] National Agricultural Product Quality Management Service, 2002. Shipping standard for fruit vegetables. http://www.naqs.go.kr/html/files/2000.html.

제14장

살충제 저항성 평가와 관리

이영수

생물은 생명 유지와 번식을 위해 외부환경으로부터 에너지나 물질들을 받아 다양한 생화학적 대사를 한다. 살충제를 포함한 농약은 병해충 및 잡초와 같은 생물의 생화학적 대사과정을 직접 또는 간접적으로 저해하는 물질이다(김, 2007). 농약의 역사는 작물보호를 목적으로 유황가루 등을 활용했던 기원전 20년 전으로 거슬러 올라간다. 15세기까지 해충 방제를 위해 비소나 수은, 납과 같은 독성 화학물질이 사용되었는데, 이 중 유황은 가장 오래된 농약이라고 할 수 있으며, 유황을 태워 해충을 제거하는 훈연법은 1500년경까지 계속되었다. 1930년대부터는 유럽과 미국에서 화학농약의 개발이 본격적으로 시작되었는데, 2차 세계대전 전후 DDT, BHC, 파라티온 등 새로운 화학농약이 속속 개발되었다.

살충제가 해충의 다양한 작용점에 도달하여 작동하는 살충작용을 작용기작(mode of action)이라 하는데, 이 작용기작을 이해하는 것은 새로운 살충제의 개발과 기존 살충제의 개량 및 사용방법 개선을 통한 효율적인 해충 관리방안을 수립할 수 있다는 점에서 매우 중요하다. 살충제는 질병 매개 곤충, 위생곤충을 포함해 농산물의 생산, 가공, 저장, 운송 등을 저해하는 해충을 죽이거나 제어할 목적으로 이용되는 모든 물질 또는 물질의 혼합물을 말하는데 농약의 약효 증진제(synergists)

및 안전제(safeners)를 포함한다(FAO, 2012). 여기에서는 살충제의 작용기작(mode of action)과 저항성 기작(resistance mechanism)에 대해 살펴보고, 저항성 수준에 대한 평가방법, 그리고 이 문제 해결을 위한 방법들을 중심으로 살펴보고자 한다.

1. 살충제 저항성이란?

해충의 살충제 저항성이란 선택된 농약에 대응하는 해충의 유전적 변화로 볼 수 있는데, 해충 관리를 위해 새로운 생태계에 새로운 살충제가 도입되면 해충 개체군은 처음에는 감수성을 보이지만(Macnair, 1991), 이후 많은 유전적 요인뿐만 아니라 생태적 요인으로 인해 개체군은 저항성 표현형으로 바뀌게 된다. 개체군에서 살충제

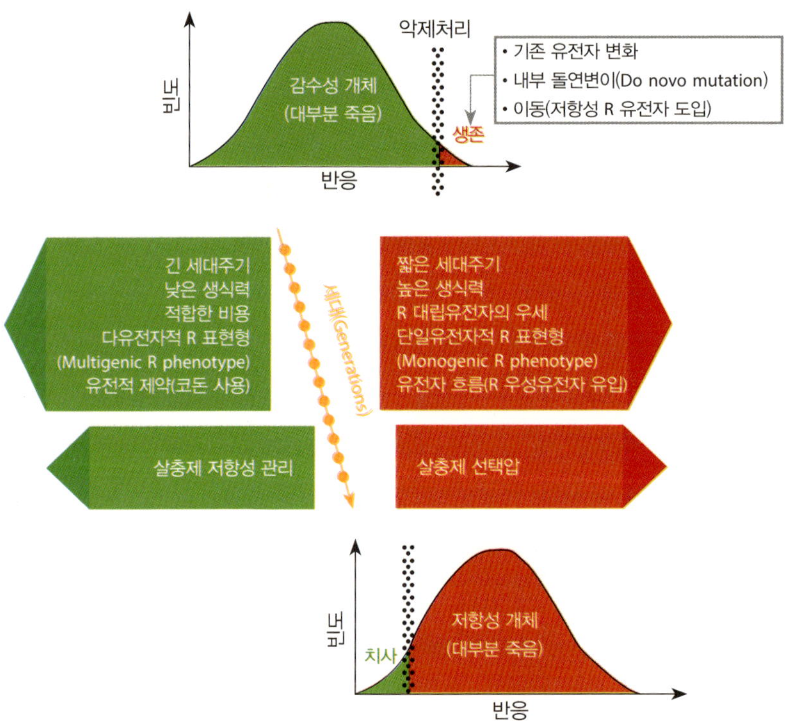

그림 1. 곤충 개체군에서 살충제 저항성 선발에 미치는 영향 요인들(Dusfour et al., 2019)

에 감수성인 개체는 사망하는 반면, 저항성 개체는 생존하게 되는데 이를 저항성 선발(resistance selection)이라 한다. 집단 내 살충제 저항성의 출현빈도는 생물학적·유전적·환경적 요인에 따라 자연 선택에 의해 유도되는 적응과정이라 할 수 있다(그림 1). 따라서 살충제 저항성은 동일한 조건에서 투여되는 동일한 해충 종의 감수성 개체군에 일반적으로 치명적인 것으로 입증된 살충제 용량에서 생존할 수 있는 집단의 유전 능력으로 정의할 수 있다(Oppenoorth and Welling, 1976).

살충제 저항성은 1914년 석회유황합제(lime sulfur)에 대한 산호세지벌레의 저항성(Melander, 1914)이 제기된 이후 현재까지 거의 모든 살충제에 대하여 대다수의 중요 해충은 저항성을 가지고 있다고 해도 과언이 아니다(그림 2). 따라서 유효한 살충제를 지속적으로 이용하기 위해서는 효율적인 살충제의 저항성 관리체계(insecticide resistance management, IRM) 구축이 필수적이며 이를 위한 노력도 오래전부터 있어왔다. 살충제 저항성 문제는 1946년 주요 위생해충의 하나인 집파리(*Musca domestica*)의 살충제 저항성이 보고되면서부터 공중보건 분야에서도 중요한 의제가 되었다(Metcalf, 1989). 식량 분야에서 살충제 저항성에 대한 연구와 보고는 공중보건 분야보다 상대적으로 많은데, 〈표 1〉은 분야를 막론하고 2014년 절지동물 약제저항성 데이터베이스(Arthropod Pesticide Resistance Database, APRD)의 사료를 바탕으로 살충제 또는 살비제 저항성이 문제되었던 대표적인 12종의 해충 목록이다(Sparks and Nauen, 2015). 저항성 문제가 가장 심각한 점박이응애의 경우 93종의 살비제에 대해 414건의 저항성 사례들이 기록되었다.

살충제 저항성은 하나 또는 그 이상의 유전자가 관여한다. 살충제에 노출된 적 없는 해충 개체군은 일반적으로 감수성이며, 이러한 개체군 내에서 저항성 유전자의 획득은 매우 드물 수밖에 없다. 이것은 일반적으로 '적합도 비용(fitness cost)' 때문으로(Belinato and Martins, 2016), 저항성을 획득한 해충은 살충제가 제거되면 비용지불에 대한 부담으로 감수성 상태로 되돌아갈 수 있다고 볼 수 있다. 일정시간 약제에 의해 도태된 저항성 계통이 약제를 처리하지 않은 상태로 복원시키는 과정을 역도태(negative selection)라고 하는데, 역도태에 소요되는 기간은 해충 종마다 다를 수밖에 없으며, 실내에서 사이핵사틴(cyhexatin)에 의해 도태된 점박이응애의 경우 감수성으로 역도태되는데 160세대 이상이 소요되었다는 기록도 있다(Edge and

표 1. 주요 해충별 약제 저항성 사례

해충명	영문명	방제약제(종)	저항성 보고(건)
점박이응애	Two-spotted spider mite	93	414
배추좀나방	Diamondback moth	91	576
복숭아혹진딧물	Green peach aphid	75	402
집파리	House fly	58	303
담배가루이	Sweet potato whitefly	54	555
콜로라도감자잎벌레	Colorado potato beetle	54	279
목화잔딧물	Cotton aphid	48	231
사과응애	European red mite	48	197
왕담배나방	Cotton bollworm	47	692
꼬리소참진드기	Southern cattle tick	44	167
바퀴	German cockroach	43	219
담배거세미나방	Mediterranean climbing cutworm	38	457

2014년 7월 절지동물 약제 저항성 데이터베이스(Arthropod Pesticide Resistance Database) 참조.

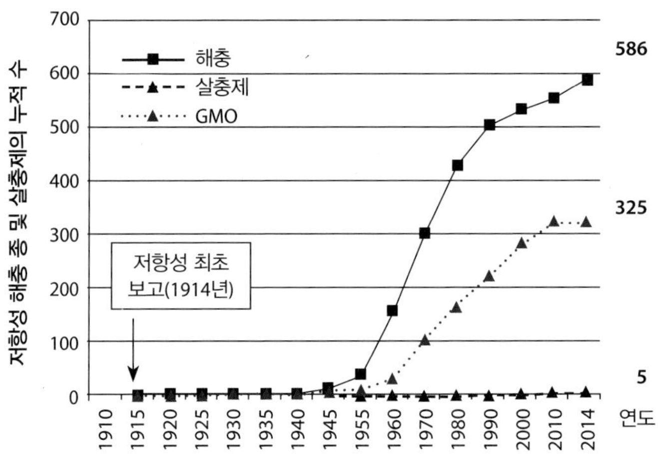

그림 2. 약제 저항성 해충 종수와 살충제 수 및 GMO 저항성 해충 종수의 증가 양상(Sparks and Nauen, 2015)

James, 1982).

저항성 기작이란 살충제의 작용기작으로부터 해충이 저항하기 위해 사용하는 생물학적인 과정으로, 저항성 개체는 하나 또는 그 이상의 저항성 메커니즘을 가질 수 있다. 저항성을 획득한 개체는 선발을 통해 생존하게 되고 이어 저항성 유전자를 갖는 자손을 번식하게 됨으로써 살충제에 지속적으로 노출될 경우 살충제에 점점 저항력 있는 해충 개체군이 선택되는 원리다. 이 선택 과정은 해충 고유의 특성, 살충제에 대한 노출 빈도 및 특정 살충제에 대한 저항성 유전자 특성에 따라 1~2년 또는 수년이 소요되기도 한다.

해충의 살충제 저항성 정도는 주로 살충제의 살포량과 살포 횟수에 영향을 받게 되는데, 곤충 종 고유의 특성 또한 살충제 저항성 발달에 중요하게 작용한다. 특히 살충제 농도는 이들 유전자 변이에 크게 영향을 주되, 세대가 경과함에 따라 개체군의 살충제 저항성 수준은 교차저항성 등 복합적인 양상으로 바뀔 수 있다(McKenzie, 1985; Roush and McKenzie, 1987; Macnair, 1991). 또한 동일한 집단 내에서도 개체들 간의 유전적 차이로 인해 생리학적으로 다른 개체들이 관찰되는데, 이는 동일한 살충제 농도에 노출되더라도 해충의 세대기간, 번식력 및 환경 스트레스의 차이에 따라 살충제 저항성 수준은 달라질 수 있음을 의미한다(Macnair, 1991).

살충제 저항성은 재배작물과 재배지역에 따라 해충 종, 약제 계통, 작용기작 분류군별로 각기 다른 발현 양상을 보일 수 있다. 기주식물의 재배기간에 따라 기주별 해충의 저항성 수준은 차이를 보일 수 있다(Cho et al., 2018). 예를 들어 배추좀나방보다 파밤나방이 더 높은 저항성비를 나타내는 것은 배추좀나방의 기주식물인 배추와 파밤나방의 기주식물인 파의 재배기간 차이로 인한 약제노출 횟수와 노출기간의 차이 때문에 파밤나방의 저항성이 더 빨리 발현될 수 있었기 때문이다.

따라서 해충의 발생량 증가를 반드시 살충제 저항성과 결부시켜 해석하려는 것은 지양되어야 할 것이며, 환경조절이 가능한 실험실 조건에서 얻어진 저항성 기작 자료의 경우 야외조건에서는 저항성 역전 등 비현실적일 수 있기 때문에 너무 낙관적으로 신뢰하거나 예측하는 것은 주의해야 한다(Belinato and Martins, 2016; Schechtman and Souza, 2015). 또한 살충제 저항성을 "해당 병해충 방제를 위해 권장되는 약제가 병해충 집단의 유전적 변화 등으로 인해 반복적으로 방제에 실패하는 경우"라고 단순화시킬 수 있지만, 이 문제를 해결하고자 하는 측면에서 살충제를 이용해 해충 방제에 실패했을 경우 그 원인을 살충제 저항성에서만 찾을 것이 아니라 제품의 보관, 이용방법의 오류, 비정상적인 기후조건 등 환경조건도 고려되어야 한다는 뜻이기도 하다.

2. 살충제 작용기작

1984년에 지속 가능한 농업과 공중보건 개선을 위해 살충제저항성위원회(Insecticide Resistance Action Committee, IRAC)가 설립되었는데, IRAC는 유엔 식량농업기구(FAO)와 세계보건기구(WHO)의 살충제 저항성 자문기관이다. 주요 기능은 살충제 및 살비제의 저항성에 대한 최신 정보를 제공하고, 작용기작에 기초한 분류체계를 개발하는 것이다. IRAC에 따르면 살충제 작용기작은 25종 이상의 분류체계를 갖고 있는데(Sparks and Nauen, 2015), 새로운 작용기작들이 지속적으로 밝혀지고 있다.

다양한 살충제 작용기작을 가진 다양성을 이해하는 것은 효율적으로 저항성을 방지 또는 억제할 수 있다는 측면에서 매우 중요하다. 살충제 작용기작은 신경계 독소(신경계 또는 근육에 작용), 정상적인 생장을 방해하는 곤충생장조절제(inscet growth regulator, IGR), 호흡 등 에너지 대사를 방해하는 독소, 그리고 내장을 파괴하는 독소로 크게 네 가지 범주로 구분된다. 해충의 신경근육 및 호흡 장애를 작용기작으로 하는 살충제들은 에너지 상태에 직접 영향을 미치므로 일반적으로 속효성이며, 살충 스펙트럼이 넓다는 특성이 있다. 천적곤충과 같은 비표적 생물에 영향을 미칠 수 있는 단점이 있지만, 최근에는 새로운 작용점을 공격함으로써 표적해충만 제어하는 살충제들이 개발되고 있다. 곤충생장조절제는 곤충의 탈피과정에 특이적으로 반응하여 교란시키기 때문에 비표적 생물에 대한 부작용(side effects)은 적지만, 일반적으로 살충활성이 느리고 살충 스펙트럼이 좁다는 단점이 있다. 따라서 신경독성을 가진 살충제들이 전 세계 살충제 시장의 90% 이상을 차지하고 있다.

3. 살충제 저항성 기작

살충제 저항성 유전자는 특정 유전자의 돌연변이와 유전 때문에 자연적 발생이 가능하다. 살충제를 반복적으로 사용할 경우 감수성 개체는 제거되는 반면, 저항성 개체는 선발이라는 유전적 특성 변화 과정을 통해서 살아남게 되고 살아남은 개체는 집단을 이루게 되는 것이다(Georghiou, 1994). 따라서 체계적인 전략 없이 관행적으로 이루어지는 살충제의 지속적인 노출과 오남용은 해충 저항성 문제를 더욱 초래할 가능성이 있다. 살충제 저항성 문제의 원인을 밝히는 것은 해충 관리 측면에서 매우 중요하다. 해충이 살충제 저항성을 획득하기 위해서는 생리·생화학적으로 작용점에 도달하는 독성물질의 양을 직접적으로 감소시키거나 무독화(detoxication) 시키는 직접적인 과정과, 개체에 유리하도록 생리·행동학적 이점을 증대시키는 간접적인 과정이 있다. 이 절에서는 살충제 저항성 기작을 4개의 범주로 구분하여 소개하기로 한다.

1) 대사저항성(metabolic resistance)

대부분의 살충제 저항성 기작은 본질적으로 생체이물(xenobiotic)에 대한 해독과 관련된 신진대사로, 해충 입장에서는 기주식물이 함유할 수 있는 치명적인 화학물질에 대항하며 적응하는 현상과 같은 맥락으로도 볼 수 있다(Rane et al., 2016; Li et al., 2007). 이를 대사저항성(metabolic resistance)이라 하는데, 체내에 유입된 살충제를 대사하는 과정에서 획득하게 되는 저항성을 말한다. 대사저항성에는 cytochrome P450s, carboxyl/cholinesterases, glutathione-*S*-transferases와 같은 무독화 효소들이 관여하는데, 효소의 과발현 또는 촉매 활성 증가로 살충제를 불활성화시킴으로써 저항성을 갖게 된다. 감수성인 개체보다 독소를 빠르게 해독하거나 분해함으로써 독성물질을 빠르게 제거할 수 있는 경우라 볼 수 있다. 이러한 무독화 효소들은 다양한 살충제에 대해 광범위하게 활성을 보일 수 있는데, 이는 교차저항성(cross resistance)으로 이어질 수 있다. 즉 교차저항성은 한 농약에 저항성을 가진 해충이 노출되지 않았던 또 다른 살충제에도 저항성을 획득하는 것으로, 두 종 이상의 화합물이 동일한 작용점을 갖고 있어 결국 동일한 저항성 기작의 영향을 받기 때문에 발생한다(Labbé et al., 2011).

저항성을 입증하기 위한 방법론은 잘 개발되어 있다. 야외 개체군의 약제별 추천약량에 대한 반응을 실험실 감수성 계통과 비교하는 방법은 가장 일반적인데, 특정 개체군을 특정 약제에 지속적으로 노출시킴으로써 저항성 계통으로 선발한 후 후속적인 분석이 가능할 수 있다. 이 방법은 저항성에 관여하는 기작과 유전자를 밝히고, 나아가 살충제 저항성 관리계획(IRMP) 수립에 기본적인 과정이다.

2) 표적 부위 변형저항성(altered target-site resistance)

두 번째로 가장 일반적인 유형의 살충제 저항성 기작으로는 살충제의 유효성분이 결합하게 되는 표적 부위의 민감도를 변화시켜 저항성을 획득하는 것을 들 수 있다(Casida and Durkin, 2013; Liu, 2015). 대표적인 예로 DDT나 피레스로이드계(pyrethroids) 살충제의 저항성 기작으로 알려져 있는 kdr(knock down resistance)로서 해충 신경세포의 나트륨 채널이 구조적으로 변형되면서 획득되는 저항성을 들 수 있다. 동일한 표적 부위를 갖는 다른 살충제들이 있다면 교차저항성(cross resistance)을 유발할 수도 있는 단점이 있으며, 반대로 표적 부위에 돌연변이가 생기게 되면 특정 살충제에는 새로운 표적 부위가 될 수 있는데, 이럴 경우 해충은 오히려 감수성이 증가하게 되고, 결국 역상관교차저항성(negative cross resistance)을 유발할 수도 있다. 따라서 역상관교차저항성을 보이는 약제를 선발한다면, 교차저항성으로 인해 방제가 어려웠던 살충제들을 대체할 수 있어 해충을 효율적으로 방제할 수 있는 대안이 될 수 있다.

3) 침투저항성(penetration resistance)

독소의 침투부터 수송, 저장, 배설까지 일련의 과정에서 저항성을 획득하는 것을 침투저항성이라 한다(Georghiou, 1972). 침투저항성은 감수성 곤충에 비해 표피가 두꺼워지거나 표피 조성물이 변화되어 이를 통해 침투하는 독소를 차단하거나 저지할 수 있도록 진화함으로써 획득하게 된다. 이 기작은 단독으로는 낮은 수준의 저항성이지만, 큐티클을 통한 독성물질의 침투를 늦춤으로써 다른 저항성 기작의 영향을 더욱 높일 수 있다. 예를 들어 침투저항성 없이 전체 저항성이 25배인 경우 살충제의 침투가 2배 감소하게 되면 전체 저항성은 50배로 높아질 수도 있다. 따라서 침투저항성은 다른 저항성 기작의 발달에 도움을 주면서 다른 유형의 저항성과 같이 나타날 수 있다. 린 등(Lin et al., 2012)은 베타-사이퍼메트린(β-cypermethrin) 저항성 오리엔탈과실파리(*Bactrocera dorsalis*)의 경우 표피의 두께, 지방체, 키틴층 및 표피와 세포 간격의 구조적 변화를 통해 내부로 침투되는 살충제의 속도를 감소시켰을 뿐만 아니라 체내로 침투한 살충제는 감수성 개체군보다 대사속도가 빠르게 진행된다는 것이 확인되기도 했다. 현재로써는 침투저항성 발현을 억제하는 것은 어렵기 때문에, 효율적인 살충제 저항성관리(IRM)를 통해 저항성 발현을 최대한 억제하는 것이 최선이라 할 수 있다.

4) 행동저항성(behavioral resistance)

행동저항성은 "곤충이 독성물질을 인식하거나 위험으로부터 피하는 것으로, 독성물질에 접촉된 기주식물의 섭식을 중단하거나 독성물질에 노출 시 그 물질로부터 벗어나기 위해 식물의 밑이나 내부로 이동 또는 그 지역 밖으로 이탈하는 행위"로서 획득하는 저항성을 말한다(IRAC, 2017). 곤충의 입장에서는 유독한 화합물이나 치명적인 환경에 대한 노출을 감소시키거나 생존할 수 있도록 진화된 행동을 보이는 것인데(Sparks et al., 1989), 이때의 행동은 살충제의 성분을 감지하고 피하거나, 감지할 수 없더라도 감지한 이후에는 더는 접촉하지 않는 행위로 나타난다. 예를 들어 모기의 경우 인간의 집 밖에서 먹이활동 또는 휴식을 취하고 있다가 사람들이 잠들기 전 저녁 시간에 집 안으로 이동하여 흡혈활동을 함으로써 인간의 방역행위를 우회할 수 있게 되는 것이다. 이러한 행동학적 살충제 저항성에 대한 연구는 오랫동안 진행되어왔으며(Sparks et al., 1989), 수리적 모델링을 통한 이론적 연구 결과물들이 누적된다면 향후 효율적인 해충 방제전략 수립에 유용하게 활용될 수 있을 것이다(Castillo-Chavez et al., 1988). 곤충의 행동 변화는 복잡하고 정량적인 유전적 특성으로 발현되기도 하지만 단일 유전자 돌연변이에 의해 더 큰 변화를 가져올 수 있다. 예를 들어 포스포글루코오스 이성질화효소(phosphoglucose isomerase, PGI) 유전자의 다형성은 나비의 표현형뿐만 아니라 분산율의 차이와 관련 있으며(Niitepold et al., 2009), 일부 초파리에서 일주기 리듬 유전자(circadian rhythm genes)의 돌연변이는 그들의 일상 행동주기에 영향을 미치는 것으로 알려져 있다(Sokolowski, 2001).

해충의 행동저항성은 그 행위 자체가 유전적인 진화로 증명이 어려운 만큼 여전히 저항성으로 범주화하는 데에는 어려움이 있기 때문에 저항적인 행동인지, 회피의 행동인지에 대한 논쟁과 함께 학습효과 또는 신경생리학적 분석도 필요하다는 점에서 아직 모호한 부분이 있다. 기본 가설을 설정하고 모델을 이용하여 행동저항성을 증명하고자 하는 많은 시도가 있었으나, 야외조건에서 특히 이 행동저항성을 여전히 유전적인 요인으로 해석해야 인정을 받을 수 있다는 면에서 부담이 따른다. 행동저항성에 대한 정보가 부족한 이유 중 하나는 행동 분석을 통한 조사방법이 상대적으로 어려울 뿐만 아니라, 생리적 저항성과 비교하여 야외조건에서 개체군 모니터링이 훨씬 더 어렵기 때문이다(Ferguson et al., 2012).

4. 살충제 저항성 평가 방법

1) 생물검정(bioassay)

생물검정법은 해충을 인위적으로 살충제에 노출시킨 후 치사반응을 측정하는 것으로서, 일반적으로 저항성 수준을 표현형으로 나타낼 수 있다는 점에서 첫 단계의 시험법이라 할 수 있다. 이 방법을 통해 현재 이용하고 있는 살충제의 효능을 평가하고, 나아가 대체할 수 있는 살충제를 선택하는 등 종합적인 방제전략 수립에 필수적이라 할 수 있다.

생물검정법은 두 가지 접근 방식으로 저항성 측정이 가능하다. 먼저 약제별 추천농도에 해당하는 단일 농도 또는 약량에 대한 해충의 감수성을 평가하는 방법이다. 살충제에 노출된 후 생존한 개체는 저항성이 있는 것으로 판단하는 것으로, 이 방법은 일상적인 모니터링에 적합하지만 해충 개체군의 저항성 강도를 제대로 측정하지 못할 수 있다. 두 번째 접근법은 다양한 농도 또는 노출 시간에 의해 다양한 용량의 살충제에 노출된 해충의 반응을 측정하는 약량-반응 분석법이다. 약량-반응 분석을 통해 표본의 50%를 죽일 수 있는 농도(lethal concentration)인 반수치사농도(LC50) 또는 90%를 죽일 수 있는 농도(LC90) 값을 얻을 수 있다. 또한 약제별 반응속도를 평가하고자 할 경우에는 표본의 50%를 죽일 수 있는 시간(lethal time)인 반수치사시간(LT50) 값을 산출하여 살충제 고유 특성 및 살충제 간 속효성 여부를 비교할 수 있다.

살충제 원제(active ingredient)를 재료로 실험할 경우에는 아세톤과 같은 용매를 이용해 원하는 농도(ppm)로 희석하며, 시판되는 살충제 제품을 실험할 경우에는 증류수로 희석하면 된다. 원제를 원하는 농도로 희석하는 공식은 다음과 같다. 보통 비중은 생략하며, 예를 들어 유효성분이 14.3%인 약제를 0.4ppm으로 100ml 만들 경우 필요한 약량은 0.0002797ml이다.

$$\text{소요약량} = \frac{\text{희석농도(ppm)} \times \text{희석량(ml)} \times \text{비중}}{1{,}000{,}000 \times 100/\text{유효성분 함량(\%)}}$$

생물검정에 앞서 대상 해충의 생태적 특성을 최대한 고려하여 실험방법을 수립해야 한다. 약제에 대한 반응을 보는 방법으로는 크게 기주식물의 잎을 직접 약액에 일정 시간 동안 담그는 잎침지법(leaf dipping method)과 충체를 약액에 일정 시간 동안 담그는 충체침지법(insect-direct dipping method), 약액을 충체의 국부(topical) 또는 전체에 직접 살포하는 분무법(spraying method), 그리고 약액을 흙에 희석하여 넣어주는 관주법(flushing method), 약제를 직접 토양과 혼합하여 처리하는 토양혼화처리법(soil incorporation method) 등이 일반적으로 이용되고 있다.

실험방법은 대상 해충의 서식 및 가해 양상과 같은 생태적 특성을 고려하는 것이 매우 중요하다. 크게 배추좀나방, 진딧물류, 응애류, 잎벌레류와 같은 노출형(exposure type)인지, 담배나방이나 나무좀과 같은 식물체 잠입형(infiltration type)인지, 거세미나방과 같은 토양 잠입형인지에 따라 실험방법은 달라질 수 있다. 하지만 같은 종이라도 발육단계에 따라 서식장소나 가해 양상이 달라질 수 있기 때문에 대상 영기에 따라 실험방법은 달라질 수 있다. 예를 들어 벼룩잎벌레의 경우 유충은 기주식물이 뿌리를 가해하는 토양 잠입형이지만, 성충은 기주식물의 잎을 가해하는 지상부 노출형이다.

노출형의 나방류 해충은 직접 분무법으로 처리하되 통상 중간 발육단계인 3령 유충을 대상으로 한다. 우선 용기에 수분 공급용으로 물에 적신 탈지면을 깔고, 그

그림 3. 진딧물(왼쪽)과 응애류(오른쪽) 생물검정: 이탈 방지를 위하여 탈지면에 식물 절편을 올려놓은 모습

위에 기주식물의 절편을 올린 후 유충을 접종하고 약액이 충체에 골고루 맞도록 분무한다. 약제에 대한 반응시간을 조사목적으로 하는 경우를 제외하고는 24, 48, 72시간 후에 생충수나 사충수를 조사한다. 이때 생사 판단은 유충을 부드러운 붓 등으로 건드렸을 때 몸길이의 1~1.5배 이상으로 움직였거나 유충을 뒤집어놓았을 때 다시 몸을 바로 세웠을 경우 살아 있다고 판단하면 된다. 발육단계별로 약제에 대한 감수성이 다르기 때문에 실험방법에 대상 영기를 꼭 명시해야 한다.

진딧물류와 응애류처럼 노출형 해충인 경우 성충을 대상으로 직접 분무법을 이용한다. 용기에 수분 공급용으로 물에 적신 탈지면을 깔고 그 위에 기주식물의 절편을 올린 후 성충을 접종하고 약액이 충체에 골고루 맞도록 분무한다. 이때 진딧물의 경우 잎 뒷면으로 이동하는 것을 방지하기 위해 기주식물 절편을 용기와 같은 모양과 크기로 맞추어 넣어주고, 응애의 경우에는 탈지면보다 작은 모양으로 절단한 기주식물 절편을 섬처럼 올려 이탈을 방지해주어야 오차를 줄일 수 있다. 약제살포는 약 25cm 떨어진 거리에서 고운 입자 살포가 가능한 손 분무기(hand sprayer)를 이용해 충체에 골고루 묻도록 분무해준다(그림 3). 진딧물의 경우 단위생식(parthenogenesis)을 하는 암컷 성충이기 때문에 무관하나, 응애는 암수별로 약제 감수성이 다르기 때문에 상대적으로 감수성이 낮은 암컷 성충만을 대상으로 하는 것이 반복간 편차를 최소화할 수 있다. 이때 약액이 너무 많아 물리적으로 죽지 않도록 약량을 사전에 설정해두는 것이 좋다. 또한 실험용기 뚜껑은 환기부를 두어 가스 질식에 의한 영향을 최소화해야 한다. 실험용기 뚜껑에 환기부를 두지 않고 밀폐하는 경우도 있는데, 이 방법은 주로 저곡해충(stored product insect) 등에 대한

그림 4. 충체침지법(왼쪽)과 잎침지법(오른쪽)을 이용한 실내 생물검정(직접 분무법) 모습

훈증효과 검정법으로 이용하기도 한다.

잎벌레류, 노린재류 성충과 같은 노출형 딱정벌레의 경우 충체침지법을 이용하기도 한다. 성충을 거즈와 같은 그물망 안에 넣고 약액에 15~30초간 침지한 후 꺼내어 기주식물을 넣어둔 용기 안으로 옮겨 관찰한다(그림 4). 이때 침지시간은 대상종에 따라 달라질 수 있는데, 대조구인 물에 동일 시간 동안 처리했을 때 사망하는 개체수가 없는 조건이 바람직하다고 볼 수 있다. 이처럼 해충의 직접적인 약제 노출로 나타나는 독성을 접촉독성(contact toxicity)이라 한다.

꽃노랑총채벌레처럼 약제에 직접 노출될 가능성이 낮은 노출형 해충의 경우 분무법을 쓰는 것은 현실적이지 못할 수 있다. 약충과 성충이 꽃의 안팎을 이동하며 가해할 경우 약제에 대한 직접적인 노출은 제한적일 수밖에 없는데, 이런 경우 잎침지법을 병행하면 된다. 기주식물 절편을 약액에 약 30초간 침지하고 그늘에서 말린 후 용기에 넣고 성충을 접종하는 방식이다(그림 4). 이처럼 기주식물에 처리된 약제를 섭식함으로써 해충에 나타나는 독성을 섭식독성(ingestion toxicity)이라 한다.

토양 잠입형 해충에 대해서는 약제의 제형(formulation)에 따라 처리방법이 달라질 수 있다. 유제, 수화제, 액상수화제와 같은 액제는 관주법을 쓰며, 입제는 토양혼화처리법을 이용하면 된다. 관주처리 방법은 해충이 발생한 곳이나 인위적으로 접종한 곳에 단위면적당 일정 약량(예: 1ml/m^2)의 약제를 처리하면 된다. 토양혼화처리법은 식물을 파종 또는 정식 전의 토양에 일정 약량(예, 6kg/10a)의 약제를 미리 혼화처리한 후 살충효과를 검정하면 된다. 야외 실험의 경우에는 처리구별로 해충의 이동을 차단하는 장치가 필요하다. 약효검정은 접종한 해충의 밀도를 알고 있는 경우 생충수를 조사하면 되는데, 피해주율 조사를 병행하기도 한다.

살충제에 대한 방제효과는 무처리 대비 시료의 생충률을 비교하는 방제가와 무처리에서의 살충률을 보정해주는 보정살충률로 산출하는데 각각의 산출식은 다음과 같다.

$$\text{방제가}(\%) = \frac{(\text{무처리 생충률} - \text{처리구 생충률}) \times 100}{\text{무처리 생충률}}$$

$$\text{보정살충률}(\%) = \frac{(\text{처리구 생충률} - \text{무처리 생충률}) \times 100}{(100 - \text{무처리 생충률})}$$

생물검정을 함에 있어 온도와 습도, 광 조건을 동일하게 해주는 것은 매우 중요하다. 이는 약제의 활성이 환경조건에 영향을 받기 때문인데, 예를 들면 고온에서 활성이 높은 약제를 저온에서 실험할 경우 약효가 낮은 것으로 잘못된 결론을 내릴 수 있기 때문이다. 약제의 이러한 특성은 현장 컨설팅을 할 경우, 환경을 고려해 최적의 약제와 이용방법을 추천할 경우에 매우 중요하다. 무처리에서 10~15% 이상의 살충률이 나오는 경우도 있는데, 이는 처리된 약제와 무관하게 다른 요인에 의해 해충이 치사한 것으로 볼 수밖에 없으며, 따라서 그 원인을 바로잡아 재시험하는 것이 바람직하다.

대상 해충 개체군의 저항성 수준 평가를 위해 반수치사농도를 산출하기 위해서는 살충제 농도별 사충률(mortality)이 0~100%에 이르도록 고르게 분포된 여러 수준의 농도 값을 설정하는 것이 효율적이며, 농도별 사충률은 일반적으로 프로빗 분석(probit analysis)을 하는데(Finney, 1971), SAS와 같은 통계프로그램을 통해 산출한다. 이 방법은 살충제 저항성을 평가하는 데 가장 기초가 되나, 많은 수의 해충을 확보해야 하고 가능한 경우 표준 감수성 개체군을 유지해야 하는 부담도 있지만, 화학적 방제전략 수립에 매우 중요한 단계다.

프로빗 분석을 이용한 자료 분석절차는 Newton-Raphson 알고리즘을 이용한 방정식의 매개변수 β와 C의 최대우도 추정값을 이용해 계산한다. 이때 응답 변수 Y는 0과 1의 값을 가지는 이진수일 때, 프로빗 방정식은 다음과 같다.

$$p = \Pr(Y = 0) = C + (1 - C)F(x'\beta)$$

여기서 β는 매개변수 추정치의 벡터, F는 누적확률분포 함수(정규분포, 로지스틱분포 혹은 극단값분포), x는 설명변수의 벡터, p는 반응 확률, C는 자연 반응률을 의미한다. 프로빗 방정식은 다양하게 이용될 수 있는데, 이 절에서는 특정 해충에 대한 살충제 농도에 따른 반응을 분석하는 방법을 소개하고자 한다. 이 예시에서 주어진 농도에 대한 반응 개체의 확률 p는 다음과 같이 모델링할 수 있다.

$$p = \Pr(\mathrm{Re}\,sponse) = F[b_0 + b_1 \times \log_{10}(Dose)]$$

통계적 분석은 SPSS, SAS, R과 같은 통계프로그램을 이용하는데, 이 중에서 SAS 프로그램을 이용한 분석법을 소개한다. 살충제 A에 대해 6가지의 농도별로 해충을 60마리씩 처리하고, 각 농도에 따른 해충의 살충 수를 조사하여 프로빗 분석을 하고자 할 때, 자료는 다음과 같이 나타낼 수 있다.

```
Data study;
Infile cards eof=eof;
Input Dose Number Response @@;
Observed = Respond/Number;
output;
return;
eof: do Dose=0.5 to 7.5 by 0.25;
output;
end;
dataline;
0       60      0
353     60      4
706     60      18
1413    60      29
2825    60      54
5650    60      60

;
proc probit log10;
model Response/Number=Dose / lackfit inversecl itprint;
model Response/Number=Dose / d=logistic inversecl;
output out=B p=Prob std=std xbeta=xbeta;
run;
```

Response-Covariate Profile	
Response Levels	2
Number of Covariate Values	5

Type III Analysis of Effects			
Effect	DF	Wald Chi-Square	Pr > ChiSq
Log10(Dose)	1	110.9078	<.0001

Analysis of Maximum Likelihood Parameter Estimates							
Parameter	DF	Estimate	Standard Error	95% Confidence Limits		Chi-Square	Pr > ChiSq
Intercept	1	-9.3917	0.8983	-11.1524	-7.6311	109.30	<.0001
Log10(Dose)	1	3.0619	0.2907	2.4920	3.6317	110.91	<.0001

SAS 시스템

The Probit Procedure

Probit Analysis on Dose			
Probability	Dose	95% Fiducial Limits	
0.01	203.02194	131.95271	275.26101
0.02	249.21449	169.18267	328.28907
0.03	283.83122	197.99504	367.26974
0.04	313.00627	222.79933	399.72430
0.05	338.93601	245.19990	428.31553
0.06	362.69175	265.98737	454.33287
0.07	384.88699	285.61795	478.51090
0.08	405.91031	304.38228	501.31310
0.09	426.02564	322.47869	523.05342
0.10	445.42181	340.04959	543.95603
0.15	535.58279	423.02650	640.60951
0.20	620.08595	502.20577	730.96313
0.25	703.13177	580.75282	820.11060
0.30	787.14652	660.44404	911.13550
0.35	873.93445	742.53810	1006
0.40	965.11955	828.11237	1108
0.45	1062	918.25155	1220
0.50	1168	1014	1343
0.55	1283	1118	1483
0.60	1413	1230	1643
0.65	1560	1356	1831

변수인 'Dose'는 살충제 농도를 나타내는 것으로 6수준의 농도에서 실험한 것을 확인할 수 있으며, 'Number'는 각 농도에 처리된 개체수(농도별 60마리)이며, 'Response'는 반응변수로서 농도별 사충수를 나타낸다. Proc Probit 명령문 내에서

'log10'은 독립변수(농도)를 공통 로그로 바꿔주게 되며, 'lackfit'은 프로빗 분석을 통해 나온 모델의 적합도(chi-square and log-likelihood ratio chi-square test)를 평가하게 된다. 'inversecl' 명령문을 통해 독립변수 값에 대한 신뢰한계를 계산하는데, 이는 생물검정의 최종 결과물인 LC_{50}값을 산출하는 데 필요하다. 위의 프로빗 분석 예시를 보면, 카이제곱검정을 통한 프로빗 분석 결과는 95% 신뢰구간에서 유의성이 있음을 알 수 있다($P<.0001$).

독립변수(농도)의 값에 대한 신뢰한계를 나타낸 결과로, LC_{50}의 값은 1168, 그에 대한 신뢰한계는 1014~1343임을 확인할 수 있다. 프로빗 분석법을 이용해 위와 같은 살충제 농도에 따른 반응 개체수에 대한 확률분포 모델을 그래프(그림 3)로 나타낼 수 있는데, 명령문과 결과는 다음과 같다.

```
legend1 label=none frame cframe=ligr cborder=black
position=center value=(justify=center);
axis1 minor=none color=black label=(angle=90 rotate=0) ;
axis2 minor=none color=black;
proc gplot;
plot Observed*Dose Prob*Dose / overlay frame cframe=ligr
vaxis=axis1 haxis=axis2 legend=legend1;
title 'Plot of Observed and Fitted Probabilities';
run;
```

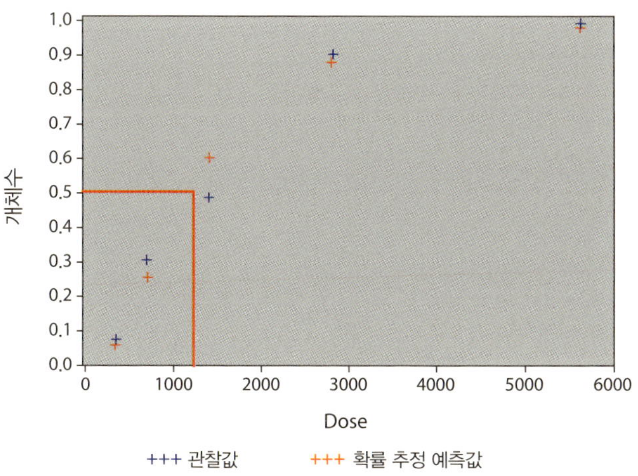

그림 3. 살충제 농도에 따른 반응 개체수의 확률분포 예시

2) 생화학적 분석(biochemical analysis)

생화학적 분석은 감수성 계통과 같은 기준 개체군과 비교하여 야외 개체군에서의 에스테레이스(esterase), 모노옥시게나제(monooxygenase), 글루타티온 S-전달효소(glutathion-S-transferase)와 같이 살충제 유효성분의 해독에 관여하는 효소들의 양을 측정하거나 정량화함으로써 저항성 수준을 평가하는 것이다. 이러한 효소들은 주로 유기인계 또는 카바메이트계 살충제에 대한 저항성 정도를 분석하는 데 이용된다. 효소의 활성 정도를 정량화하기 위해 특정 기질을 효소 추출물과 반응시킨 후 기질 대사산물을 분광 광도계나 분광 형광계를 이용한 비색 반응을 통해 정량화하게 된다. 이 분석법은 효소를 다루기 때문에 효소 활성의 손실 방지를 위해 콜드 체인 조건이 필요하다. 분석 대상인 효소에 관여하는 몇 개의 유전자만이 저항성에 관여할 수 있고, 전체 효소군의 발현 수준이 저항을 일으키는 효소의 발현에 반드시 영향을 받는 것은 아니기 때문에 그 특이성 및 감도에도 결함이 있다.

3) 분자생물학적 분석(molecular biology analysis)

저항성 발현 이전에 저항성 대립 유전자를 획득한 해충 개체군은 생물검정법을 통해 검출하고 진단이 가능하며, 저항성 대립 유전자가 고정되기 전에는 분자생물학적 접근을 통해 해충 저항성 관리 전략을 수립할 수 있다. 분자생물학적 분석은 서로 다른 계통의 살충제라 할지라도 교차저항성 패턴을 미리 확인함으로써 최상의 대체 가능한 살충제를 선택하는 데 도움이 될 수 있다(Yunta et al., 2016). 뎅기열을 매개하는 *Ae. aegypti*의 피레스로이드 및 DDT 저항성과 관련된 *kdr* 돌연변이 진단을 한 가지 예로 들 수 있는데(Moyes et al., 2017), 이러한 PCR 기반 분석은 모기 한 마리를 대상으로도 수행할 수 있으며, 여러 집단에서 대립 유전자의 빈도 추정도 가능하다는 장점 때문에 종합적인 해충 저항성 모니터링 프로그램으로 활용되고 있다. 브라질에서는 이 방법을 통해 *kdr* 대립 유전자를 가진 모기가 전국적으로 분포한다는 사실을 발견한 이후, 국가뎅기방제프로그램(National Dengue Control Program)을 통해 아직 저항성이 확인되지 않은 지역에 대해서도 피레스로이드계 살충제 사용을 자제할 것을 촉구한 사례도 있다(Linss et al., 2014; Belinato and Martins, 2016). 하지만 대사저항성에 관여하는 대립 유전자에 대한 검증된 DNA 마커의 개발은 여전히 연구가 진행되고 있다. 다행스러운 것은 최근 처리량이 높은 시퀀싱(high-throughput sequencing)에 대한 연구가 활발히 진행됨에 따라 곧 효율적인 분석 방법으로 이용될 수 있다(Lucas et al., 2019).

5. 살충제 저항성 해결을 위한 과제

해충의 살충제 저항성을 효과적으로 예방하고 관리하기 위해서는 저항성 발달의 기본적인 원인은 물론 그 밖의 다양한 요인에 대한 이해가 필요하다. 저항성은 독성물질에 의한 선택에 반응하여 유기체의 유전적인 변화로 정의할 수 있다. 하지만 해충의 살충제 저항성이 감지되었다고 해서 방제를 실패한다고 볼 순 없다. 실험실에서 낮은 수준의 저항성이 관찰되었더라도 예방을 통해 해충 방제가 실패하기 전에 극복할 수 있기 때문이다.

살충제 저항성 관리의 목적은 이용 가능한 살충제의 효과를 유지하기 위해 해충 집단에서 저항성 개체의 출현을 방지하거나 적어도 저항성 발달 속도를 늦추는 것이다. 해충 집단 내에서 높은 비율의 감수성 유전자를 유지하면서 저항성 유전자를 최소로 유지한다는 측면에서 감수성 관리라고 생각할 수도 있다. 궁극적으로 필요한 수준으로 작물을 보호하면서 해충의 저항성에 대한 선택 압력을 낮추는 것이라고도 할 수 있다.

저항성 관리는 원칙적으로는 단순하나 세계적으로 적용될 수 있는 획일적인 저항성 관리 처방은 없다. 새로운 작용기작을 가진 농약이 출현하게 되고, 이 새로운 작용기작에 저항하는 해충의 기작을 밝히는 데에는 기술적인 문제와 시간이 필요하기 때문이다. 저항성 관리는 첫째, 살충제의 사용을 줄임으로써 해충의 저항에 대한 선택 압력을 줄이는 원칙에 기초해 합리적인 해충 방제전략을 구축해야 하며, 둘째, 해충과 작물 및 지역의 특성을 고려한 병해충종합관리(integrated pest management, IPM) 전략에 기초하여 맞춤형 저항성 관리 프로그램(RMP)을 시행할 수 있어야 한다. IPM의 주요 원칙은 절대적으로 필요한 경우에만 살충제를 사용하고 가능한 다양한 해충 관리 방법을 활용하는 것이다. 따라서 IPM은 저항성으로 이어질 수 있는 선택 압력을 최소화하여 저항성 해충 관리에 대한 기본적인 접근 방안이라 할 수 있다.

살충제 저항성 관리 프로그램(IRM) 구현에 앞서 현재 이용하고 있거나 이용이 예상되는 살충제에 대한 표적집단의 감수성을 평가하는 것이 가장 기본이 된다. 방제가 필요한 지역에 대해서는 정기적인 모니터링이 필요하다. 살충제 저항성 관리 프로그램에 있어 의사결정 흐름도는 〈그림 5〉와 같다.

과정 1의 주요 목표는 생물검정법을 이용해 정기적으로 해충의 저항성 수준을 모니터링하는 것이다. 이 과정은 사용된 살충제에 대한 저항성에 관여하는 기작을 규명하는 것이 중요한데, 이러한 기술에는 특정 기술과 장비가 필요하므로 신속하고 적절한 대응을 위해 전문연구기관이 담당하는 것이 바람직하다. 방역을 담당하는 기관도 저항성 모니터링에 대한 중요성을 인식하고 저항성 검정에 필요한 시설이나 인적 인프라를 구축해둘 필요가 있다. 장기 모니터링을 통해 현장에서 해충 개체군의 감수성에 대한 변화를 탐지하는 것도 중요하지만, 생물검정 결과가 현장에서 반영되고 있는지 꼼꼼한 검증이 필요하다. 해충 방제가 실패하기 전에 저항성의 출현을 감지하는 것이 목적이나, 모집단에서 저항성 대립 유전자의 증가가 감지되면 방역기관은 방제전략을 신속하게 수정해야 되기 때문에 얼마나 신속하게 예측할 수 있는가가 관건이라 할 수 있다. 과정 2는 현장에서 방제 실패에 대한 원인을 파악하는 것이 목표다. 실패 원인으로는 약량과 농도를 포함해 제형에 대한 평가도 이루어진다(Guedes, 2017). 자연조건에서 유충 방제를 목적으로 약제처리할 경우에는 새롭게 출현하는 유충의 밀도는 물론 성충을 포획하여 암컷의 밀도 등 모니터링 지표를 선택하여 방제 시기를 선정해야 한다. 방제작업이 성공하지 않았다면 살충제 저항성 외에도 사용된 살충제의 품질(유효기간 등), 살충제 사용량 및 적용 범위, 살포 횟수 등 직접적인 원인과 함께 약제의 품질에 영향을 미칠 수 있는 비, 바람, 온도 등과 같은 간접적인 원인 분석도 필요하다.

LEVEL 1에서 향후 대체하고자 하는 살충제에 대한 야외 개체군의 감수성을 사전에 검정해볼 수도 있으며, LEVEL 2와 3에서는 유전자형과 방제 결과 사이의 상관관계를 표현해줄 수 있는 저항성 마커의 개발과 함께 대상 해충의 유전적 진화에 대해서도 연구 데이터를 축적해둘 필요가 있다.

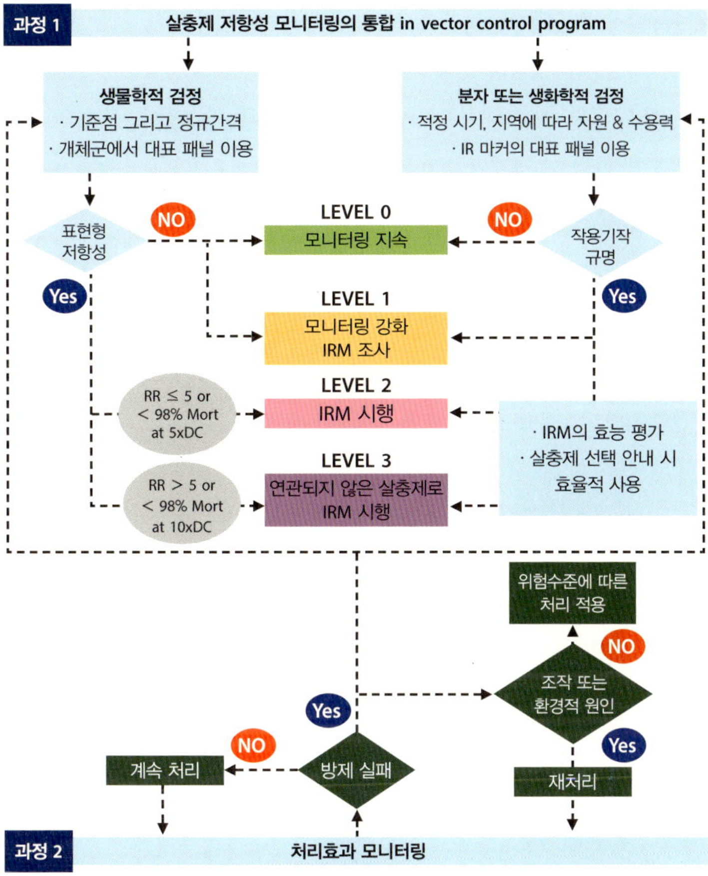

그림 5. 저항성 해충 방제 프로그램 의사결정 흐름도(Dusfour et al., 2019)

첫 번째 과정은 대상 곤충 개체군 내 저항성 모니터링을 다룬다. 두 번째 과정은 처리 효과에 대한 모니터링 단계로 과정 1과 동시에 실행되어야 한다. 이 단계에서는 방제 실패의 원인이 살충제 저항성인지 다른 요인인지를 판단하는 과정이다.

위험 수준은 저항성 모니터링 결과에 따라 다음과 같은 등급으로 관리할 필요가 있다.

(i) LEVEL 0은 살충제에 완전히 감수성인 개체군을 의미한다. (ii) LEVEL 1은 대부분 감수성이지만 일부 개체에서 저항성 대립 유전자가 보이는 개체군을 의미한다. (iii) LEVEL 2는 중간 저항성의 개체군을 의미한다(예: WHO DC의 5배를 처리했을 때 98% 이하의 살충률 또는 5 미만의 RR). (iv) LEVEL 3은 살충제에 대한 저항성이 명확하여 즉각적인 IRM 전략이 요구되는 개체군을 의미한다(예: WHO DC의 10배를 처리했을 때 98% 이하의 살충률 또는 5 미만의 RR).

현재 분자 또는 생화학적 분석 결과를 직접적으로 저항성 LEVEL로 규정하기에 무리가 따르며(LEVEL 1과 LEVEL 2 제외), 기본적으로 생물검정의 결과를 반영한다. 저항성 LEVEL 2와 3은 WHO의 기준에 의해 결정되며, 이러한 기준은 현장에서의 결과에 따라 수정될 수 있다. LEVEL 2와 3의 경우, 저항성 대립 유전자의 빈도가 IRM에 더 정확하게 반영되기 위해서 저항성 기작을 밝히는 것이 필요하며, 대체 가능한 살충제를 제시할 수 있어야 한다(DC: diagnostic concentration, IR: insecticide resistance, IRM: insecticide resistance management, Mort: mortality, RR: resistance ratio).

IRM은 살충제에 대한 저항성의 출현빈도를 지연시키거나 방지하는 데 목적이 있다. IRM의 올바른 구현은 특정 화학물질에 대해 어느 정도의 내성이 발달한 해충 개체군의 감수성을 회복시키는 데에도 도움을 줄 수 있다. 하지만 이 전략은 농업해충 방제에 많이 이용되고 있으나, 위생해충 구제를 위해서 활용되는 경우는 매우 드물다. IRM 목표를 달성하기 위해서는 특정 살충제에 대한 선택 압력을 줄이는 것이 중요한데, 다양한 방법 중 몇 가지를 소개하고자 한다.

1) 교호(rotation)

이 전략은 살충제의 다양한 교호 살포를 통하여 해충이 특정 계통의 살충제에 적응함으로써 저항성을 획득하는 것을 최소화한다는 가정을 기반으로 한다. 어떠한 개체군에서 새롭게 저항성을 획득하는 데에는 시간이 필요한데, 다른 계통의 살충제를 교호로 적용한 후에는 저항성 개체의 출현 빈도가 낮아져야 한다는 것이 기본 원칙이다. 약제 간 살포 간격은 모집단이 대체 약제에 대해 저항성을 획득하는 데 소요되는 시기가 불충분하도록 설계되어야 한다. 따라서 교호 살포는 다양한 계통의 약제들을 대상으로 높은 빈도를 가지고 수행되어야 하며, 약제의 잔류 특성과 방제 대상이 되는 해충의 저항성 획득에 필요한 시간을 고려해 결정해야 한다.

2) 모자이크(mosaic)

모자이크 전략은 서로 다른 작용기작을 가진 2개 이상의 살충제를 공간적으로 달리하여 교대로 이용하는 것이다. 한 지역에 서식하는 곤충 개체군은 살충제 A에 노출되는 반면, 인접 지역의 개체군은 살충제 B에 노출되게 된다. 이 전략은 서로 다른 약제가 처리된 지역을 이동하는 해충의 저항성 대립 유전자 출현 빈도를 희석시키는 효과를 기대할 수 있으며, 대체약제를 서로 다른 지역에 처리할 경우 저항성 출현을 더욱 강하게 억제할 수 있다(Curtis, 1981). 모자이크 전략에서 설정하고자 하는 지역의 규모는 한 지역 내에서 서로 다른 주택, 한 도시 내에서 다른 지역이 될 수 있으며, 이는 방제 대상이 되는 해충의 비행 능력(범위)에 따라 설정할 수 있다.

3) 혼용(mixture of insecticides)

살충제 혼용전략은 작용기작이 다른 둘 이상의 살충제를 동시에 혼합하여 사용하는 것이다. 하나의 살충제에 저항성(RR)인 개체군과 부분저항성(RS)인 개체군이 혼재되어 있을 때 두 종의 살충제를 혼용하여 저항성 발현을 억제하는 방법으로, 이 전략은 저항성이 발생할 확률 또는 저항성 대립 유전자의 빈도가 낮다는 전제하에 복합 저항성 기작을 가진 개체군이 출현할 확률은 더욱 낮을 것이라는 가설에 근거를 둔다. 이 전략을 효과적으로 적용하기 위해서는 혼합되는 살충제 사이에 교차저항성이 없어야 하고, 혼용 처리한 후에는 균일하게 잔효성이 유지될 수 있도록 유효성분들의 비율을 설정하는 것 또한 중요하다.

Please cite this article as: Lee, Y.-S., 2021. Evaluation and Management of Insecticide Resistance. In: Lee, J.-H., Kim., D.-S., Jung, C., Park, Y.-L. (eds.), Research Methodology in Insect Ecology, Seoul National University Press, Seoul, pp. 385-409.

참고문헌

Belinato, T.A., Martins, A.J. 2016. Insecticide resistance and fitness cost. In: Trdan, S. (ed.), Insecticides resistance. Rijeka: InTech, pp. 243-261.

Casida, J.E., Durkin, K.A. 2013. Neuroactive insecticides: targets, selectivity, resistance, and secondary effects. Annu. Rev. Entomol. 58, 99-117.

Castillo-Chavez, C., Levin, S.A., Gould., F. 1988. Physiological and behavioral adaptation to varying environments: a mathematical model. Evolution 42, 986-994.

Cho, S.R., Kyung, Y., Shin, S., Kang, W.J., Jung, D.H., Lee, S.J., Park, G.H., Kim, S.I., Cho, S.W., Kim, H.K., Koo, H.N., Kim, G.H. 2018. Susceptibility of field populations of *Plutella xylostella* and *Spodoptera exigua* to four diamide insecticides. Korean J. Appl. Entomol. 57, 43-50.

Curtis, C.F. 1981. Possible methods of inhibiting or reversing the evolution of insecticide resistance in mosquitos. Pestic. Sci. 12(5), 557-564.

Dusfour, I., Vontas, J., David, J-P., Weetman, D., Fonseca, D.M., Corbel, V., Raghavendra, K., Coulibaly, M.B., Martins, A.J., Kasai, S., Chandre, F. 2019. Management of insecticide resistance in the major Aedes vectors of arboviruses: advances and challenges. PLOS Negl. Trop. Dis. 13(10), e0007615.

Edge, V.E., James, D.G. 1982. Detection of cyhexatin resistance in two-spotted mite, *Tetranychus urticae* Koch (Acarina: Tetranychidae) in Australia. J. Austr. Entomol. Soc. 21(3), 198.

Ferguson, H.M., Maire, N., Takken, W., Lyimo, I.N., Briët, O., Lindsay, S.W., Smith, T.A. 2012. Selection of mosquito life-histories: a hidden weapon against malaria? Malar. J. 11, 1-5.

Finney, D.J. 1971. Probit analysis, 3rd ed. Cambridge University Press, London.

FAO. 2012. Guidelines of on prevention and management of pesticide resistance. 57pp.

Georghiou, G.P. 1972. The evolution of resistance to pesticides. Annu. Rev. Ecol. Syst. 3, 133-168.

Georghiou, G.P. 1994. Principles of insecticide resistance management. Phytoprotection 75, 51-59.

Guedes, R.N. 2017. Insecticide resistance, control failure likelihood and the First Law of Geography. Pest. Manag. Sci. 73(3), 479-484.

IRAC. 2017. http://www.irac-online.org/about/resistance/

Labbé, P., Alout, H., Djogbénou, L., Pasteur, N., Weill, M. 2011. Evolution of resistance to insecticide in disease vectors. In: Tibayrenc, M.(eds.), Genetics and evolution of infectious disease. Elsevier, Academic Press, pp. 363-409.

Li, X., Schuler, M.A., Berenbaum, R.R. 2007. Molecular mechanisms of metabolic resistance to synthetic and natural xenobiotics. Annu. Rev. Entomol. 52, 231-253.

Lin, Y., Jin, T., Zeng, L., Lu, Y. 2012. Cuticular penetration of β-cypermethrin in insecticide-susceptible and resistant strains of *Bactrocera dorsalis*. Pestic. Biochem. Physiol. 103(3), 189-193.

Linss, J.G., Brito, L.P., Garcia, G.A., Araki, A.S., Bruno, R.V., Lima, J.B.P., Valle, D., Martins, A.J. 2014. Distribution and dissemination of the Val1016Ile and Phe1534Cys Kdr mutations in *Aedes aegypti* Brazilian natural populations. Parasit. Vectors. 7, 1-11.

Liu, N. 2015. Insecticide resistance in mosquitoes: impact, mechanisms, and research directions. Annu. Rev. Entomol. 60, 537-559.

Lucas, E.R., Rockett, K.A., Lynd, A., Essandoh, J., Grisales, N., Kemei, B., Njoroge, H., Hubbart, C., Rippon, E.J., Morgan, J., Hof, A.E.V., Ochomo, E.O., Kwiatkowski, D.P., Weetman, D., Donnelly, M.J. 2019. A high throughput multi-locus insecticide resistance marker panel for tracking resistance emergence and spread in *Anopheles gambiae*. Sci. Rep. 9. 13335.

McKenzie, J.A. 1985. In Resistance in nematodes to anthelmintic drugs. In: (Anderson, N. Wailer, P.J. (eds.), CSIRO. Australian Wool Corporation, pp. 89-95.

Melander, A.L. 1914. Can insects become resistant to sprays? J. Econ. Entomol. 7(2), 167-173.

Metcalf, R.L. 1989. Insect resistance to insecticides. Pestic. Sci. 26, 333-358.

Macnair, M.R. 1991. Why the evolution of resistance to anthropogenic toxins normally involves major gene changes: the limits to natural selection. Genetica 84, 213-219.

Moyes, C.L., Vontas, J., Martins, A.J., Ng, L.C., Koou, S.Y., Dusfour, I., Raghavendra, K., Pinto, J., Corbel, V., David, J-P., Weetman, D. 2017. Contemporary status of insecticide resistance in the major Aedes vectors of arboviruses infecting humans. PLOS Negl. Trop. Dis. 11(7): e0005625.

Niitepold, K., Smith, A.D., Osborne, J.L., Reynolds, D.R., Carreck, N.L. Martin, A.P., Marden, J.H., Ovaskainen, O., Hanski, I. 2009. Flight metabolic rate and *Pgi* genotype influence butterfly dispersal rate in the field. Ecology 90, 2223-2232.

Oppenoorth, F.J., Welling, W. 1976. Biochemistry and Physiology of Resistance. In: Wilkinson, C.F. (ed.). Insecticide biochemistry and physiology. Boston, MA: Springer US, pp. 507-551.

Rane, R.V., Walsh, T.K., Pearce, S.L., Jermiin, L.S., Gordon, K.H.J., Richards, S., Oakeshott, J.G. 2016. Are feeding preferences and insecticide resistance associated with the size of detoxifying enzyme families in insect herbivores? Curr. Opin. Insect Sci. 13, 70-76.

Roush, R.T., McKenzie, J.A. 1987. Annu. Rev. Entomol. 32, 361-380.

Schechtman, H., Souza, M.O. 2015. Costly inheritance and the persistence of insecticide resistance in *Aedes aegypti* populations. PLOS One 10(5): e0123961.

Sokolowski, M.B. 2001. Drosophila: genetics meets behaviour. Nat. Rev. Genet. 2, 879-890.

Sparks, T.C., Lockwood, J.A., Byford, R.L., Graves, J.B., Leonard, B.R. 1989. The role of behavior in insecticide resistance. Pestic. Sci. 26, 383-399.

Sparks, T.C., Nauen, R. 2015. IRAC: mode of action classification and insecticide resistance management. Pestic. Biochem. Physiol. 121, 122-128.

Yunta, C., Grisales, N., Na'sz, S., Hemmings, K., Pignatelli, P., Voice, M., Ranson, H., Paine, M.J.I. 2016. Pyriproxyfen is metabolized by P450s associated with pyrethroid resistance in *An.gambiae*. Insect Biochem. Mol. Biol. 78, 50-57.

김정한. 2007. 식품과 농약 (III)-살충제의 작용기작. Safe Food 2(4), 23-28.

제15장

천적의 개념과 평가방법

이진구, 임언택, 이준호

1. 생물적 방제의 개념과 중요성

생물적 방제는 해충의 밀도를 낮게 유지하기 위해 기생체, 천적, 병원균, 경쟁자 등을 이용하여 해충 개체군의 치사율을 높이거나 증식률을 떨어뜨리는 해충방제법이다. 생물적 방제는 개체군 수준에서 일어나는 현상으로서 한 종의 개체군이 다른 종의 개체군의 수를 포식(predation) 또는 기생(parasitism), 병원성(pathogenicity), 경쟁(competition) 현상을 통해 감소시키는 것이다(Van Driesche and Bellows, 1996).

농업생태계에서 어느 특정 종의 개체군이 생태계 균형을 깨뜨릴 정도로 증가하면 인위적 혹은 자연적으로 천적의 수를 증가시키거나 그들의 해충 억제력을 강화시켜 농업생태계 균형을 유지시키는 것이 생물적 방제의 주요 기능이다(Lee et al., 2017). 생물적 방제의 주요 목적은 해충을 완전히 박멸하는 것이 아니라 경제적 피해수준 이하로 유지하는 것으로, 천적은 해충의 밀도를 경제적 피해수준 이하로 유지시킬 수 있는 해충의 밀도의존적 억제자다.

2. 주요 천적

1) 기생성 천적

기생성 천적은 천적 유충이 기주인 해충의 알, 유충, 번데기 등 해충 내부에서 영양분을 먹고 자란 뒤 성충이 되어 탈출하는 것으로, 기주로 침입하는 방식은 천적 성충이 직접 기주에 알을 낳거나 기주 서식처 근처에 낳은 뒤 천적 유충이 직접 기주를 찾아 들어가는 등 다양하다. 기주 몸 안에 한 마리 또는 여러 마리의 천적이 기생하며, 해충의 알, 유충, 번데기 등에서 기생하여 우화하기까지 시간이 소요되므로 방제효과를 갖는 데는 일정 기간이 필요하다.

(1) 콜레마니진디벌(*Aphidius colemani*)

진디벌 암컷이 복부를 다리 아래로 구부려 산란관으로 진딧물에 알을 낳으며, 진딧물 체내에서 알에서 번데기까지의 기간을 보내고 성충이 되면 진딧물의 표피를 뚫고 밖으로 나온다(그림 1). 진디벌은 기주탐색 시 이미 기생된 진딧물을 인지할 수 있는 능력이 있어서 대부분 기생당한 진딧물을 재차 공격하지 않는다. 온도에 따라 차이가 있으나 25℃ 내외에서 알부터 성충이 되기까지 2주 정도 걸린다. 종령기에는 진딧물 내부의 모든 조직을 먹고 진딧물이 껍데기만 남게 되는데 이를 머미(mummy)라고 한다. 발육이 끝난 성충은 머미의 복부 뒷부분에 구멍을 뚫고 우화한다. 보통 수컷이 암컷보다 먼저 우화를 하며 암컷이 우화하자마자 교미가 이루어진다. 산란수는 보통 300~400개 정도이나 800~1,000개를 산란하는 경우도 있다. 수염진딧물류같이 다리가 긴 진딧물은 기생하지 못하고, 30℃ 이상 고온에서는 효과가 떨어진다.

(2) 온실가루이좀벌(*Encarsia formosa*)

크기는 0.6~1mm 정도로 작으며, 온도는 18~30℃에서 활동이 좋다. 알에서 성충까지의 발육기간은 15~32일이 걸리고, 성충의 산란수는 200~300개이며 하루에 8~15개의 알을 낳는다(그림 2). 기생된 온실가루이 약충은 검은색으로 변하여 기생 여부를 쉽게 구분할 수 있다. 성충의 수명은 약 12일(25℃)이고, 일생 동안 30~70

그림 1. 산란 중인 콜레마니진디벌(김정환 박사 제공)

그림 2. 산란 중인 온실가루이좀벌(김정환 박사 제공)

그림 3. 산란 중인 황온좀벌(김정환 박사 제공)

마리의 온실가루이 약충의 체액을 섭취한다. 수컷의 비율이 매우 낮으며 교미를 하지 않아도 암컷만 낳는 처녀생식을 한다.

(3) 황온좀벌(*Eretmocerus eremicus*)

크기는 1mm 정도로 작으며, 고온에서 활동성이 좋고 최적온도는 25~30℃, 알에서 성충까지 발육기간은 약 20일(25℃)이다. 우화한 성충은 바로 담배가루이와 온실가루이 약충에 산란하며, 산란수는 50~200개이고 하루에 14~17개의 알을 낳는다(그림 3). 성충 수명은 약 5일(25℃)이고, 하루에 약 30마리의 온실가루이 약충 체액을 섭취한다. 암수 교미를 할 경우 60% 정도 암컷이 발생하지만, 교미를 하지 않으면 수컷만 낳는다.

(4) 굴파리좀벌(*Diglyphus isaea*)

아시아, 유럽 등 세계적으로 널리 분포하며 크기는 2~3mm다. 성충은 잎굴파리 유충을 마비시키고, 외부 표면에 알을 낳으며, 부화한 유충이 기주에 붙어서 체액을 섭취하며 살아가는 외부기생성 천적이다. 알에서 성충까지 발육기간은 약 10일

그림 4. 산란 중인 굴파리좀벌 성충과 외부기생 중인 유충(이기상 박사 제공)

(25℃), 수명은 10~23일이며, 약 210개의 알을 낳는다(그림 4). 성충이 직접 체액을 섭취하여 죽이는 양도 기생벌 한 마리당 70여 마리에 이른다. 봄, 가을에는 굴파리좀벌과 잎굴파리고치벌을 혼용 방사하고, 고온기에는 굴파리좀벌만 활용하는 것이 좋다.

2) 포식성 천적

해충을 먹이로 하는 생물종으로 무당벌레, 풀잠자리, 사마귀, 딱정벌레와 같이 저작형 입틀을 가지고 먹이를 씹어 먹는 종류와 노린재, 파리류 유충(꽃등에, 혹파리 등)과 같이 흡입형 입틀을 가지고 체액을 빨아먹는 종류로 나눌 수 있다. 발육 시기에 따라 유충 시기에만 포식성을 가진 것(꽃등에)과 유충, 성충 기간 모두 포식성인 것(무당벌레, 풀잠자리)으로도 나눌 수 있다. 포식성 천적은 해충을 직접 먹이로 잡아먹으므로 기생성 천적에 비해 짧은 시간에 해충의 밀도 억제효과가 나타나는 것이 장점이다.

(1) 무당벌레(*Harmonia axyridis*)

유충과 성충 기간 모두 진딧물을 포식한다. 우리나라에 서식하는 무당벌레류는 90여 종 이상이며, 무당벌레, 꼬마남생이무당벌레 등 대부분 포식성이지만, 이십팔점박이무당벌레, 큰이십팔점박이무당벌레는 가지, 감자 등을 가해하는 해충이고, 노

그림 5. 목화진딧물을 포식 중인 꼬마남생이무당벌레와 무당벌레

랑무당벌레는 고추, 오이 등에 발생하는 흰가루병 균사를 먹는 식균성이다. 무당벌레는 성충으로 방사하였을 경우 진딧물을 포식한 다음 날부터 하루에 30여 개의 알을 낳고, 산란된 알은 노란색으로 3~4일 후면 부화하며 성충 수명은 약 2~3개월이다. 진딧물뿐만 아니라 온실가루이 약충, 응애류, 나방류의 알 등 크기가 작은 대부분의 곤충을 포식하며, 유충과 성충 기간에 약 1,000마리의 진딧물을 포식한다(그림 5). 성충이 일생 동안 산란하는 알 수는 600~800개이고, 알부터 성충까지 약 21~25일이 걸린다.

(2) 풀잠자리류

풀잠자리는 모두 포식성으로 칠성풀잠자리(*Chrysopa pallens*)와 어리줄풀잠자리(*Chrysoperla carnea*)가 대표적이다. 칠성풀잠자리는 40~50개의 알을 무더기로 잎 뒷면에 산란하지만 어리줄풀잠자리는 한 개씩 가는 낚시줄과 같은 것에 하나씩 매달아 놓는다. 무당벌레와 같이 많은 수의 진딧물을 포식하기 때문에 진딧물이 높은 밀도로 발생하였을 경우 방제효과가 빨리 나타난다. 칠성풀잠자리는 유충 시기에 약 1,600마리, 성충 시기에 약 700마리의 목화진딧물 약충을 포식한다. 어리줄풀잠자리는 유충 시기에만 400~1,000마리를 포식하고 성충은 포식하지 않는다(그림 6). 두 종 모두 진딧물 이외에 나방류 해충의 알이나 온실가루이 약충, 총채벌레도 포식을 한다. 칠성풀잠자리 성충 수명은 2~3개월이며, 산란수는 1,000~1,700개 내

그림 6. 어리줄풀잠자리 성충과 진딧물을 포식 중인 유충

외로 번식력이 매우 높아 진딧물 방제에 효과적이다. 어리줄풀잠자리 성충 수명은 30~40일이며, 200~500여 개의 알을 낳는다.

(3) 진디혹파리(*Aphidoletes aphidimyza*)

국내 토착종으로 세계적으로도 널리 분포한다. 갓 부화한 유충은 0.3mm의 오렌지색이며 근처에 있는 진딧물을 찾아 포식행동에 들어간다. 섭식이 없는 상태에서 6cm 이상 이동할 수 있고, 반경 2.5cm 주위에 있는 진딧물을 찾아내는 능력이 있다. 다 자란 유충은 2.5mm 크기이고, 종령 유충은 번데기가 되기 위해 토양으로 떨어지고 2~3mm 아래로 들어가 고치를 형성한다. 2~3주 후에 성충으로 우화하고 성충의 수명은 약 10일이다. 알에서 성충까지 발육기간은 약 19일이며, 길이는 약 2.5mm이고 진딧물 군집 속에 70~200개의 알을 산란한다. 유충은 진딧물 체내에 마비 독소를 주입하여 움직임을 둔화시킨 후 흡즙하는데, 1마리가 10~100마리의 진딧물을 포식한다(그림 7).

(4) 담배장님노린재(*Nesidiocoris tenuis*)

토착천적으로 우리나라, 일본, 중국, 동남아시아, 아프리카에 분포한다. 유럽에서는 장님노린재과에 속하는 *Macrolophus caliginonus* 등이 활용되고 있다. 성충의 크기는 3.5~4mm이고, 15~35℃에서 활동성이 좋다. 알에서 성충까지 발육기간은

그림 7. 진딧물을 포식 중인 진디혹파리 유충
(김정환 박사 제공)

그림 8. 미소해충 포식성 천적 담배장님노린재
(김정환 박사 제공)

21~23일이고 수명은 35~40일이다. 일생 동안 산란수는 80~130개이고, 1일 포식량은 가루이 알 30~40개, 약충 15~20마리, 성충 2~5마리다. 광포식성 천적으로 가루이류, 응애류, 진딧물류, 총채벌레류, 나방알 등 대부분의 미소 해충을 포식한다. 먹이 부족 시 작물의 가지 또는 잎을 흡즙하여 피해를 줄 수 있으므로 작물에 해충이 없거나 적을 때에는 나방알 등 대체 먹이를 함께 투입하는 것이 좋다.

(5) 애꽃노린재(*Orius* spp.)

애꽃노린재는 약충과 성충이 모두 작은 곤충들을 포식하며, 주로 총채벌레 방제에

그림 9. 총채벌레를 포식 중인 애꽃노린재 약충과 성충

활용되는 천적이다(그림 9). 크기가 작고(약 2mm) 납작한 형태로 식물의 복잡한 구조에서도 자유롭게 다니며 총채벌레를 사냥하고 일일 포식량의 수가 많아 빠른 방제효과를 거둘 수 있는 장점이 있지만, 대량 사육 시 동종 포식하는 경향이 강한 것이 단점이다. 새순 줄기나 엽맥 조직체 속에 일생 동안 약 150개를 산란하며, 알부터 성충까지 발육기간은 12~17일, 성충 수명은 20~40일이다. 알에서 부화하면서부터 성충이 사망할 때까지 약 400여 마리를 포식하며, 성충의 경우 하루에 약 12마리를 포식한다.

(6) 칠레이리응애(*Phytoseiulus persimilis*)

그림 10. 점박이응애를 포식 중인 칠레이리응애 성충

원산지는 지중해 연안으로 추정되며, 점박이응애 방제를 위해 1960년대 중반 네덜란드의 코퍼트(Koppert)가 오이에서 처음 활용하기 시작하여 전 세계적으로 가장 널리 사용되고 있는 천적이다(그림 10). 크기는 0.45~0.6mm이고, 알에서 성충까지 발육기간은 5~6일(25℃), 성충 수명은 약 1개월이다. 산란수는 하루 2~4개로 일생 동안 40~100개를 산란한다. 포식량은 점박이응애 알은 1일 약 30개, 약충과 성충은 약 10마리이며, 최적온도는 20~25℃이나 점박이응애 증식 속도를 고려하면 20℃에서 가장 효과가 우수하다. 최적습도는 75% 이상이며, 40% 이하의 습도에서는 부화율이 극히 낮다. 30℃ 이상이 되면 포식량은 감소하고 35℃에서는 먹지 않는다.

3) 병원성 천적

병원성 천적은 곤충병원성 선충과 미생물을 말하며 다른 천적들과는 달리 해충의 입, 항문, 숨구멍, 표피 등을 통해 체내로 침입해 독소를 분비하여 기주의 조직을 파괴하고 체내 영양분을 이용하여 급속도로 증식하여 해충을 죽게 한다.

(1) 곤충병원성 선충(*Steinernema carpocapsae*)

국내 토착종으로 곤충에 기생하여 병을 유발시켜(패혈증) 사망시키는 기생성 선충류로 나비목, 딱정벌레류, 파리류의 유충 방제에 효과적인 천적이다. 병원성이 뛰어나 농업해충 및 잔디해충, 산림해충 등 다양하게 이용되고 있다. 일반 천적과는 달리 희석액을 만들어 일반 농약을 살포하듯이 분무기를 사용하여 살포한다. 기주 몸체에 침입한 선충은 바로 자기 증식에 들어가며, 나방류 유충 한 마리에서 약 20만 마리의 선충이 증식하고, 기주 몸체에서 가득 증식되면 표피를 뚫고 밖으로 탈출한다. 병원성 선충을 살포한 후 2~3일 이내에 해충이 사망하는 것을 확인할 수 있어 천적 중에서 가장 빠른 방제효과를 볼 수 있다(그림 11).

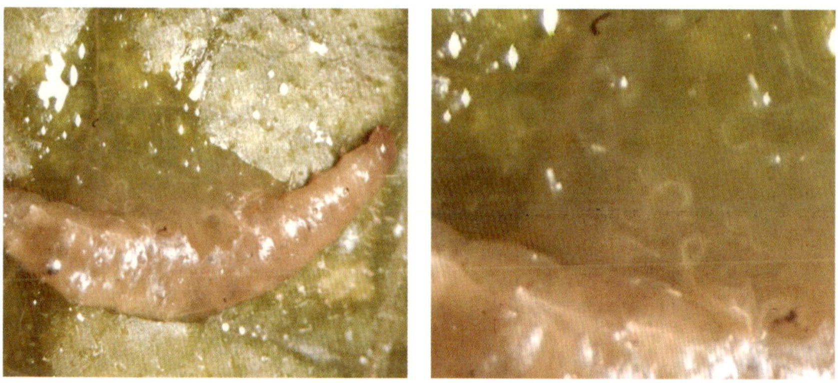

그림 11. 곤충병원성 선충에 감염된 목화바둑명나방과 방출되어 나오는 선충

(2) 바실러스 튜링겐시스(*Bacillus thuringiensis*)

곤충병원성 세균에 의한 최초의 생물학적 방제제로 가장 많이 사용되어왔으며, 크레이(Cry) 독소라는 내독소를 생산하여 주로 나비목, 딱정벌레목 및 파리목 해충의 살충에 사용된다(Schnepf et al., 1998). 하지만 작물에 적용한 후 태양열이나 식물에서 나오는 다양한 화학 성분 등에 의해서 세균과 독소의 안정성이 감소하는 단점이 있으며, 바실러스 튜링겐시스를 재배지에 반복적으로 사용했을 때 해충이 크레이 독소에 대한 내성이 보고되면서 바실러스 튜링겐시스를 대체하여 생물학적 방제제로 이용할 수 있는 미생물이 요구되고 있다(Bravo et al., 2011).

(3) 뷰베리아 바시아나(*Beauveria bassiana*)

뷰베리아 바시아나는 동충하초목 맥각균과 백강균속의 진균으로 담배가루이, 진딧물, 총채벌레, 감귤나무이, 바구미, 가루깍지벌레 등에 높은 살충 효과를 나타낸다(Gonzalez et al., 2016). 병원성 인자는 뷰버리신(beauvericin), 바시아닌(bassianin), 바시아노리드(bassianolide) 등이 보고되었다(Safavi, 2013).

(4) 배큘로바이러스(*Baculovirus*)

배큘로바이러스는 가장 외부에 과립형(granule) 또는 다각체(polyhedral) 형태의 단백질로 구성된 봉입체(occlusion body)를 가지며, 폐색체 내부에는 막대 모양의 핵단백질체(nucleocapsid)가 dsDNA 유전체를 감싸고 있으며, 봉입체 내부의 구조를 통틀어 비리온(virion)이라고 한다(Lee et al., 2017). 다각체성 봉입체에 여러 개의 비리온이 있는 NPV(Nucleopolyhedrovirus)와 과립형 봉입체에 하나의 비리온이 있는 GV(Granulovirus)로 분류된다. 곤충 유충이 배큘로바이러스가 붙어 있는 잎을 먹게 되면 바이러스가 중장에 도달한 후 봉입체 단백질이 분해되어 비리온이 방출되고 복제되어 증가하면서 유충의 중장세포를 감염하게 되고, 바이러스는 키틴분해효소 등을 생성하여 유충의 중장세포를 파괴하고 세포 사멸 시 외부환경으로 배출된다(Lee et al., 2017). 배큘로바이러스는 도둑나방, 파밤나방, 담배거세미나방 등 나방류 방제에 효과가 있으며, 대량생산이 어렵기 때문에 생물학적 방제제로서 상업화는 세균과 곰팡이에 비해 상대적으로 늦다(Lee et al., 2017).

3. 천적의 평가가 필요한 이유

천적의 해충 방제효과가 있는지 과학적으로 검증하는 것은 모든 생물적 방제 프로그램에 중요하다. 접종방사에 의한 생물적 방제(augmentation biological control)에서는 해충밀도나 작물의 수확량 변화에 대한 평가가 가장 중요하고, 보존적 생물적 방제(conservation biological control)에서는 천적과 해충의 비율을 측정하는 것이 종합적 해충관리 전략 수립에 필수적이며, 도입에 의한 생물적 방제(introduction biological control)에서는 개체군 수준에서의 기작을 이해하기 위한 방제 대상 해충의 발생량과 작물의 수확량 변동을 측정하는 것과 천적 도입 관련된 위험 평가가 중요하다(Van Driesche et al., 2008). 또한 생물적 방제의 효과를 보여줌으로써 경제적 투자를 가능하게 하는 기초자료를 제공하기 위함이다.

4. 천적에 의한 해충밀도 감소 측정법

천적이 곤충이나 응애류 개체군에 미치는 영향을 측정하는 가장 직접적인 방법은 폴 디바크(Paul DeBach)가 개발한 실험적인 접근법을 사용하는 것이다. 이것은 천적이 있는 해충 개체군과 천적이 없는 해충 개체군에서 해충과 천적의 밀도를 비교하는 것으로, 천적의 유무를 시간적으로 설계하는 처리 전후의 비교법(temporal before-and-after design), 천적의 유무를 공간적으로 설계하는 방법(spatial with-and-without design), 천적을 제거하여 천적이 없는 공간을 만드는 배제적 방법(exclusion design)으로 나눌 수 있다(Van Driesche et al., 2008).

1) 시간적 설계(temporal before-and-after design)

천적의 방사 전 해충 개체군 수 세대에 대한 밀도 데이터를 수집해놓고, 천적의 방사 후에 일어나는 해충의 밀도 변동을 비교한다. 이 방법은 수년 동안 여러 세대를 거쳐서 시험해야 하므로 중간에 시험구를 잃어버릴 우려가 있으므로 시험구의 숫자를 넉넉하게 준비하는 것이 중요하다(처리당 8~10시험구). 이 방법은 특히 다화성이고 고착생활을 하는 해충에 잘 적용될 수 있다. 나방과 같이 이동력이 큰 해충의 경우 시험구 내 유충의 밀도가 해마다 성충의 이동에 영향을 많이 받게 되어 천적 방사의 효과를 평가하기가 더욱 어려워진다(Van Driesche et al., 2008). 예를 들어 다음과 같이 처리구에서 처리 전 3년간 해충의 밀도와 처리 후 6년간 해충의 밀도 변동을 대조구와 비교할 수 있다(표 1).

처리 전을 B(Before)로, 처리 후를 A(After)로 표시하여 통계치를 계산하면 다음과 같다.

표 1. 천적에 의한 해충밀도 감소 측정을 위한 시간적 설계법의 예시자료

	연도	처리구	대조구	차이 (처리구-대조구)
	1988	14	17	-3
	1989	12	14	-2
	1990	15	18	-3
	1991	16	21	-5
처리효과 시작 →	1992	13	24	-11
	1993	12	20	-8
	1994	15	21	-6
	1995	17	26	-9
	1996	14	23	-9

Krebs(1998)의 자료 및 그래프를 수정 인용함.

$$n_B = 3,\ \bar{d}_B = -2.67,\ S_B^2 = 0.33$$

$$n_A = 6,\ \bar{d}_A = -8.00,\ S_A^2 = 4.80$$

처리 효과에 의한 차이의 추정치는 다음과 같다.

$$\bar{d}_B - \bar{d}_A = -2.67 - (-8.00) = 5.33$$

위의 값을 Welch's t 검증을 실시하면 t 값은 5.59이고, 자유도($d.f.$)는 6.19로 계산된다.

$$t = \frac{\bar{d}_B - \bar{d}_A}{\sqrt{\frac{S_B^2}{n_B} + \frac{S_A^2}{n_A}}} = \frac{-2.67 - (-8.00)}{\sqrt{\frac{0.33}{3} + \frac{4.80}{6}}} = \frac{5.33}{\sqrt{0.9111}} = 5.59$$

$$d.f. = \frac{\left(\frac{S_B^2}{n_B} - \frac{S_A^2}{n_A}\right)^2}{\frac{\left(\frac{S_B^2}{n_B}\right)^2}{n_B - 1} + \frac{\left(\frac{S_A^2}{n_A}\right)^2}{n_A - 1}} = \frac{(0.9111)^2}{\frac{0.111^2}{2} + \frac{0.80^2}{5}} = 6.19$$

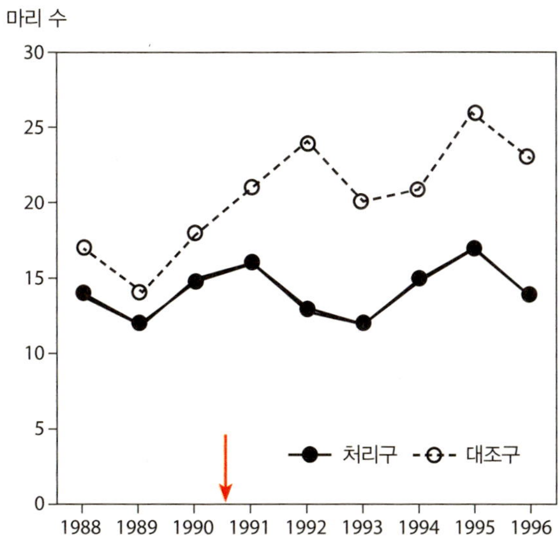

그림 12. 천적 방사에 의한 해충의 밀도 억제(화살표는 천적의 방사 시기)

따라서 통계적으로 유의차가 인정되며, 천적 방사 후 해충의 밀도가 대조구에 비해 낮게 유지됨을 알 수 있다(그림 12).

2) 공간적 설계(spatial with-and-without design)

천적 방사 전에 데이터를 얻을 수 없다면, 천적의 처리구와 방사하지 않은 대조구를 확보한 후 처리구에 천적을 동시에 방사하여 해충의 밀도를 비교할 수 있다. 이때 방사한 천적이 성공적으로 정착 및 확산한다면 대조구에도 들어갈 수 있으니, 가능하면 대조구는 처리구로부터 멀리 떨어져 있어야 한다. 하지만 처리구와 대조구는 지질학적·기후적·생태적 상동성이 중요하다. 처리구와 대조구의 물리적 거리는 천적의 행동 습성(=확산 거리)에 따라 달라지지만 대체로 5~15km가 합리적이나 더 먼 거리가 필요할 경우도 있다(Van Driesche et al., 2008).

3) 배제적 설계(exclusion design)

이미 천적이 지역에 걸쳐 분포하고 있을 때는 천적이 없는 대조구를 둘 수가 없다. 이럴 경우 인위적으로 천적이 없는 시험구를 만들어야 한다. 이를 위해 케이지나 살충제를 이용할 수 있다(Van Driesche et al., 2008).

(1) 케이지를 이용한 배제법(cage-exclusion design)

이미 정착한 천적을 작물이나 해충으로부터 격리시킨 후 케이지를 이용해 천적을 격리시키지 않은 시험구와 해충 방제 효과를 평가할 수 있다. 하지만 케이지는 인위적인 환경 변화를 유도할 수 있기 때문에 케이지를 사용하지 않은 시험구와 변이가 있을 수 있다. 이러한 단점을 보완하기 위해 천적의 접근은 쉽게 하고 작물의 재배환경은 케이지를 사용한 시험구와 유사하게 만들기 위해 개방형 케이지를 사용할 수 있다. 디바크와 후파커(DeBach and Huffaker, 1971)는 아이비(*Hedera helix* L.)의 잎에 폐쇄형과 개방형 케이지를 씌워 깍지벌레(*Aonidiella aurantii* (Maskell))의 기생성 천적인 깍지좀벌류(*Aphytis* spp.)의 영향을 평가했다(Van Driesche et al., 2008에서 재인용).

케이지를 사용하면 해충 개체군의 이동성이 제약을 받게 된다. 따라서 케이지 내에서 발육을 완료할 수 있는 가루이류, 깍지벌레류, 진딧물류 등에 사용할 수 있으며, 매미나방과 같은 이동성이 큰 해충에서는 적용이 어렵다(Van Driesche et al., 2008). 또한 케이지 내 온도가 온실효과에 의해 높게 올라가며, 공기흐름이 방해를 받기 때문에 습도가 높아져 곰팡이 병원균에 의한 곤충의 치사율이 높아지게 된다. 마지막으로 케이지가 태양광선의 투과를 막아서 식물의 성장에 영향을 줄 수 있다. 이러한 문제점들은 데이터로거와 같은 장치들을 이용해 기록 및 평가가 필요하며, 케이지 내부와 외부의 온도 차이가 클 경우에는 케이지의 모양이나 위치 등을 변경해야 한다(Van Driesche et al., 2008).

개방형 케이지를 이용한 연구의 예를 마이나리 등(Mainali et al., 2012)에서도 찾을 수 있다. 이들 저자는 콩에서 주요 해충인 톱다리개미허리노린재의 알 기생벌에 의한 기생률 향상 효과를 검증하기 위해, 저온 불활성화된 알을 개방형 케이지 내에 방사하고 그렇지 않은 대조구와 기생률을 비교했다(그림 13, 그림 14). 다만 작물 재배 환경의 균일성 유지를 위해 처리구와 대조구 모두 개방형 케이지를 사용했다. 또한 천적을 완전히 배제하지 않고 먹이 자원을 공급하여 추가적인 기생벌의 밀도 증가로 인한 기생률 향상 효과를 검증하기 위함이었다.

그림 13. 콩포장에 설치된 개방형 케이지

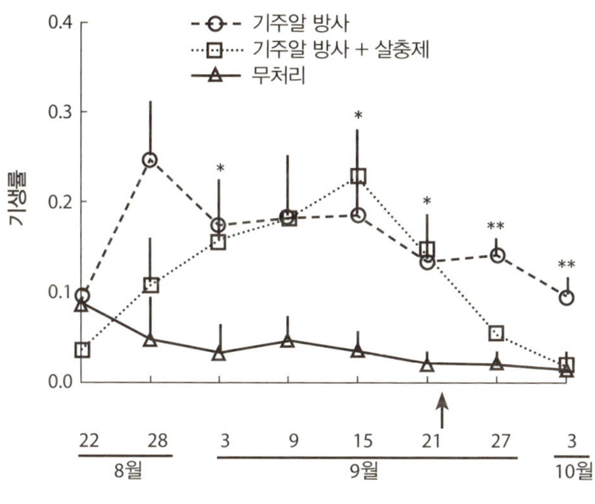

그림 14. 개방형 케이지를 이용한 기주알의 방사가 기생률에 미치는 효과

기주알을 공급한 처리구에서 기생률이 통계적으로 유의하게 높았다. 다만 살충제를 처리한 후에는 기생률이 감소하는 것을 볼 수 있다(Mainali et al., 2012).

기주알을 공급한 처리구에서 기생률이 통계적으로 유의하게 높았다(*$p < 0.05$, **$p < 0.01$).

(2) 살충제를 이용한 배제법(insecticide check method)

이 배제법은 해충에는 비교적 피해가 적은 천적에 특이적인 살충제를 사용하여 천적을 배제하는 방법이다. 그래서 살충제를 사용한 시험구와 그렇지 않은 구에서의

표 2. 카사바 재배지에서 살충제 퍼메트린의 처리 후 나타난 절지동물 밀도

절지동물 종류	평균 개체수 / 식물	
	퍼메트린 처리	무처리
거미류		
거미 합	2.73a	4.31b
꼬마거미과	0.69a	0.96a
염낭거미과	0.44a	0.69a
왕거미과	0.25a	0.83b
잎거미과	0.42a	0.50a
게거미과	0.35a	0.35a
깡충거미과	0.25a	0.29a
늑대거미과	0.17a	0.23a
곤충류		
곤충 합	4.90a	9.56b
개미과	2.02a	2.98a
매미충과		
Empoasca spp.	1.06a	2.67b
방아벌레과	0.25a	1.85a
긴노린재과	0.40a	0.48a
반날개과		
Stethorus spp.	0.21a	0.42a
무당벌레과		
O. minuta	0.23a	0.40a

자료는 $[x + 0.5]^{0.5}$ 변환을 한 후 ANOVA로 통계분석함.

해충의 밀도 변동을 조사하는 방법이다. 이 방법은 다음의 세 가지 조건을 만족시켜야 한다. 첫째, 사용하는 살충제는 천적의 밀도를 감소시킬 수 있어야 한다. 둘째, 해충에 대해서는 피해가 매우 적어야 한다. 셋째, 살충제가 식물의 화학적 조성에 영향을 주는 방식으로(간접적으로) 혹은 직접적으로 해충의 생식력에 영향을 주어서는 안 된다. 살충제에 의한 해충의 생식력 증가 현상은 진딧물류, 총채벌레류, 잎응애류, 멸구류에서 이미 알려져 있다. 살충제를 이용한 배제법은 해충이 케이지 내에서 발육을 완료하지 못하는 경우와 비교적 넓은 지역에서 검증할 때 유용한 방법이다(Van Driesche et al., 2008). 이 방법의 가장 대표적인 예로는 콜롬비아에서 브라운 등(Braun et al., 1987)이 카사바의 잎응애류 해충(*Mononychellus progresivus* Doreste)

의 천적 이리응애류(*Amblyseius limonicus* Garman & McGregor)를 배제하기 위해 사용한 퍼메트린(permethrin)이 있다. 카사바 재배지에 살충제 퍼메트린 살포 후에 작물에 대한 영양과다 증상과 해충의 생식 증가 효과는 없었으나 비표적 절지동물류, 특히 천적들의 밀도가 억제되었다(표 2).

본 원고의 '주요 천적'은 RDA(2009)를 인용하여 작성하였음.

For the 'Type of major natural enemies', please cite this article as: RDA. 2009. Pest control technology using natural enemies. Rural Development Administration. Suwon.

Please cite this article as: Lee, J., Lim, U.T., Lee, J.-H. 2021. Concept of natural enemy and its assessment. In: Lee, J.-H., Kim., D.-S., Jung, C., Park, Y.-L. (eds.), Research Methodology in Insect Ecology, Seoul National University Press, Seoul, pp. 411-428.

참고문헌

Braun, A.R., Guerrero, J.M., Bellotti, A.C., Wilson, L.T. 1987. Evaluation of possible nonlethal side effects of permethrin used in predator exclusion experiments to evaluate *Amblyseius limonicus* (Acari: Phytoseiidae) in biological control of cassava mites (Acari: Tetranychidae). Environ. Entomol. 16, 1012-1018.

Bravo, A., Likitvivatanavong, S., Gill, S.S., Soberon, M. 2011. *Bacillus thuringiensis*: a story of a successful bioinsecticide. Insect Biochem. Mol. Biol. 41, 423-431.

DeBach, P., Huffaker, C.B. 1971. Experimental techniques for evaluation of the effectiveness of natural enemies. In: Huffaker, C.B. (ed.), Biological control, pp. 113-140. Plenum Press, New York.

Gonzalez, F., Tkaczuk, C., Dinu, M.M., Fiedler, Z., Vidal, S., Zchori-Fein, E., Messelink, G.J. 2016. New opportunities for the integration of microorganisms into biological pest control systems in greenhouse crops. J. Pest Sci. 89, 295-311.

Krebs, C.J. 1998. Ecological methodology, 2nd ed. Benjamin Cummings, New York.

Lee, H.-R., Jung, J.H., Riu, M.J., Ryu, C.-M. 2017. A new frontier for biological control against plant pathogenic nematodes and insect pests I: By microbes. Res. Plant Dis. 23, 114-149.

Mainali, B.P., Kim, S., Lim, U.T. 2012. Effects of combining releases of non-viable host eggs with insecticide application on *Riptortus pedestris* population and its egg parasitoids. J. Asia-Pac. Entomol. 15, 299-305.

Safavi, S.A. 2013. In vitro and in vivo induction and characterization of Beauvericin isolated from *Beauveria bassiana* and its bioassay on *Galleria mellonella* larvae. J. Agric. Sci. Tech. 15, 1-10.

RDA. 2009. Pest control technology using natural enemies. Rural Development Administration. Suwon.

Schnepf, E., Crickmore, N., Van Rie, J., Lereclus, D., Baum, J., Feitelson, J., Zeigler, D.R., Dean, D.H. 1998. *Bacillus thuringiensis* and its pesticidal crystal proteins. Microbiol. Mol. Biol. Rev. 62, 775-806.

Van Driesche, R.G., Bellows, T.S. 1996. Biological Control. Chapman & Hall, New York.

Van Driesche, R.G., Hoddle, M., Center, T. 2008. Control of pests and weeds by natural enemies. Blackwell Publishing, Oxford, United Kingdom.

제16장

피식자-포식자 상호작용의 분석과 모델링

정철의, 안정준, 이준호

응용곤충학에서 개체군 동태 또는 상호작용 모델링은 개체군 변동과 분포, 상호작용의 방향과 크기, 그 영향을 모의하거나 분석적으로 이해하고 예측하는 데 중요한 역할을 한다. 복잡한 먹이사슬과 상호작용이 존재하는 농업생태계에서 모델링은 특정 현상에 대한 대안적 설명을 가능케 하며, 시뮬레이션이란 방법을 통하여 현실적으로 실현하기 어려운 실험적 가설에 대한 다양한 시도와 그 조건에 따른 답을 찾을 수 있는 방법이기도 하다. 그러나 모델링 또는 생태적 모델은 많은 곤충학자들에게 어려운 분야로 인식되어왔으며 수식 등이 나타날 경우 이를 이해하려는 노력을 하기보다는 쉽게 포기하는 경우를 많이 보게 된다. 모델은 현상 인식을 바탕으로 그 현상을 축약적으로 설명하려는 의도에서 만들어지기 때문에 기초적인 개념을 잘 이해한다면 후속적으로 따라오는 복잡한 수식과 과정도 큰 어려움 없이 해석하고 해결할 수 있을 것으로 보인다. 따라서 본문에서는 생태학적 모델을 기본 개념에 따라 설명하고 이러한 모델이 응용되는 구체적인 예를, 피식자-포식자 관계를 해석하고 응용하는 데 적용하고자 한다.

1. 모델 유형 분류

(1) 분석모델과 시뮬레이션 모델(analytical model vs. simulation model)

분석모델은 특정 현상을 설명하기 위하여 수학 공식을 사용하는 모델의 형태다. 이때 수학 공식들은 미분방정식을 많이 사용하며, 모델 시스템의 평형상태에 대한 답을 찾을 때 자주 이용한다. 반면 시뮬레이션 모델은 물론 수학 공식을 사용하기도 하나, 컴퓨터 프로그램을 이용하여 다양한 조건에서의 모델 출력물에 대한 관심을 높인다.

(2) 세포자동화 모델(cellular automata model)

세포(cell)는 평면으로 배열된 격자화된 공간(세포들)으로 보고, 자동화(automata)는 이산모형에 의해서 자동적으로 움직이는 것이라고 보면 좋다. 이 모델은 개체군의 공간 분포 및 확산, 그리고 개체군 증가를 설명하기 위하여 만들어진 공간모델이며, 이때 시간과 공간은 불연속변량(discrete variable)으로 취급된다. 대개의 경우, 지정된 배경하에서 개체군은 시간의 변화에 따라 특정 지점(cell)으로 이동 및 성장이 가능하며, 이때 이동 및 성장의 기준은 주어진 규칙을 따르게 된다. 따라서 이 모델은 기준기반(rule-base) 모델과 연동되는 경우가 많다.

(3) 연속/불연속 모델(continuous vs. discrete model)

연속과 불연속을 표현할 때 그 대상은 시간, 공간 그리고 모델 파라미터가 될 수 있다. 따라서 연속모델에서는 변수가 실수의 형태를 가지는 연속변량이란 뜻이 되며, 불연속모델에서는 변수가 분명한 정수(예: $t=1, 2, 3,...$)라는 이야기다. 마찬가지로 공간적 측면에서도 연속변수를 취한다면 그 변수의 위치는 x, y 또는 z의 위치가 어떠한 공간이라도 점유할 수 있다는 뜻이 된다.

(4) 지도-격자 연계모델(coupled map-lattice model)

세포자동화 모델과 비슷하다. 그러나 이 모델의 경우 시간을 연속변수로 취한다는 점이 다르다.

(5) 기술모델, 과정모델, 그리고 통계모델(descriptive vs. process model, and statistical model)

과정모델은 생물의 생물학적 과정에 대한 구체적인 모사를 통한 모델링 접근 방식이다. 예를 들면 성충이 알을 낳고 알이 부화하여 발육하고 성충이 된다는 등의 과정을 구체화하는 모델이다. 이에 반하여 기술모델은 생물적 과정에 수학적 관계를 구체화하여 적용하는 모델이다. 반면 통계모델은 그 과정에 대한 구체적인 기술과 모사보다는 그 결과가 나타나는 패턴을 자료의 분포 특성이란 측면으로 표현하는 모델이다.

(6) 결정론적 모델과 확률적 모델(deterministic vs. stochastic model)

결정론적 모델에서는 입력 또는 출력자료의 임의성(randomness)을 배제한 모델을 말한다. 즉 같은 입력자료가 있으면 그 결과는 항상 같은 값이 출력된다. 대개 미분방정식 또는 편미분방정식을 사용하는 모델이 결정론적 방법을 취한다. 반면 확률적 모델에서는 임의성이 중요한 역할을 한다. 따라서 같은 크기의 자료를 입력하여도 출력자료는 다양한 값을 가질 수 있다. 이러한 확률적 모델에서도 입력 작업의 반복을 크게 하면 궁극적으로 중앙값은 결정론적 모델의 그것과 같아지는 경우가 대부분이나, 그 변이의 폭을 구할 수 있는 장점이 있다.

(7) 통합모델과 개체모델(eulerian model vs. lagrangian model)

통합모델은 종합적 접근을 통한 모델의 형태로 대개 개체군의 이동 분포를 설명하는 공간모델의 한 형태로 불린다. 반면 개체모델은 개체군 내에서 각 개체의 이동을 추적하는 접근법을 칭한다. 경우에 따라서는 환원적 접근법으로 설명한다.

(8) 개체-기반 모델과 기준-기반 모델(individual-based vs. rule-based model)

대부분 분석모델에서는 개체군의 평균적 움직임을 모델의 대상으로 취하나, 시뮬레이션 모델에서는 종종 개체를 기본단위로 취하기도 한다. 이는 컴퓨터 기술의 발전으로 인한 대용량 연산이 가능해졌기 때문이기도 하고, 각 개체의 행동의 통합이 개체군 행동으로 나타난다고 보는 경향에 대한 인식의 결과라고 생각된다. 따라서 개체-기반 모델에서는 각 개체가 모델의 대상이 되며 이의 통합을 통해 개체군 특성이 표현된다. 이때 개체의 이동 및 생장 등은 정해진 기준을 따르게 되는데 이 경우, 기준-기반 모델이라 하며, 개체-기반 모델은 기준-기반 모델과 연동하여 사용한다. 이때 사용되는 기준이란 다음과 같은 예를 통해 설명한다.

Step 1. 기생봉은 기주의 유충을 만날 때까지, 또는 잎의 가장자리까지 직진한다.
Step 2. 기주 유충을 만나면 1개의 알을 낳는다.
Step 3. 잎의 가장자리까지 간다면 160° 방향을 틀고 Step 1으로 돌아간다.

(9) 미분방정식과 편미분방정식(ordinary differential equation vs. partial differential equation)

미분방정식은 대개 연속적인 시간을 주 입력자료로 사용하여 개체군의 크기를 추정하는 분석모델에서 많이 사용되며, 편미분방정식은 시간과 공간을 연속변수로 사용하는 분산이동 또는 분포확산 등의 수학모형에 사용된다.

(10) 공간분포 모델(spatial distribution model)

대다수 생태학적 모델들은 시간의 변화에 따른 개체군의 특성을 파악하는 동태모형이 주를 이루었다. 위성 등을 통한 원격탐사, 지리정보시스템의 발달 및 많은 분포나 이동에 대한 양적 자료의 집적(big data)을 바탕으로 공간모형, 공간분포 모델이 빠르게 발달하고 있다. 공간모델의 경우, 공간이라는 차원을 직접적 또는 간접적으로 포함하게 된다. 공간을 직접적으로 포함할 경우, 공간상의 특정한 위치를 지정하게 되나, 간접적으로 표현하는 경우는 공간단위의 수, 비율 등으로 표현한다. 최근 MaxEnt 또는 CLIMEX 모델 등 기후에 따른 곤충의 서식 잠재성에 관한 분포 모델링이 전자가 된다면, 메타개체군모델(meta-population model)에서 특정 공간에 대한 구체적인 예를 들지 않고 다만 점유된 공간과 점유되지 않은 공간의 비, 또는 숫자 등으로 표현되는 게 후자의 특성이며, 징검다리모델(stepping stone model) 또는 섬-육지모델(island-continental model)에서는 섬 간 또는 각 지점 간의 명확한 거리를 통해 그 공간에 대한 점유를 기술하는 모델로서 공간을 직접적으로 표현하는 형태다.

2. 개체군 증가 모형

1) 밀도독립적 개체군 증가

개체군은 특정 지역에 서식하고 있는 동일 종 개체의 집합으로 정의한다. 개체군의 크기는 다양한 밀도 의존적/비의존적(독립적) 요소들에 의해 좌우되지만, 기본적으로 출생률, 사망률, 이입, 이출에 의해 결정된다. 밀도독립적으로 생장하는 개체군 크기의 변화는 당시 개체군 밀도에 영향을 받지 않고, 개체군 고유의 내적 과정에 의해 결정되며, 특정 시간에서 개체군의 크기(N_{t+1})는 다음과 같이 결정된다.

$$N_{t+1} = N_t + \text{출생} - \text{사망} + \text{이입} - \text{이출}$$

만약, 시간을 불연속변수로 하여 장기적인 자료를 통해 출생, 사망, 이입 및 이출의 개체당 변화율을 하나의 변수 R로 표현할 수 있다면, N_{t+1}은 다음과 같이 풀 수 있다.

$$N_{t+1} + RN_t + N_t = (R+1)N_t = \lambda N_t$$

여기서 $R + 1 = \lambda$(기하함수적 개체당 증가율)이라 한다. 따라서 $t + 2$시간대의 개체군 크기를 표현하려면 아래와 같이 되며, 계속 기하함수적으로 증가하게 된다.

$$N_{t+2} = \lambda N_{t+1} = \lambda\lambda N_t = \lambda^2 N_t$$

이를 여러 단계의 시간 단위(T)로 확대하면 $N_{t+T} = \lambda^T N_t$가 되며 $t = 0$일 때 초기 개체군의 크기가 정해진다면 (N_0), $N_t = N_0\lambda^T$로 표현된다. 그러나 이 경우 시간의 단위가 불연속적이기 때문에 연속적인 상황을 고려한다면 미분방정식을 이용해야 한다. 즉, 불연속적인 시간의 단위라는 것은 시간을 1일, 2일, 3일, 또는 1주, 2주, 3주 등으로 변한다는 의미이나, 실제 시간은 1일에서 2일로 끊김없이 경과하게 된다. 또한 우리가 주 단위 시간 모델을 가지고 지금부터 4일 후의 개체군 크기를 알고 싶다면, 이에 대한 즉각적인 답을 줄 수가 없다. 따라서 연속변량인 시간을 대상으로 한 연속모델을 이용하기 위해서는 위 식을 미분방정식을 이용하여 풀어낸다. 이 경우, 증가율을 내적자연증가율(또는 지수함수적 개체당 증가율) r이라 하고, 초기의 개체군 크기를 N_0로 설정하자. 개체군의 순간 증가량은 다음과 같다.

$$\frac{dN}{dt} = rN(t)$$

이를 풀기 위해서는 양쪽을 나누고, 시간을 0에서 T까지 적분을 취한다.

$$\int_{N(0)}^{N(T)} \frac{dN(t)}{N} = r\int_0^t dt$$

$$\ln N(T) - \ln N(0) = rT - r0 = rT$$

$$\ln \frac{N(T)}{N(0)} = rT$$

$$\frac{N(T)}{N(0)} = \exp(rT)$$

$$N(T) = N(0)\exp(rT)$$

위 두 식의 전개과정을 통해서, $\exp(r) = \lambda$가 됨을 확인할 수 있다. 지수증가형 개체군 모형에서 개체군의 증가 양상, 개체당 순간 증가율의 변화를 추정할 수 있다.

2) 밀도의존적 개체군 증가

개체군이 양성되먹임(positive feedback) 조절 구도에서 개체군 크기는 기하급수적으로 증가하거나 감소하게 된다. 그러나 많은 경우, 생물 개체군의 크기는 생태계의 평형밀도를 중심으로 안정화 경향을 보인다. 이 과정에는 음성되먹임(negative feedback) 조절 기구가 존재하기 때문이다. 개체군 크기나 생장률에 영향을 줄 수 있는 음성되먹임 요소들은 다음과 같다.

① 개체군 크기가 증가함에 따라 가용한 먹이자원 감소
② 개체군 증가로 인한 간섭 및 경쟁으로 인한 섭식 기회 감소
③ 서식 공간 자원 감소
④ 과밀효과로 인한 공격성 증가를 통한 생존, 번식력 감소
⑤ 천적의 수반응 증가
⑥ 포식자의 3형 기능반응에서 나타나는 탐색능력의 증가로 인한 포식사망률 증가
⑦ 이입의 감소와 이출의 증가

이러한 경우 개체군 생장은 어떤 한계를 가지게 되며, 그 한계 내외에서 평형상태를 가진다. 이 평형상태의 개체군 크기를 '개체군 수용능력(K)'이라고 한다. 이 경우, 개체군 크기의 변화량은 현존하는 개체군의 크기(N), 이상적 상태의 개체군 증가율(r), 그리고 개체군 수용능력(K)의 함수로 결정될 수 있다. 이를 연속시간단위에서 표현하면 다음과 같이 정리할 수 있다.

$$\frac{dN}{dt} = rN\left(\frac{K-N}{K}\right)$$

밀도독립적 개체군 증가에서 개체군의 순간 증가량을 계산한 방식과 같은 방법으로 계산하면 다음과 같은 결과가 나온다.

$$N(t) = \frac{K}{1+\left[\left(\frac{K-N_0}{N_0}\right)e^{-rt}\right]}$$

개체군의 증가는 시간이 흐름에 따라 증가 폭이 커지다가 수용능력 근처에 다

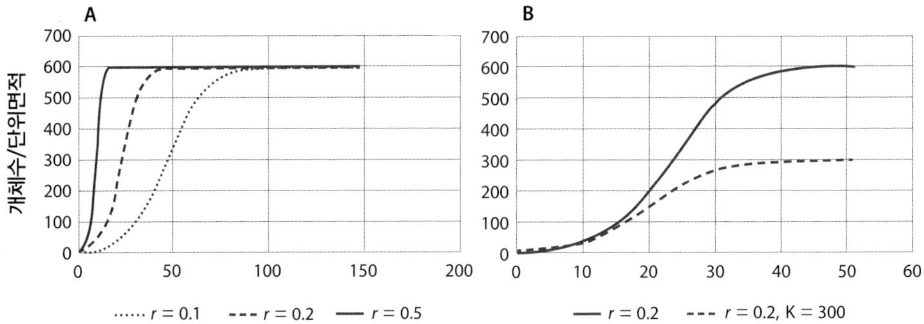

그림 1. 밀도의존적 개체군의 밀도 증가 양상

A: 수용능력(*K*)은 고정되었으나 개체군 증가율(*r*)이 변하는 경우, B: 개체군 증가율(*r*)은 0.2로 고정되었으나 수용능력(*K*)이 변하는 경우.

가갈수록 증가 폭이 작아지면서 수용능력으로 안정화된다. 개체당 증가율은 개체군 밀도가 증가함에 따라 점차 감소하다가, 개체군 밀도가 수용능력 근처가 되면 증가율은 '0'이 되어, 이 시점에서 개체군 유입요소(출산과 이입)의 합은 유출요소(사망과 이출)의 합과 같아지게 되며, 개체군은 안정 상태를 유지한다.

개체군 증가의 상한은 수용능력(*K*)에 의해서 결정된다. 예를 들어 작물이 저항성이거나 감수성인 경우, 그 작물을 먹이로 하는 초식 곤충의 개체군 증가율(*r*값)이나 그 작물이 지속가능하게 지탱해줄 수 있는 초식곤충의 최대 평균 밀도, 즉 수용능력(*K*)값이 변할 수 있다. 농작물에 질소비료를 사용하거나 시설 작물 재배지의 시설 내부 온도를 높게 설정할 경우, 수용능력은 변하지 않지만 개체군 증가율은 높아질 수 있다. 초식 곤충의 발육이 빨라지기 때문에, 이 경우 개체군 수용능력에 이르는 시간이 변화하게 된다. 그러나 현실에서 개체군 증가가 그림처럼 이상적으로 증가하는 경우는 거의 없다. 비록 수용능력이 설정되어 있다고 하더라도, 개체군 증가율의 크기에 따른 변이, 수용능력의 시간 및 공간 이질성에 따른 변화, 확률론적 개체군 증가의 변이, 시간 지연에 따른 개체군 증가 양상의 변이 등 다양한 변이의 원인을 생각해볼 수 있다.

또한 밀도의존형 결정론적 개체군 모형에서도 개체군 증가율과 수용능력의 크기에 따라서 불확실한 결과를 제시하기도 한다. 〈그림 2〉에서 개체군 증가율

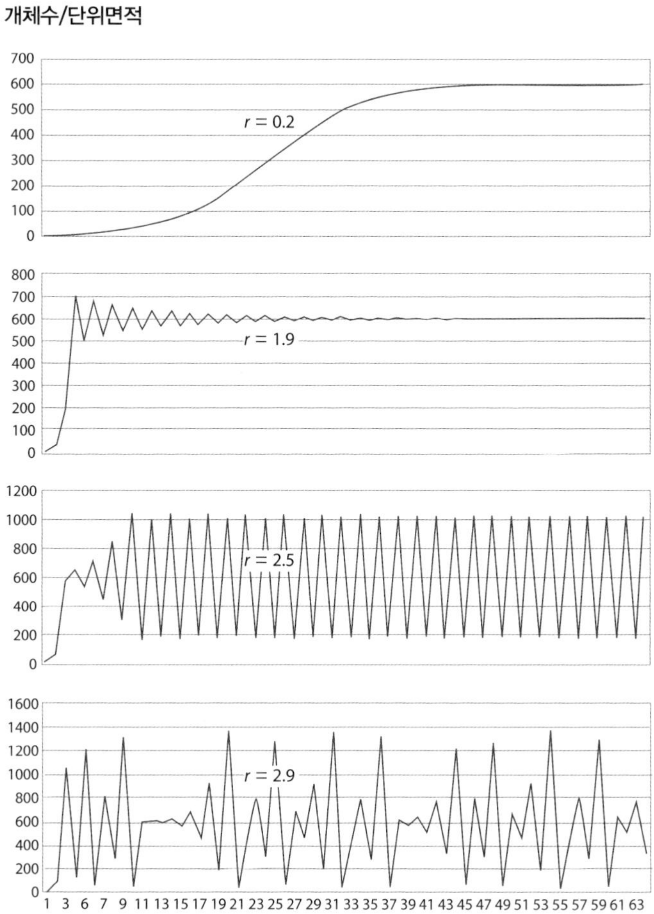

그림 2. 개체군 증가율이 다른 경우, 밀도의존적 개체군의 개체군 크기 변화

r=0.2의 경우 개체군은 전형적인 S자형 성장을 하며 수용능력 K 근처로 수렴한다. 그러나 개체군 증가율이 어느 임계치보다 커지게 되면, 개체군은 K 근처에서 요동치게 되는데, 그 요동이 예측 가능한 경우도 있지만(그림 2, r=1.9 또는 2.5), 예측이 불가능한 무질서(chaos) 상태로 행동할 수도 있게 된다(그림 2, r=2.9).

여기에 불확실성(uncertainty)을 추가하게 되면 개체군 변화는 더욱더 예측하기 힘든 상태로 행동할 수도 있다. 이러한 분석적 모델은 개체군 크기 변화를 예측하고, 시뮬레이션을 통한 지적 실험을 가능케 한다는 측면에서 매우 유용하다.

3. 피식자와 포식자의 상호작용

농업해충의 생물적 방제는 대상 해충의 주요 밀도 억제 인자인 포식자, 포식기생자, 병원균 등 천적을 농업환경에 적용시켜 해충의 밀도를 적정 밀도 수준 이하로 유지하는 것을 목표로 한다. 많은 곤충이 식식성인 반면, 육식성 곤충은 약 10%이며, 이들은 포식자, 포식기생자 또는 기생자로 표현되며, 천적으로서 다른 곤충의 밀도 조절에 관여한다. 포식자는 성장과 번식을 위해 다수의 먹이생물을 죽여서 에너지를 얻고, 기생자는 대개 한 개체, 많게는 여러 마리의 기주생물에 기생하면서 에너지를 얻는 반면, 기주생물을 죽이지는 않는다. 반면 기생포식자는 발육을 위해서 한 마리의 기주생물에서 에너지를 얻지만, 성충이 되어서 다수의 기주생물에 기생하면서 다수의 개체를 포식한다(Price, 1997). 흔히 부르는 기생벌은 이러한 기생포식성 벌목 곤충을 말한다. 기생과 포식에서 공격과 공격으로 인하여 대상 생물이 사망에 이르는 시간차는 분명 존재하기는 하나, 포식자-피식자, 기생자-기주생물의 생태적 과정과 관계를 동일하다고 볼 수 있다.

1) 포식자의 능력 평가 기준

포식자의 능력은 어떻게 먹이를 효율적으로 탐지하고 찾아내서 잘 잡아먹는가, 그리고 포식으로 인한 에너지 섭취를 어떻게 번식과 집단의 크기 증가로 전환시킬 수 있는가에 달려 있다. 이러한 능력을 기능반응과 수반응으로 평가하게 된다. 기능반응은 단위 공간에서 피식자(먹이)의 밀도에 따른 포식 수를 추정하여 포식능력을 평가하는 방식이다. 반면 수반응은 피식자의 밀도에 따른 포식자의 이동이나 포식으로 인한 산란수의 증가 등을 통한 포식자 밀도의 변화를 평가하는 것이다. 홀링(Holling, 1959)은 소나무잎벌에 대한 소형 포유류의 포식반응을 연구하면서 잎벌의 밀도가 높아질수록 포식률이 높아짐을 발견하고 이를 1) 잎벌 밀도 증가에 따른 단위 포식자의 포식률 증가와 2) 피식자 밀도 증가에 따라 포식자의 밀도도 증가함을 보고했다. 이를 통한 전자를 기능반응(functional response), 후자를 수반응(numerical response)이라 칭하고, 기능반응을 설명하기 위하여 그 유명한 원반 공식(disc equation)을 발표했다. 원반 공식은 포식자의 탐색 기능 특성을 이해하기 위하여 빈 교실에서 학생들에게 안대를 한 상태에서 종이디스크의 밀도에 따라 이를 얼마나 잘 찾아내는지를 실험한 데서 명명되었다.

포식자의 기능반응은 크게 세 가지 유형으로 표현될 수 있다(그림 3)(Holling, 1959). Type I 기능반응은 거미줄을 치고 먹이를 포획하는 거미처럼 수동적 포식자의 포식반응으로써 피식자 밀도 또는 활동이 증가할수록 포식의 수도 비례적으로 선형으로 증가한다. 따라서 피식자의 포식으로 인한 사망률은 밀도에 따라 변하지 않고 일정하다. 피식자의 밀도가 일정 수준 이하에서 처리시간은 문제가 되지 않아 직선적으로 증가하나, 피식자의 밀도가 일정 수준 이상에서는 한계효용에 따라 포식 수는 더는 증가하지 않는다. Type II 기능반응은 많은 무척추동물 포식자들에서 흔히 볼 수 있는 반응으로 포식자의 탐색률은 일정하고 포식자의 포만감이 증가할수록 포식률은 감소한다. 따라서 포식자의 포식 수는 먹이밀도가 증가함에 따라 증가하다가 일정 한계에서는 증가하지 않는다. 반면 피식자의 포식으로 인한 사망률은 피식자 밀도가 증가함에 따라 점차 감소한다. Type III 기능반응은 포식자의 탐색 활동이 피식자 밀도 증가에 따라 왕성해지는 포식자에 적용된다. 포식자가 피식자의 밀도의존적 탐색상을 가질 경우(예: kairomone 등), 또는 다식성 포식자가 먹이 종류를 먹이밀도에 따라 바꾸거나 학습 행동이 관여될 경우 이 모형이 적용된다. 따라서 조류 등 고등 포식자에 많이 적용되는 모델이다. 포식자의 기능반응 모형은 이후 로야마(Royama, 1971) 등에 의해 더욱 세련되게 보완되면서 임의포식자 공식(random predation equation) 등으로 발전한다. 여기서는 기능반응의 유형에 따른 매개변수의 추정 방법과 추정치의 의미를 설명한다.

2) 포식자 기능반응 자료 생산

포식자의 기능반응 연구를 위한 실험설계는 간단하다. 대개 실험실 조건에서 가장 단순하고 통제된 환경을 조성한 후, 피식자의 밀도를 조작하여 처리한다. 그 후 포식자를 그룹 또는 개체별로 노출시킨 후 일정 시간 후 포식량을 조사함으로써 기본자료를 확보한다. 이 자료를 바탕으로 원반 공식(Holling, 1959) 또는 임의포식자공식(Royama, 1971; Rogers, 1972)을 적용한다. 기능반응 실험에서 환경과 실험 공간의 크기는 포식자의 탐색 행동을 객관적으로 평가하기 위해 매우 중요하다. 그러나 대개의 기능반응 실험이 실험실 내 페트리디쉬 등의 제한적 공간에서 이루어지기 때문에 이 결과를 야외 환경에 직접 적용시키는 데는 무리가 따를 수 있다. 이는 종종 피식자-포식자 모형 개발에 큰 걸림돌이 되기도 한다. 반면 제한된 공간에서의 실험은 포식자의 최대 포식률 등을 파악하는 데 용이하고 적은 수의 반복으로도 비교적 정확한 정보를 얻을 수 있다는 장점이 있다. 일단 실험적 자료를 구축한다.

포식자의 포식 능력을 평가하는 기능반응 연구에서 두 가지 사항을 염두에 두어야 할 것이다. 첫째, 피식자의 밀도 처리의 문제. 피식자의 밀도를 충분히 낮은 수준과 충분히 높은 수준, 중간 수준 등 다양하게 처리해야 한다. 낮은 밀도 처리수가 적을 경우, 종종 처리시간이 음수값이 나오는 경우가 있다. 물론 피식자의 공간배치 역시 포식자의 기능반응에 영향을 준다. 둘째, 공간과 시간의 배정이다. 공간규모는 대개 실험의 편의성과 효율성을 기준으로 결정되기도 하지만, 최근의 추세는 엽편 등의 페트리디쉬 처리보다는 좀 더 현실적인 식물체 크기 단위로 확대되고 있다. 아마 이는 작은 공간 규모에서 얻어진 자료의 확대 해석의 어려움 등에 기인한다. 시간 규모는 대개의 생물적 방제를 위한 포식자 반응을 볼 때 1일 또는 24시간을 한다. 이는 향후 개발되거나 적용하는 방제 모델이 일단위로 구성되기 때문인 듯하다. 이 외에도 여러 가지 실험적인 요소를 적용하여 기능반응의 정도를 평가할 수 있다. 예를 들면 온도조건의 변화, 기주식물의 변화(형태적 특징, 생화학적인 특징), 이산화탄소 농도의 변화, 천적 간의 간섭 등 다양한 실험조건에서 포식자의 기능반응을 평가할 수 있다.

3) 포식자 기능반응 분석

구축된 자료를 이용하여 연구대상의 포식자가 대상 피식자에 대한 기능반응을 분석한다. 기능반응은 크게 세 가지 유형으로 나타난다. Type I은 먹이밀도에 따라 포식자가 잡아먹는 먹이의 수가 비례적으로 증가하는 유형이며, Type II는 먹이밀도가 증가함에 따라 초기에 급속히 포식이 많아지나 고밀도에서 더는 증가하지 않는 유형이다. 이는 대부분 곤충 포식자 등에서 나타나며, 고밀도에서 포식이 증가하지 않는 이유는 포만 등의 이유와 함께 처리시간의 한계가 있기 때문이다. 그리고 Type III는 초기 포식 확률이 매우 낮으나 어느 정도 밀도가 형성되면 Type II

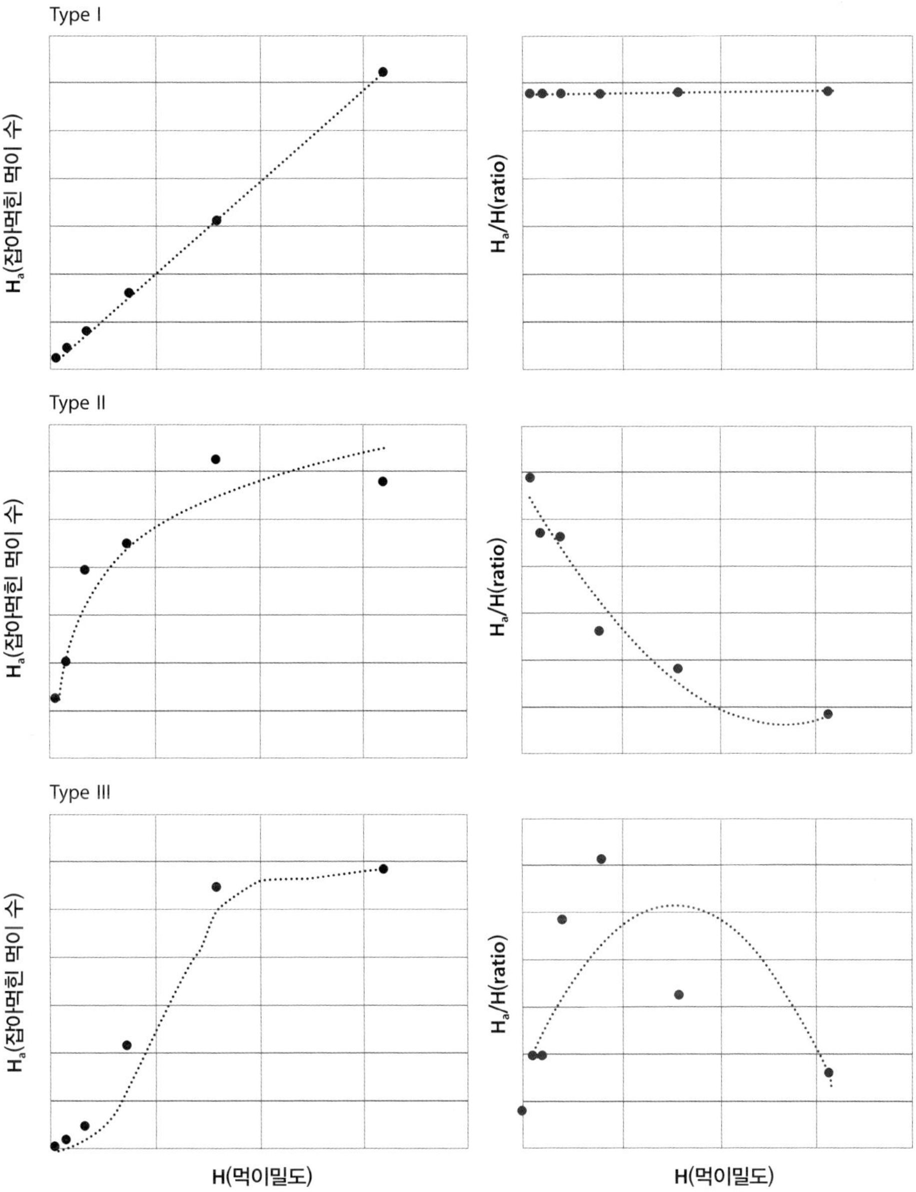

그림 3. 포식자의 기능반응 세 가지 유형

Type I은 먹이밀도에 따라 포식자에게 잡아먹힌 먹이 수가 비례적으로 증가하는 유형, Type II는 먹이밀도가 증가함에 따라 초기에 급속히 포식이 많아지나 고밀도에서 더 이상 증가하지 않는 유형, 그리고 Type III는 초기 포식 확률이 매우 낮으나 어느 정도 밀도가 형성되면 Type II와 비슷한 반응을 보이는 유형

와 비슷한 반응을 보이는 유형인데, 많은 포식성 척추동물이 이런 유형을 따른다. 먹이밀도가 매우 낮은 경우 다른 먹이를 선택하거나(광식성 포식자의 먹이변화), 탐색상이 충분히 만들어지지 않아서 저밀도의 먹이를 찾고 쫓아가는 데 시간과 에너지를 많이 쏟기 때문으로 본다. 그러나 일정한 밀도가 형성되면 포식자의 반응은 Type II와 유사해진다. 이러한 기능반응을 분석하는 데는 두 가지 과정이 따른다. 모델 선택(model selection)과 가설검정(hypothesis testing)이다. 우선 기능반응 유형을 찾아내는 것이 급선무다. 이를 모델 선택이라고 한다. 이는 〈그림 3〉에서 제시한 바와 같이, 피식자 초기 밀도에 따른 포식당한 비율(H_a/H)이 일정한지(기울기=0이면 Type I), 점점 작아지는지(기울기 < 0이면 Type II), 아니면 점점 커지는지(기울기 > 0이면 Type III)를 판단하면 해결된다. 피식자의 초기 밀도(H)를 바탕으로 이분형 종속변수를 사용하는 로지스틱 회귀분석보다 포식당한 피식자의 밀도(H)를 종속변수로 하는 비선형 회귀분석이 훨씬 이해하기도 쉽고 분석과정도 단순하다. 이 과정은 통계 프로그램(예: SAS)에서 로지스틱 회귀분석을 할 수도 있고, 포식당한 비율을 계산한 후 이를 가지고 직선회귀를 해도 된다. 직선회귀에서는 기울기만 구하면 된다.

가장 단순하고 자주 쓰이는 포식자의 기능반응 유형을 원반 공식과 임의포식자 공식으로 나누어 자세히 설명한다.

(1) 원반 공식(disc equation)

홀링(Holling, 1959)은 다음과 같은 기능반응식을 제안했다.

$$H_a = \frac{a \times T \times H^{(q+1)}}{1 + a \times T_h \times H^{(q+1)}}$$

여기서 H_a는 포식당한 피식자 수, H는 초기 피식자 밀도, T는 주어진 시간, T_h는 피식자 한 개체에 대한 포식자의 처리시간, a는 탐색률이다. 이때 H_a와 H가 직선관계를 보이면 Type I, a가 일정하고, 곡선관계를 보이면 Type II, 그리고 $a = KH$ 또는 $a = a_0 + KH$ 관계를 보이면 Type III로 판단하게 된다. 또는 $q = 0$이면 Type II, $q > 0$이면 Type III으로 평가한다. 다음에서는 $q = 0$을 전제로 설명한다. 이 모델은 기본적으로 포식자 행동의 시간 배분을 평가하는 것으로써, 주어진 시간에 포식자는 다음 두 가지 시간 행동을 한다는 전제다.

① 먹이를 찾으러 다니는 데 쓴 시간(탐색시간)
② 먹이를 찾고 나면, 쫓고 잡아서 먹는 데까지 걸린 시간(처리시간)

즉 포식자는 먹이인 피식자를 찾는 데 일정 시간을 쓰게 되고, 먹이를 찾게 되면 이를 제압하여 먹고 소화하는 데 시간을 쓰기 때문에, 주어진 시간 내에 포식률은 제한을 받게 된다. 즉 주어진 시간(T)은 총 탐색시간(T_{search})과 총 처리시간(T_{handling})으로 이루어지고, 만약 처리시간이 먹이밀도에 독립적이라면(=먹이밀도에 상관없이 한 마리를 잡아서 먹는 데 걸리는 시간이 일정하다면), 총 처리시간은 포식한 먹이 숫자(H_a)에 비례할 것이다.

$$T = T_{\text{search}} + T_{\text{handling}}$$
$$T_{\text{handling}} = H_a \times T_h$$

(T_h는 먹이 한 마리를 처리하는 데 걸리는 시간)

여기서 두 가지 가정을 한다. 포식자의 탐색은 임의과정(random process)이며, 포식자는 단위 시간에 일정한 면적을 탐색하고, 탐색과정에 만나는 먹이는 모두 처리한다. 이 탐색 면적을 탐색률(search rate)로 표현한다. 즉, T_{search}만큼의 시간 동안 포식자는 $a \cdot T_{\text{search}}$만큼의 면적을 탐색하게 되고, 여기서 $H \cdot a \cdot T_{\text{search}}$만큼의 먹이(피식자)와 마주치게 되고 이를 포식한다.

$$H_a = a \times H \times T_{\text{search}}$$
$$T_{\text{search}} = \frac{H_a}{a \times H}$$

따라서 $T = T_{\text{search}} + T_{\text{handling}} = \dfrac{H_a}{a \times H} + H_a + T_h$

이를 H_a에 대하여 풀면, 다음 공식이 도출된다.

표 1. 먹이의 밀도(H)에 따른 포식자가 잡아먹은 먹이의 수(H_a) 자료의 예

H	H_a	1/HT	$1/H_a$
5	2.5	0.2	0.4
10	4	0.1	0.25
20	7.9	0.05	0.126582278
40	9	0.025	0.111111111
80	12.6	0.0125	0.079365079
160	11.6	0.00625	0.086206897

HT는 T시간에 가용한 먹이의 밀도로서, 여기에서 T는 1(일)로 가정함.

$$H_a = \frac{a \times H \times T}{1 + a \times H \times T_b}$$

홀링 공식의 변수 추정은 공식의 역수를 취한 후 선형 관계식을 도출함으로써 구할 수 있다.

$$H_a = \frac{a \times H \times T}{1 + a \times H \times T_b}$$

$$\frac{1}{H_a} = \frac{1}{a} \times \frac{1}{H \times T} + \frac{T_b}{T}$$

$$y = ax + \beta$$

만약 피식자 밀도를 5에서 160으로 조작하고, $2m^2$ 공간에 포식자 한 마리를 방사하여 1일 후 포식량을 조사했다고 가정하자(표 1).

위 자료는 홀링 공식을 적용하여 잘 설명되었으며($r^2 = 0.987$), $T_b / T = 0.064$이며 1/a = 1.692임을 알 수 있다. 즉 처리시간(T_b)은 1일 × 0.064 = 1.536시간이며, a = 0.59이다. a의 의미는 1일 동안 탐색한 면적이 전체 실험구 면적($2m^2$)의 0.59로써 $1.18m^2$가 된다. 원반 공식은 단순한 가정하에 포식자의 포식능력을 평가하는 데 매우 유용하다. 그러나 좀 더 현실적인 조건을 따져본다면, 임의포식자 공식이 더 유용할 수 있다.

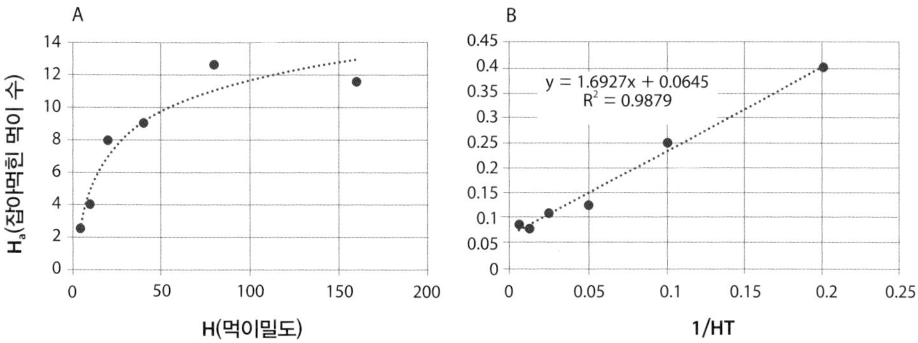

그림 4. 홀링의 원반 공식 적용 가능한 포식자의 반응

먹이의 밀도가 증가하면 포식자가 잡아먹는 먹이의 수는 초기 급격히 증가하지만 고밀도에서는 포만효과 등으로 더는 증가하지 않는다(A). $1/H_a$와 1/HT는 선형관계를 보인다(B).

(2) 임의포식자 공식(random predator equation)

홀링이 제안한 원반 공식은 일정한 가정하에 포식자의 반응을 잘 설명한다. 그러나 홀링은 초기 처리밀도에 따른 포식자의 반응을 특정시간 후에 평가함에 있어서 포식이 증가함에 따른 피식자 밀도 감소를 염두에 두지 않았다. 즉 하루라는 시간 단위에서 피식자 밀도 30에서 포식 실험을 할 경우, 실험 초기의 포식자의 피식자 밀도에 따른 반응과 실험 중기(예: 12시간 후에 피식자 밀도가 18 정도로 줄어들었을 때)의 피식자 밀도에 따른 반응은 다를 수 있다. 이를 피식자 감소효과(prey depletion effect 또는 prey exploitation effect)라고 한다. 이 영향을 감안한 Type II 기능반응식을 로야마(Royama, 1971)와 로저스(Rogers, 1972)가 제안했다. 이를 임의포식자 공식이라 한다.

$$N_e = N_0 \times [1 - \exp(aN_0^q(T_h \times N_e - T))]$$

N_e는 공격당한 피식자의 수, N_0는 초기 피식자 밀도, a는 탐색률, T_h는 먹이 한 개체의 처리시간, T는 피식자와 포식자가 서로 노출된 시간이다. Type II 기능반응식에서 $q = 0$을 가정하므로, $N_0^q = 1$이다.

Type III 기능반응식은 탐색활동이 매우 중요하므로, 탐색률(a)이 초기 피식자 밀도에 따라 변한다[$a = (d + bN_0)$ / $(1 + cN_0)$]고 가정하여, 하셀 등(Hassell et al., 1977)이 다음과 같이 제안했다.

$$N_e = N_0 \times \left[1 - \exp\left(\frac{(d + bN_0)}{(1 + cN_0)}(T_h \times N_e - T)\right)\right]$$

각 파라미터(a, Ta, b, c, d 등)는 통계 프로그램에서 반복 비선형 최소제곱법(PROC NLIN)을 통해 구하게 된다. 특히 SAS에서 이용할 수 있는 프로그램은 줄리아노(Juliano, 2001)가 생태 연구의 설계와 분석법이라는 책의 10장(포식과 기능반응 분석을 위한 비선형 자료 분석)에 잘 제시했으니 참고하면 좋다.

4) 기능반응 평가 분석법 예시

그렇다면 내가 실험한 포식자의 기능반응 자료를 어떻게 포식자 기능반응 모형에 적합시킬 수 있는가? 먼저 포식자의 기능반응 양상이 Type II에 적합한지 Type III 또는 I에 더 적합한지를 검정한 후(모델 선택, model selection), 모델에 적합화시키고 그에 맞는 파라미터 추정에 들어간다(모델 적용, model fitting). 파라미터 추정은 곧 모델이 유의미한지, 각 파라미터 추정치가 유의미한지를 테스트하는 것과 같은 개념이므로, 이는 추정계수 간의 비교나 각 기능반응 공식에 대한 가설검정(hypothesis testing)이라고도 할 수 있다.

(1) SAS 이용 분석

다음의 자료는 포식자(NOTONECT)에게 먹이(피식자)의 밀도를 달리 제공했을 때 단위시간 동안 포식자 한 마리가 피식자를 어떻게 처리했는지를 실험한 자료다. 자료의 순서는 처리 먹이밀도, 반복 먹이의 운명(잡아먹히면 0, 잡아먹히지 않으면 1), 그 운명에 해당되는 먹이의 수로 나타난다. 즉, 5100의 경우 먹이를 5마리 제공한 첫 번째 실험(1)에서 잡아먹힌(0) 먹이의 수는 0이었다. 따라서 5115는 같은 조건에서 잡아먹히지 않는(1) 먹이의 수는 5다. 이렇게 먹이밀도를 100마리까지 제공하는 가상실험을 했다.

5 1 0 0	7 4 1 6	10 8 0 4	20 2 1 16	25 6 0 9	45 1 1 41	60 4 1 44	80 8 1 57
5 1 1 5	7 5 0 2	10 8 1 6	20 3 0 7	25 6 1 16	45 2 0 7	60 5 0 18	100 1 0 7
5 2 0 1	7 5 1 5	10 9 0 7	20 3 1 13	25 7 0 13	45 2 1 38	60 5 1 42	100 1 1 93
5 2 1 4	7 6 0 2	10 9 1 3	20 4 0 7	25 7 1 12	45 3 0 8	60 6 0 21	100 2 0 8
5 3 0 1	7 6 1 5	15 1 0 1	20 4 1 13	25 8 0 14	45 3 1 37	60 6 1 39	100 2 1 92
5 3 1 4	7 7 0 2	15 1 1 14	20 5 0 8	25 8 1 11	45 4 0 10	60 7 0 24	100 3 0 10
5 4 0 2	7 7 1 5	15 2 0 1	20 5 1 12	30 1 0 5	45 4 1 35	60 7 1 36	100 3 1 90
5 4 1 3	7 8 0 3	15 2 1 14	20 6 0 8	30 1 1 25	45 5 0 11	60 8 0 26	100 4 0 11
5 5 0 2	7 8 1 4	15 3 0 3	20 6 1 12	30 2 0 8	45 5 1 34	80 1 0 7	100 4 1 89
5 5 1 3	10 1 0 1	15 3 1 12	20 7 0 9	30 2 1 22	45 6 0 14	80 1 1 73	100 5 0 15
5 6 0 2	10 1 1 9	15 4 0 3	20 7 1 11	30 3 0 10	45 6 1 31	80 2 0 11	100 5 1 85
5 6 1 3	10 2 0 1	15 4 1 12	20 8 0 11	30 3 1 20	45 7 0 15	80 2 1 69	100 6 0 24
5 7 0 2	10 2 1 9	15 5 0 4	20 8 1 9	30 4 0 11	45 7 1 30	80 3 0 12	100 6 1 76
5 7 1 3	10 3 0 2	15 5 1 11	25 1 0 4	30 4 1 19	45 8 0 19	80 3 1 68	100 7 0 26
5 8 0 3	10 3 1 8	15 6 0 5	25 1 1 21	30 5 0 11	45 8 1 26	80 4 0 15	100 7 1 74
5 8 1 2	10 4 0 2	15 6 1 10	25 2 0 5	30 5 1 19	60 8 1 34	80 4 1 65	100 8 0 33
7 1 0 0	10 4 1 8	15 7 0 5	25 2 1 20	30 6 0 12	60 1 0 9	80 5 0 17	100 8 1 67
7 1 1 7	10 5 0 3	15 7 1 10	25 3 0 6	30 6 1 18	60 1 1 51	80 5 1 63	
7 2 0 0	10 5 1 7	15 8 0 5	25 3 1 19	30 7 0 14	60 2 0 14	80 6 0 12	
7 2 1 7	10 6 0 3	15 8 1 10	25 4 0 7	30 7 1 16	60 2 1 46	80 6 1 68	
7 3 0 1	10 6 1 7	20 1 0 3	25 4 1 18	30 8 0 20	60 3 0 14	80 7 0 21	
7 3 1 6	10 7 0 3	20 1 1 17	25 5 0 9	30 8 1 10	60 3 1 46	80 7 1 59	
7 4 0 1	10 7 1 7	20 2 0 4	25 5 1 16	45 1 0 4	60 4 0 16	80 8 0 23	

포식자(NOTONECT)의 가상 기능반응 실험 결과자료

① 모델 선택

NOTONECT 자료가 기능반응 Type II 또는 Type III에 해당하는지를 검정하여 둘 중 하나의 모델을 선택하는 과정이다. 로지스틱 회귀분석을 하게 되는데, SAS 프로그램에서 CATMOD procedure를 실행하면, 제공된 밀도에 따른 피식수의 다차 회귀방정식으로 표현 가능하다. 코드 입력은 먼저 DATA 입력부분과 그 후 PROC DATMOD를 통해 분석을 실시한다. 즉 FATE을 NO N02 N03, 즉 NO에 대하여 3차 회귀식을 최대가능성(maximum likelihood, ML) 방법으로 추정하는 것이다.

CATMOD 분석 결과를 보면, 반응변수는 FATE으로 두 수준으로 구성되어 있고(0=포식, 1=비포식), 175개 관측자료 중 포식자료는 89개임을 알 수 있다. 최대가능성 분석은 각 항(NO, N02, N03)의 파라미터가 '0'인지를 검정하는 것인데, 모두 Chi square P값이 0.05보다 작기 때문에, 파라미터는 '0'이라는 가설을 기각

모델 선택 SAS 코드 입력

```
DATA NOTONECT;
INPUT NO REP FATE NE; / ' NO= 초기 먹이밀도, REP= 반복, FATE: 0 = 먹힘, 1 =생존, NE : 각 경우 피식자 수 */
N02=NO**2; /* NO의 제곱* /
N03=NO**3; /* NO의 세제곱* /
cards;
5 1 00 '
(이하 데이터 생략)
PROC CATMOD DATA=NOTONECT; /*범주자료의 다차 회귀분석*/
DIRECT NO N02 N03;
MODEL FATE = NO N02 N03/ML NOGLS NOPROFILE;
POPULATION NO REP;
WEIGHT NE;
run;
```

CATMOD 분석 결과

SAS 시스템

The CATMOD Procedure

Data Summary			
Response	FATE	**Response Levels**	2
Weight Variable	NE	**Populations**	89
Data Set	NOTONECT	**Total Frequency**	3186
Frequency Missing	0	**Observations**	175

Maximum Likelihood Analysis
Maximum likelihood computations converged.

Maximum Likelihood Analysis of Variance			
Source	**DF**	**Chi-Square**	**Pr > ChiSq**
Intercept	1	28.68	<.0001
NO	1	6.66	0.0098
N02	1	7.52	0.0061
N03	1	5.67	0.0172
Likelihood Ratio	85	206.82	<.0001

Analysis of Maximum Likelihood Estimates				
Parameter	**Estimate**	**Standard Error**	**Chi-Square**	**Pr > ChiSq**
Intercept	-1.3457	0.2513	28.68	<.0001
NO	0.0478	0.0185	6.66	0.0098
N02	-0.00103	0.000376	7.52	0.0061
N03	5.267E-6	2.211E-6	5.67	0.0172

한다. 즉 각 항의 파라미터는 의미가 있다. 그리고 각 파라미터 추정치는 NO, N02, N03항에 0.0478, -0.00103, 0.000005267이며 모두 의미가 있음을 알려준다. 또한 최대가능성비(maximum likelihood ratio)는 전체 모델의 적합성을 지표하는 것으로써, 매우 유의미함을 알려준다. NO의 1차항은 양수, 2차항은 음수인 점을 볼 때, 이 자료는 Type III 기능반응에 적합하다. 즉 피식 비율은 먹이밀도가 증가함에 따라 초기에는 증가하다가 먹이밀도가 더 많아지면서 감소하는 패턴을 보이는, 전형적 Type III 기능반응으로 선택된다. 참고로 NO의 1차항이 음수인 경우 Type II 기능반응에 적합하다.

추가적으로 먹이밀도에서 피식수의 평균과 표준편차의 계산이 가능하며, CATMOD에서 추정한 파라미터를 이용하여 비선형 최소자승법을 통한 제공된 먹이에 따라 잡아먹힌 피식자의 수를 추정하고, 이를 그래프 등 도표화하는 것은 아래와 같이 가능하다.

```
DATA NOTONEC2; /* 잡아먹힌 먹이 비율 실험치의 평균과 SE 추정 */
SET NOTONECT;
IF FATE= O; PROPEAT= NE/NO;
PROC MEANS DATA=NOTONEC2;
BY NO NOTSORTED;
VAR PROPEAT;
OUTPUT OUT = NOTOMEAN MEAN=MEANPROP;
run;

DATA NOTONEC3; /* 잡아먹힌 먹이 비율 추정치 추정 '/
SET NOTOMEAN;
K= EXP(-1.3457+(0.0478*NO)-(0.00103*NO**2)+ (0.000005267*NO**3));
PRED= K/(1 + K);
PROC PLOT DATA=NOTONEC3; /*  실험치와 추정치를 도표화 */
PLOT PRED*NO='P'
MEANPROP*NO='*"/OVERLAY;
run;
```

② 모델 적합과 가설검정

앞 과정에서 NONONECT 포식자의 기능반응 실험 결과는 Type III 기능반응 모델에 적합하다고 판단되었다. 이 자료를 이용하여(SET NOTONECT: IF FATE = 0), 비선형 회귀분석(NLIN)을 통해 Type III 기능반응식에 적합시키고 탐색률, 처리시간 등의 파라미터를 추정하는 과정이 남게 된다. 비선형 회귀분석에는 추정하고자 하는 파라미터의 초기치를 대략 제시하고 반복적을 변수값을 제공하면서 최대 적합함수를 찾는 과정으로 적합도는 최소자승법을 사용하게 된

```
PROC NLIN DATA=NOTONEC2;   /*전체모형*/
PARMS BHAT= 0.001 0.01 0.1 /* b,c,d, Th 등 추정 위한 초기치 주고 시뮬레이션*/
CHAT= 0.001 0.01 0.1 DHAT= 0 THHAT=3.0;
BOUNDS BHAT〉O, CHAT〉=O, THHAT〉O; /* 파라미터 범위*/
T= 24; /* 실험 단위 시간(h)* /
X= NE; /*초기 예측치*/
A= (DHAT+BHAT*NO)/(l +CHAT*NO);
C1 = EXP(-A*T);
C2=A*THHAT;
H=NO*C1*EXP(C2*X)+X-NO;
ITER=O; /* Newton 방법으로 반복 추정*/
DO WHILE(ABS(H)〉O.OOOI AND ITER〈50); /* 반복 조건*/
X=X-H/(NO*C1*C2*EXP(C2*X)+1); /* 새로운 예측치 */
H= NO*C1*EXP(2*X)+X-NO; /* 새로운 함수 추정치 */
ITER=ITER+ 1; /* 반복 횟수 기록 */
END;
MODEL NE= X; /* 최소자승법을 통한 비선형회귀 분석 */
run;

PROC NLIN DATA=NOTONEC2;   /*단수화1모형(CHAT 삭제)*/
PARMS BHAT= 0.001 0.01 0.1 /* b,c,d, Th 등 추정 위한 초기치 주고 시뮬레이션*/
DHAT= 0 THHAT=3.0;
BOUNDS BHAT〉O, CHAT〉=O, THHAT〉O; /* 파라미터 범위*/
T= 24; /* 실험 단위 시간(h)* /
X= NE; /*초기 예측치*/
A= (DHAT+BHAT*NO);
C1 = EXP(-A*T);
C2=A*THHAT;
H=NO*C1*EXP(C2*X)+X-NO;
ITER=O; /* Newton 방법으로 반복 추정*/
DO WHILE(ABS(H)〉O.OOOI AND ITER〈50); /* 반복 조건*/
X=X-H/(NO*C1*C2*EXP(C2*X)+1); /* 새로운 예측치 */
H= NO*C1*EXP(2*X)+X-NO; /* 새로운 함수 추정치 */
ITER=ITER+ 1; /* 반복 횟수 기록 */
END;
MODEL NE= X; /* 최소자승법을 통한 비선형회귀 분석 */
run;
```

다. 초기 변수를 지정해주고 그 변수의 초기값과 함께 변수의 범위(Bounds)를 지정해줌으로써(예: BHAT, THHAT가 모두 양수이어야 함을 정해줌), 변수 선택의 방향을 잡아준다. 또한 실험에서 사용된 단위시간의 크기를 제시한다(T=24). 즉 이 자료는 24시간 실험에서 얻어진 자료인 것이다. 그리고 적합시키고자 하는 모델

비선형 회귀분석 결과보기

Estimation Summary	
Method	Gauss-Newton
Iterations	8
Subiterations	3
Average Subiterations	0.375
R	2.433E-6
PPC(THHAT)	3.898E-7
RPC(THHAT)	2.182E-6
Object	1.52E-10
Objective	3133.977
Observations Read	89
Observations Used	89
Observations Missing	0

Note: An intercept was not specified for this model.

Source	DF	Sum of Squares	Mean Square	F Value	Approx Pr > F
Model	2	8126.0	4063.0	112.79	<.0001
Error	87	3134.0	36.0227		
Uncorrected Total	89	11260.0			

Parameter	Estimate	Approx Std Error	Approximate 95% Confidence Limits	
BHAT	0.0123	0.00129	0.00969	0.0148
THHAT	2.9248	0.0718	2.7821	3.0674

Approximate Correlation Matrix		
	BHAT	THHAT
BHAT	1.0000000	0.6900025
THHAT	0.6900025	1.0000000

(H=NO*C1*EXP(C2*X)+X-NO)을 제시하고, 반복 조건을 제시한다. 줄리아노(Juliano, 2001)는 기능반응 분석을 위한 비선형 회귀모형을 전체모형, 단수화1모형(CHAT 삭제), 단순화2모형(CHAT, DHAT 삭제)을 순차적으로 제시했다. 본고에서는 단순화2모형을 구동하고 그 결과를 설명한다.

비선형 회귀분석의 결과는 앞과 같다. 총 8회의 반복으로 모형의 변수를 결정하였고, 반복 방법으로는 Gause-Newton 방법을 사용했으며 89개 자료를 모두 이용했다. 이러한 방법으로 결정된 모델은 두 개의 추정변수(BHAT, THHAT)로 구성되며, df = 2.87: F = 112, $P < 0.0001$로 매우 유의하다. 추정변수는 각각 BHAT의 값은 0.0123(95% C.I. 0.00969 – 0.0148)이며 THHAT는 2.9248(95% C.I. 2.7821 – 3.0674)이다. 즉 이 포식자의 24시간 동안 탐색률은 실험공간의 1.23%이며, 최대 포식 수는 먹이밀도가 충분히 많아서 탐색시간은 필요 없고, 전적으로 처리시간만이 필요한 경우에 24/2.9249=8.2마리 정도 될 것이다.

(2) R 프로그램 이용 분석

이번 예제에서는 기능반응 분석을 위한 R 프로그램 패키지(FRAIR)를 소개한다. 프리차드 등(Prichard et al., 2017)은 포식자뿐 이니라 일반 자원의 소비자가 자원의 양에 따라 소비수준이 달라질 수 있음을 가정하고 홀링(Holling, 1957)의 원반 공식, 그리고 로야마(Royama, 1971), 로저스(Rogers, 1972)의 임의포식자 공식을 아우를 수 있는 프로그램을 제안했다. 그리고 그 프로그램을 패키지화해서 웹상에 공유하고 있으니, 참조하면 된다((https://cran.r-project.org/web/packages/frair/). 이 프로그램을 이용하여 가상의 포식성 이리응애가 점박이응애와 사과응애에 포식자의 기능반응 실험자료를 구성했다. 과연 이 포식응애는 먹이에 대하여 어떤 형태의 기능반응 양상을 나타내는지, 그리고 각 기능반응의 파라미터인 탐색률과 처리시간을 추정하고 점박이응애와 사과응애를 먹이로 했을 경우 그 파라미터들이 다른지를 분석하는 과정을 설명한다.

자료의 구조는 초기밀도, 잡아먹힌 수, 잡아먹히지 않고 살아남은 수, 그리고 먹이의 종류로 구성했다. 자료는 각 열로 구성했으나, 여기에서는 지면 관계로 4단 편집해서 제공한다(표 2). 분석과 해석의 순서는 1) 모델 선택, 2) 모델 적용 및 가

표 2. 가상의 포식응애의 기능반응 실험자료 구조

density	eaten	alive	spp	25	18	7	tsm	5	4	2	erm	25	14	11	erm
5	5	0	tsm	25	16	9	tsm	5	3	3	erm	25	14	11	erm
5	4	1	tsm	25	16	9	tsm	5	3	3	erm	25	10	15	erm
5	4	1	tsm	25	12	13	tsm	5	2	4	erm	25	9	16	erm
5	3	2	tsm	25	11	14	tsm	5	2	4	erm	30	23	7	erm
5	3	2	tsm	30	25	5	tsm	5	2	4	erm	30	20	10	erm
5	3	2	tsm	30	22	8	tsm	5	2	4	erm	30	18	12	erm
5	3	2	tsm	30	20	10	tsm	5	1	5	erm	30	17	13	erm
5	2	3	tsm	30	19	11	tsm	7	6	2	erm	30	17	13	erm
7	7	0	tsm	30	19	11	tsm	7	6	2	erm	30	16	14	erm
7	7	0	tsm	30	18	12	tsm	7	5	3	erm	30	14	16	erm
7	6	1	tsm	30	16	14	tsm	7	5	3	erm	30	8	22	erm
7	6	1	tsm	30	10	20	tsm	7	4	4	erm	45	19	6	erm
7	5	2	tsm	45	21	24	tsm	7	4	4	erm	45	26	9	erm
7	5	2	tsm	45	28	17	tsm	7	4	4	erm	45	25	10	erm
7	5	2	tsm	45	27	18	tsm	7	3	5	erm	45	23	12	erm
7	4	3	tsm	45	25	20	tsm	10	8	3	erm	45	22	13	erm
10	9	1	tsm	45	24	21	tsm	10	8	3	erm	45	19	16	erm
10	9	1	tsm	45	21	24	tsm	10	7	4	erm	45	18	17	erm
10	8	2	tsm	45	20	25	tsm	10	7	4	erm	45	24	21	erm
10	8	2	tsm	45	26	19	tsm	10	6	5	erm	60	19	11	erm
10	7	3	tsm	60	21	39	tsm	10	6	5	erm	60	24	16	erm
10	7	3	tsm	60	26	34	tsm	10	6	5	erm	60	23	16	erm
10	7	3	tsm	60	25	35	tsm	10	5	6	erm	60	22	18	erm
10	6	4	tsm	60	24	36	tsm	10	2	9	erm	60	20	20	erm
10	3	7	tsm	60	22	38	tsm	15	13	3	erm	60	27	23	erm
15	14	1	tsm	60	29	31	tsm	15	13	3	erm	60	24	26	erm
15	14	1	tsm	60	26	34	tsm	15	11	5	erm	60	22	28	erm
15	12	3	tsm	60	24	36	tsm	15	11	5	erm	80	21	9	erm
15	12	3	tsm	80	23	57	tsm	15	10	6	erm	80	27	13	erm
15	11	4	tsm	80	29	51	tsm	15	9	7	erm	80	26	14	erm
15	10	5	tsm	80	28	52	tsm	15	9	7	erm	80	23	17	erm
15	10	5	tsm	80	25	55	tsm	15	9	7	erm	80	21	19	erm
15	10	5	tsm	80	23	57	tsm	20	15	5	erm	80	26	14	erm
20	17	3	tsm	80	28	52	tsm	20	14	6	erm	80	27	23	erm
20	16	4	tsm	80	29	51	tsm	20	11	9	erm	80	25	25	erm
20	13	7	tsm	80	27	53	tsm	20	11	9	erm	100	21	9	erm
20	13	7	tsm	100	23	77	tsm	20	10	10	erm	100	20	10	erm
20	12	8	tsm	100	22	78	tsm	20	10	10	erm	100	18	12	erm
20	12	8	tsm	100	20	80	tsm	20	9	11	erm	100	27	13	erm
20	11	9	tsm	100	29	71	tsm	20	7	13	erm	100	26	17	erm
20	9	11	tsm	100	28	72	tsm	25	19	6	erm	100	24	26	erm
25	21	4	tsm	100	26	74	tsm	25	18	7	erm	100	22	28	erm
25	20	5	tsm	100	24	76	tsm	25	17	8	erm	100	25	35	erm
25	19	6	tsm	100	27	73	tsm	25	16	9	erm				

설검정으로 진행한다.

데이터 파일 top.csv를 읽어오면, 자료가 density, eaten, alive spp로 구성되어 있고, 자료에는 header가 텍스트로 되어 있고, 각 자료는 ','로 구분되어 있음을 알 수 있다. spp는 먹이의 종류로서, 본 예제에서는 tsm(two spottcd spider mite, 점박이응애), erm(European red mite, 사과응애)으로 설정했다.

기능반응 유형을 확인하기 위하여 frair package를 설치하고 frair test 모델선택

과정을 수행한다. 먹이밀도(density)와 잡아먹힌 수(피식 수)의 비율(eaten/density)의 로지스틱 회귀분석을 통해 기능반응 유형을 판단한다. 먹이밀도가 증가함에 따라 잡아먹힌 수의 비율이 점점 줄어들면(회귀식의 1차항이 음수인 경우) Type II, 비율이 증가하다가 감소하면(1차항은 양수, 2차항은 음수인 경우) Type III으로 판정한다. 이 예제의 결과는 Type II 모델이 선택되었다(#Evidence for type-II response: Yes). 그리고 그 회귀식의 1차항의 변수는 −0.02167로 $P < 0.001$ 수준에서 유의했다. 즉 이 자료는 Type II 기능반응 모형에 적합하다는 뜻이다.

```
#frair test
frair_test(formula=eaten~density, data=top)

#FUNCTIONAL RESPONSE TEST
#Evidence for type-II response' Yes
#Evidence for type-III response: -
#Type-II logistic regression output
Estimate Std. Error z va lue Pr() lzi)
#density -0.02167243 0.00088679 -24.439 〈 2.2e-1 6 '''
#Signif. codes: 0.001*** 0.01** 0.05*
```

다음은 Type II 기능반응식에서 탐색률(a)과 처리시간(h) 파라미터를 추정하고, 먹이 종류에 따라 각 파라미터가 같은지 다른지를 검정하려고 한다. 먼저 top 자료에서 tsm 자료만 뽑아내서 tsm으로 설정하고(tsm 〈- top[top$spp= 'tsm') erm도 같은 방법으로 설정한 후, frair_fit을 통해서 rogersII 공식에 적합시킨다. 그리고 tsm과 erm의 결과값들을 frair_compare(t_fit, e_fit) 과정을 통해서 비교한다.

분석 결과 tsm을 먹이로 했을 경우 탐색률(a)은 1.90245, 처리시간(h)은 0.02964로 나타났으며, erm을 먹이로 했을 경우 a=1.36248, h=0.02966으로 추정되었다. 각 추정치의 차이의 유의미성은 Da(a값의 차이)는 0.539($P < 0.01$)로 유의하게 달랐다. 그러나 Dh(h값의 차이)는 0.00002로 차이가 없었다. 즉 먹이에 대한 처리시간에는 차이가 없지만, 탐색률(a)은 erm 처리에서 조금 낮기 때문에, 포식 수 역시 조금 낮을 것으로 추측된다.

```
# Compare two species in the top dataset
tsm <- top[top$spp= 'tsm',]
erm <- top[top$spp= 'erm',]l
st <- list(a = 1, h = 0. 1)
fx <- list(T = 1)
t_fit <- frair_fit(eaten~density, data =tsm, response = 'rogersll', start = st, fixed=fx)
e_fit <- frair_fit(eaten~density, data =erm, response = 'rogersll', start = st, fixed=fx)
frair_compare(t_fit, e_fit)

#FUNCTIONAL RESPONSE COEFFICIENT TEST
#Response' rogersll
#Optimised variables: a,h
#Fixed variables: T
#Original coefficients:
         a          h
#t_fit 1.90245 0.02964
#e_fit 1 .36248 0.02966
#Test: t_fit - e_fit
# Estimate Std. Error z value Pr(z)
#Da 0.53955 0.16519 3.2663  0.00109**
#Dh -0.00002 0.00229 -0.0093 0.99260
#Signif. codes: 0.001*** 0.01** 0.05*
```

위에서 계산된 탐색률이나 처리시간에 대한 신뢰한계 추정이 필요할 때, Bootstrap 재표본추출 과정을 통해 이를 해결할 수 있다. 이때 confint(t_fitb, citypes = 'bca')로 하면 된다.

또한 관측치와 추정치를 도표로 나타낼 수 있다. *x*축을 먹이밀도, *y*축을 피식자 수로 하여, 위에서 추정한 탐색률과 처리시간 값을 Rogers II함수에 적합시킨 값을 색깔(tsm red, erm blue)로 나타낸다(그림 5 참조).

```
# Bootstrap the top tsm fit
t_fitb (- frair_boot(t_fit)
confint(t_fitb, citypes = 'bca')

#plot
with(top, plot(density, eaten, xlab = "Prey Density'1
ylab = "No. Prey Eaten"))
x (- with(top, seq(from = min(density),to = max(density), by = 0.1))
lines{x, rogersll (X = x, a = 1.90245, h = 0.02964, T = 1),
col='red': lty=2)
lines(x, rogersll (X = x, a = 1.36248, h = 0.02966, T = 1),
col='blue': lty=2)
```

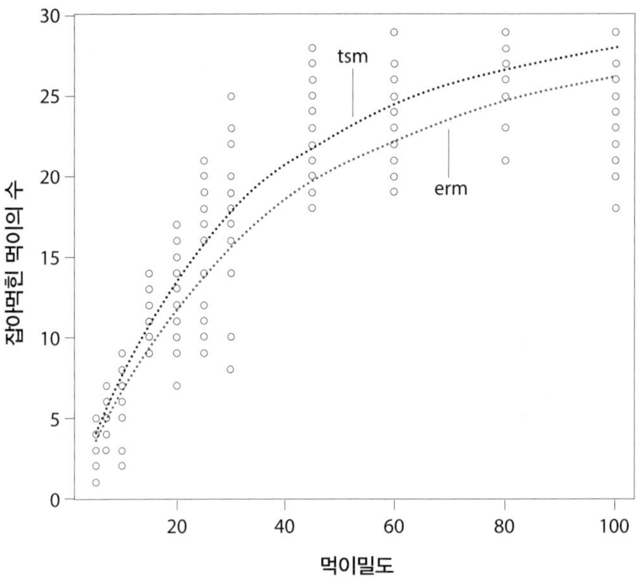

그림 5. 가상의 이리응애가 tsm과 erm에 대한 포식자 기능반응

tsm : a = 1.90245, h = 0.02964. erm : a = 1.36248, h = 0.02966

4. 피식자-포식자 개체군 동태 모델 활용 사례

1) 점박이응애-긴털이리응애 상호작용

피식자-포식자 동태 모델링에서 주로 네 가지 상호작용을 모델로 만든다. 1) 포식자의 먹이가 되는 피식자의 개체군 동태 모형, 2) 먹이밀도에 따라 반응하는 포식자의 기능반응 유형, 3) 포식자의 기능반응으로 인한 사냥 성공의 대가로 이어지는 포식자의 개체군 증가(수반응), 그리고 4) 포식자의 사망모형으로 일정한 비율로 또는 먹이 부족으로 사망하는 것으로 구성된다. 피식자-포식자 모형의 예로서 점박이응애를 초식자이자 피식자로, 긴털이리응애를 포식자로 한 상호작용 모형을 예를 들어 소개한다. 점박이응애는 광식성의 초식자로서 강낭콩 한 개체에서도 수만 마리의 개체군을 형성할 수 있다. 그러나 패치 내에서도 밀도가 증가하면 가는 실을 분비하고 분산 이동을 하는 특징을 보여주는 바, 모델의 공간 구조에 따른 수용능력(K)의 제한이 필요하다.

긴털이리응애는 점박이응애 중심의 먹이망을 가진 협식성 포식자다. 두 종의 개체군 특성(성장과 번식)과 상호작용(기능반응, 수반응)은 온도의존적이다. 점박이응애의 개체군 동태는 무한 자원에 대한 단순한 온도 반응 모형으로 각 발육단계별 발육과 사망 요인이 추가되며, 성충은 산란을 통해 다음 세대에 기여한다. 또한 점박이응애의 각 발육단계(알, 유충, 약충, 성충)가 포식자에게 미치는 영양공급이나 피식률 등이 달라진다. 이는 안정연령분포를 가정하여 단일 모형으로 처리했다. 포식으로 인한 긴털이리응애의 산란수 증가는 긴털이리응애 개체군 증가에 추가적 요인이 된다. 마찬가지로 포식으로 인한 점박이응애 사망은 점박이응애 개체군의 밀도 감소요인으로 추가된다.

포식자로서 가장 중요한 특성 중 하나인 기능반응은 포식자 한 단위가 먹이의 밀도 증가에 따른 포식량의 변화를 나타내는 것으로써, 본 모형에서는 홀링의 Type II 기능반응을 가정했다. Type II 기능반응은 대부분의 포식성 곤충에서 보이는 일반적 특성이며, 긴털이리응애의 경우, 김과 이(Kim and Lee, 1993)의 결과에 따른 것이다. 이러한 기능반응은 대부분 실험실 내에서 피식자의 알을 기준으로 한 실험결과를 표현한 것으로써 실제 야외에서는 여러 발육단계가 혼재해 있고, 이에 따라 발육단계의 영양학적 가치와 처리의 어려움(발육태별 선호성) 등을 간단한 함수로 정의할 필요가 있다.

간단한 형태의 상호작용모형은 수리적 분석모델을 이용하는 방법으로, 온도의존적이며, 피식자 밀도의존적인 모형이다. 두 종의 개체군 동태 모형은 다음과 같다.

$$H(t+1) = r1 \times H(t) + H(t) - [p1 \times H(t)] \times P(t)$$
$$P(t+1) = p2 \times [p1 \times H(t)] \times P(t) + P(t) - d \times P(t)$$

여기서 $r1$은 온도의존적 피식자(점박이응애)의 개체군 증가율로써, 김 등(Kim et al., 2001)의 자료에서 Tp(외부온도) 12~35℃ 사이의 내적자연증가율을 직선회귀로 추정했다($r^2 = 0.89$). 이 온도 구간에서 점박이응애 개체군 증가율은 직선으로 증가한다(그림 6).

$$r(Tp) = 0.0176 \times Tp - 0.21$$

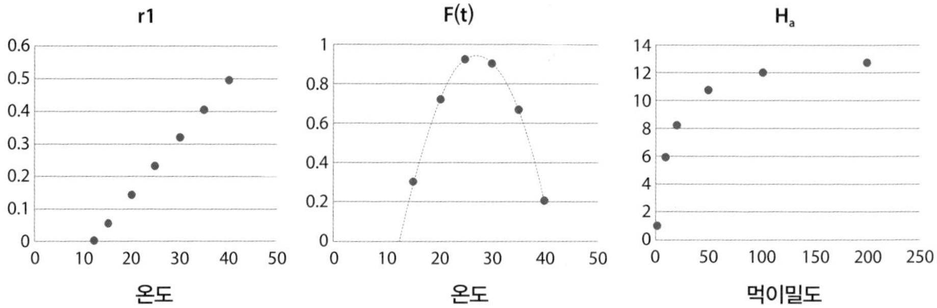

그림 6. 긴털이리응애와 점박이응애 상호작용 모형의 기본 추정 변수

$p1 \times N(t)$는 점박이응애에 대한 긴털이리응애의 기능반응으로, 김과 이(Kim and Lee, 1993)의 자료를 이용했다. 이 자료는 점박이응애 알에 대한 긴털이리응애 성충의 기능반응으로, Type II 기능반응 양상을 보였으며, 25°C에서 탐색률은 1.059로서, 긴털이리응애는 하루 동안 연구대상 실험세트에서 제공된 잎의 전면을 돌아다니면서 탐색한다는 의미다. 반면 처리시간은 0.07365로서 전체 제공된 시간(24시간) 중 알 하나를 포획하는 데 걸리는 시간은 약 24 × 0.07365시간으로, 하루 동안 잡아먹을 수 있는 먹이의 숫자는 처리시간에 의해 결정되는 것으로 나타났다(그림 6).

$$H_a = a \times H(t) \;/\; (1 + a \times H(t) \times Th)$$
$$a = 1.059,\ Th = 0.07365$$

또한 기능반응에 온도의존도를 추가했는데, 이는 도버 등(Dover et al., 1979)의 자료를 변환하여 이용했다. $F(Tp)$는 온도의존적 기능반응으로 H_a에 곱하여 추가하게 된다. 기능반응은 25~30℃ 근처에서 최고가 되며, 온도가 낮거나 더 높으면 기능반응의 크기는 작아진다(그림 6).

$$F(Tp) = -0.0044 \times Tp^2 + 0.2382 \times Tp - 2.2813$$

긴털이리응애는 25°C 내외에서 점박이응애 알을 12개/일 포식하고 2~2.5개/

일의 알을 낳는다. *p*2는 긴털이리응애가 점박이응애를 포식한 후 알을 생산해내는 효율, 즉 기능반응이 수반응으로 이어져 개체군 증가에 기여하는 바를 표현하는 상수로서, 0.2로 고정했다. *d*는 사망률을 뜻하며 0.2로 했다. 즉 긴털이리응애의 평균 수명을 5일로 잡은 것이다. 그리고 이러한 분석 모델에서는 포식자나 피식자의 연령 구분이나 발육태별 구분을 하지 않기 때문에, 이를 보정해줄 필요가 있다. 점박이응애의 안정발육단계 분포를 가정하면, 각 발육단계별 개체수 비율은 알 0.6, 유충 0.14, 제1약충 0.08, 제2약충 0.08, 그리고 성충 0.1 정도가 된다(Dover et al., 1979). 즉 알 6개가 성충 1개체를 대표한다고 해도 된다. 포식자 역시 점박이응애의 알(성충의 1/6)을 포식하고 긴털이리응애 알을 낳는다. 이 알의 가치 역시 성충의 알로 볼 수 있다.

이상의 가정을 바탕으로 기본 모형은 엑셀 등에서도 쉽게 구현이 가능하다. 각 수식을 순서에 따라 넣어주고 Nt, Pt 등의 초기밀도 또는 가정을 수식으로 표현하면 된다(그림 7).

이상의 자료를 바탕으로 모형을 시뮬레이션할 수 있다. 7월의 온도를 바탕으로 이 포식자-피식자 상호작용 모형은 피식자 : 포식자 밀도비에 의해서 크게 영향을 받는다(그림 9). 피식자의 밀도를 10으로 고정해놓았을 때, 포식자의 밀도는 0.5에

	N(t+1)=r1*Nt+Nt-(p1*Nt*Pt								
	Pt+1=P2*(p1*Nt*Pt)+Pt-d*Pt				알의 성충 가치				알의 성충 가치
					0.166667				0.2
		Temp	Nt	Pt	Nt+1	r1*Nt+Nt	Ha*Pt	Ft	Pt+1
			10	2					
1	5/1	10.5	10.27414	2.075967	10.27414	9.748	11.89919	-0.2653	2.075967
2	5/2	15.3	10.18693	2.162339	10.18693	10.88319	12.53913	0.333164	2.162339
3	5/3	19.9	10.06338	2.249833	10.06338	11.61554	12.99905	0.716436	2.249833
4	5/4	20.8	9.910951	2.337192	9.910951	11.63407	13.43313	0.769644	2.337192
5	5/5	20.5	9.669858	2.423173	9.669858	11.40552	13.8355	0.7527	2.423173
6	5/6	20.9	9.368739	2.504362	9.368739	11.19615	14.14557	0.775116	2.504362
7	5/7	17.4	8.999274	2.577748	8.999274	10.27039	14.35648	0.531236	2.577748
8	5/8	16.7	8.624915	2.639589	8.624915	9.754493	14.43476	0.469524	2.639589
9	5/9	18.9	8.123725	2.68821	8.123725	9.682675	14.41346	0.648956	2.68821
10	5/10	17.1	7.670383	2.71684	7.670383	8.862659	14.1568	0.505316	2.71684

그림 7. 피식자-포식자 모형의 구성

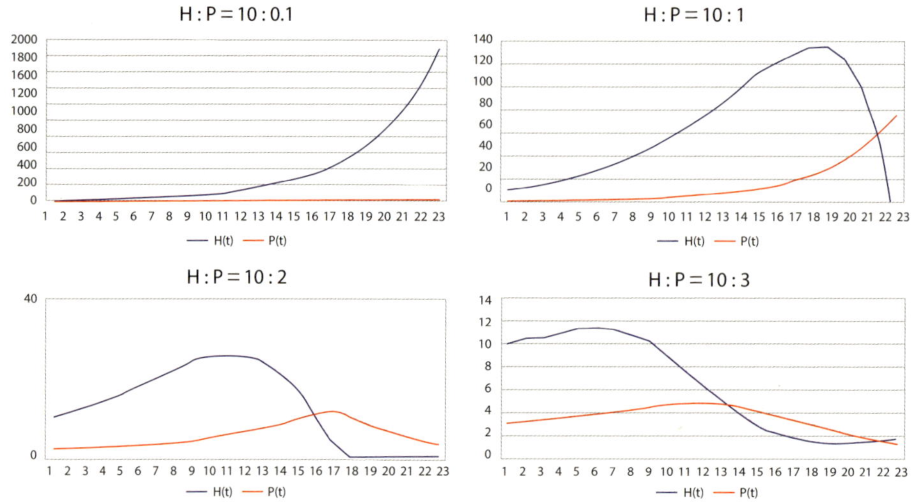

그림 8. 점박이응애와 긴털이리응애의 개체군 상호작용 모형 시뮬레이션 사례(1)

초식자(H)와 포식자(P)의 밀도비에 의한 영향

서 1은 되어야 피식자 밀도가 포식자에 의해서 조절됨을 볼 수 있다. 물론 포식자 밀도비가 높아질수록 피식자의 최고 밀도는 급격히 감소한다. 따라서 온실 생물적 방제 등의 프로그램에서도 10:1~20:1 정도의 밀도비를 중심으로 연구되고 수행되어왔다(그림 8)(Han et al., 2003; Jung et al., 2004).

2) 환경 요인과 수용능력 설정의 의의

모델 연구에서 환경변수에 대한 반응 방향과 민감도를 확인하는 것은 매우 중요하다. 이 피식자-포식자 상호작용 모형의 경우, 온도의 영향은 매우 클 것으로 판단된다. 점박이응애 개체군 증가율은 온도의존적이다. 포식자의 기능반응 역시 온도의존적이다. 따라서 온도는 매우 중요한 환경 요인임을 확인할 수 있다. 외부 환경이 20°C인 경우에는 피식자 밀도가 20 정도까지밖에 오르지 못하고 20여 일 후에 밀도억제효과가 뚜렷해지는 데 반하여, 30°C에서는 피식자 밀도가 700까지 오르고 포식자에 의한 밀도 억제는 27일이 되어서야 이루어짐을 보여주었다. 따라서 온도와 피포식자 밀도비에 대한 다양한 시뮬레이션을 통하여 현장 자료를 이해함과 동시에 야외 현장에서 이루어지게 되는 생물적 방제 등의 프로그램에 선수적 시뮬

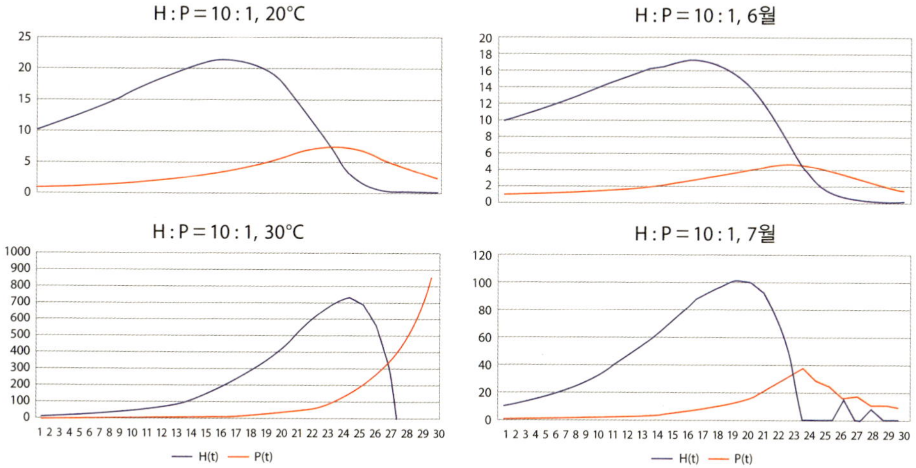

그림 9. 점박이응애와 긴털이리응애의 개체군 상호작용 모형 시뮬레이션 사례(2)

밀도비 10:1에서 온도의 영향. 온도는 20°C와 30°C로 일정하게 하였을 경우(왼쪽)와 변동하는 실제 야외의 6월과 7월 온도(오른쪽)를 바탕으로 시뮬레이션을 구성하였음.

레이션 연구 등에 매우 유용할 수 있음을 보여준다.

〈그림 10〉은 피식자인 점박이응애의 밀도 상한을 설정했다. 대개의 피식자-포식자 상호작용은 식물체 잎에서 이루어진다. 물론 식물체(예: 사과나무, 딸기 포기, 또는 식물군락) 등도 점박이응애에는 하나의 서식처로, patch로 작용할 수 있으나, 많은 연구 등이 잎을 주 단위로 바라본다. 예를 들면 사과잎에 평균 밀도 30 정도를 가정한다면, 똑같은 피식자 : 포식자 밀도비와 환경조건이라도 그 결과는 사뭇 달라짐을 볼 수 있다. 수용능력(K)을 설정하지 않았을 때에는 피식자밀도가 1500 이상이 되어야 비로소 포식자에 의한 억제가 일어남을 볼 수 있으나, 밀도 상한을 30으로 제한하고, 이에 따른 로지스틱 생장을 가정하여 시뮬레이션하면, 피식자-포식자 상호작용은 더 밀접하고 안정적으로 유지됨을 알 수 있다.

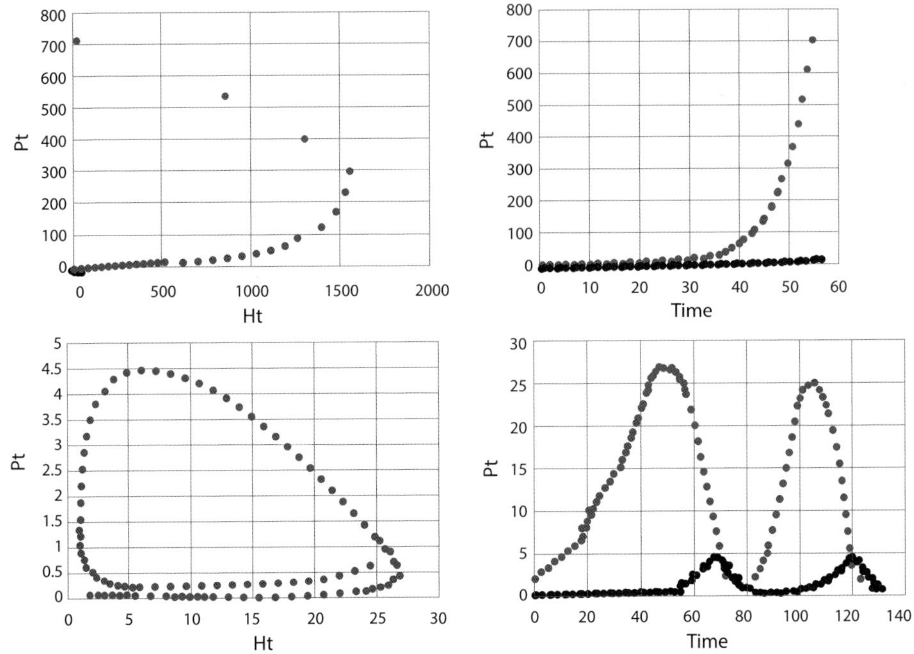

그림 10. 피식자 개체군의 밀도 상한 설정 여부(아래)에 따른 초식자(Ht)와 포식자(Pt)의 밀도 변동

• 초식자, • 포식자

Please cite this chapter as: Jung, C. Ahn, J.-J., Lee, J.-H., 2021. Analysis of prey-predator interaction and its modeling. In: Lee, J.-H., Kim., D.-S., Jung, C., Park, Y.-L. (eds.), Research Methodology in Insect Ecology, Seoul National University Press, Seoul, pp. 429-463.

참고문헌

Begon, M., Harper, J.L., Townsend, C.R. 1996. Ecology: Individuals, Populations, and Communities, 3rd ed. Blackwell Science Ltd. Cambridge, MA.

Case, T.J. 2000. An illustrated guide to theoretical ecology. Oxford University Press, New York.

Dover, M.J., Croft, B.A., Welch, S.M., Tummala, R.L. 1979. Biological control of *Panonychus ulmi* (Acari: Tetranychidae) by *Amblyseius fallacis* (Acari: Phytoseiidae) on apple: a prey-predator model. Environ. Entomol. 8, 282-292.

Gotelli, N.J. 1998. A primer of ecology, 2nd ed. Sinauer Associates, Inc. Sunderland, MA.

Hassell, M.P., Lawton, J.H., Beddington, J.R. 1977. Sigmoid functional responses by invertebrate predators and parasitoids. J. Anim. Ecol. 46, 249-262.

Holling, C.S. 1959. Some characteristics of simple types of predation and parasitism. Canad. Entomol. 91, 385-398.

Huffaker, C.B. 1958. Experimental studies on predation: dispersion factors and predator-prey oscillations. Hilgardia 27(14), 343-383.

Juliano, S.A. 2001. Nonlinear curve-fitting: predation and functional response curves. In: Scheinear, S.M., Gurevitch, J.(eds.), Design and analysis of ecological experiments, 2nd ed. Oxford University Press, New York, pp. 178-196.

Jung, C., Han, S.H., Lee, J.-H. 2004. Release strategies of *Amblyseius womersleyi* and population dynamics of *Amblyseius womersleyi* and *Tetranychus urticae*: II. Test of two release rates on apple. Appl. Entomol. Zool. 39(3), 477-484.

Kim, D.S., Lee, J.-H. 1993. Functional response of Amblyseius longispinous (Acari: Phytoseiidae) to Tetranychus urticae (Acari: Tetranychidae): Effects of prey density, distribution, and arena size. Korean J. Appl. Entomol. 33, 33-38.

Kim, J.S., Jung, C., Lee, J.H. 2001. Parameter estimation for temperature-dependent population model of *Tetranychus urticae* Koch: Immature development. J. Asia-Pac. Entomol. 4, 123-129.

Peck, S.L. 2000. A tutorial for understanding ecological modeling papers for the nonmodeler. Amer. Entomol. 46, 40-49.

Price, P.W. 1997. Insect ecology, 3rd ed. Wiley, New York.

Pritchard, D.W., Paterson, R.A., Bovy, H.C., Barrios-O'Neill, D. 2017. FRAIR: an R package for fitting and comparing consumer functional responses. Methods in Ecology and Evolution 8, 1528-1534.

Rogers, D.J. 1972. Random search and insect population models. J. Anim. Ecol. 41, 369-383.

Royama, T. 1971. A comparative study of models for predation and parasitism. Res. Pop. Ecol. Supplement 1, 1-91.

제17장

곤충생명표 통계량 추정

박영균, 김광호, 이준호, 김동순

1. 생명표의 종류와 개념

곤충의 생활사 특성(life history characteristics)을 정량적으로 표현하는 대표적인 개체군 통계량 중 하나는 내적자연증가율(intrinsic rate of natural increase) 또는 내적증가율(intrinsic rate of increase)이라 할 수 있다. 내적증가율을 비롯하여 개체군 성장의 이해에 유용하게 활용할 수 있는 다양한 개체군 통계량을 추정하는 일은 생명표 분석(life table analysis)을 통하여 달성할 수 있다. 즉 생명표 통계량은 개체군의 특성을 이해하기 위한 다음과 같은 다양한 정보를 제공한다.

- 내적자연증가율(r: Intrinsic rate of natural increase): 단위시간당 증가율
- 순재생산율(R_0: Net reproductive rate): 암컷 한 마리가 생산하는 가임암컷 수
- 평균세대기간(T: Mean generation time): 곤충의 평균 세대기간
- 기간증가율(λ: Finite rate of increase): 단위시간당 증식배수
- 개체군 배가기간(DT: Doubling time): 개체군 밀도가 2배로 되는 데까지 기간

원래 생명표는 보험설계 시 보험료 산출을 위한 기대수명을 추정하기 위하여 도입되었으며(Reviewed in Birch, 1948), 이러한 기존의 인구통계학 및 보험계리학(actuarial sciences)에서 수립된 이론을 후에 곤충의 생활사 분석에 적용하게 되었다(Pearl and Parker, 1924; Birch, 1948).

고전적으로 동물생명표는 연령별 생명표(age specific life table)와 시간별 생명표(time specific life table)로 구분할 수 있다. 전자는 동시출생 집단(cohort)의 사망수를 추적하여 제작하는 것으로 수평생명표(horizontal life table) 또는 동령군생명표(Cohort life table)라고도 부른다. 후자는 어떤 시점에 존재하는 개체군의 연령구성에서 각 연령에서의 사망수를 추정하여 제작하는 것으로 사망집단의 출생년도를 추적하여 제작할 수 있으며, 이 방법은 수직생명표(vertical life table) 또는 고정생명표(static life table 또는 정적생명표)로 알려져 있다.

곤충의 야외 개체군에 대한 생명표 작성은 몇 가지 측면에서 매우 어렵다. 야외에서 곤충의 연령을 결정하기 어려우며, 또한 연령에 따른 사망률의 추적이 불가능하다. 동령집단을 추적하여 연령별 사망수를 파악할 수 없으며, 사망집단을 역으로 추적하여 출생일을 결정할 수도 없다. 따라서 생태적으로 중요한 시기를 기준으로 발육단계를 연령등급으로 구분하는 방법을 적용했다(Miller and Morris, 1954). 예를 들면 솔나방의 경우 알, 부화유충, 월동 전 유충, 월동 후 유충, 용, 성충 등으로 연령을 구분하고, 각 연령등급 내에서 일어나는 사망요인을 분석하여 생명표를 작성한 바 있다(현, 1968). 다만 이런 경우 생명표는 생명표 통계량의 매개변수를 추정하기보다는 밀도 변동 주요인(key factor)을 발견하는 도구로 활용된다(Varley and Gradwell, 1960). 기타 부분 생명표(partial life table) 작성을 통하여 생활사 일부분 기간 동안의 사망요인을 분석할 수 있다(Kim and Lee, 2002).

실험실 곤충 개체군의 경우는 동일 연령의 집단을 일별로 추적하여 발육과 사망 상황을 기록할 수 있으며, 성충(암컷)의 출산수와 수명까지 전 세대기간의 생물적 자료를 얻을 수 있다. 따라서 동령군생명표의 방식과 더불어 출산수가 반영되는 출산생명표(fertility life table, 또는 번식표)의 작성이 가능하고, 다양한 생명표 통계량을 추정할 수 있다(Krebs, 1972). 출산생명표는 통제된 환경조건에서 추정되지만 생명표 통계량을 비교함으로써 기주식물이나 온도, 기타 환경의 적합도를 평가하는

데 유용하게 활용할 수 있다(Yang, 2011; Hyun et al., 2020).

실내 개체군을 대상으로 한 생명표 분석에서 기존 암컷 중심의 생존율과 출산수를 기반으로 하는 방법에서 더 진전되어 두 성을 모두 반영하는 분석기술이 이용되고 있다. 후자는 암수를 포함하여 발육단계별 생존 여부를 반영하는 방식으로 연령-발육단계 양성생명표(age-stage, two-sex life table)로 알려져 있다(Chi and Liu, 1985; Chi, 1988). 이 절에서는 실내 곤충 개체군의 생명표 작성법을 소개하고, 기존의 생명표 분석법과 양성생명표의 특성을 고찰하고자 한다.

2. 생명표 작성을 위한 곤충실험 방법

1) 안정연령집단의 조성과 발육실험

실내 개체군을 이용하여 생명표를 작성하는 경우 안정된 집단을 얻는 것이 우선 필요하다. 야외채집 집단을 직접 이용하는 경우 기생 또는 질병 감염 등의 요인에 의하여 사망률과 수명이 달라질 수 있으므로 3세대 이상 사육한 개체군을 실험에 사용하는 것이 좋다. 안정된 환경조건에서 번식한 안정연령집단에서 암컷을 무작위로 선택하여 실험을 개시할 수 있는 동일연령의 알 집단을 얻는 것이 매우 중요하다. 생명표 통계량 추정에서 생존율과 더불어 성비가 큰 영향을 미치기 때문에 안정연령분포(stable age distribution)의 개체군에서 실험개체를 무작위로 얻어야 한다.

알부터 성충까지의 발육은 곤충의 종류에 따라 관찰간격을 조정할 수 있다. 발육기간이 짧은 종은 일반적으로 8시간 또는 12시간 등 조사시간을 짧게 하여 정확한 자료를 얻는다. 실내 개체군의 생명표는 근본적으로 개체단위의 추적을 통한 자료의 수집을 바탕으로 하지만, 개체사육이 불가능한 경우 집단 사육도 가능하다. 다만 고착생활(예: 가루이류)을 하여 개체별 발육을 추적할 수 있는 경우 적용할 수 있다. 총채벌레류와 같이 식물조직에 알을 낳는 경우 알의 발육기간과 생존율 조사에 특별히 주의할 필요가 있다(Park and Lee, 2020a). 기타 실험자의 실수로 인하여 사망한 개체나 소실된 개체는 분석에서 제외시킨다.

2) 암컷 산란실험

기존의 전통적 생명표 분석에서는 암컷집단을 별도로 선정하여 산란자료를 얻어서 통계량을 추정할 수도 있다. 단, 유충(또는 약충)의 실험환경과 동일한 조건에서 안정적으로 유지된 성충집단이어야 한다. 하지만 양성생명표 분석에서는 이전 발육단계인 유충(또는 약충) 실험집단을 이어서 성충(암수)의 산란과 수명을 추적한다. 유충집단을 이어서 성충의 산란실험을 하는 경우 암수 교미쌍을 정확히 맞추기 어려우므로 동일한 조건에서 사육한 개체를 보충하는 경우도 있다. 물론 도입된 개체에 대해서는 성비 계산에서 제외한다.

양성생식을 하는 곤충의 경우는 알의 부화율을 조사하여 수정란에 기초한 생명표를 제작할 필요가 있다. 따라서 산란된 알을 부화까지 조사하며, 조직에 산란하는 경우는 산란식물체를 매일 교체하여 파악한다. 단, 산란수가 매우 많은 종의 경우는 일부 집단을 조사하여 보정하기도 한다.

3. 실내 개체군 곤충생명표 작성 방법

1) 기본 계산법

곤충 실내 개체군에 대한 생명표 계산법은 크렙스(Krebs, 1972) 등의 저서에 상세히 설명되어 있으며, 캐리(Carey, 1993)는 알기 쉽게 시각화하여 계산법을 소개했다. 기본적으로 알부터 성충 사망까지의 실험자료를 이용하여 작성하며, 암컷 성충의 산란과 수명 자료를 기반으로 추정한다. 성충우화 전까지의 자료에서 발육기간과 생존율은 각각 x(피벗연령, pivot age)와 l_x(생존율)로 이전되어 반영된다. 수컷 성충의 수명과 생존은 생명표 계산에서 큰 역할을 하지 않으며, 다만 성비로 반영되어 m_x을 계산할 때 반영된다.

암컷 성충의 연령에 따라 일별산란수를 나열하고 생명표 계산에 필요한 l_x, m'_x, m_x, l_xm_x, xl_xm_x 등 각 항목값을 계산함으로써 통계량을 추정할 수 있다(표 1). 이때 집단의 연령은 성충 이전까지 연령(발육기간)에 성충의 연령을 합하여 보정(피벗연령)한다. 즉 성충 이전 평균 발육기간(days)이 7.2일이었다면, 성충의 연령 1일을 합

표 1. 실내 개체군 곤충생명표 통계량의 계산 사례(가상자료임, 성비 0.5 적용)

성충연령 (일)	피벗연령 (x)	l_x	m'_x	m_x	l_xm_x	xl_xm_x
1	8.2	0.81	0.50	0.25	0.20	1.66
2	9.2	0.81	1.40	0.70	0.57	5.22
3	10.2	0.81	2.30	1.15	0.93	9.50
4	11.2	0.81	2.75	1.38	1.11	12.47
5	12.2	0.81	3.30	1.65	1.34	16.31
6	13.2	0.81	3.60	1.80	1.46	19.25
7	14.2	0.81	3.55	1.78	1.44	20.42
8	15.2	0.81	3.15	1.58	1.28	19.39
9	16.2	0.81	2.90	1.45	1.17	19.03
10	17.2	0.81	2.45	1.23	0.99	17.07
11	18.2	0.81	2.75	1.38	1.11	20.27
12	19.2	0.81	1.95	0.98	0.79	15.16
13	20.2	0.81	1.70	0.85	0.69	13.91
14	21.2	0.81	0.85	0.43	0.34	7.30
15	22.2	0.65	0.65	0.33	0.21	4.68
16	23.2	0.36	0.35	0.18	0.06	1.48
17	24.2	0.36	0.20	0.10	0.04	0.88
18	25.2	0.16	0.15	0.08	0.01	0.31
19	26.2	0.08	0.05	0.03	0.00	0.05
20	27.2	0.04	0.00	0.00	0.00	0.00
21	28.2	0.00	0.00	0.00	0.00	0.00
22	29.2	0.00	0.00	0.00	0.00	0.00
합계				17.28	13.75	204.34
$R_0 = 13.75$			$T = 14.86$		$r = 0.176$	
GRR = 17.28			$\lambda = 1.19$		$DT = 3.93$	

산하여 피벗연령은 8.2일부터 시작한다. 생명표 통계량 계산에 필요한 각 항목의 의미는 다음과 같다.

- x 성충 이전 연령을 반영한 피벗연령을 나타낸다.
- l_x 생존율로써 살아남은 개체수의 비율을 뜻한다. 알 발육단계부터

누적하여 성충우화까지 생존율을 나타내며, 이를 기준으로 암컷 성충의 일별 생존율을 누적하여 순차적으로 계산한다. 캐리(Carey, 1993)는 성충 이전의 사망률을 무시하고 생존율을 1.0부터 적용한 바 있다(계산오류로 판단됨). 본 계산법은 별도의 반복실험을 통하여 성충 이전 생존율을 보정할 수 있는 장점이 있다.

- m'_x와 m_x m'_x는 연령별 평균 산란수(번식 수)로서 암컷 1마리당 번식 수를 나타낸다(일반적으로 1일 산란수가 됨. 연령을 1일 간격으로 처리). 반면, m_x는 성비를 감안한 번식 수로서 m'_x에 성비를 곱하여 계산한다.
- l_xm_x 해당 연령까지 생존(l_x)한 암컷 개체당 평균 산란수(m_x)를 나타낸다. 따라서 자연 번식능력을 의미한다.
- xl_xm_x 자연 번식능력에 해당 연령을 곱한 값으로 평균세대기간을 추정할 때 사용된다.

이와 같이 기본 항의 값을 계산하여 각 생명표 통계량은 다음과 같이 추정한다.

- 순재생산율(R_0: Net reproductive rate)

$$R_0 = \sum l_x m_x$$

- 평균세대기간(T: Mean generation time)

$$T = \frac{\sum x l_x m_x}{R_0}$$

- 내적자연증가율(r: Intrinsic rate of natural increase)

$$r = \frac{\ln(R_0)}{T}$$

- 기간증가율(λ: Finite rate of increase)

$$\lambda = e^r$$

• 개체군 배가기간(*DT*: Doubling time)

$$DT = \frac{\ln(2)}{r}$$

보통 생명표 통계량은 실험 집단에 대한 추정치이며 이에 대한 반복이 없는 경우가 많다. 그러므로 통계량의 통계적 유의성을 검정하는 절차가 필요하다. 통계적 검정은 잭나이프법(Meyer et al., 1986; Maia et al., 2000)이나 부트스트랩법(Efron and Tibshirani, 1993)을 적용하는데 이 장 뒷부분에서 소개한다.

2) 출산생명표(fertility life table) 계산법

(1) 생존율과 생식력의 처리

지금까지 생명표 통계량을 계산하는 다수의 프로그램이 소개되었다. 훌팅 등(Hulting et al., 1990)은 Pascal 프로그램을 개발했으나 공개되지 않아 이용이 어렵고, 비교 실험집단들의 유충생존율이 같다고 가정하는 단점이 있으며 처리 간 통계검정의 한계가 있었다. 마이아 등(Maia et al., 2000)은 통계검정이 가능한 SAS프로그램 코드(SAS Institute, 2013)를 발표하였고, 이후에 보완하여 공개통계 프로그램인 R (R Core Team, 2019)을 이용하는 분석프로그램을 제시했다(Maia et al., 2014).

출산생명표는 암컷 성충에서부터 자료를 처리하여 태어난 자식세대의 성충으로 우화할 때까지의 발육기간을 더해 암컷의 나이를 결정한다. 또한 자식세대의 성비와 생존율을 적용하여 생명표를 작성한다. 따라서 나이에 따른 생존율(l_x)과 생식력(m_x)은 다음과 같은 계산방법을 따른다.

$$l_x = SURV \times \frac{NSF_x}{NF}$$

$SURV$는 자식세대가 성충이 될 때까지의 생존율이며, NSF_x는 나이 x일 때 살아 있는 암컷의 숫자, NF는 실험에 사용된 암컷의 초기 숫자다.

$$m_x = NEGG_x \times SR$$

$NEGG_x$는 나이 x일 때 암컷이 낳은 알의 개수이고, SR은 자식세대의 성비(암컷의 수/암컷과 수컷 수의 합)다. 자세한 내용은 마이아 등(Maia et al., 2000, 2014)을 참고하기 바란다.

(2) R-프로그램의 기본 코드

R-프로그램(Maia et al., 2014)으로 생명표 통계량을 추정하기 위해서는 ① 각 암컷 성충 개체의 관찰주기별 산란수, ② 각 암컷 성충 개체의 수명, ③ 자식세대의 성충까지의 생존율, ④ 자식세대 성비 등의 자료가 기본적으로 필요하다.

마이아 등(Maia et al., 2014)이 제공한 코드는 세 집단을 비교하기 위해 작성된 것이므로 비교할 집단 수가 더 많거나 더 적을 경우 약간의 수정이 필요하며, 수정 부분은 다음과 같다.

```
t2=grid.arrange(tableGrob(round(subset(fer_lif_tab,group==fem_gr$group[1]&fem_rem==0)[-1],4),rows=NULL),tableGrob(round(subset
(fer_lif_tab,group==fem_gr$group[2]&fem_rem==0)[-1],4),rows=NULL),tableGrob(round(subset(fer_lif_tab,group==fem_gr$group
[3]&fem_rem==0)[-1],4),rows=NULL),tableGrob(round(subset(fer_lif_tab,group==fem_gr$group[4]&fem_rem==0)[-
1],4),rows=NULL),nrow=1,vp=viewport(gp=gpar(cex=0.5)),left='Fertility life tables')
```

수정된 코드는 네 집단 간의 비교를 위한 코드다. 표시된 부분이 한 집단을 나타내는 것이며, 집단 수에 따라 표시 부분을 추가하거나 제거한다.

또한 파일 위치와 파일 이름을 프로그램 코드 내에 다음과 같이 입력해야 한다.

```
setwd("C:/Users/user/Desktop/F. occidentalis/F.occi FLT/Life tableR")   → 파일 위치

d=read.xlsx('Frankliniella occidentalis data.xls',sheetIndex=1)
str(d)
                                                                        → 파일 이름
```

(3) 자료 파일

자료 파일은 엑셀로 작성할 수 있다. 연령-발육단계 양성생명표와 달리 한 파일에 모든 실험 집단의 자료를 다 입력해야 한다. 자료 파일 구성방법은 다음과 같다(그림 1).

- group　　집단 이름(임의 지정 가능)
- id_female　암컷 번호

- age　　나이, 자식 세대의 발육기간을 이용해 성충의 첫 나이를 계산한다. 암컷 성충의 나이를 확실히 알고 있는 경우 그대로 사용해도 무방하다. 같은 집단 내에서는 시작 나이를 모두 동일하게 맞춰야 한다. 〈그림 1〉의 표에 나와 있는 1번 집단의 경우 모두 10일로 맞춰져 있다. 암컷 성충의 나이를 모두 확실히 알고 있는 경우 11일에 성충이 된 암컷도 있을 것이다. 그럴 경우 그 전 번데기 단계였던 10일의 자료를 입력하고 산란수는 0으로 하면 된다.
- pct_fem　　자식 세대의 각 집단 암컷 비율. 한 집단 내에서는 모두 동일한 값을 입력
- sfimat　　자식 세대의 성충까지 생존율. 한 집단 내에서는 모두 동일한 값을 입력

	A	B	C	D	E	F
1	group	id_female	age	n_eggs	pct_fem	sfimat
2	1	1	10	4	0.351546	0.787338
3	1	1	11	14	0.351546	0.787338
4	1	1	12	6	0.351546	0.787338
5	1	1	13	2	0.351546	0.787338
6	1	1	14	8	0.351546	0.787338
7	1	1	15	3	0.351546	0.787338
8	1	1	16	1	0.351546	0.787338
9	1	1	17	0	0.351546	0.787338
10	1	2	10	9	0.351546	0.787338
11	1	2	11	19	0.351546	0.787338
12	1	2	12	5	0.351546	0.787338
13	1	2	13	1	0.351546	0.787338
14	1	2	14	4	0.351546	0.787338
15	1	2	15	5	0.351546	0.787338
16	1	2	16	4	0.351546	0.787338
17	1	2	17	3	0.351546	0.787338
18	1	2	18	5	0.351546	0.787338
19	1	2	19	1	0.351546	0.787338
20	1	2	20	1	0.351546	0.787338
21	1	2	21	0	0.351546	0.787338
22	1	2	22	0	0.351546	0.787338
23	1	3	10	4	0.351546	0.787338
24	1	3	11	7	0.351546	0.787338
25	1	3	12	9	0.351546	0.787338
26	1	3	13	7	0.351546	0.787338
27	1	3	14	8	0.351546	0.787338
28	1	3	15	8	0.351546	0.787338
29	1	3	16	4	0.351546	0.787338
30	1	3	17	2	0.351546	0.787338
31	1	3	18	5	0.351546	0.787338
32	1	3	19	2	0.351546	0.787338
33	1	3	20	0	0.351546	0.787338
34	1	3	21	2	0.351546	0.787338
35	1	3	22	2	0.351546	0.787338

그림 1. 출산생명표 분석을 위한 자료 파일 구성

group	X	LX	MX	LXMX	XLXMX
4	10	0.074	0.9726	0.0719	0.7194
4	11	0.5917	2.5532	1.5107	16.6182
4	12	0.6657	5.0253	3.3452	40.1426
4	13	0.7027	2.15	1.5107	19.6397
4	14	0.7027	1.7917	1.259	17.6254
4	15	0.5917	2.6747	1.5827	23.7403
4	16	0.5917	0.9118	0.5396	8.6328
4	17	0.5547	0.6484	0.3597	6.1149
4	18	0.4438	0.4458	0.1978	3.561
4	19	0.2589	1.1116	0.2878	5.4675
4	20	0.1479	2.4316	0.3597	7.194
4	21	0.1479	2.5532	0.3777	7.9314
4	22	0.1479	2.0668	0.3057	6.7264
4	23	0.1479	0.7295	0.1079	2.4819
4	24	0.1109	0.9726	0.1079	2.5898
4	25	0.1109	0.3242	0.036	0.8993
4	26	0.1109	0.1621	0.018	0.4676
4	27	0.074	0	0	0

PAR	GROUPS	diff	lwr	upr	p adj
R0	2-1	-4.5483	-10.7220	1.6254	0.2219
R0	4-1	-2.8480	-8.9299	3.2339	0.6094
R0	5-1	7.1901	1.0163	13.3638	0.0159
R0	4-2	1.7003	-4.7525	8.1530	0.8996
R0	5-2	11.7384	5.1990	18.2777	0.0001
R0	5-4	10.0381	3.5854	16.4908	0.0006
TG	2-1	0.5955	-0.4415	1.6325	0.4372
TG	4-1	0.3529	-0.6686	1.3745	0.8006
TG	5-1	1.0519	0.0149	2.0890	0.0455
TG	4-2	-0.2426	-1.3264	0.8413	0.9353
TG	5-2	0.4564	-0.6420	1.5549	0.6954
TG	5-4	0.6990	-0.3849	1.7829	0.3336
TD	2-1	0.6954	0.1398	1.2509	0.0082
TD	4-1	0.3666	-0.1807	0.9139	0.3006
TD	5-1	-0.2025	-0.7581	0.3530	0.7735
TD	4-2	-0.3288	-0.9095	0.2519	0.4496
TD	5-2	-0.8979	-1.4864	-0.3094	0.0008
TD	5-4	-0.5691	-1.1498	0.0116	0.0569
RM	2-1	-0.0353	-0.0634	-0.0072	0.0078
RM	4-1	-0.0206	-0.0482	0.0071	0.2152
RM	5-1	0.0129	-0.0152	0.0410	0.6231
RM	4-2	0.0147	-0.0146	0.0441	0.5528
RM	5-2	0.0482	0.0185	0.0779	0.0003
RM	5-4	0.0335	0.0041	0.0628	0.0190
LM	2-1	-0.0426	-0.0766	-0.0086	0.0081
LM	4-1	-0.0250	-0.0585	0.0085	0.2108
LM	5-1	0.0159	-0.0181	0.0499	0.6085
LM	4-2	0.0176	-0.0179	0.0531	0.5654
LM	5-2	0.0585	0.0225	0.0945	0.0003
LM	5-4	0.0410	0.0054	0.0765	0.0173

group	R0	TG	TD	RM	LM
1	14.8261	13.1555	3.3818	0.205	1.2275
2	10.2778	13.7541	4.0917	0.1694	1.1846
4	11.978	13.5026	3.7692	0.1839	1.2019
5	22.0161	14.2058	3.1848	0.2176	1.2431

그림 2. R-프로그램을 통해 계산된 출산생명표 분석 결과

자료를 입력하는 순서는 집단이 먼저이고 다음으로 암컷 번호 순이다. 한 번호의 암컷에 대한 자료 입력이 모두 끝나면 다음 번호의 암컷에 대한 자료를 입력하면 된다.

(4) 분석 방법

자료 파일을 준비한 후 코드를 R-프로그램에 붙여넣으면 된다. 각 개체군 통계량 모수에 대한 회귀분석 그래프와 함께 'report-01'이라는 파일이 생성된다. 나이에 따른 생존율(l_x)과 생식력(m_x)을 포함해 개체군 변수가 계산되어 나오고, 개체군 모수 추정값에 대한 표준오차와 잭나이프법으로 계산한 개체군 모수값들의 처리 간 통계적 유의성 비교 결과도 확인할 수 있다.

3) 연령-발육단계 양성생명표(age-stage, two-sex life table) 계산법

(1) 연령-발육단계 양성생명표의 개념

연령-발육단계 양성생명표 분석은 치와 리우(Chi and Liu, 1985), 치(Chi, 1988)가 처음 제시한 생명표 분석방법이다. 이 방법은 각 발육단계의 생존율 곡선(기대수명 포함)을 시각적으로 보여주며, 특히 수컷(성충)의 생존율 곡선을 출력한다는 특징이 있다. 수컷은 직접적인 번식활동을 하지 않기 때문에 성비에 반영되는 것을 제외하고는 실제 생명표 통계량에 영향을 미치지 않는다. 다만 천적의 경우 포식활동을 하거나, 해충의 경우는 암컷과 마찬가지로 작물에 피해를 일으키기 때문에 생존율 곡선 등의 자료는 가치가 있다.

양성생명표에서 개체군 통계량 분석을 위해 필요한 연령별 생존율(l_x)과 출산율(m_x)은 다음과 같은 계산방법을 따른다.

$$l_x = \sum_{j=1}^{n} S_{xj}$$

$$m_x = \frac{\sum_{j=1}^{k} S_{xj} f_{xj}}{\sum_{j=1}^{k} S_{xj}}$$

연령(x)과 발육단계에 따른 생존율(S_{xj}, j= 발육단계)과 생식력(f_{xf}, f = 암컷 성충 단계)을 사용하여 계산된다. k는 나이가 x일 때 발육단계별 개체수다.

(2) 양성생명표 프로그램

양성생명표 프로그램(Chi, 2020)을 이용하려면 기본적으로 ① 각 개체의 발육단계별 발육기간, ② 각 개체의 사망 정보, ③ 각 개체의 성별, ④ 각 개체의 관찰 주기별 산란수, ⑤ 각 개체의 성충 수명 등의 자료가 필요하다.

양성생명표 계산에 필요한 "Twosex-MSChart"(그림 3)는 다음과 같이 얻을 수 있다.

• 웹사이트 주소 140.120.197.173/ecology에 접속하면 다운로드받을 수 있다. 프로그램 버전은 수시로 업데이트되고 있다.
• 프로그램을 사용하기 위해서는 암호가 필요한데 프로그램 개발자인 치(Chi) 박사에게 이메일(hsinchi@dragon.nchu.edu.tw)을 보내서 암호를 받아야 한다.

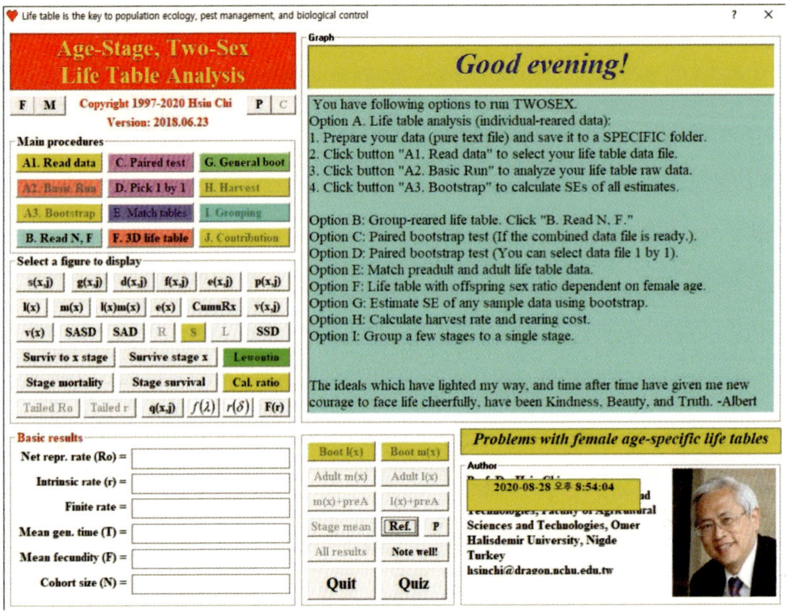

그림 3. Twosex-MSChart 실행 화면

(3) 자료 파일

〈그림 4〉는 박과 이(Park and Lee, 2020b)가 수행한 긴꼬리이리응애(*Amblyseius eharai*)에 대한 연령-발육단계 양성생명표 분석 사례다. 긴꼬리이리응애는 알(Egg), 유충(Larva), 전약충(Protonymph), 후약충(Deutonymph) 그리고 성충의 발육단계를 가진다. 따라서 자료를 입력할 때 개체번호, 성별(F/M/N), 알 기간, 유충 기간, 전약충 기간, 후약충 기간, 성충 수명 순으로 입력한다. 암컷의 경우 성충 수명 뒤에 관찰 주기별 산란수를 입력하고 마지막에 '-1'을 입력하여 데이터 입력이 종료되었음을 표시한다. 성별이 N으로 표기되는 미성숙기 사망 개체의 경우 사망한 단계와 알부

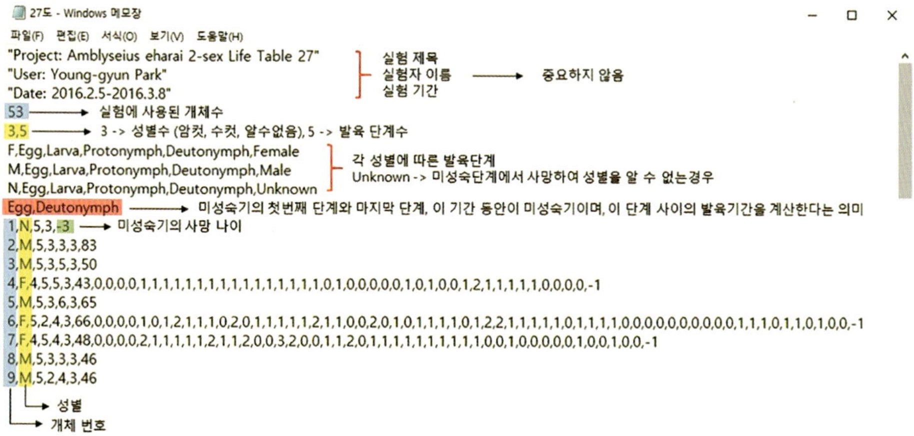

그림 4. Twosex-MSChart를 이용한 연령-발육단계 양성생명표 분석 사례: txt파일 구성 예시

터 시작한 나이가 아닌 사망한 단계의 나이를 입력하고 앞에 '–'를 입력한다. Excel 프로그램으로 정리 후 확장자 csv로 저장하여 복사 후 붙여넣기하면 간편하게 입력할 수 있다.

(4) 프로그램 사용 방법

Twosex-MSChart 프로그램에서 'Read Data'를 선택한 후 해당 파일을 불러와 분석하면 된다. 분석을 하면 〈그림 5〉처럼 발육단계별 발육기간이나 그래프를 그리기 위해 필요한 파일들이 생성된다.

파일명에 For_TIMING이 들어가는 파일이 생성된다. Timing-MSChart라는 프로그램을 실행하여 이 파일을 불러오면 개체군 증가 예측 그래프를 위한 파일을 생성할 수 있다. Timing-MSChart는 Twosex-MSChart와 같은 웹사이트에서 다운로드 가능하며, 암호를 받아서 사용해야 한다.

(5) 부트스트랩

생명표 분석 후 프로그램을 종료하지 말고 'Bootstrap' 버튼을 누르면 부트스트랩을 할 수 있으며, 샘플링 숫자도 지정할 수 있다. 부트스트랩을 수행하면 내적자연증가율(r), 기간증가율(λ), 순재생산율(R_0), 총번식률(GRR), 평균세대기간(T)에 대

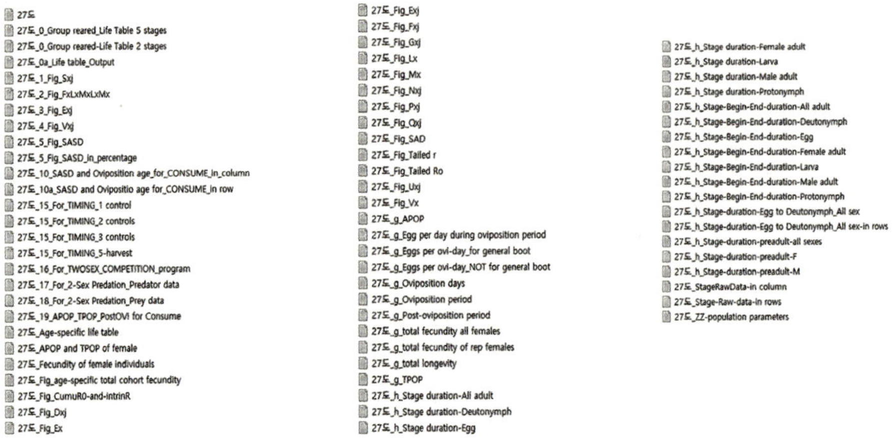

그림 5. 연령-발육단계 양성생명표 Twosex-MSChart 분석 결과 파일

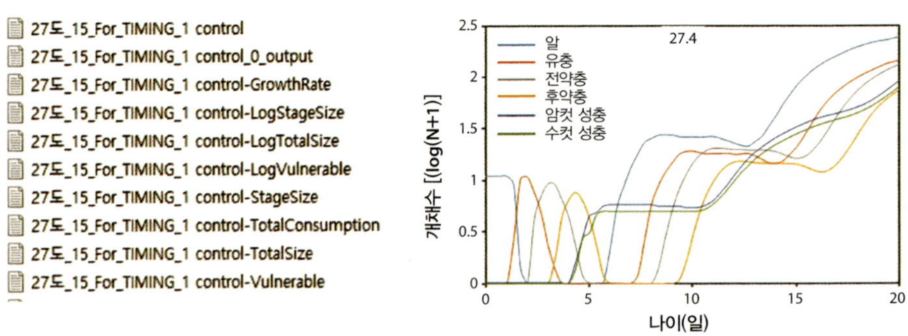

그림 6. 생성파일과 생성파일을 이용해 만든 그래프(LogStageSize)

한 결과 파일이 나온다. 비교하고자 하는 각각의 실험조건에 대해 모두 같은 방법으로 부트스트랩을 수행하면, 실험 조건 간에 생명표 통계량 모수의 통계적 비교를 할 수 있다. 생성된 파일 중 비교하고자 하는 개체군 변수의 row 파일을 사용하면 된다. 비교를 위해 필요한 파일 양식은 〈그림 7〉과 같다.

각 집단의 마지막에 –1을 입력하여 데이터의 종료를 표시해야 한다. 개체군 통계량 모수별로 위와 같은 파일을 만든 후 Twosex-MSChart 프로그램에서 'Paired test'를 누르면 각 처리구의 생명표 통계량 모수값들을 비교할 수 있고, 통계적 유의성과 각 개체군 통계량 모수에 대한 표준오차를 확인할 수 있다.

```
"Project: r of a.eharai"
"Young-gyun Park"        → 비교하고자하는 집단 수
"r"
5                        → 집단 이름(임의 지정 가능)
"A",60,0.079232526
0.07258122,0.079983044,0.08457377,0.085406113,0.077240467
0.086908007,0.089035964,0.064308286,0.080961084,0.100242805
0.078854656,0.076979971,0.076332951,0.082151985,0.06621387
0.096953058,0.077983832,0.07263093,0.080088186,0.08795414
0.073233676,0.072076035,0.074834633,0.058110666,0.076740003
0.075348043,0.056672072,0.074718475,0.074851084,0.094297171
0.073836565,0.073496461,0.080333662,0.063594747,0.080751586
0.081400752,0.090201116,0.074926329,0.073456764,0.066053581
0.09065659,0.093950915,0.063209581,0.090198469,0.094696641
0.086427498,0.075252557,0.080122018,0.076219296,0.072472787
0.082311058,0.089176583,0.084779191,0.084012365,0.070480156
0.091357613,0.092217851,0.071099281,0.065034199,0.077279234
0.083880401,0.075570631,0.069013667,0.093446589,0.082396746
0.083536577,0.083742499,0.061469293,0.085258412,0.078312564
0.07711215,0.082219505,0.075856447,0.077947569,0.074178171
0.075060511,0.080124378,0.074815392,0.068028545,0.074939919
0.082877612,0.077147055,0.075612617,0.095964646,0.077894497
```

그림 7. 부트스트랩 분석을 위한 파일 양식

4. 생명표 계산법의 비교

1) 생명표 통계량 차이의 원인

실내개체군에 대한 생명표 통계량은 근본적으로 펄과 파커(Pearl and Parker, 1924), 버치(Birch, 1948), 크렙스(Krebs, 1972) 등 수식의 범위에 있기 때문에 자료가 동일한 경우 동일한 값이 나와야 한다. 출산생명표나 연령-발육단계 양성생명표 계산 시 다른 이론이나 다른 계산법을 적용하는 것이 아니다. 다만 입력자료의 배열에 따른 차이가 있고 시각화 결과의 다양성에서 차이가 있을 뿐이다.

출산생명표에서는 암컷의 수명과 산란수 자료를 시작으로 자식세대의 발육값이 입력값으로 사용된다. 반면 연령-발육단계 양성생명표 계산에서는 알부터 성충 사망까지의 자료가 일렬로 입력되어야 한다. 자료의 준비와 해석 및 결과의 활용을 위해서는 기존의 전통적 계산법과 더불어 출산생명표나 연령-발육단계 양성생명표 계산법의 장단점을 파악할 필요가 있다.

예로써 몇 가지 상이한 환경조건에서 사육한 꽃노랑총채벌레 발육자료(표 2)를 이용하여 얻은 생명표 통계량(표 3)을 비교하면 계산방법에 따른 차이를 알 수 있다. 환경조건의 차이에 따른 꽃노랑총채벌레(*Frankliniella occidentalis*)의 부모세대와

표 2. 환경조건에 따른 꽃노랑총채벌레의 부모세대와 자식세대 생존율과 성비(Park, 2020)

환경조건	약충 생존율		성비	
	부모세대	자식세대	부모세대	자식세대
1	0.88ab*	0.79b	0.45a	0.35b
2	0.79ab	0.84a	0.40a	0.33b
3	0.73b	0.70c	0.48a	0.49a
4	0.89a	0.83a	0.37a	0.47a

*각 세로 자료에 대해 카이제곱 검정 후 본페로니 교정($p < 0.05$)

표 3. 생명표 통계량 계산방법에 따른 꽃노랑총채벌레의 생명표 통계량 추정값(±표준오차)

분석 방법	환경 조건	r	λ	R_0	T
출산생명표	1	0.205 ± 0.0048ab*	1.228 ± 0.0059ab	14.826 ± 1.0918b	13.156 ± 0.2152b
	2	0.169 ± 0.0080c	1.185 ± 0.0094c	10.278 ± 1.1455c	13.754 ± 0.3139ab
	3	0.184 ± 0.0102bc	1.202 ± 0.0122bc	11.996 ± 1.7479bc	13.495 ± 0.3191ab
	4	0.218 ± 0.0078a	1.243 ± 0.0097a	22.016 ± 2.6009a	14.206 ± 0.3016a
연령-발육단계 양성생명표	1	0.234 ± 0.0143a**	1.263 ± 0.0180a	21.241 ± 3.7761a	13.075 ± 0.2130b
	2	0.178 ± 0.0175b	1.195 ± 0.0208b	11.579 ± 2.5795b	13.724 ± 0.3191ab
	3	0.185 ± 0.0182b	1.203 ± 0.0218b	12.109 ± 2.8374ab	13.500 ± 0.3156ab
	4	0.204 ± 0.0171ab	1.227 ± 0.0209ab	18.473 ± 4.1657ab	14.271 ± 0.3142a

*출산생명표의 각 세로 자료에 대해 잭나이프 추정 후 투키 검정($p < 0.05$).

**연령–발육단계 양성생명표의 각 세로 자료에 대해 짝 부트스트랩 테스트($p < 0.05$, B = 100,000).

자식세대 간 약충 생존율과 성비에 차이가 발생되고 있다(Park, 2020). 이에 따라 출산생명표와 연령-발육단계 양성생명표 계산법 간에는 생명표 통계량 추정값에 차이가 발생되고 있다.

〈표 3〉에 나타난 차이는 근본적으로 자료의 이용부분이 다르기 때문에 나타나는 결과다. 출산생명표에서는 부모세대의 산란수와 자식세대의 성비 및 생존율을 기준으로 생명표를 계산한다. 반면 연령-발육단계 양성생명표 계산에서는 알부터 성충의 사망까지 자료를 이용하기 때문에 동일 세대의 자료가 이용되고 어린 시기의 성비와 생존율이 반영된다(그림 8). 출산생명표 계산법에서는 〈표 2〉에서 자식세대의 생존율과 성비가 이용되게 되고, 연령-발육단계 양성생명표 계산법에서는 부

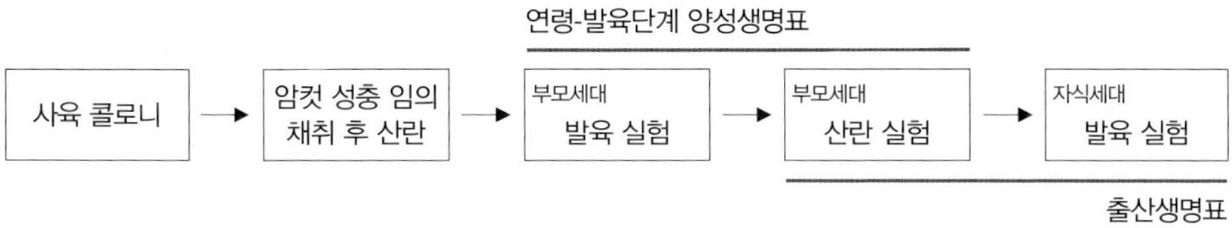

그림 8. 두 가지 생명표 분석법의 자료 이용 방법 비교

모세대의 값이 이용된다. 이렇게 자료 이용 부위의 차이로 결과값이 달라지는 것이며, 수식의 계산방법이 다르기 때문이 아님을 이해할 필요가 있다.

2) 성비의 영향

생명표 통계량에 성비는 매우 큰 영향을 미친다. 성비의 추정(계산)에 오류가 있는 경우 비현실적인 생명표 통계량이 추정될 수 있다. 성비는 안정된 개체군이 갖는 고유의 값이며, 환경 요인에 따라 변동될 수 있다. 한 번의 실험으로 얻은 성비는 그 개체군의 고유 특성을 반영하기 어려울 수 있다. 이런 점에서 성비의 입력값을 보정할 수 있는 계산법이 실제 생물적 특성을 이해하는 데는 장점이 될 수 있다.

생명표 통계량을 추정하여 기주식물에 대한 적합성 평가를 실시한다고 할 때, 기주식물에 따라 성비가 변동되고 이것이 주요인(key factor)이 된다고 하면, 기주식물별 안정된 성비를 얻는 것이 먼저다. 반복실험을 통하여 기주식물별로 형성되는 고유의 성비를 결정하고, 발육기간과 성충산란 등 자료를 입력하여 생명표 통계량을 추정하는 것이 필요하다. 출산생명표나 연령-발육단계 양성생명표 계산법에서는 직접 실험에서 얻은 자료를 통하여 성비를 계산하기 때문에 성비를 보정할 수 있는 방법이 쉽지 않다. 실험자료가 모집단의 성비를 대표하지 못하게 되면 비현실적인 생명표 통계량을 얻을 수 있다.

생명표 통계량을 추정하고자 하는 목적은 개체군의 특성을 이해하고자 하는 것이다. 추정된 생명표 통계량은 다양한 생명현상의 포괄적 지표로 사용이 가능하나 생명현상의 원인에 대한 것을 말해주지는 않는다. 예를 들어 점박이응애의 내적자연증가율이 A 품종에서 높고, B 품종에서 낮았다고 할 때 "포괄적 적합도가 A 품종에서 좋다"라고 말할 수는 있지만, 실험자는 왜 그러한 결과가 나타났는지에 더 관심이 크다. 품종 B에서 암컷 비율의 감소가 원인이라면 이 생명현상을 이해하는 데는 생명표 통계량의 내적자연증가율보다는 성비가 더 중요한 요인이 된다. 〈표 2〉에서 부모세대와 자식세대, 그리고 사육환경에 따라 성비와 생존율에 차이가 발생하는데, 이것을 유의미하게 받아들여야 할지는 의문이다. 만일, 이 결과가 유의미하다면 왜 이러한 차이가 발생했는지를 먼저 규명해야 할 것이다. 실험의 변이로 보인다면 전체 평균의 성비와 생존율을 사용하는 것이 합리적이다. 따라서 생명표 통계량의 계산법은 생물적 특성을 어느 것이 더 잘 반영할 수 있는지를 놓고 평가해야 할 것이다.

3) 생존율의 영향

위에서 생존율을 보정하여 생명표에 반영할 수 있는가 하는 점이 생명표 작성법의 중요한 장점이 될 수 있다고 언급했다. 이것은 한 차례의 실험으로 고유의 생존율 값을 얻을 수 없기 때문이다. 한 차례의 실험(반복)으로 개체군 고유의 생존율을 추정하는 경우는 충분히 안정된 집단을 대상으로 충분한 양의 표본수를 바탕으로 한 경우에 한하여 인정된다. 출산생명표나 연령-발육단계 양성생명표 계산법은 생존율을 보정하기 어렵기 때문에 더 충분한 표본수(개체수)를 실험에 이용해야 할 것이다. 물론 양성생명표는 수컷을 비롯하여 발육단계별 생존율 곡선을 시각적으로 보여주는 장점이 있다.

4) 부트스트랩(Bootstrap) 및 잭나이프(Jackknife) 분석법

통계적 과정은 표본통계량을 계산하여 모수를 추정하는 것이라 할 수 있다. 경우에 따라서는 표본을 재표집(resampling)함으로써 표본의 특성을 파악할 수 있다. 부트스트랩은 주어진 표본에서 또 다시 표본을 여러 번 취하여 표본의 평균과 분산 등을 추정하는 방법이다(Efron and Tibshirani, 1993).

보통 생명표 통계량은 단일 실험으로 추정되기 때문에 통계적 검정을 위해서는 재표집을 통하여 평균의 분포(즉 분산)를 파악할 필요가 있다. 연령-발육단계 양성생명표 분석법에는 부트스트랩 모듈이 내장되어 있으며 대개 100,000번의 재표집을 바탕으로 유의성 검정을 실시한다(Chi, 2020). 부트스트랩은 실험 표본에서 정해진 만큼의 표본을 재표집하여 통계량을 계산하는 것으로 잭나이프법과는 근본적으로 다른 방식을 취한다.

생명표 통계량의 분산을 추정하기 위하여 자료(개체수) 하나를 제외한 나머지 자료를 이용하고, 이를 자료의 수만큼 반복하여 복수 개의 추정량(통계량) 값을 얻는 방법이 있다. 자료가 많은 경우는 표본을 k 등분하여 그룹의 자료를 제외하여 추정량을 계산하고 그 추정량들의 평균과 분산을 계산할 수 있다. 잭나이프법은 기존 생명표 통계량의 유의성 검정에서 많이 적용했던 방법이다. 자료를 하나씩 제외시킨다는 점에서 LOOCV(leave-one-out cross validation)과 유사하지만, 잭나이프법에서는 전체 표본을 이용하여 계산한 값에서 제외되는 특정 표본의 값을 이용하여 새로운 값을 얻는다는 점에서 차이가 있다(Meyer et al., 1986; Maia et al., 2000). 즉, 10개 표본(즉 개체수 10마리)을 이용하여 생명표 통계량을 작성한다고 할 때 잭나이프법을 다음과 같이 적용한다(내적자연증가율을 사례로 설명함).

① 전체 개체수(n)를 이용한 내적자연증가율(ar)을 계산한다.
② 계산된 ar에 개체수(n)를 곱하여 내적자연증가율의 총 배수값(nar)을 만든다.
③ 표본에서 제외하고자 하는 개체 i의 내적자연증가율 $r_{(i)}$에 $(n-1)$을 곱하여 전체 개체수에서 하나 부족한 내적자연증가율의 배수값을 만든다.
④ 내적자연증가율의 총 배수값(nar)에서 ③에서 계산한 값을 빼 $Jr_{(i)}$를 계산한다.

$$Jr_{(i)} = nar - (n-1)r_{(i)}$$

⑤ 이 과정을 반복하여 n개의 $Jr_{(i)}$를 만들고, 이 값들의 평균이 최종 내적자연증가율 통계량 추정값이 된다.

$$r = \frac{\sum_{i=1}^{n} Jr_{(i)}}{n}$$

이와 같이 총 10개 가상의 생명표 통계량이 만들어지기 때문에 분산분석 등 통계분석이 가능해진다. 잭나이프법은 개별 관측치의 변이가 적을 때는 적용에 문제가 없으나, 제외하려는 표본의 값이 너무 커서 $n-1$ 배수값이 전체 평균의 n 배수값보다 클 때 제외되는 표본의 값이 너무 영향력이 없어서 $n-1$ 배수값이 전체 표본값의 n 배수값보다 클 때 비이상적인 값이 나올 수 있으므로 주의해야 한다.

5. 곤충 야외 개체군 생명표의 작성과 밀도 변동 주요인 분석

실내 개체군 생명표와는 달리 곤충의 야외 개체군 생명표는 연령등급(발육단계)별 사망요인 등 실제 개체군 밀도에 작용하는 요소를 파악할 수 있기 때문에 해충개체군 관리에 유용하게 활용될 수 있다. 솔나방 생명표에 나타나 있는 바와 같이 연령등급을 야외에서 파악하기 쉬운 알, 부화유충(1령충), 월동전 유충(2~5령충), 월동후 유충(5~8령충), 용, 성충 등으로 구분하여 작성한다. 사망요인(d_xF)은 야외 채집 개체를 실내에서 사육하면서 확인할 수 있다. 솔나방 생명표를 간단히 설명하면, 부화유충기의 사망률이 전체 사망 수의 76%를 차지하며 이 연령등급에서 98.6%가 사망하고, 치사요인은 기상요인임을 나타낸다. 즉, 알 부화기인 8월의 일당 강우량이 밀도 변동 주요인이 된다. 물론 부화유충이 솔나방 개체군의 밀도 변동 주요인인지는 다른 발육단계의 사망요인과 더불어 다음세대 개체군 발달과 비교하여 분석할 필요가 있다.

밀도 변동 주요인은 개체군 밀도 변동에 관여하는 치사요인 중 가장 중요한 요인(Morris, 1959, 1963)으로 다년간에 걸친 사망요인별 전체 사망률에 기여하는 정도를 평가하여 결정할 수 있다.

세대 생존율(S_G)과 연령별 생존율(S_x) 간 관계를 나타내는 식은 다음과 같다(Varley and Gradwell, 1960).

$$\log(S_G) = \sum_{x=1}^{L} \log(S_x)$$

어떤 발육단계의 생존율($\log S_x$)이 전체 세대 생존율($\log S_G$)의 변동을 얼마나 설

표 4. 야외 개체군 솔나방의 생명표 작성 사례(현, 1968)

x	l_x	d_xF	d_x	$100q_x$	S_x
알	203.69	기생봉	39.801	19.54	77.17
		기타	6.701	3.29	
		소계	46.502	22.83	
부화유충	157.19	기생봉	0	0	1.4
		기상요인, 기타	154.99	98.6	
		소계	154.99	98.6	
월동전 유충	2.2	기생봉	0	0	47.59
		기상요인, 기타	1.153	52.24	
		소계	1.153	52.24	
월동후 유충	8.15	이입	-7.1	3.15	30.92
		기생봉	0.265	65.83	
		기상요인, 기타	5.365	69.08	
		소계	5.63		
용	2.52	기생봉	0.488	19.35	64.96
		기상요인, 기타	0.395	15.65	
		소계	0.883	35.04	
성충(성비 0.57)	1.87		0.32	17.24	81.28

* 생존 수(l_x), 사망요인(d_xF), 사망 수(d_x), 연령(x) 동안 사망률($100q_x$), 생존율(S_x)

명할 수 있는가를 단순회귀, 편회귀법, 중회귀법 등으로 분석하여 변동에 지배적 영향을 미치는 연령군(발육단계)을 추정하고 그 연령군에 작용하는 치사요인을 밀도 변동 주요인으로 결정한다. 즉 각 발육단계별 치사요인 $k1$, $k2$, $k3$ ... 등 대수값 kx의 합계를 사망계수(K)로 하여 그래프를 그리고, K의 변동과 가장 가까운 변동을 하는 kx를 변동 주요인으로 결정한다.

Please cite this chapter as: Park, Y., Kim, K.H., Lee, J.-H., Kim, D.-S. 2022. Estimation of insect life table statistic. In: Lee, J.-H., Kim., D.-S., Jung, C., Park, Y.-L. (eds.), Research Methodology in Insect Ecology, Seoul National University Press, Seoul, pp. 465-488.

참고문헌

Birch, L.C. 1948. The intrinsic rate of natural increase of an insect population. J. Anim. Ecol. 17, 15-26.

Carey, J.R. 1993. Applied demography for biologists with special emphasis on insects. Oxford University Press, New York.

Chi, H. 1988. Life-table analysis incorporating both sexes and variable development rate among individuals. Environ. Entomol. 17(1), 26-34.

Chi, H. 2016. TWOSEX-MSChart: A computer program for the age-stage, two-sex life table analysis. http://140.120.197.173/Ecology/.

Chi, H. 2020. TWOSEX-MSChart: A computer program for the age-stage, two-sex life table analysis. National Chung Hsing University, Taichung, Taiwan. (http://140.120.197.173/ecology/prod02.htm)

Chi, H., Liu, H. 1985. Two new methods for the study of insect population ecology. Bull. Inst. Zool. Acad. Sin. 24(2), 225-240.

Efron, B., Tibshirani, R.J. 1993. An Introduction to the Bootstrap. Chapman & Hall, New York.

Goodman, D. 1982. Optimal life histories, optimal notation, and the value of reproductive value. Am. Nat. 119, 803-823.

Hulting, F.L., Orr, D.B., Obrycki, J.J. 1990. A computer program for calculation and statistical comparison of intrinsic rates of increase and associated life table parameters. Fla. Entomol. 601-612.

Hyun, H., Kim, S., Kim, D.-S. 2020. The development and life table parameters of *Tetranychus kanzawai* (Acarina: Tetranychidae) on leaves of 'shiranuhi' and Japanese violet in the laboratory. Korean J. Appl. Entomol. 59, 153-163.

Kim, D.-S., Lee, J.-H. 2002. Egg and larval survivorship of *Carposina sasakii* (Lepidoptera: Carposinidae) in apple and peach and their effects on adult population dynamics in orchards. Environ. Entomol. 31, 686-692.

Krebs, C.J. 1972. Ecology: the experimental analysis of distribution and abundance, 2nd ed. Harper and Row, New York.

Maia, A.H.N., De Almeida Pazianotto, R.A., Luiz, A.J.B., Marinho-Prado, J.S., Pervez, A. 2014. Inference on arthropod demographic parameters: computational advances using R. J. Econ. Entomol. 107(1), 432-439.

Maia, A.H.N., Luiz, A.J.B., Campanhola, C. 2000. Statistical inference on associated fertility life table parameters using jackknife technique: computational aspects. J. Econ. Entomol. 93(2), 511-518.

Meyer, J.S., Igersoll, C.G., MacDonald, L.L., Boyce, M.S. 1986. Estimating uncertainty in population growth rates: jackknife vs. bootstrap techniques. Ecology 67, 1156-1166.

Morris, R.F. 1959. Single-factor analysis in population dynamics. Ecology 40(4), 580-588.

Morris, R.F. 1963. The dynamics of epidemic spruce budworm populations. Mem. Ent. Soc. 95(S31), 1-12.

Park, Y. 2020. Eco-friendly pest management strategy for *Frankliniella occidentalis* and *Bemisia tabaci* in tomato smart greenhouse of Korea. Ph.D. dissertation, Seoul National University.

Park, Y., Lee, J.H. 2020a. Life history characteristics of the western flower thrips, *Frankliniella occidentalis* (Pergande) (Thysanoptera: Thripidae), under fluctuating conditions of temperature or relative humidity. J. Asia-Pac. Entomol. 23(2), 606-611.

Park, Y., Lee, J.H. 2020b. Temperature-dependent development and oviposition models and life history characteristics of Amblyseius eharai (Amitai et Swirski) (Acari: Phytoseiidae) preying on *Tetranychus urticae* (Koch) (Acari: Tetranychidae). J. Asia-Pac. Entomol. 23(4), 869-878.

Pearl, R., Parker, S.L. 1924. Experimental studies on the duration of life. IX. New life tables for *Drosophila*. Am. Nat. 58, 71-82.

R Core Team. 2019. R: A Language and Environment for Statistical Computing. R Foundation for Statistical Computing, Vienna, Austria http://www.R-project.org/.

SAS Institute. 2013. SAS user's guide; statistics, version 9.4ed. SAS Institute, Cary, NC.

Varley, G.C., Gradwell, G.R. 1960. Key factors in population studies. J. Anim. Ecol. 29, 399-401.

Yang, J.Y. 2011. Life table parameters of *Panonychus citri* (Acari: Tetranychidae) on citrus leaves and a matrix model for the population projection. M.S. Thesis, Jeju National University, Korea.

현재선. 1968. 솔나방 집단동태에 미치는 주요치사인자에 관한 연구. 식물보호, 별책 1, 1-24.

앞서 내적자연증가율을 계산할 때 순재생산율(R_0, 순출산율 또는 세대증가율)에 자연로그를 취하고 평균세대기간(T)으로 나누어 추정하는 방법을 소개하였다. 그러나 이 방법은 정확한 방법이 아니며 근사치를 추정하는 방법이다. 즉, 버치(Birch, 1948)가 처음 곤충 생명표 통계량을 소개할 때 정확한 평균세대기간을 계산할 수 없으므로 근사치를 계산하여 내적자연증가율을 추정하는 방법을 제시하였다. 버치(Birch, 1948)는 로트카-볼테라(Lotka-Voltera) 방정식에서 최대우도추정법(maximum likelihood method)으로 정확한 내적자연증가율을 계산하는 방법도 동시에 제시하였다. 이는 지수함수적 개체군 생장식에서 유도되어 다음 식의 조건이 맞도록 반복계산을 통하여 내적자연증가율을 찾는 방법이다.

$$\sum_{x=1}^{\infty} e^{-rx} l_x m_x = 1$$

버치(Birch, 1948)가 처음 제시한 식은 가장 어린 연령계급을 '1'부터 시작하는 방법이었다. 그 후에 굿맨(Goodman, 1982)은 연령등급을 '0'에서 시작하고, '$x + 1$' 식을 변경하였다.

$$\sum_{x=0}^{\infty} e^{-r(x+1)} l_x m_x = 1$$

현재 내적자연증가율 계산식에서 지수에 1을 추가하지 않은 잘못된 방법이 생태 문헌에서 자주 발생되고 있으며, 연령-발육단계 양성생명표(Chi and Liu, 1985; Chi, 1988)는 올바른 후자의 식을 적용하고 있다.

찾아보기

ㅇ

D

E

U

V

W

X

저자 약력

이준호

서울대학교 농생물학과 학사
서울대학교 응용곤충전공 석사
루이지애나 주립대학교 곤충학 박사
현재 서울대학교 농생명공학부 명예교수
연구 분야: 곤충생태학, 곤충 시·공간 개체군동태 모델링, 곤충개체군 유전학

김동순

서울대학교 농생물학과 학사
서울대학교 응용곤충전공 석사
서울대학교 응용곤충전공 박사
현재 제주대학교 생명자원과학대학 식물자원환경전공 교수
연구 분야: 곤충 개체군 생태 및 모델링

정철의

서울대학교 농생물학과 학사
서울대학교 응용곤충전공 석사
오리건 주립대학교 곤충학 박사
현재 안동대학교 식물의학과 교수
연구 분야: 화분매개-해충 종합 관리

박용락

서울대학교 응용곤충학 학사
서울대학교 응용곤충전공 석사
아이오와 주립대학교 곤충학 박사
현재 웨스트버지니아대학교 교수
연구 분야: 곤충생태학, 공간분포모델링, 지통계 및 원격탐사

김광호

서울대학교 농생물학과 응용곤충학전공 학사
서울대학교 농생물학과 응용곤충학전공 석사
서울대학교 농생물학과 응용곤충학전공 박사
현재 농촌진흥청 기획조정관실 농업연구사
연구 분야: 기후변화, 곤충개체군 동태 모형

김민중

연세대학교 생명과학과 학사
서울대학교 농생명공학부 박사
현재 국립산림과학원 산림병해충연구과 박사후연구원
연구 분야: 곤충 발생 예측, 생태계 모델링

박영균

부산대학교 원예생명과학과 학사
서울대학교 농생명공학부 석사
서울대학교 농생명공학부 박사
현재 안동대학교 식물의학과 박사후연구원
연구 분야: 생물학적방제(방제 효율 증대), 곤충-환경 적합성 연구(생명표)

박창규

서울대학교 농생물학과 학사
서울대학교 농생물학과 곤충학전공 석사
서울대학교 농생명공학부 박사
현재 국립한국농수산대학교 농수산융합학부 산업곤충전공 부교수
연구 분야: 곤충생태학, 산업곤충 사육

백성훈

서울대학교 농생물학과 학사
서울대학교 농생명공학부 석사
웨스트버지니아대학교 곤충학 석사
서울대학교 농생명공학부 박사
현재 한국농수산대학 산업곤충학과 박사후연구원
연구 분야: 농업해충 종합 관리

안정준

서울대학교 농생물학과 학사
서울대학교 농생물학과 석사
워싱턴 주립대학교 곤충학 석사
서울대학교 농생명공학부 박사
현재 국립원예특작과학원 온난화대응농업연구소 농업연구사
연구 분야: 기후변화대응 국내해충 및 외래침입가능해충 생태연구

이영수

충북대학교 농생물학과 학사
충북대학교 응용곤충전공 석사
서울대학교 농생명공학부 박사
현재 경기도농업기술원 환경농업연구과 농업연구사
연구 분야: 병해충 종합 방제기술 개발

이진구

한양대학교 생물학과 학사
서울대학교 농생명공학부 석사
서울대학교 농생명공학부 박사
현재 경기도농업기술원 환경농업연구과 농업연구관
연구 분야: 천적, 산업곤충 활용 기술

임언택

서울대학교 응용곤충학 학사
서울대학교 응용곤충전공 석사
메사추세츠대학교 곤충학 박사
현재 안동대학교 식물의학과 교수
연구 분야: 생물적방제학, 곤충행동학

정종국

강원대학교 생명과학부 학사
서울대학교 농생명공학부 석사
서울대학교 농생명공학부 박사
국립산림과학원 산림병해충연구과 임업연구사
현재 강원대학교 산림과학부 조교수
연구 분야: 곤충군집생태학, 산림해충학